高等职业教育产教融合特色系列教材

锂离子电池制造技术与应用

主　编　胡　杰　吴东平
副主编　梁鹿阳　赵　琰　周　勤　袁世如
参　编　易　鹏　叶　楠　徐绍祥　张子涵　彭　成
张晓婕　杨成虎　曹　招　余宏军　董敬申
谢锦程　陈宇哲　何启东　秦子扬　刘芳卉

北京理工大学出版社
BEIJING INSTITUTE OF TECHNOLOGY PRESS

内容简介

本书在简述锂离子电池基本原理和基本概念的基础上，首先描述了锂离子电池主要标准及参数。其次参考江西国轩新能源科技有限公司锂离子电池关键制造工艺，系统地构筑了制浆、涂布、辊压、分切、装配、焊接和化成等制造工序的工艺原理及应用框架体系，重点讨论了这些制造工序的基本工艺原理、制造设备、工艺调控方法和缺陷预防等内容，为锂离子电池制造及工艺研究提供理论指导。最后介绍了 VR 在锂离子电池中的应用和锂离子电池检测方法以及锂离子电池的应用场景。本书内容全面系统、重点突出，集成反映了锂离子电池工艺研究及应用领域的最新科技成果与相关技术，体现了锂离子电池的发展和研究趋势。本书既可作为高等院校、高职院校师生参考书，也可供锂离子电池及其相关领域的工程技术人员参考和生产工艺手册使用。

图书在版编目（CIP）数据

锂离子电池制造技术与应用 / 胡杰，吴东平主编.
北京：北京理工大学出版社，2025. 1（2025.2 重印）.
ISBN 978-7-5763-4645-9

Ⅰ. TM912.05

中国国家版本馆 CIP 数据核字第 2025CD4154 号

责任编辑：陈莉华　　**文案编辑**：李海燕
责任校对：周瑞红　　**责任印制**：李志强

出版发行 / 北京理工大学出版社有限责任公司
社　　址 / 北京市丰台区四合庄路 6 号
邮　　编 / 100070
电　　话 /（010）68914026（教材售后服务热线）
（010）63726648（课件资源服务热线）
网　　址 / http://www.bitpress.com.cn

版 印 次 / 2025 年 2 月第 1 版第 2 次印刷
印　　刷 / 河北盛世彩捷印刷有限公司
开　　本 / 787 mm×1092 mm　1/16
印　　张 / 19. 5
字　　数 / 444 千字
定　　价 / 53. 00 元

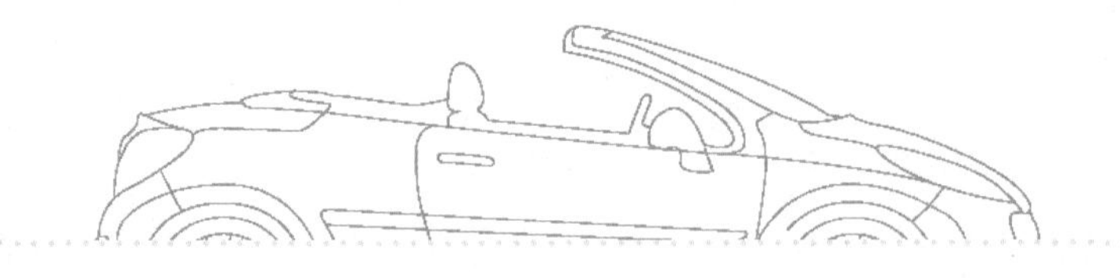

前言

PREFACE

党的二十大报告为我国能源转型变革指明了前进方向，提供了根本遵循。宜春职业技术学院深入学习贯彻习近平新时代中国特色社会主义思想和党的二十大精神，推进新能源产业发展，进一步开发锂离子电池制造技术与应用教材，培养高技术技能人才。锂离子电池凭借能量密度高、循环寿命长等优点，成为当今市场上电动汽车应用最广泛的电池体系。从产业发展规模来讲，国内的锂电池产业有二十几年的发展历史。随着十城千辆计划的进行，中国完成了主要核心原材料的国产化，如正极材料、负极材料、电解液、铜箔、铝箔、隔膜、铝塑膜等，一些终端产品也基本在国内完成了本土化。

从工作原理上来讲，锂离子电池以碳素材料为负极，以含锂化合物为正极，且没有金属锂存在只有锂离子存在；对应的电池充放电过程其实是锂离子的嵌入和脱嵌，且在这个过程中伴随着等量的电子的迁入和迁出。从本质来讲，构成锂离子电池的主要部件为正极材料、负极材料、隔离膜、电解液四大部分；充电过程对应锂离子从正极向负极转移，放电过程对应锂离子由负极向正极转移，且在这过程中隔离膜起隔离正负极直接接触的作用，以防电池内部短路及热失控等异常风险的发生，这就是在电池生产过程中杜绝金属堆积、杜绝毛刺产生、杜绝粉尘堆积的原因，只有受控的制程环境才能制造出安全可靠的电池。

本书项目 1 和项目 2 由宜春职业技术学院胡杰博士和宁德时代何启东工程师、秦子扬工程师共同编写完成，主要介绍锂离子电池基本概念及分类、锂离子电池的工作原理和锂离子电池主要表征及参数。随后结合宁德时代、江西国轩制备电池的实际工作岗位，系统地构筑制浆、涂布、极片辊压、极片分切、配装、焊接、化成等制造工序的工艺原理及应用框架体系，重点讲解这些工序的原理、制造设备及操作规范。其中，项目 3 和项目 4 由江西国轩董敬申博士、梁鹿阳博士和宜春职业技术学院易鹏老师、张晓婕老师共同编写完成；项目 5 和项目 6 由宜春职业技术学院袁世如博士、周勤老师和江西国轩陈宇哲博士共同编写完成；项目 7、8、9 由宜春职业技术学院赵琰老师、吴东平老师、余宏军老师、徐绍祥老师和彭成老师共同编写完成；项目 10 由江西国轩谢锦程博士和宜春职业技术学院张子涵老师、杨成虎老师共同编写完成；项目 11 和项目 12 由江西国轩刘芳卉工程师和宜春职业技术学院叶楠老师、曹招老师共同编写完成。

本书紧密对接企业实际生产，反映了国内锂离子电池工艺研究及应用领域的最新相关技术。本书的出版期望有助于推动学生与员工掌握锂离子电池制造技术知识，缩短学生与企业过渡期，为企业培养优秀人才；还有助于推动新工艺、新设备的研发。

编　者

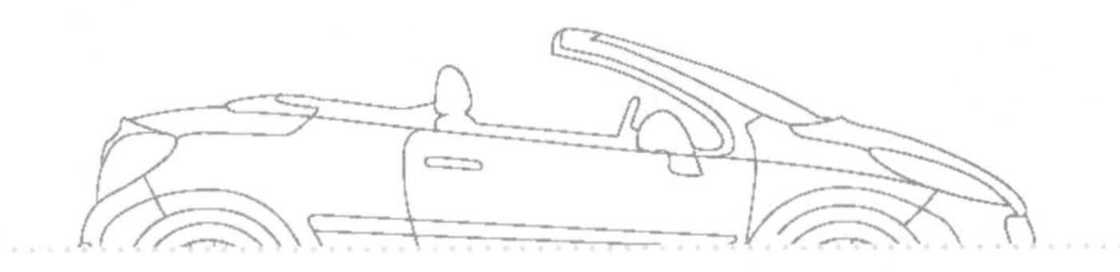

目 录

CONTENTS

项目 1

锂离子电池基本概念及分类

学习目标

【能力目标】

(1) 能够判别锂离子电池的型号。

(2) 能够理解锂离子电池的工作原理及关键构成材料。

【知识目标】

(1) 了解锂离子电池的各类型号。

(2) 理解锂离子电池充放电模式下电池工作原理。

(3) 掌握正极材料、负极材料、电解液、隔膜等材料的类型。

(4) 掌握锂离子电池的相关术语。

【素质目标】

(1) 通过对锂离子电池型号的命名，了解我国锂离子电池发展趋势，理解发展锂离子电池的原因，树立绿色环保意识。

(2) 通过了解锂离子电池材料的性能与微观结构，启发微观意识。

(3) 通过相关术语的讲述，培养规范的语言表达能力。

工匠精神

项目描述

随着全球环境意识的提高，新能源汽车市场呈现出爆发式增长态势。作为新能源汽车核心部件之一的锂离子动力电池，其市场需求也在快速增长。小易是一名转专业的技术人员，对于锂离子电池不是很熟悉。现在公司需要小易尽快适应工作岗位，对锂离子电池有一个初步的了解。

任务要求：能够准确判别锂离子电池型号，并能准确描述江西国轩方块磷酸铁锂电芯的关键材料。

项目分析

为了快速适应工作岗位，小易需要加强理论知识的学习。首先，小易需要熟悉锂离子电池的命名和编制方法、锂离子电池的型号组成等；其次，了解简单的锂离子电池工作原理与结构；再次，熟悉常见的正极、负极、隔膜、电解液材料的成分；最后，了解相关术语以及各类电池的优缺点和种类。

项目目的和要求

【项目目的】

本项目的学习能够让学生快速对新能源锂离子电池的概念有充分的了解，熟悉锂离子电池的命名和相关术语，能够准确地描述各类锂离子电池的关键材料构成。通过理论知识学习和实训相结合，能够培养学生专业技术能力和素养。

【项目要求】

（1）掌握重点理论知识，确保能准确对锂离子电池命名。

（2）能够对各企业锂离子电池的关键材料进行分类。

（3）在项目实训过程中，小组成员要严格按照老师的指导，规范操作，注意安全，做到眼看、手动、心记。

（4）在反馈与总结过程中，小组成员需要积极参与讨论，分享自己的经验和教训，互相学习和进步。

知识准备

1.1 锂离子电池命名与标准

锂电池有两种基本的命名方法：一种取自电池的尺寸，另一种取自锂电池正极材料。这两种基本的锂电池命名方法是从共性方面着手的，具有一般特征。

1.1.1 GB/T 36943—2018 中电池型号命名与标志

《电动自行车用锂离子蓄电池型号命名与标志要求》(GB/T 36943—2018）规定了电动自行车用锂离子蓄电池型号的命名方法和标志要求。

1. 单体锂离子电池型号命名与编制方法

1）型号组成

单体电池型号由正负极体系代号、电池形状代号和外形尺寸代号组成。

（1）正负极体系代号。

正负极体系代号用一个大写英文字母表示，如表 1-1 所示。

表 1-1 正负极体系代号

正极体系		负极体系	
类别	体系代号	类别	体系代号
锰基正极	M	具有嵌入特性负极	I
磷酸铁锂正极	T	其他负极	Q
三元正极	S	—	—
其他正极	Q	—	—

（2）电池形状代号。

电池形状代号用一个大写英文字母表示：R 表示电池形状为圆柱形，P 表示电池形状为方形。

(3) 外形尺寸代号。

外形尺寸代号用几组被斜线分隔符分开的阿拉伯数字表示。

对于圆柱形电池，斜线分隔符前的一组数字表示电池的直径，两个斜线分隔符中间的一组数字表示电池的高度，斜线分隔符后不列此项。

对于方形电池，斜线分隔符前的一组数字表示电池的厚度，两个斜线分隔符中间的一组数字表示电池的宽度，斜线分隔符后的一组数字表示电池的高度。

表示电池尺寸的各组数字的单位为毫米，数值取整。如果有一个尺寸小于 1 mm，则用 1/10 mm 为单位的数字来表示该尺寸，数值取整，并在该组数字前添加字母 t。

对于方形聚合物电池，也可以采用单位为 1/10 mm 的数字表示其厚度，该组数字前添加字母 t。

2) 型号编制方法

单体电池的型号由上述规定的代号组合而成，其组成形式如图 1-1 所示，其中外形尺寸代号中各尺寸之间用一个“/”符号隔开。

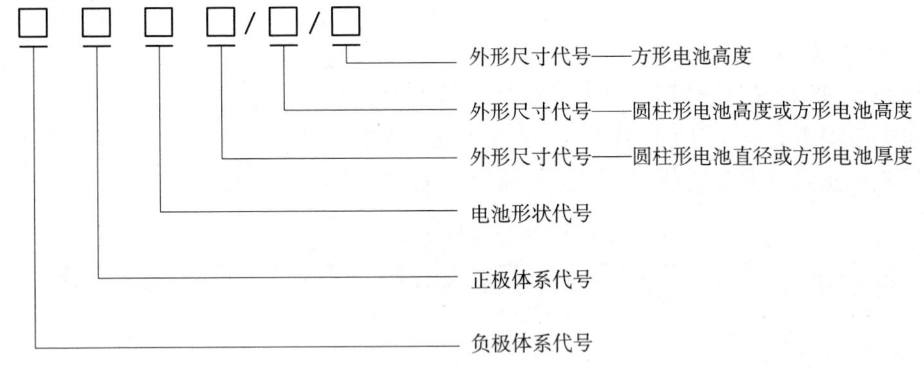

图 1-1　单体电池型号构成型式

型号编制示例如下。

示例 1：直径约为 18 mm，高度约为 65 mm，具有嵌入特性负极体系及三元正极的圆柱形锂离子蓄电池，其型号编制为 ISR18/65。

示例 2：厚度约为 8 mm，宽度约为 34 mm，高度约为 150 mm，具有嵌入特性负极体系及三元正极的方形锂离子蓄电池，其型号编制为 ISP8/34/150。

示例 3：厚度约为 7 mm，宽度约为 34 mm，高度约为 43 mm，具有嵌入特性负极体系及磷酸铁锂正极的方形锂离子蓄电池，其型号编制为 ITP7/34/48。

示例 4：厚度约为 2.4 mm，宽度约为 68 mm，高度约为 70 mm，具有嵌入特性负极体系及锰基正极的方形聚合物锂离子蓄电池，其型号编制为 IMPt24/68/70。

2. 锂离子电池组型号命名与编制方法

1) 型号组成

电池组型号由电池组的用途代号、标称电压代号、额定容量代号、安装方式（位置）代号、尺寸附加码代号和正极体系代号组成。

(1) 用途代号。

电池组的用途代号，用两个大写英文字母 DZ 表示电动自行车专用。

（2）标称电压代号和额定容量代号。

电池组的标称电压和额定容量代号分别由两位阿拉伯数字组成，不足 10 的整数在十位上补“0”。例如，电池组标称电压为 24 V，其代号为 24；电池组额定容量为 9 A·h，其代号为 09，以此类推。

（3）安装方式（位置）代号。

电池组安装在电动自行车的不同部位，其安装尺寸和方法不同。电池组的安装方式代号用一个大写英文字母表示，具体如表 1-2 所示。

表 1-2　锂电池组的安装方式代号

安装类别	安装代号
外置中置式电池组	Z
外置后置式电池组	H
外置其他电池组	Q
内置式电池组	N

（4）尺寸附加码代号。

电池组尺寸附加码代号用一个大写英文字母表示。

外置式电池组的尺寸附加码代号与 QB/T 4428—2023 中表 1、表 2 对应，具体如表 1-3 所示；内置式电池尺寸附加码代号为 E，具体尺寸见产品使用说明书。

表 1-3　电池组尺寸附加码代号

电池组形式	QB/T 4428—2023	尺寸附加码代号
外置式电池组	表 1	A
	表 2	B

（5）正极体系代号。

电池组电极活性物质最大比重的正极体系代号用一个大写英文字母表示，具体如表 1-1 所示。

2）型号编制方法

电池组的型号由上述规定的代号组合而成，其组成形式如图 1-2 所示。

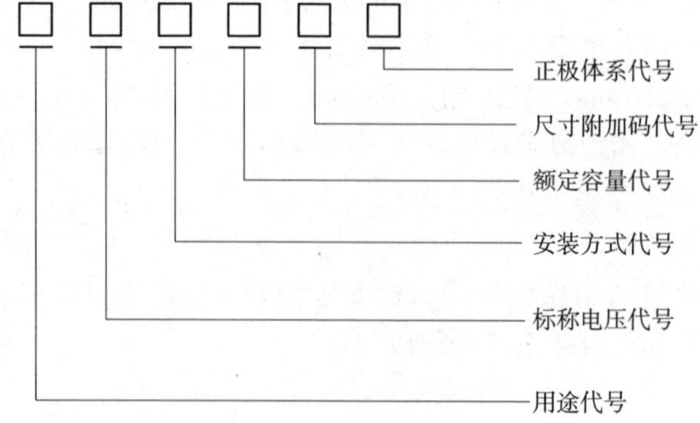

图 1-2　电池组型号组成形式

型号编制示例如下。

示例1：采用外置式电池的中置式安装方式，标称电压36 V，额定容量10 A·h，采用磷酸铁锂作为正极材料，电池外形尺寸为375 mm×135 mm×90 mm的锂离子电池型号，其型号编制为DZ36Z—10AT。

示例2：采用外置式电池的后置式安装方式，标称电压48 V，额定容量12 A·h，采用三元材料作为正极材料，电池外形尺寸为390 mm×170 mm×80 mm的锂离子电池，其型号编制为DZ48H—12BS。

3. 标志

每个单体电池和电池组的外表面都应有清晰、持久、不易脱落的标志。

1）单体电池标志

单体电池的标志应有产品名称、规格型号、标称电压、额定容量、极性、制造日期或批号、制造商或生产厂的名称等信息。

2）电池组标志

电池组的标志应有产品名称、规格型号、制造商或生产厂的名称、标称电压、额定容量、极性、最大工作电流、制造日期或批号、环保标志（回收标志）、必要的安全警示说明等信息。

1.1.2 IEC 61960：2011中锂电池型号命名与标志

《含碱性或其他非酸性电解质的蓄电池和蓄电池组便携式产品用锂蓄电池和电池组》（IEC 61960：2011）中的命名和标志方法。

1. 单体电池和电池组型号命名

电池组按以下形式命名：$N_1A_1A_2A_3N_2/N_3/N_4-N_5$。

其中：

N_1为电池组中串联的单体电池数；

A_1为负极体系代号：I表示锂离子体系，L表示金属锂或锂合金体系；

A_2为正极体系代号：C表示钴基正极，N表示镍基正极，M表示锰基正极，V表示钒基正极，T表示钛基正极；

A_3为电池形状代号：R为圆柱形，P为棱柱形；

N_2为最大直径（圆柱形）或厚度（棱柱形）向上取整数的数值，以毫米为单位；

N_3为最大宽度（棱柱形）向上取整数的数值，以毫米为单位（圆柱形电池不列此项）；

N_4为最大总高度向上取整数的数值，以毫米为单位；

注：对于N_2，N_3和N_4，若尺寸小于1 mm，则用1/10 mm（取为整数）来表示该尺寸，并在该整数前加字母t。

N_5为2个或2个以上并联的单体电池数（值为1的话不写）。

示例1：ICR19/66表示直径为18~19 mm，高度为65~66 mm，以钴基为正极的圆柱形锂离子单体电池。

示例2：ICP9/35/150表示厚度为8~9 mm，宽度为34~35 mm，高度为149~150 mm，以钴基为正极的棱柱形锂离子单体蓄电池。

示例3：ICPt9/35/48表示厚度为0.8~0.9 mm，宽度为34~35 mm，高度为47~48 mm，以钴基为正极的棱柱形锂离子单体蓄电池。

示例4：1ICR20/70表示由一个直径为19~20 mm，高度为69~70 mm，以钴基为正极的圆柱形单体电池构成的锂离子蓄电池。

示例5：1ICP20/34/70表示由一个厚度为19~20 mm，宽度为33~34 mm，高度为69~70 mm，以钴基为正极的棱柱形单体电池构成的锂离子蓄电池。

示例6：1ICP20/68/70-2表示由两个并联的，厚度为19~20 mm，宽度为67~68 mm，高度为69~70 mm，以钴基为正极的棱柱形单体电池构成的锂离子蓄电池。

2. 标志

每只单体电池或电池组应清晰、耐久性地标明可充式锂蓄电池或锂离子蓄电池、按上述规定的型号、极性、生产日期（可以用代码表示）、制造商或供货方名称或标识等信息。

电池的标识还需提供额定容量、标称电压。

表1-4列出了可组装成电池的锂单体蓄电池标准型号。

表1-4　锂单体蓄电池标准型号

项目	1	2	3
型号	ICP19/66	ICP9/35/48	ICP18/68
高度/mm	64. 0/65. 2	47. 2/48. 0	65. 9/67. 2
直径/mm	17. 8/18. 5	—	16. 2/17. 1
宽度/mm	—	33. 4/34. 2	—
厚度/mm	—	7. 6/8. 8	—
额定电压/V	3. 6	3. 6	3. 6
放电终止电压/V	2. 50	2. 50	2. 50
寿命循环的放电终止电压/V	2. 75	2. 75	2. 75

1.2　锂离子电池工作原理与结构

1.2.1　锂离子电池工作原理

在这里采用磷酸铁锂为正极材料、石墨为负极材料为例来介绍锂离子电池的工作原理。在充电过程中，锂离子从正极材料磷酸铁锂中脱出，然后嵌入负极材料石墨中，形成锂离子的石墨嵌入化合物；而在放电过程中，锂离子从石墨嵌入化合物中脱出，重新嵌入正极材料中，如图1-3所示。锂离子电池充放电时，相当于锂离子在正极和负极之间来回运动，因此锂离子电池最初被形象地称为“摇椅电池”（Rocking Chair Battery）。

锂离子电池原理如下。

正极反应：$LiFePO_4 \rightarrow Li_{1-x}FePO_4 + xLi^+ + xe^-$

负极反应：$xLi^+ + xe^- + 6C \rightarrow Li_xC_6$

充电过程中的电极反应如上述方程式所示，放电过程相反。

当采用钴酸锂为正极材料和石墨为负极材料时，由于上述氧化还原反应具有良好的可逆性，因此锂离子电池循环性能优异；因为石墨嵌锂化合物密度低，所以锂离子电池的质

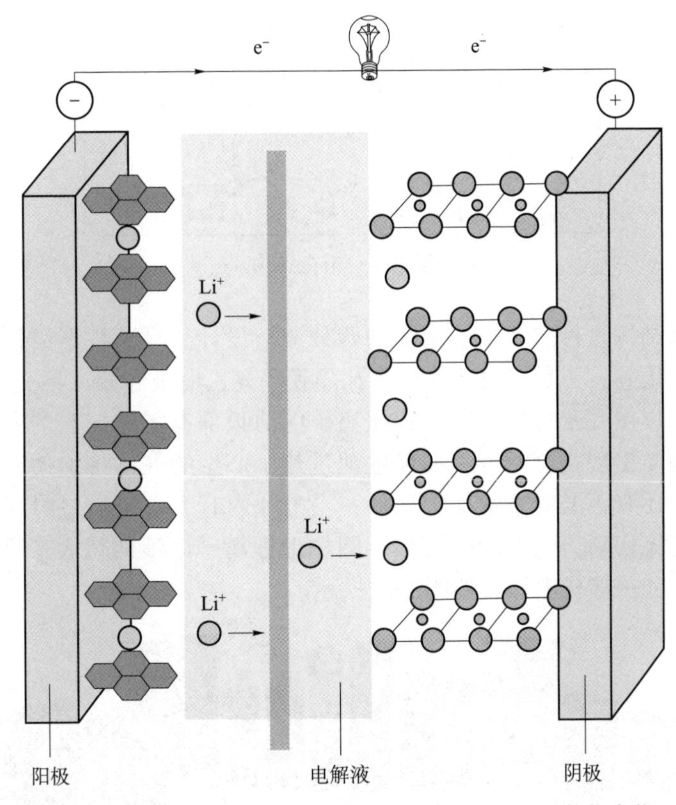

图 1-3 锂离子电池工作原理图（磷酸铁锂和石墨层状化合物）

量比能量高；因为氧化还原电对 Li^+/Li 的电位在金属电对中最负，所以锂离子电池的工作电压高。

锂离子电池实际上是一个锂离子浓差电池，正负极材料实际上是有着不同嵌锂电位的化合物。在锂离子电池充电时，锂离子从富锂的正极材料 $LiFePO_4$ 晶格中脱嵌出来，进入电解液中，往贫锂的石墨负极迁移，并层插入负极材料石墨的层间。与此同时，电子通过正极集流体（铝箔）汇集经外电路流入负极，经过集流体（铜箔）进入石墨中。最终，正极变成贫锂的 $Li_{1-x}FePO_4$，而负极则变成富锂的锂化石墨（Li_xC_6）。在锂离子电池放电时，锂离子从富锂的 Li_xC_6 中脱嵌出来，进入电解液中，往贫锂的正极迁移，并嵌入 $Li_{1-x}FePO_4$ 晶格之中。这样，正极变成富锂的 $LiFePO_4$，而负极则变成贫锂的石墨，如此反复，就形成了锂离子电池的充放电过程。

1.2.2 锂离子电池结构及分类

锂离子电池通常包含正极、负极、隔膜、电解液和壳体等部分。正负极通常采用有一定孔隙的多孔电极，由集流体和粉体涂覆层构成（见图 1-4）。负极极片由铜箔和负极粉体涂覆层构成，正极极片为铝箔和正极粉体涂覆层构成，正负极粉体涂覆层由活性物质粉体、导电剂、黏结剂及其他助剂构成；活性物质粉体间和粉体颗粒内部存在的孔隙可以增加电极的有效反应面积，降低电化学极化。同时由于电极反应发生在固-液两相界面上，多孔电极有助于减少锂离子电池充电过程中枝晶的生成，有效防止内短路。

锂离子电池按照形状可以分为圆柱形和方形，按照电极芯的制作方式可以分为卷绕式和层叠式，按照外包装材料可以分为钢壳、铝壳和铝塑包装膜。

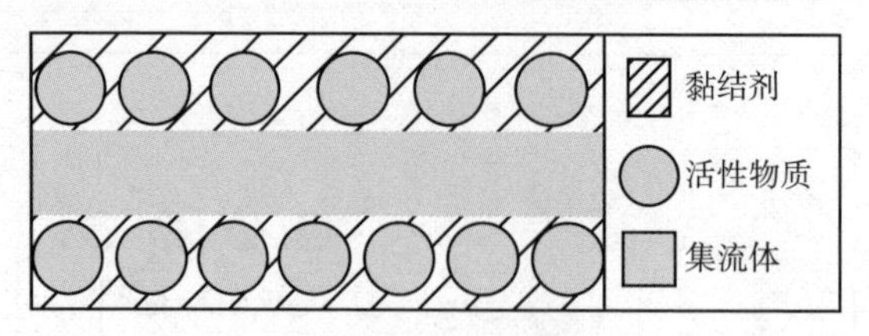

图 1-4 电极结构

圆柱形和方形结构是目前锂离子电池的两种流行设计。在圆柱形结构中，涂布好的电极经过卷绕形成电极卷，正负极由聚烯烃多孔隔膜隔离，电极卷放入钢壳中并注入电解液，正极片引线与上盖焊接并密封。一般钢壳锂离子电池顶部有特殊加工的安全泄压阀，以防止电池内压力过高而出现安全问题，如果电池过热，产生的气体将迫使安全阀打开，切断电流并释放气体；还有正温度系数保护元件，当电池内有大电流经过时元件发生响应，突然增大的电阻使电流切断，电池即告失效。圆柱形锂离子电池的代表产品是 18650 型，主要用于笔记本电脑和摄像机电源，如图 1-5 所示。

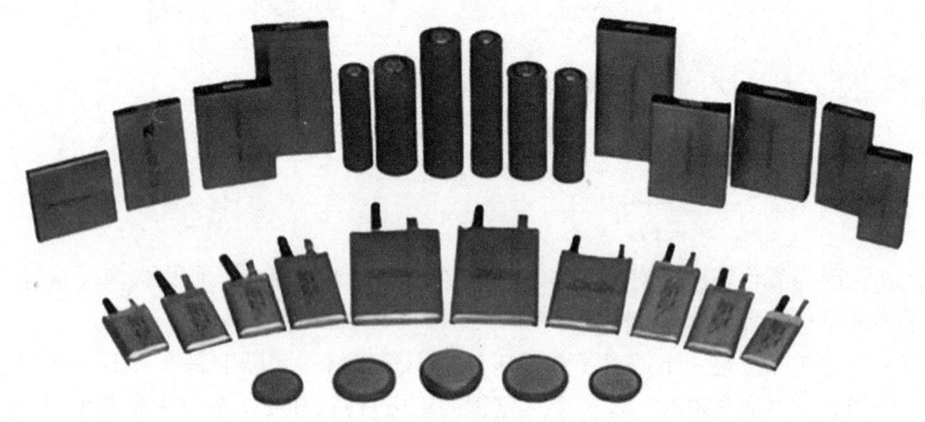

图 1-5 典型锂离子电池

方形卷绕结构锂离子电池，除了外壳是方形之外，内部结构几乎与圆柱形电池一样，主要用于移动电话电源。

采用铝塑膜包装的锂离子电池的优势是轻、薄、使用适应性广泛和安全性好，现在已引起人们的广泛兴趣。这种结构的电池包括固态锂离子电池和一般锂离子电池。铝塑膜包装的锂离子电池有卷绕和层叠式两种结构，同样包括正负极集流体、隔膜、正负极极片和极耳等。

除圆柱形锂离子电池和方形锂离子电池外，还有纽扣锂离子电池和薄膜锂离子电池。纽扣锂离子电池结构简单，通常用于科研测试。薄膜锂离子电池是锂离子电池发展的最新领域，其厚度可达毫米甚至微米级，常用于银行防盗跟踪系统、电子防盗保护、微型气体传感器、微型库仑计等微型电子设备。

另外，固态锂离子电池是新一代锂离子电池，分为全固态锂离子电池和半固态锂离子电池（即塑料锂离子电池），是能源领域的研究开发热点。全固态锂离子电池由于使用固体电解质，常温下工作电流较小，目前还未达到实用阶段。塑料锂离子电池采用凝胶型电解质，将锂离子电池固有的比能量高、寿命长的特点与塑性结构可靠性、易加工的特点完美结合；由于电解质是固态的或凝胶状的，漏液的可能性小，因此也可以不使用金属外壳，装入塑料袋内密封，做得很轻，也可以做成任意形状。塑料锂离子电池既有全固态锂离子电池超薄、超轻、柔性的特点，又能以较大的电流放电，故能用于商品化生产，是移动电话、笔记本电脑的理想电源。

1.3 锂离子电池关键构成材料

制造锂离子电池的主要原材料包括正极材料、负极材料、电解液和隔膜等，同时还包括导电剂、黏结剂、壳体、集流体和极耳等通用辅助材料。

1.3.1 正极材料

在锂离子电池充放电过程中，正极材料发生电化学氧化/还原反应，锂离子反复在材料中嵌入和脱嵌。为了保证良好的电化学性能，对正极材料要求如下。

（1）金属离子 M^{x+} 具有较高的氧化还原电位，使电池具有高工作电压；

（2）质量比容量和体积比容量较高，使电池具有高能量密度；

（3）氧化还原电位在充放电过程中的变化应尽可能小，使电池具有更长的充放电平台；

（4）在充放电过程中结构没有或很少发生变化，使电池具有良好的循环性能；

（5）具有较高的电子电导率和离子电导率，降低电极极化，使电池具有良好的倍率放电性能；

（6）化学稳定性好，不与电解质等发生副反应；

（7）具有价格低廉和环境友好等特点。

人们研究过的锂离子电池正极材料种类繁多，满足上述要求且实现商业化的正极材料主要有 $LiCoO_2$，NCM，$LiMn_2O_4$，$LiFePO_4$和 NCA。5 种典型正极材料的理化性能和电化学性能如表 1-5 所示。

表 1-5　5 种典型正极材料的理化性能和电化学性能

项目		$LiCoO_2$	NCM（$LiNi_{1-x-y}Co_xMn_yO_2$）	$LiMn_2O_4$	$LiFePO_4$	NCA（$LiNi_{0.8}Co_{0.15}Al_{0.05}O_2$）
		层状结构	层状结构	尖晶石结构	橄榄石结构	层状结构
理化性能	真密度/（$g\cdot cm^{-3}$）	5.05	4.70	4.20	3.6	—
	振实密度/（$g\cdot cm^{-3}$）	2.8~3.0	2.6~2.8	2.2~2.4	0.6~1.4	—
	压实密度/（$g\cdot cm^{-3}$）	3.6~4.2	>3.40	>3.0	2.20~2.50	≥3.5
	比表面积/（$m^2\cdot g^{-1}$）	0.10~0.6	0.2~0.6	0.4~0.8	8~20	0.5~2.2
	粒度 d_{50}/μm	4.00~20.00	—	—	0.6~8	9.5~14.5

续表

项目		$LiCoO_2$	NCM（$LiNi_{1-x-y}Co_xMn_yO_2$）	$LiMn_2O_4$	$LiFePO_4$	NCA（$LiNi_{0.8}Co_{0.15}Al_{0.05}O_2$）
		层状结构	层状结构	尖晶石结构	橄榄石结构	层状结构
电化学性能	理论比容量/（$mA \cdot h \cdot g^{-1}$）	273	273~285	148	170	—
	实际比容量/（$mA \cdot h \cdot g^{-1}$）	135~150	150~215	100~120	130~160	>200
	工作电压/V	3.7	3.6	3.8	3.4	—
	循环性能/次	500~1 000	800~2 000	500~2 000	2 000~6 000	800~2 000
	安全性能	差	较好	较好	优良	较好

1. 钴酸锂

1）组成结构

钴酸锂（$LiCoO_2$）为 α-$NaFeO_2$ 型层状结构，属六方晶系，$R3m$ 空间群，6c 位上的 O^{2-} 按 ABC 叠层立方堆积排列，3a 位的 Li^+ 和 3b 位的 Co^{3+} 分别交替占据 O^{2-} 八面体孔隙，呈层状排列，如图 1-6 所示。晶格参数：$a=0.281\ 4$ nm，$c=1.405\ 2$ nm。从电子结构来看，由于 $Li^+(1s^2)$ 能级与 $O^{2-}(2p^6)$ 能级相差较大，而 $Co^{3+}(3d^6)$ 更接近于 $O^{2-}(2p^6)$ 能级，因此 Li—O 间电子云重叠程度小于 Co—O 间电子云重叠程度，Li—O 键远弱于 Co—O 键。在一定的条件下，Li^+ 能够在 Co—O 层间嵌入脱出，使 $LiCoO_2$ 成为理想的锂离子电池正极材料。Li^+ 在键合强的 Co—O 层间进行二维运动，锂离子电导率高，室温下锂离子的扩散系数为 $5\times10^{-9}cm^2/s$。此外，共棱 CoO_8 的八面体分布使 Co 与 Co 之间以 Co—O—Co 的形式发生作用，电子电导率也较高，为 10^{-2} S/cm。

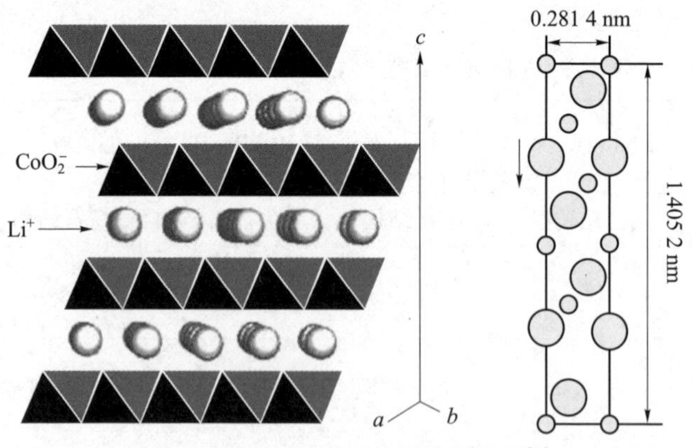

图 1-6　$LiCoO_2$ 的晶体结构示意图[1]

2）电化学性能

$LiCoO_2$ 中的 Co 为+3 价，而在充电过程中会发生氧化反应变为+4 价，从而脱出电子，所发生的电化学反应可用下式表示。

$$LiCoO_2 = Li_{1-x}CoO_2 + xLi^+ + xe^-$$

首次充放电曲线如图 1-7 所示。$LiCoO_2$ 在充放电过程中会发生相变，如图 1-8 所示。$LiCoO_2$ 放电时锂离子从基体中脱出来，当 x 为 0.5~1 时，$LiCoO_2$ 由Ⅰ相逐渐转变为Ⅱ相，Ⅰ相和Ⅱ相均为六方结构，晶格参数差别不大，a 轴几乎没有变化，c 轴从 1.41 nm（$x=1$）增加到 1.46 nm（$x=0.5$）。该相变并非是结构发生变化，而是由于 Co^{3+} 转变为 Co^{4+} 过程中产生的电子效应所致。当 $x=0.5$ 时，$LiCoO_2$ 发生不可逆相变，由六方结构转变为单斜结构。该转变是由于锂离子在离散的晶体位置发生有序至无序转变而产生的，并伴随晶体常数的变化。当 $x<0.5$ 时，$LiCoO_2$ 在有机溶剂中不稳定，会发生失氧反应，同时比容量发生衰减并伴随钴的损失，这是由于钴从其所在的平面迁移到锂所在的平面，导致结构不稳定进而使钴离子通过锂离子所在平面迁移到电解质中。因此 $LiCoO_2$ 在放电过程中，x 的范围一般为 0.5~1，质量比容量约为 156（mA·h）/g，在此范围内表现为 3.9 V 左右的平台。当 $LiCoO_2$ 充电时，锂离子嵌入晶格中，反应过程与上述过程相反。

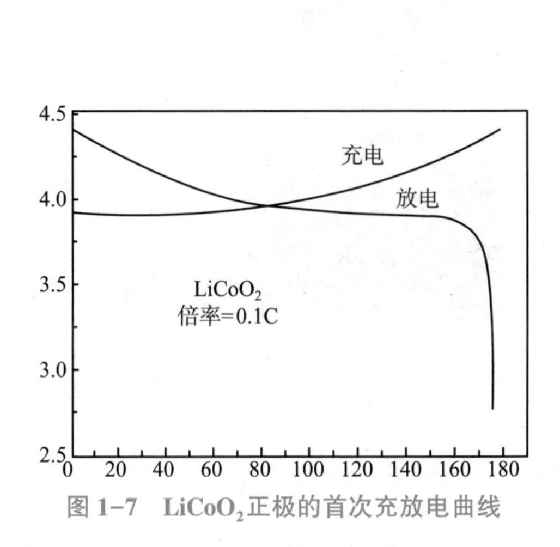

图 1-7　$LiCoO_2$ 正极的首次充放电曲线

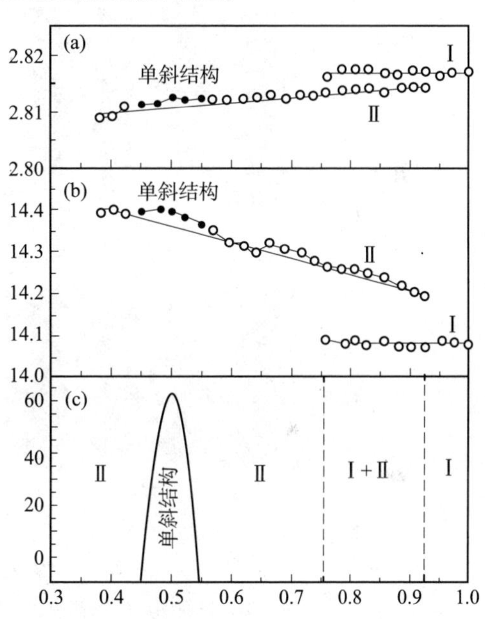

图 1-8　$LiCoO_2$ 在充放电过程中发生相变

（a）晶格常数 a 随 $LiCoO_2$ 中 x 值的变化关系；

（b）晶格常数 c 随 $LiCoO_2$ 中 x 值的变化关系；

（c）$LiCoO_2$ 的相图

钴酸锂外观呈灰黑色粉末，理论比容量为 273（mA·h）/g，实际比容量通常为 140~150（mA·h）/g，具有电压高、放电平稳、充填密度高、循环性好和适合大电流放电等优点，并且 $LiCoO_2$ 的生产工艺简单，较易合成性能稳定的产品。由于钴酸锂具有高的质量比能量，因此目前主要用于小型高能量电池，如手机和笔记本等 3C 数码领域，但其抗过充、高温安全性能不好。此外，钴资源稀缺、成本高，且有一定毒性。

2. 磷酸铁锂

1）组成结构

磷酸铁锂（$LiFePO_4$）是橄榄石结构的正极材料，属于正交晶系（$a\neq b\neq c$，$\alpha=\beta=\gamma=90°$），空间群为 $Pnmb$。$LiFePO_4$ 的晶体结构中 O 原子以稍微扭曲六面紧密结构的形式堆积，

Fe 原子和 Li 原子均占据八面体中心位置，形成 FeO_6八面体和 LiO_6八面体，P 原子占据四面体中心位置，形成 PO_4四面体，如图 1-9 所示。$LiFePO_4$的晶胞参数：$a=1.0329$ nm，$b=0.6011$ nm，$c=0.4690$ nm。沿 a 轴方向，交替排列的 FeO_6八面体、LiO_6八面体和 PO_4四面体形成一个层状结构。在 bc 面上，每 1 个 FeO_6 八面体与周围 4 个 FeO_6八面体通过公共顶点连接起来，形成锯齿形的平面层。这个过渡金属层能够传输电子，但由于没有连续的 FeO_6共边八面体网络，因此不能连续形成电子导电通道。各 FeO_6八面体形成的平行平面之间由 PO_4四面体连接起来，每一个 PO_4与一个 FeO_6层有一个公共点，与另一个 FeO_6层有一个公共边和一个公共点，PO_4四面体之间彼此没有任何连接。晶体由 FeO_6八面体和 PO_4四面体构成空间骨架。在 $LiFePO_4$结构中，由于存在较强的三维立体的 P—O—Fe 键，不易析氧，故结构稳定。

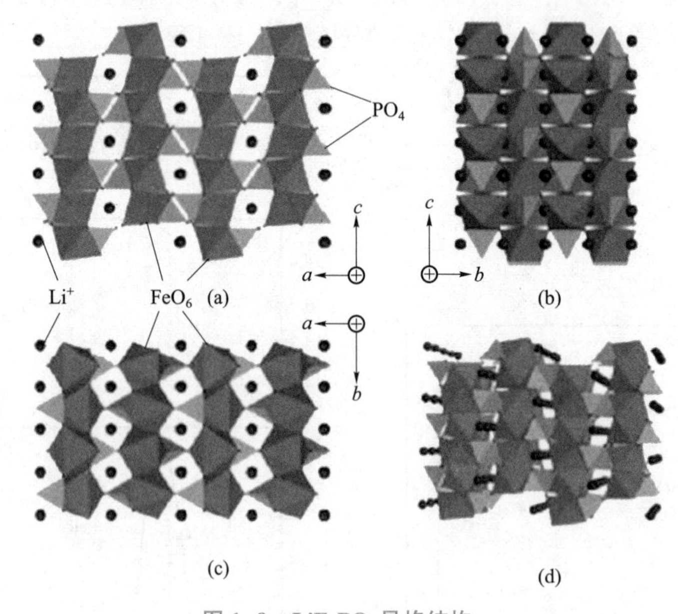

图 1-9 $LiFePO_4$晶格结构

(a) 正视图；(b) 侧视图；(c) 俯视图；(d) 三维透视图

由于八面体之间的 PO_4四面体限制了晶格体积的变化，因此在锂离子所在的 ac 平面上，PO_4 四面体限制了 Li^+的移动。第一性原理计算研究发现，锂离子沿 b 方向的迁移速率要比其他可能的方向快至少 11 个数量级，说明在 LiFePO，$Li_{0.5}FePO_4$，$FePO_4$晶格中均为一维扩散，造成 $LiFePO_4$材料电子电导率和离子扩散速率低。Yamada 等运用中子衍射进一步证实了其在 $FePO_4$的一维扩散路径，如图 1-10 所示。

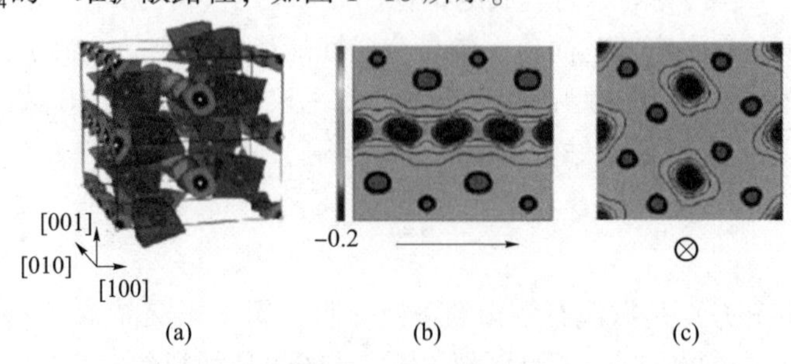

图 1-10 利用中子衍射得到的锂离子分布密度图像

2）电化学性能

$LiFePO_4$ 中的 Fe 为+2 价，在充电过程中，Fe 由+2 价变为+3 价，而在放电过程中，Fe 由+3 价变为+2 价，发生的电化学反应可用下式表示。

$$LiFePO_4 \rightarrow Li_{1-x}FePO_4 + xLi^+ + xe^- \qquad (0 \leqslant x < 1)$$

$LiFePO_4$充放电曲线如图 1-11 所示，由图 1-11 可见，在充放电曲线上均存在一个非常平坦的电位平台。按照电化学计算 $LiFePO_4$的理论比容量为 170（mA·h）/g，电压为 3.4 V（相对 Li^+/Li）。

在 $LiFePO_4$充放电过程中，XRD 和 Mössbaur 谱研究发现，充放电过程中 $FePO_4$和 $LiFePO_4$两相的存在，在充放电曲线中均存在一个平坦的电位平台与之相对应，也表明 Li^+的脱/嵌可能只伴随着一个相变过程。$LiFePO_4$以相变形式表示的充放电反应过程可用下式表示。

充电：$LiFePO_4 \rightarrow xFePO_4 + (1-x)LiFePO_4 + xLi^+ + xe^-$

放电：$FePO_4 + xLi^+ + xe^- \rightarrow xLiFePO_4 + (1-x)FePO_4$

针对 $LiFePO_4$颗粒中 Li^+的嵌入和脱出过程，人们最早提出了“核收缩”模型，如图 1-12 所示。该模型认为，在充电过程中，随着锂离子的迁出，$LiFePO_4$不断转化成 $FePO_4$，并形成 $FePO_4/LiFePO_4$界面，充电过程相当于这个界面向颗粒中心的移动过程。界面不断缩小，直至锂离子的迁出量不足以维持设定电流最小值时，充电结束。此时颗粒中心锂离子中尚未来得及迁出的 $LiFePO_4$就变成了不可逆容量损失的来源。反之，放电过程就是从颗粒中心开始的，$FePO_4$转化为 $LiFePO_4$的过程，$FePO_4/LiFePO_4$界面不断向颗粒表面移动，直至 $FePO_4$全部转化为 $LiFePO_4$，放电结束。无论是 $LiFePO_4$的充电还是放电过程，锂离子都要经历一个由外到内或者是由内到外通过相界面的扩散过程。其中，锂离子穿过几个纳米厚的 $FePO_4/LiFePO_4$界面的过程，就是 Li^+扩散的控制步骤。此后，人们还提出了辐射（radial）模型和马赛克（mosaic）模型等，加深了对 $LiFePO_4$嵌锂机理的认识。

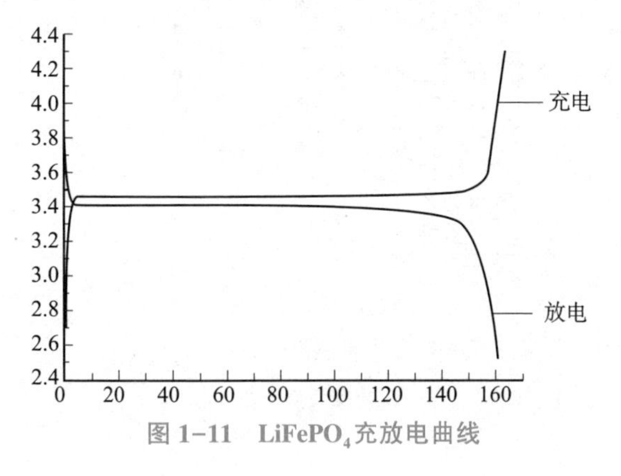

图 1-11　$LiFePO_4$充放电曲线

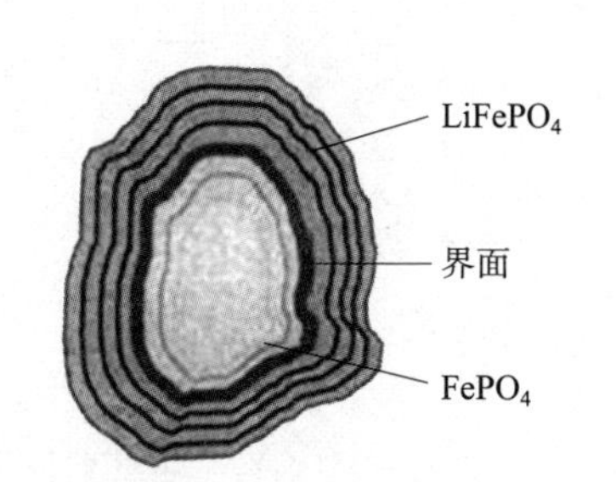

图 1-12　Li^+脱/嵌过程中 $FePO_4/LiFePO_4$界面运动示意图

在电池的充放电过程中，电池材料在斜方晶系的 $LiFePO_4$和六方晶系的 $FePO_4$两相之间转变。由于 $LiFePO_4$和 $FePO_4$在 200 ℃ 以下以固熔体形式共存，在充放电过程中没有明显的两相转折点，因此，磷酸铁锂电池的充放电电压平台长且平稳。另外，在充电过程完成后，正极 $FePO_4$的体积相对 $LiFePO_4$仅减少 6.81%，再加上 $LiFePO_4$ 和 $FePO_4$ 在低于400 ℃时几乎不发生结构变化，具有良好的热稳定性，在室温到 85 ℃范围内，与有机电解质溶液的反应活性很低。因此，磷酸铁锂电池在充放电过程中表现出良好的循环稳定性，具有较长的循环寿命。

磷酸铁锂具有橄榄石形晶体结构，具有稳定性、循环性能和安全性能优异、原料易得、价格便宜和无毒无污染等优点。其缺点是比容量低、电压低、充填密度低、大电流性能不好、低温性能差，由于不能在空气中合成，因此产品一致性较差。目前磷酸铁锂主要用于大型动力锂离子电池。

3. 三元材料

1）组成结构

三元材料 $LiNi_{1-x-y}Co_xMn_yO_2$（NCM）与 $LiCoO_2$类似同属 α-$NaFeO_2$型层状结构，研究较多的体系主要有 $Li[Ni_{1/3}Co_{1/3}Mn_{1/3}]O_2$，$Li[Ni_{0.4}Co_{0.2}Mn_{0.4}]O_2$，$Li[Ni_{0.8}Co_{0.1}Mn_{0.1}]O_2$和 $Li[Ni_{0.5}Co_{0.2}Mn_{0.3}]O_2$等。这里以 $Li[Ni_{1/3}Co_{1/3}Mn_{1/3}]O_2$为例讨论三元材料的结构，属 $R3m$ 空间群，Li 原子占据 3*a* 位置，氧原子占据 6*c* 位置，Ni，Co，Mn 占据 3*b* 位置，每个过渡金属原子由 6 个氧原子包围形成 MO；八面体结构，而锂离子嵌入过渡金属原子与氧形成 $Li[Ni_{1/3}Co_{1/3}Mn_{1/3}]O_2$层。目前，关于 3*b* 位过渡金属的排列有 3 种假设模型：

（1）Ni，Co 和 Mn 在 3*b* 层中均匀规则排列，以［$\sqrt{3}\times\sqrt{3}$］R30°超晶格形式存在，如图 1-13（a）所示；

（2）Co，Ni 和 Mn 分别组成 3*b* 层并交替排列，如图 1-13（b）所示；

（3）Ni，Co 和 Mn 在 3*b* 层随机分布。

目前研究者对 $Li[Ni_{1/3}Co_{1/3}Mn_{1/3}]O_2$层间过渡金属原子的排布结构判断多倾向于第一种结构，但是还未形成统一认识。

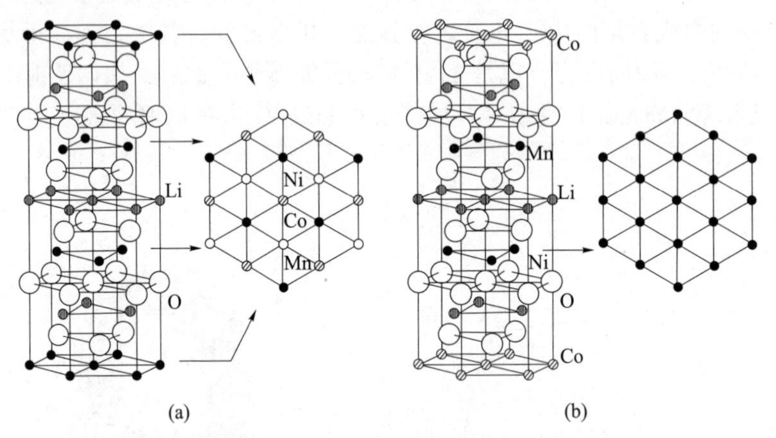

图 1-13　$Li[Ni_{1/3}Co_{1/3}Mn_{1/3}]O_2$三元材料结构示意图

（a）［$\sqrt{3}\times\sqrt{3}$］R30°超晶格；（b）$Co-O_2$，$Co-O_2$，$Co-O_2$层交替排列晶格

2）电化学性能

$LiCo_xMn_yN_{1-x-y}O_2$三元材料中过渡金属离子的平均价态为+3 价，Co 以+3 价存在，Ni 以+2 价及+3 价存在，Mn 则以+4 价及+3 价存在，其中+2 价的 Ni 和+4 价的 Mn 数量相等。充放电过程可用下式表示。

$$LiNi_{1-x-y}Co_xMn_yO_2 \rightleftharpoons Li_{1-x}Ni_{1-x-y}Co_xMn_yO_2+zLi^++ze^- \quad (0\leqslant x\leqslant 1)$$

这里以 $Li[Ni_{1/3}Co_{1/3}Mn_{1/3}]O_2$的超结构模型为例讨论三元材料的可逆储锂机理。$Li[Ni_{1/3}Co_{1/3}Mn_{1/3}]O_2$的充电脱锂过程分为 3 个阶段：

（1）$0\leqslant x\leqslant 1/3$ 时对应的反应是将 Ni^{2+}氧化成 Ni^{3+}；

（2）$1/3 \leqslant x \leqslant 2/3$ 时对应的反应是将 Ni^{3+} 氧化成 Ni^{4+}；

（3）$2/3 \leqslant x \leqslant 1$ 时对应的反应是将 Co^{3+} 氧化成 Co^{4+}。

随着充电进行，依次由 Ni^{2+}/Ni^{3+}，Ni^{3+}/Ni^{4+} 和 Co^{3+}/Co^{4+} 电对的氧化进行电荷补偿，主要通过 Ni^{2+}/Ni^{3+} 和 Ni^{3+}/Ni^{4+} 两个电对进行补偿，而 Mn，Co 两元素在充电过程中基本不发生变化，氧化态分别稳定在+4 价和+3 价。在充电后期电子由氧原子提供。

在层状正极材料中，均会发生 Li^+ 与过渡金属离子的混排现象，Ni^{2+} 的存在会使混排程度更为突出。这是由于 Ni^{2+} 的离子半径（0.069 nm）与 Li^+ 的离子半径（0.076 nm）相近，Ni 会占据 Li 的 3*a* 位置，Li 则进驻 Ni 的 3*b* 位置。Li^+ 层中 Ni^{2+} 的浓度越大混排越严重，Li^+ 的脱嵌越困难，电化学性能越差。这种混排可用 XRD 特征峰强度的比值 *R* 来表征，如 $R=I_{003}/I_{004}$，当 $R>1.2$ 时，材料混排较小，具有较理想的层状结构。

在 $LiCo_xMn_yNi_{1-x-y}O_2$ 中，Ni 提供电化学所需要的电子，有助于提高容量，但 Ni 含量增加会导致过渡金属离子混排趋势增加、循环性能恶化。Co 能提高材料的导电性及倍率性能，但过量 Co 会导致混排增大，比容量也相应下降。Mn 有利于改善安全性能，但过量也会导致层状结构遭受破坏，比容量降低，循环稳定性变差。

三元材料 NCM 综合了单一组分材料的优点，具有明显的三元协同效应。三元材料基本物性和充放电平台与 $LiCoO_2$ 相近，平均放电电压 3.6 V 左右，可逆比容量一般在 150~180（mA·h）/g。三元材料比 $LiCoO_2$ 容量高且成本低，比 $LiNiO_2$ 安全性好且易于合成，比 $LiMnO_2$ 更稳定且拥有价格和环境友好优势。所以，三元材料具有良好的市场前景，目前主要用于小型锂离子电池和动力锂离子电池。典型的三元材料还有镍钴铝三元材料 NCA（$LiNi_{0.8}Co_{0.15}Al_{0.05}O_2$）。

1.3.2 负极材料

在锂离子电池充放电过程中，锂离子反复地在负极材料中嵌入和脱出，发生电化学氧化/还原反应。为了保证良好的电化学性能，对负极材料一般具有以下要求。

（1）锂离子嵌入和脱出时电压较低，使电池具有高工作电压。

（2）质量比容量和体积比容量较高，使电池具有高能量密度。

（3）主体结构稳定，表面形成固体电解质界面（SEI）膜稳定，使电池具有良好循环性能。

（4）表面积小，不可逆损失小，使电池具有高充放电效率。

（5）具有良好的离子和电子导电能力，有利于减小极化，使电池具有大功率特性和容量。

（6）安全性能好，使电池具有良好的安全性能。

（7）浆料制备容易、压实密度高、反弹小，具有良好加工性能。

（8）具有价格低廉和环境友好等特点。

人们研究过的锂离子电池负极材料种类繁多，能够满足上述要求且实现商业化的负极材料主要有石墨、硬碳和软碳等碳材料，钛酸锂、硅基和锡基材料。

1. 石墨材料

1）组成结构

石墨是由碳原子组成的六角网状平面规则平行堆砌而成的层状结构晶体，属于六方晶系，*P63/mmc* 空间群。在每一层石墨平面内的碳原子排成六方形，每个碳原子以 sp^2 杂化轨道与三个相邻的碳原子以共价键结合，碳碳键键长为 0.142 1 nm，p 轨道上电子形成离域 π 键，使石墨层内具有良好的导电性。相邻层内的碳原子并非以上下对齐方式堆积，而是有

六方形结构和菱形结构两种结构。六方形结构为 ABABAB…堆积模型，菱形结构为 ABCABCABC…堆积模型，如图 1-14 所示。理论层间距为 0.335 4 nm，晶胞参数：a_0=0.246 nm，c_0=0.670 nm。

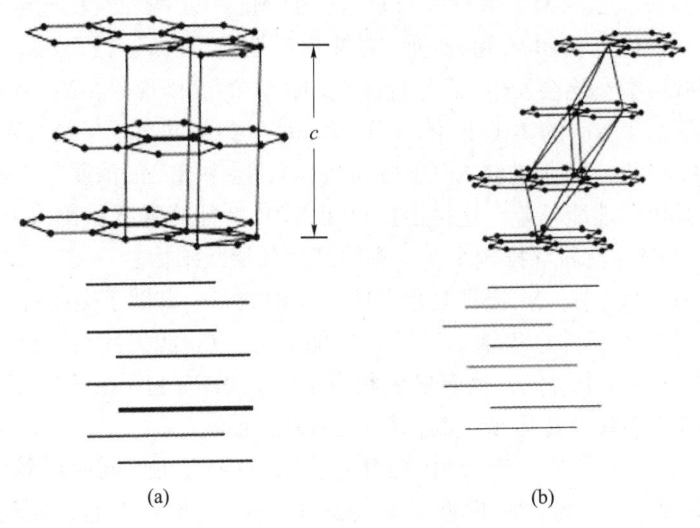

图 1-14　石墨晶体的两种晶体结构

(a) 六方形结构；(b) 菱形结构

石墨材料的种类很多，有球形天然石墨、破碎状人造石墨和中间相炭微球（MCMB）三大类，它们的表面形貌如图 1-15 所示。

图 1-15　石墨材料形貌图

(a) 球形天然石墨；(b) 破碎状人造石墨；(c) 中间相炭微球

石墨晶体材料表面结构分为端面和基面，基面为共轭大平面结构，而端面为大平面的边缘。端面与基面的表面积之比变化很大，与碳材料的品种和制备方法有关。端面又分为椅形表面和齿形表面，如图 1-16（a）所示。石墨晶粒直径 L_a 与拉曼光谱 I_{1360}/I_{1580} 有关，L_a 越大，端面越小。碳层之间可能存在封闭结构（见图 1-16（b）），类似于碳纳米管。石墨表面和层间缺陷都有可能存在部分官能团（见图 1-16（c））。

2）电化学性能

石墨的充放电过程是锂嵌入石墨形成石墨嵌入化合物和从石墨层中脱出的过程。石墨的嵌/脱锂化学反应式如下。

$$x\mathrm{Li}^{+}+6\mathrm{C}+x\mathrm{e}^{-}\rightleftharpoons \mathrm{Li}_{x}\mathrm{C}_{6}$$

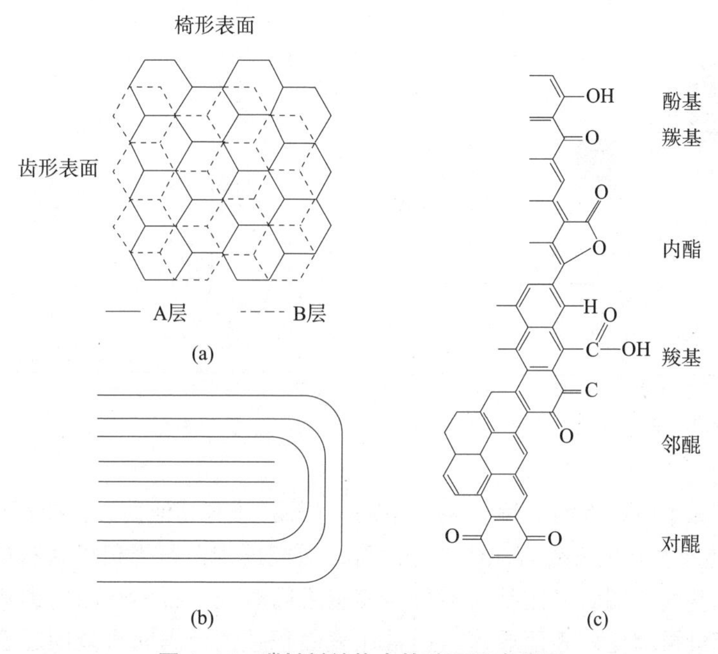

图 1-16　碳材料结构中的端面及官能团

（a）两种端面的示意图；（b）端面的封闭结构；（c）碳材料表面一些代表性官能团

石墨嵌入化合物具有阶现象，阶数等于周期性嵌入的两个相邻嵌入层之间石墨层的层数，如 1 阶 LiC_6、2 阶 LiC_2、3 阶 LiC_{24}和 4 阶 LiC_3等化合物。在石墨的充电过程中，充电电压逐渐降低，形成充电电压阶梯平台，对应高阶化合物向低阶化合物转变。石墨充电电压阶梯平台与两个相邻阶嵌入化合物的过渡存在对应关系，低含量的锂随机分布在整个石墨晶格里，以稀释 1 阶形式存在，稀 1 阶向 4 阶转变的过渡电压为 0. 20 V，4 阶向 3 阶转变的过渡电压为连续的，3 阶向稀 2 阶（2L 阶）转变的过渡电压为 0. 14 V，2L 阶向 2 阶转变的过渡电压为 0. 12 V，2 阶向 1 阶转变的过渡电压为 0. 09 V。嵌满锂时形成的是 1 阶化合物 LiC_6，比容量为 372（mA · h）/g，这是石墨在常温常压下的理论最大值，如图 1-17 所示。有研究者在高温高压条件下制备了 $x>1$ 石墨嵌入化合物（Li_xC_6），表明在高压条件下，锂离子电池可以具有更高的容量。

石墨负极材料在首次充电过程中，在 0. 8 V 左右出现了一个充电平台，这一平台在第二次放电时消失，是个不可逆平台，如图 1-18 所示。它与石墨嵌入化合物的充电平台无关，而是 SEI 膜形成的平台。所谓的 SEI 膜就是离子可导、电子不可导的固体电解质界面膜。

在首次充电时，石墨碳层的端面和基面呈现裸露状态，电化学电位很低，具有极强的还原性。现在人们普遍认为没有一种电解液能抵抗锂及高嵌锂碳的低电化学电位。因此，在石墨负极材料首次充电的初期，电解质和溶剂在石墨表面发生还原反应，生成的产物有固体产物 Li_2CO_3，LiF，LiOH 以及有机锂化合物。这些固体化合物沉积于碳材料的表面，可以传导离子且可以阻止电子的传导，从而阻止电解液的继续分解，使得锂离子电池的不可逆反应大幅度降低，从而具有稳定的循环能力。也就是说，只有生成离子可导、电子不可导的 SEI 膜才能使碳具有稳定可逆嵌/脱锂的能力。

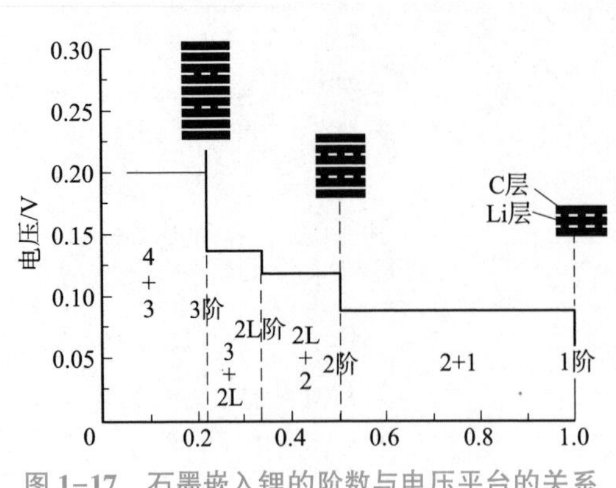

图 1-17　石墨嵌入锂的阶数与电压平台的关系

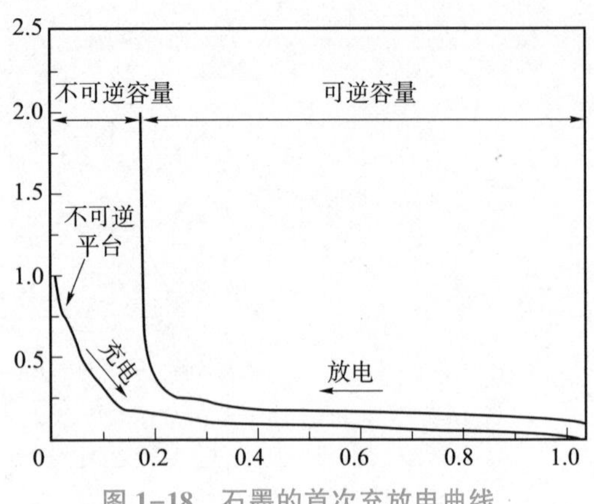

图 1-18　石墨的首次充放电曲线

不可逆反应除了电解液的分解、SEI 膜损失以外，还有其他损失，如石墨表面吸附的水和 O_2的不可逆还原、石墨表面官能团的分解等。研究发现，石墨负极材料的比表面积、表面官能团数量和基面与端面之比都与不可逆容量之间有关，石墨端面的锂离子共嵌入与自放电对不可逆容量贡献比外表面更多。通常比表面积越大，表面官能团越多，不可逆容量越大，电池的首次库仑效率越低。

石墨负极材料的理论比容量为 372（mA·h）/g，所制备的锂离子电池具有工作电压高且平稳、首次充放电效率高和循环性能好等特点，是目前工业上用量最大的负极材料。但石墨负极材料与 PC 基电解液的相容性差，通常碳包覆改性后可以提高石墨的结构稳定性和电化学性能。

2. 无定形碳

1）组成结构

无定形碳通常是指呈现石墨微晶结构的碳材料，包括软碳和硬碳两种（见图 1-19）。软碳的微晶排列规则，多以平行堆砌为主，经过 2 000 ℃以上高温处理后容易转化为层状结构，又称易石墨化碳。石油焦和沥青碳均属于软碳。硬碳的微晶排列不规则，微晶之间存在较强交联，即使经过高温处理也难以获得晶体石墨材料，又称不可石墨化碳。制备硬碳的原料主要有酚醛树脂、环氧树脂、聚糠醇、聚乙烯醇等，以及葡萄糖和蔗糖等小分子有机物。硬碳和软碳材料主要用于动力锂离子电池。

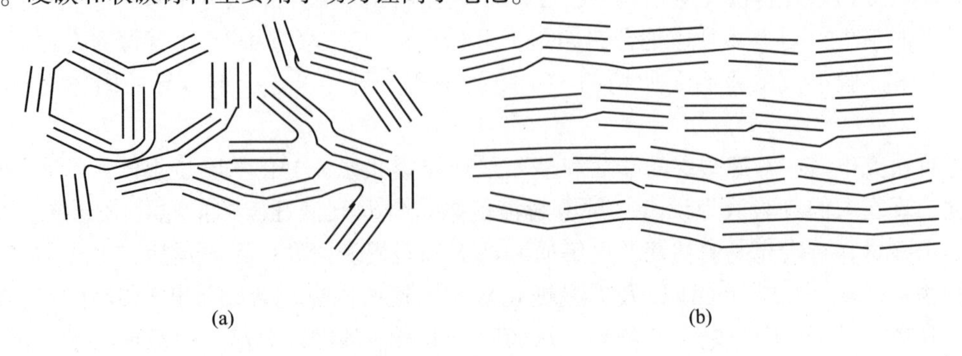

图 1-19　无定形碳结构
（a）硬碳；（b）软碳

2）电化学性能

无定形碳的可逆储锂研究很多，主要有 Li_2分子机理、多层锂机理、晶格点阵机理、弹性球-弹性网络模型、层-边缘-表面机理、纳米级石墨储锂机理、碳-锂-氢机理、单层墨片机理、微孔储锂机理。

无定形碳主要由石墨微晶和无定形区域构成。无定形区域由微孔、sp^3杂化碳原子、碳链以及官能团等构成，它们位于微晶的小石墨片边缘，成为大分子的一部分。软碳有 4 种储锂位置，分为 3 种形式，如图 1-20 所示。

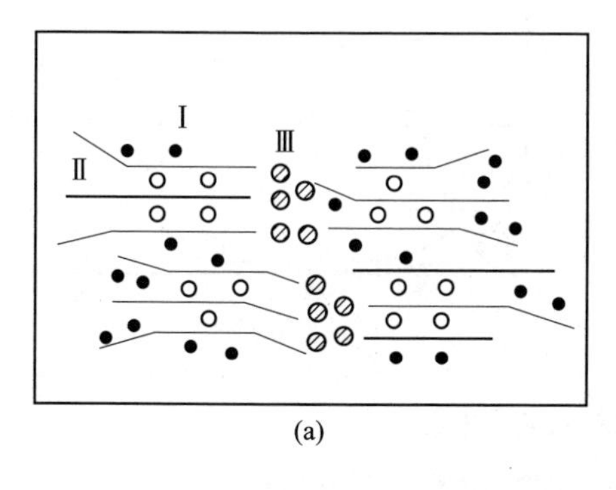

(a)

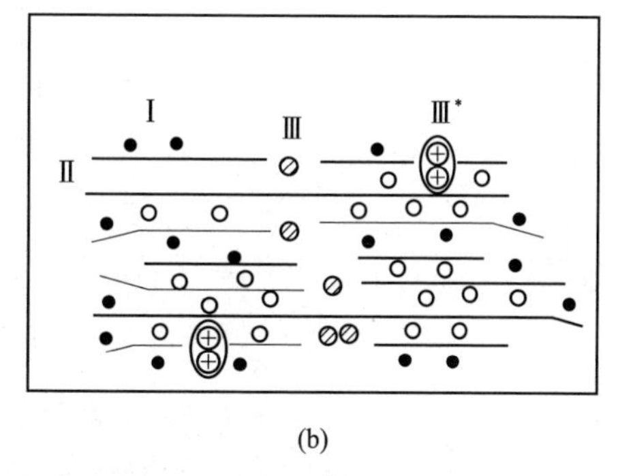

(b)

图 1-20　不同温度制备无定形碳的储锂位置示意图[2]

（a）700 ℃；（b）1 000 ℃

Ⅰ型为单层碳层表面和微晶基面表面的储锂位置，锂离子发生部分电荷转移，对应充电电压在 0. 25~2 V。

Ⅱ型为类似石墨层间储锂位置，锂离子嵌入大层间距的六角簇中，对应充电电压在 0~0. 25 V。

Ⅲ型为两个边缘六角簇间隙储锂位置，锂离子嵌入电压在 0~0. 1 V，脱出电压在 0. 8~2 V，表现出很大的滞后性。

Ⅲ*型为六角平面被杂原子演变而来的缺陷储锂位置，类似于Ⅲ型。

软碳负极材料中，碳平面很小，边缘和层间缺陷很多，Ⅲ和Ⅲ*型储锂位置居多，Ⅱ型较少；同时软碳孔隙少，表面积小，Ⅰ型也较少。因此软碳材料表现出较大的电压滞后。

硬碳负极材料中，储锂位置除了类似软碳的Ⅰ，Ⅱ，Ⅲ型外，还具有Ⅳ型和Ⅴ型。Ⅴ型为平面原子缺陷，杂原子孔，类似Ⅲ*型；Ⅳ型为六角平面夹缝孔，对应充放电电压为 0~0. 13 V。硬碳中微晶层片边缘多交联，Ⅲ型储锂有所减少，滞后变小；多数空隙较大，Ⅰ型减少；同样层间储锂Ⅱ型不多，而Ⅳ型大幅度增加，因此出现电压平台。Ⅰ型和Ⅳ型区别在于空隙大小，Ⅰ型空隙小时，相当于Ⅱ型，变大时为Ⅳ型储锂。

采用有机前驱体热解制备无定形碳负极材料的电化学性能如图 1-21 所示。由图 1-21（a）可知，有三个区域中的碳具有高可逆储锂能力，分别为区域 1、区域 2 和区域 3。区域 1 是在2 400~2 800 ℃处理所得的石墨材料，典型比容量为 355（mA · h）/g，其充放电曲线如图 1-21（b）中的区域 1 所示，电压低且无滞后，具有明显阶梯式平台，最低充电电压相对于锂为 90 mV。区域 2 是以 550 ℃处理的石油沥青软碳，比容量最大为 900（mA · h）/g，元素组成为 $H_{0.4}C$，充放电曲线如图 1-21（b）中的区域 2 所示，电压呈连续变化，存在明显电压滞后，大量电量是在接近 0 V 时充入的，在 1 V 附近放出。区域 3 为某些 1 000 ℃左右处理的硬碳，以甲阶可溶酚醛树脂的比容量最大，为 560 (mA · h)/g，充放电曲线几乎无滞后。

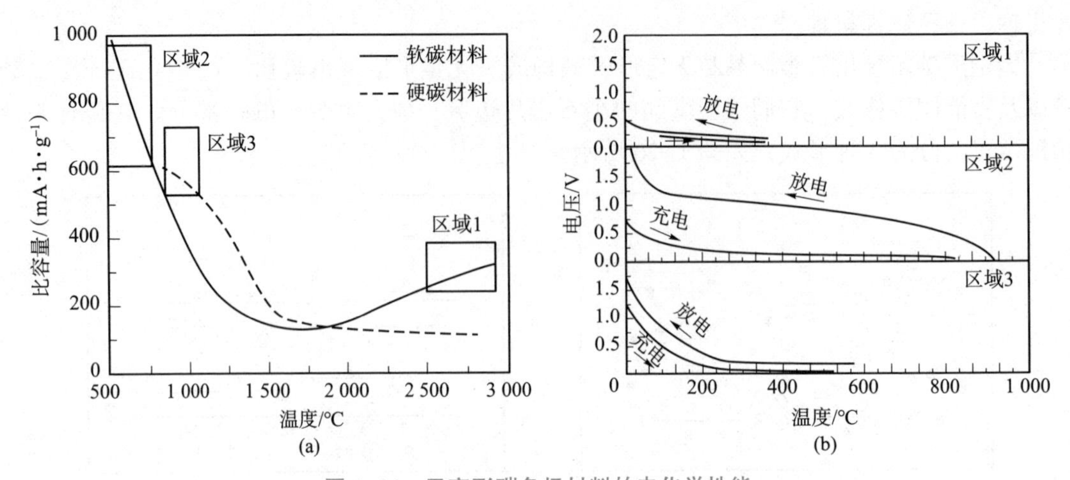

图 1-21 无定形碳负极材料的电化学性能

(a) 可逆储锂容量与热处理温度的关系；(b) 三种典型碳样的第二次充放电曲线

3. 锡基复合材料

1) 组成结构

金属锡可以和 Li 形成 Li_2Sn_5，Li_7Sn_3，Li_7Sn_2，$Li_{22}Sn_5$等多种合金，最大嵌锂数为 4.4，理论比容量达 994 (mA · h)/g；同时，锡负极堆积密度高，不存在溶剂共嵌入效应，是高容量锂离子电池负极材料的研究热点。但锡负极在充放电过程中体积膨胀倍数大 (>300%)，电极材料结构容易粉化，大大降低了电池的循环性能。为此，通过引入 Cu，Sb，Ni，Mn，Fe 等金属元素或碳等非金属元素，以合金化、复合化和颗粒细化的方式来稳定锡基材料的结构，提高循环性能。例如，利用合金元素进行合金化可以作为支撑骨架降低材料的膨胀倍数；利用碳等非金属材料作为复合载体可以提高材料导电性和缓冲体积膨胀产生的内应力；颗粒细化通常也伴随晶粒细化，二者的共同作用能够显著降低颗粒膨胀和收缩时产生的内应力，一定程度减小颗粒的体积膨胀倍数。

在锡基合金复合物中，Sn-Co/C 复合材料是已经实现产业化的一种负极材料，如索尼公司产业化的锂离子电池，负极使用 Sn-Co/C 三元复合材料。由 Sn-Co 合金组成的超微颗粒分布在碳基体中，钴与碳形成碳化物，结构如图 1-22 所示。这种结构在一定程度上有利于降低金属锡在储锂时发生的体积膨胀，提高结构稳定性和循环性能。

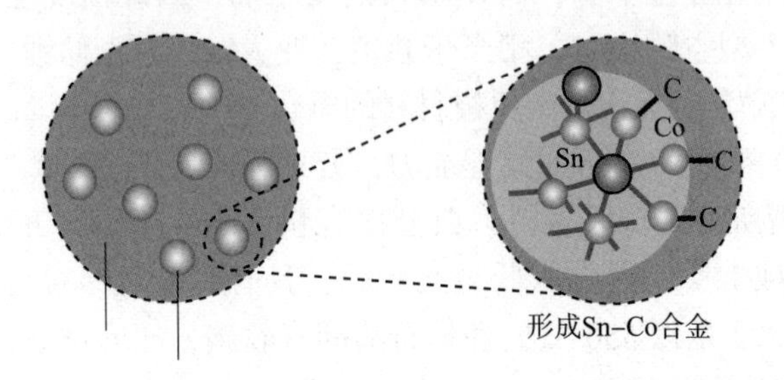

图 1-22 Nexelion 锂离子电池中 Sn-Co/C 负极材料的结构

2）电化学性能

2005 年，索尼公司推出的首次使用 Sn-Co/C 复合材料的锂离子电池（直径为 14 mm，高 43 mm）容量比同尺寸的石墨锂离子电池高出约 30%。2011 年，索尼公司再次宣布开发了使用 Sn-Co/C 复合材料作为负极材料的新一代 Nexelion 高容量锂离子电池，这种 18650 型圆柱形电池的容量为 3.5 A·h，放电曲线如图 1-23 所示。

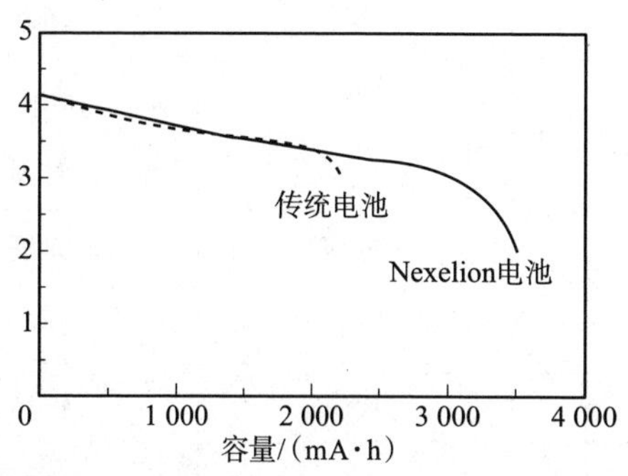

图 1-23　Nexelion 18650 型圆柱形锂离子电池的放电曲线

索尼公司开发出的 Sn-Co/C 复合材料是将锡、钴、碳在原子水平上均匀混合并进行非晶化处理的材料，能够有效抑制充放电时粒子形状的变化，成功提升了循环性能。Sn-Co/C 复合材料充电性能好，可以实现快速充电，同时在低温环境下（-10~0 ℃）也具有较高的容量，低温性能良好。这类 Sn-Co/C 复合材料主要用于笔记本电脑、数码相机等的小型高容量锂离子电池。到目前为止，也只有索尼公司推出了该类材料的商业化产品，未见其他公司跟进。

1.3.3　电解质

电解质是电池的重要组成部分之一，是在电池内部正、负极之间起到建立离子导电通道，同时阻隔电子导电的物质，因此锂离子电池的电化学性能与电解质的性质密切相关。

锂离子电池通常采用有机电解质，稳定性好，电化学窗口宽，工作电压比使用水溶液电解质的电池高出 1 倍以上，在 4 V 左右。这些特性使锂离子电池具备高电压和高比能量的性质。但是有机电解质导电性不高，热稳定性较差，导致锂离子电池存在安全隐患。

要保证锂离子电池具有良好的电化学性能和安全性能，电解质体系需要具备如下特点。

（1）在较宽的温度范围内离子导电率高、锂离子迁移数大，减少电池在充放电过程中的浓差极化，提高倍率性能。

（2）热稳定性好，保证电池在合适的温度范围内使用。

（3）电化学窗口宽，最好有 0~5 V 的电化学稳定窗口。

（4）化学性质稳定，保证电解质在两极不发生显著的副反应，满足在电化学过程中电极反应的单一性。

（5）电解质代替隔膜使用时，还要具有良好的力学性能和可加工性能。

（6）安全性好，闪点高或不燃烧。

（7）价格成本低，无毒物污染，不会对环境造成危害。

锂离子电池电解质可以分为液态电解质、半固态（凝胶聚合物）电解质和固态电解质。

各类锂离子电池电解质的性质对比如表 1-6 所示。

表 1-6 各类锂离子电池电解质的性质对比

性质	液态电解质	半固态电解质	固态电解质	
	有机液体	凝胶聚合物	固体聚合物	无机固体
基体特性	流动性	韧性	韧性	脆性
Li^+浓度	较低	较低	较高	高
Li^+位置	不固定	相对固定	相对固定	固定
电导率	高	较高	偏低	偏低
安全性	易燃	较好	好	好
价格	较高	较高	较高	较低
离子配位	无	有	无	无
离子交换数	高	低	一般为 1	一般为 1

1. 液态电解液

1）化学组成

液态电解质又称电解液。锂离子电池常用的有机液体电解质又称非水液体电解质。有机液体电解质由锂盐、有机溶剂和添加剂组成。

（1）锂盐：主要起到提供导电离子的作用。六氟磷酸锂是商业化锂离子电池采用得最多的锂盐。纯净的 $LiPF_6$ 为白色晶体，可溶于低烷基醚、腈、吡啶、酯、酮和醇等有机溶剂，难溶于烷烃、苯等有机溶剂。$LiPF_6$电解液的电导率较大，在 20 ℃时，碳酸乙烯酯（EC）+碳酸二甲酯（DMC）（体积比 1∶1）电导率可达 10×10^{-3} S/cm。电导率通常在电解液的浓度接近 1 mol/L 时有最大值。$LiPF_6$的电化学性能稳定，不腐蚀集流体，但是 $LiPF_6$热稳定性较差，遇水极易分解，导致在制备和使用过程中需要严格控制环境水分含量。

（2）有机溶剂：主要作用是溶解锂盐，使锂盐电解质形成可以导电的离子。常用的有碳酸丙烯酯、碳酸二甲酯和碳酸二乙酯等。有机溶剂一般选择介电常数高、黏度小的有机溶剂。介电常数越高，锂盐就越容易溶解和解离；黏度越小，离子移动速度越快。但实际上介电常数高的溶剂黏度大，黏度小的溶剂介电常数低。因此，单一溶剂很难同时满足以上要求，锂离子电池有机溶剂通常采用介电常数高的有机溶剂与黏度小的有机溶剂混合来弥补各组分的缺点，如 EC 类碳酸酯的介电常数高，有利于锂盐的离解，DMC、碳酸二乙酯（DEC）、碳酸甲乙酯（EMC）类碳酸酯黏度低，有助于提高锂离子的迁移速率。

（3）添加剂：一般起到改进和改善电解液电性能和安全性能的作用。一般来说，添加剂主要有：①改善 SEI 膜的性能，如添加碳酸亚乙烯酯（VC）、亚硫酸乙烯酯（ES）和 SO_2等；②防止过充电（添加联苯）、过放电；③避免电池在过热条件下燃烧或爆炸，如添加卤系阻燃剂、磷系阻燃剂以及复合阻燃剂等；④降低电解液中的微量水和 HF 含量等作用。

常见锂离子电池有机电解液的组成及其性质如表 1-7 所示。

表 1-7　常见锂离子电池有机电解液的组成及其性质

正极/负极	有机电解液	电导率/($mS \cdot cm^{-1}$)	密度/($g \cdot cm^{-3}$)	水分/($\mu g \cdot g^{-1}$)	游离酸（以 HF 计）/($\mu g \cdot g^{-1}$)	色度/Hazen
钴酸锂或三元/人造石墨或改性天然石墨	$LiPF_6$+EC+DMC+EMC+VC	10. 4±0. 5	1. 212±0. 01	≤20	≤50	≤50
高电压钴酸锂/人造石墨	$LiPF_6$+EC+PC+DEC+FEC+PS	6. 9±0. 5	0. 15±0. 01	≤20	≤50	≤50
高压实钴酸锂/高压实改性天然石墨	$LiPF_6$+EC+EMC+EP	10. 4±0. 5	1. 154±0. 01	≤20	≤50	≤50
$LiNi_{1/3}Co_{1/3}Mn_{1/3}O_2$/人造石墨	$LiPF_6$+EC+DMC+EMC+VC	10. 0±0. 5	1. 23±0. 01	≤20	≤50	≤50
钴酸锂材料/Si-C	$LiPF_6$+EC+DEC+FEC+	7±0. 5	1. 208±0. 01	≤20	≤50	≤50
高倍率三元/人造石墨或复合石墨	$LiPF_6$+EC+DMC+EMC+VC	10. 7±0. 5	1. 25±0. 01	≤20	≤50	≤50
磷酸铁锂/石墨	$LiPF_6$+EC+DMC+EMC+VC	10. 9±0. 5	1. 23±0. 01	≤20	≤50	≤50
锰酸锂/石墨	$LiPF_6$+EC+DEC+EMC+VC+VC+PS	8. 9±0. 5	1. 215±0. 01	≤10	≤30	≤50
三元材料/钛酸锂	$LiPF_6$+EMC+PC+LiBOB	7. 5±0. 5	1. 179±0. 01	≤10	≤30	50
钴酸锂或三元/人造石墨或改性天然石墨凝胶电解质	$LiPF_6$+EC+DEC+EMC+VC	7. 6±0. 5	1. 2±0. 01	≤10	≤30	≤50

2）物理化学性质

电解液的物理化学性质包括电化学稳定性、传输性质、热稳定性、相容性等，锂离子电池的性能与电解液的物理化学性质密切相关。

（1）电化学稳定性。电解液的电化学稳定性可以用电化学窗口表示，指电解液发生氧化反应和还原反应的电位之差。电化学窗口越宽，电解液的电化学稳定性越好。锂离子电池的电化学窗口一般要求达到 4. 5 V 之上。电解液的电化学稳定性与锂盐、有机溶剂、电解液与电极材料的配合以及添加剂和使用环境条件等多种因素有关。锂盐的电化学稳定性通常由阴离子决定，无机阴离子电化学稳定性由大到小的顺序一般为 $SbF_6^- > AsF_6^- \geqslant PF_6^- > BF_4^- > ClO_4^-$，有机阴离子为 $C_4F_9SO_3^- > N(SO_2CF_3)_2^- > CF_3SO_3^- > B(C_2H_5)_4^-$，并且无机阴离子比有机阴离子稳定，含氟有机阴离子比不含氟的稳定。溶剂应具有高氧化电位和低还原电位。碳酸酯或其他酯类具有高的阳极稳定性，而醚类的阴极稳定性较高。某些含有强极性官能团的溶剂（乙腈、环丁砜和二甲亚砜等）具有非常高的稳定性，如环丁砜的电化学窗口大约为 6. 1 V。

（2）传输性质。电解液在正负极材料之间起到传递物质和电量的作用，其传输性质对锂离子电池电化学性能的影响很大。电解液的传输性质与其黏度和电导率有关。

电解液的黏度由锂盐和溶剂共同决定。影响电解质黏度的主要因素包括温度、锂盐浓度和溶剂与离子之间相互作用的性质。低黏度的溶剂打破高介电常数溶剂的自缔合作用，可以提高电解液的电导率，保证电解液的传输性质；而黏度过高会导致电解液的电导率和离子的扩散系数降低。锂盐的加入会带来黏度的增加，锂盐浓度较高时，溶液黏度急剧增加，这是由溶剂化离子、阴阳离子间缔合产生的离子对增加了电解液本身的结构化造成的。

电解液的电导率是衡量电解液性质的重要指标之一，是由正负离子数量、正负电荷价数和迁移速率决定的。影响电导率的主要因素有锂盐含量、溶剂组成以及温度。对于无机锂盐，25 ℃时，在 EC+DMC（体积比 1∶1）1 mol/L 的无机锂盐电解液中，电导率由大到小顺序为 $LiAsF_6 \approx LiPF_6 > LiClO_4 > LiBF_4$。对于有机锂盐，电导率的影响因素比较复杂，一般 $LiCF_3SO_3$电解液的电导率最小。随着锂盐浓度增加，电导率通常先上升后下降。电导率先上升是由于自由离子数的增加，后下降是由电解液黏度增加、阴阳离子缔合减少自由离子数所致。电解液的电导率在很大程度上也受溶剂组成的影响，高介电常数（HDS）和低黏度系数（LVS）的混合溶剂能显著提高电解质的电导率和 Li^+迁移数，改善锂金属电极的循环性能及循环效率。电导率随温度的升高而增加，这可能是由于高温有利于提高溶液离子迁移速率。

（3）热稳定性。电解液的热稳定性对锂离子电池的高温性能和安全性能起着至关重要的作用。电解液的热稳定性与锂盐和溶剂有关。锂盐的热重分析表明，无机锂盐 $LiPF_6$在低温时就开始分解，$LiBF_4$次之，热稳定性最好的是 $LiClO_4$。目前商用锂离子电池只能在室温下（<40 ℃）使用，否则电池的性能将急剧恶化。这主要是由于电解液中的 $LiPF_6$热稳定性差。有机锂盐 $LiCF_3SO_3$、$LiN(SO_2CF_3)_2$和 $LiN(SO_2C_2F_5)_2$的热稳定较好，分解温度均大于 300 ℃。

（4）相容性。电解液与电极之间发生电化学反应，包括正常的嵌入和脱出反应，还有其他副反应。所谓相容性好就是限制副反应的发生程度，维持正常嵌入和脱出反应，获得良好的电池性能。相容性也是电解液与负极和正极匹配性的问题，主要体现在锂盐、溶剂和添加剂与正负电极的匹配性。

2. 半固态电解质——凝胶聚合物电解质

1）组成结构

凝胶聚合物电解质（GPE）是液体与固体混合的半固态电解质，聚合物分子呈现交联的空间网状结构，在其结构孔隙中充满了液体增塑剂，锂盐则溶解于聚合物和增塑剂中。其中，聚合物和增塑剂均为连续相。凝胶聚合物电解质减少了有机液体电解质因漏液引发的电极腐蚀、氧化燃烧等生产安全问题。1994 年 Bellcore 公司成功推出聚合物锂离子电池之后，凝胶聚合物电解质成为锂离子电池商业化运用的发展趋势之一。

凝胶聚合物电解质的相存在状态复杂，由结晶相、非晶相和液相三个相组成。其中，结晶相由聚合物的结晶部分构成，非晶相由增塑剂溶胀的聚合物非晶部分构成，液相则由聚合物孔隙中的增塑剂和锂盐构成。在凝胶聚合物中，聚合物之间呈现交联状态，其交联方式有物理和化学两种方式。物理交联是指聚合物主链之间相互缠绕或局部结晶而形成交联的方式；化学交联是指聚合物主链通过共价键形成交联的方式，交联点具有不可逆性，并且稳定。化学交联由于不形成结晶，其交联点体积很小，几乎不增加对导电不利的体积分数，因此在凝胶聚合物电解质中具有更大的优势。

目前商业化运用的聚合物锂离子电池通常是凝胶聚合物电解质电池。常用的凝胶聚合物包括聚偏氟乙烯（PVDF）、偏氟乙烯-六氟丙烯共聚物［P(VDF-HFP)］、聚氧化乙烯（PEO）、聚丙烯腈（PAN）、聚甲基丙烯酸甲酯（PMMA）等。

PVDF 系凝胶聚合物电解质首先在锂离子电池中获得实际应用，聚合物基体主要是偏氟乙烯均聚物（PVDF）和偏氟乙烯-六氟丙烯共聚物［P(VDF-HFP)］，结构如图 1-24 所示。PVDF 结构重复单元为—CH_2—CF_2—，氟含量为 59%，是一种白色结晶性聚合物，结晶度在 60%～80%。PVDF 系凝胶聚合物能溶解于强极性溶剂，如 N-甲基吡咯烷酮（NMP）、二甲基乙酰胺（DMAC）、二甲基亚砜等。PVDF 系凝胶聚合物有很多优点：形成胶状液，成膜性好，易于实现批量生产；介电常数大（8.2～10.5），有助于促进锂盐在聚合物中的溶解；玻璃转化温度高，有利于提高聚合物的热稳定性；具有良好的化学稳定性。PVDF 系凝胶聚合物是生产聚合物电解质较为理想的基质材料，部分产品已经先后在美国、日本和中国实现产业化。

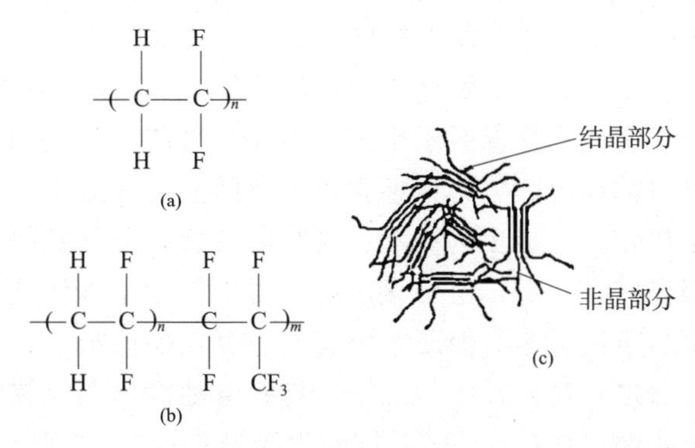

图 1-24　PVDF 和 P(VDF-HFP) 的分子结构式和 P(VDF-HFP) 的结构示意图

（a）PVDF 分子结构式；（b）P(VDF-HFP) 分子结构式；（c）P(VDF-HFP) 结构示意图

2）物理化学性质

凝胶聚合物电解质具有导电作用和隔膜作用。离子导电以液相增塑剂中导电为主。在凝胶聚合物电解质中增塑剂含量有时可以达到 80%，电导率接近液态电解质。导电性与增塑剂含量有关，一般增塑剂含量越大，则导电性越好。与液体电解质不同，凝胶电解质还可以作为电解质膜起到隔膜作用，因此凝胶聚合物电解质要求保持高的导电性，同时具有符合要求的机械强度。但这两个要求难以调和：一方面要求增塑剂与聚合物基体具有亲和性和溶胀性，增大增塑剂含量，这样聚合物电解质的持液性好，导电性好；另一方面聚合物的溶胀和增塑剂含量的增加，都势必导致凝胶聚合物电解质隔膜的强度下降。

PVDF 分子中含有强的吸电子基团 F，电化学窗口稳定（一般都超过 4.5 V）。HFP 的加入相当于在 PVDF 分子上嫁接了一个 HFP 分子，不仅降低了原来 PVDF 凝胶聚合物基体的结晶度，同时也减弱了原来分子中 F 的反应活性，改善了电极与电解质间的界面稳定性。因此影响 PVDF 系聚合物电解质物理性质和电化学性质的因素主要有聚合物基体、增塑剂以及锂盐等。

（1）聚合物基体。聚合物基体对电化学性质的影响因素主要包括结晶度、溶解性、溶胀性、润湿性等。PVDF 为结晶聚合物，加入 HFP 可以降低结晶度，但是电解质还要保持一定的机械强度，因此P(VDF-HFP)中HFP的添加量应控制质量分数在8%～25%。聚合物的溶胀性和润湿性能越好，与增塑剂融合越好，持液能力越强，电解质导电性能和稳定性越好。聚合物的结晶度越低，溶解性和膨胀性越大。共聚物P(VDF-HFP)结晶度较低，容易溶胀和润湿，吸液量大，因此具有更好的电导率。

(2)增塑剂。聚合物电解质常用的增塑剂有二甲基甲酰胺（DMF）、碳酸二乙酯（DEC）、γ-丁内酯（BL）、碳酸乙烯酯（EC）、碳酸丙烯酯（PC）、聚乙二醇（PEG400）等，这些增塑剂均可用于PVDF体系，其黏度和介电常数均影响电导率。增塑剂对电导率贡献顺序通常为DMF>BL>EC>PC>PEG400。两种增塑剂的混合物对电导率贡献的顺序通常为EC-DMC>EC-DEC>EC-BL>EC-PC。其中，EC-PC具有最大介电常数，但是由于具有最大黏度，因此电导率最小。随着增塑剂和锂盐浓度的增加，聚合物的黏度减小。

(3)锂盐。在凝胶聚合物中，锂离子的迁移类似于在液体电解质中的迁移，温度对锂离子迁移数影响较小，锂离子迁移数随着锂盐含量增加而减小，减小的程度取决于离子之间相互作用强度和形成离子聚集体的能力。具有大阴离子的盐不易形成离子聚集体，其锂离子迁移数几乎不随锂盐浓度的改变发生变化。

与液态电解质相比，半固态的凝胶电解质具有很多优点：安全性好，在遇到过充过放、撞击、碾压和穿刺等非正常使用情况时不会发生爆炸；采取软包装铝塑复合膜外壳，可制备各种形状电池、柔性电池和薄膜电池；不含或含有的液态成分很少，比液态电解质的反应活性要低，对于碳电极作为负极更为有利；凝胶电解质可以起到隔膜作用，可以省去常规的隔膜；可将正负极黏结在一起，电极接触好；可以简化电池结构，提高封装效率，从而提高能量和功率密度，节约成本。但凝胶电解质也存在一些缺点：电解质的室温离子电导率是液态电解质的几分之一甚至几十分之一，导致电池高倍率充放电性能和低温性能欠佳；力学性能较低，很难超过聚烯烃隔膜，同时生产工艺复杂，电池生产成本高。

3. 固态电解质

固态电解质可分为固体聚合物电解质和无机固体电解质。

(1)固体聚合物电解质。固体聚合物电解质具有不可燃、与电极材料间的反应活性低、柔韧性好等优点。固体聚合物电解质由聚合物和锂盐组成，可以近似看作是将盐直接溶于聚合物中形成的固态溶液体系。固体聚合物电解质与凝胶聚合物电解质的主要区别是不含有液体增塑剂，只有聚合物和锂盐两个组分。固体聚合物电解质中存在着聚合物的结晶区和非晶区两个部分，聚合物中的官能团是通过配位作用将离子溶解的，溶解的离子主要存在于非晶区，离子导电主要是通过非晶区的链段运动来实现的。聚合物基体通常选择性地含有—O—，—S—，—N—，—P—，—C—N—，C═O和C═N等官能团，不含有氢键，氢键不利于链段运动，离子导电性不好，同时还会造成电解液不稳定。锂盐的溶解是通过聚合物对阴离子、阳离子的溶剂化作用来实现的。杂原子上的孤对电子与阳离子的空轨道产生配合作用，使锂离子溶剂化。研究较多的有聚醚系、聚丙烯腈系、聚甲基丙烯酸酯系、含氟聚合物系等。

(2)无机固体电解质。无机固体电解质一般是指具有较高离子导电率的无机固体物质，用于锂离子电池的无机固体电解质又称锂快离子导体。用于全固态锂离子电池的无机固体电解质包括玻璃电解质和陶瓷电解质。无机固体锂离子电解质不仅能排除电解质泄漏问题，还能彻底解决因可燃性有机电解液造成的锂离子电池的安全性问题，因此在高温电池和动力电池组方面展现了很好的应用前景。无机固体电解质分为晶态固体电解质、非晶态固体电解质和复合型固体电解质。晶态固体电解质和非晶态固体电解质的导电都与材料内部的缺陷有关。

在晶态固体电解质中，存在较多的空隙和间隙离子等缺陷。空隙是在本来应该有原子充填的地方出现了原子空位，间隙离子是在理想晶格点阵的间隙里存在离子。在电场的作用下大量无序排列的离子就会产生移动，从一个位置跳到另一个位置，因此晶态固体电解质具备了导电性。当可移动离子浓度高时，离子遵循欧姆定律进行迁移；而当浓度低时，离子遵循费克定律进行迁移。前者与可移动离子浓度有关，后者与浓度梯度有关。这里的可移动离子又称载流子。研究较多的主要包括 Perovskite 型、NaSiCON 型、LiSiCON 型、LiPON 型、$Li_3PO_4-Li_4SiO_4$型和 GARNET 型。

非晶态固体电解质的结构具有远程无序状态，其中存在大量的缺陷，为离子传输创造了良好条件，因此电导率较高，主要包括氧化物玻璃固体电解质和硫化物玻璃固体电解质。氧化物玻璃固体电解质由网络状的氧化物（SiO_2，B_2O_3，P_2O_5等）和改性氧化物（如Li_2O）组成，这类材料离子电导率低，室温下仅有 $10^{-7}\sim10^{-8}$ S/cm。氧化物玻璃基体中的氧原子被硫原子取代后便形成硫化物玻璃。S 比 O 电负性小，对 Li^+的束缚力弱，并且 S 原子半径较大，可形成较大的离子传输通道，利于 Li^+迁移，因而硫化物玻璃显示出较高的电导率，在室温下在 $10^{-3}\sim10^{-4}$ S/cm。研究较为深入的硫化物非晶态电解质有 Li_2S-SiS_2，$Li_2S-P_2S_5$，$Li_2S-B_2S_3$等。

1.3.4 隔膜

锂离子电池隔膜是一种多孔塑料薄膜，能够保证锂离子自由通过形成回路，同时阻止两电极相互接触，起到电子绝缘作用。在温度升高时，有的隔膜可通过隔膜闭孔功能来阻隔电流传导，防止电池过热甚至爆炸。虽然隔膜不参与电池的电化学反应，但隔膜厚度、孔径大小及其分布、孔隙率、闭孔温度等物理化学性能与电池的内阻、容量、循环性能和安全性能等关键性能都密切相关，直接影响电池的电化学性能。尤其是对于动力锂离子电池，隔膜对电池倍率性能和安全性能的影响更显著。

1. 隔膜种类和要求

聚烯烃材料具有优异的力学性能、化学稳定性和相对廉价的特点，目前商品化的液态锂离子电池大多使用微孔聚烯烃隔膜，包括聚乙烯（PE）单层膜、聚丙烯（PP）单层膜以及 PP/PE/PP 三层复合膜。同时有机/无机复合膜也已经在逐步推广应用。

锂离子电池中的隔膜要求具有良好的力学性能和化学稳定性。从提高电池容量和功率性能角度出发，希望隔膜尽量薄，具有较高的孔隙率以及对电解液的吸液性能；从安全性能角度出发，还需要有较高的抗撕裂强度、良好的弹性，防止短路。隔膜应具有热关闭特性，即电池温度高到一定程度时，隔膜微孔关闭，电池内阻快速上升，避免电池热失控。随着锂离子电池作为动力的交通工具及储能电池的出现，要求隔膜具有更好的耐热性，如 200 ℃不收缩；更高的耐电化学稳定性，如电化学窗口大于 5.0 V；更好的吸液性能，如吸液率大于 200%；同时对隔膜的厚度、孔径分布的均一性提出了更高要求。

锂离子电池隔膜的表征参数包括隔膜的孔径及分布、孔隙率、厚度、透气度、电子绝缘性、吸液保液能力、力学性能、耐电解液腐蚀和热稳定性能等，这些性能与锂离子电池的电化学性能密切相关。表 1-8 列出了不同型号商业化锂离子电池隔膜的典型技术指标。

表 1-8 不同型号商业化锂离子电池隔膜的典型技术指标

隔膜性质	Celgard 2400	Celgard 2500	Celgard 2320	Celgard 2325	Celgard EK0940	Celgard K1245	Celgard K1640
组成	PP	PP	PP/PE/PP	PP/PE/PP	PE	PE	PE
厚度/μm	25	25	20	25	9	12	16
Gurley 值/s	24	—	20	23			—
离子阻抗①/（Ω · cm²）	2. 55		1. 36	1. 85			
孔隙率/%	40		42	42			
熔融温度/℃	65	—	135/165	135/165			
纵向抗拉强度/（kg · cm⁻³）	—	1 055	2 050	1 700	2 300	1 600	1 750
横向抗拉强度/（kg · cm⁻³）		135	165	150	2 300	1 800	1 700
横向收缩程度（90 ℃/1 h）（%）		0	0	0	1	1（105 ℃）	3（105 ℃）
纵向收缩程度（90 ℃/1 h）（%）		5	5	5	5	6（105 ℃）	4（105 ℃）

2. 湿法聚烯烃多孔膜

单层 PE 膜通常采用湿法制备。湿法又称相分离法或热致相分离法，将高沸点的烃类液体或低分子量的物质作为成孔剂与聚烯烃树脂混合，将混合物加热熔融后降温进行相分离，然后压制成薄片，再以纵向或双向对薄片进行取向拉伸，最后用易挥发的溶剂萃取残留在膜中的成孔剂，或者直接烘干蒸发成孔剂，即可制备出两侧贯通的微孔膜材料。采用该法生产隔膜的微孔形状类似圆形的三维纤维状，孔径较小且分布均匀，微孔内部形成相互连通的弯曲通道，可以得到更高的孔隙率和更好的透气性。湿法制备隔膜的典型形貌如图 1-25 所示。湿法双向拉伸方法生产的隔膜由于经过双向拉伸，具有较高的纵向和横向强度，但是湿法工艺需要大量的溶剂，容易造成成本升高和环境污染；另外，单层 PE 膜的熔点只有 140 ℃，热稳定性不如 PP 膜，并且生产成本较高。

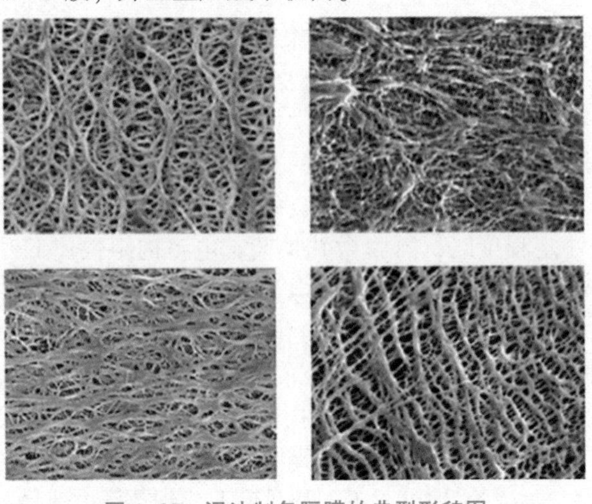

图 1-25 湿法制备隔膜的典型形貌图

3. 干法聚烯烃多孔膜

单层 PP 膜、PP/PE/PP 三层复合膜通常采用干法制备，单层 PE 膜也可以采用干法制备。干法制膜是将聚烯烃薄膜进行单向或双向拉伸形成微孔的制膜方法。干法聚烯烃多孔膜具有扁长的微孔结构。干法制备聚烯烃过程中，高聚物熔体挤出时在拉伸应力下结晶，形成垂直于挤出方向而又平行排列的片晶结构，并经过热处理得到硬弹性材料，再经过拉伸后片晶之间分离而形成狭缝状微孔，最后经过热定型制得微孔膜。干法制备聚烯烃多孔膜分为单向拉伸和双向拉伸两种工艺。

1）干法单向拉伸膜

干法单向拉伸工艺：①采用生产硬弹性纤维的方法制备出低结晶度的高取向聚丙烯或聚乙烯薄膜；②经过退火获得高结晶度的取向薄膜；③薄膜先在低温下进行拉伸形成微缺陷，然后在高温下使缺陷拉开，形成微孔。在聚丙烯中加入具有结晶促进作用的成核剂以及油类添加剂，可加速退火过程中的结晶速率。

用干法单向拉伸工艺生产的 PP/PE/PP 三层复合膜具有扁长的微孔结构，由于只进行单向（纵向）拉伸，没有进行横向拉伸，因此横向几乎没有热收缩。在电池内部温度较高时，中间层 PE 膜在 130 ℃左右时首先熔化，堵塞隔膜孔隙，使电池内部短路，大大提高了电池的安全性能。但其制造工艺复杂，难以制备 16 μm 以下超薄隔膜，隔膜横向强度低。

2）干法双向拉伸膜

干法双向拉伸主要用于生产单层 PP 膜。在聚丙烯中加入具有成核作用的 β 晶型改进剂，利用聚丙烯不同相态间密度的差异，使其在拉伸过程中发生晶型转变形成微孔。干法双向拉伸工艺生产的隔膜经过双向拉伸，在纵向拉伸强度相差不大的情况下，横向拉伸强度要高于干法单向拉伸工艺生产的隔膜。

干法双向拉伸具有工艺相对简单、生产效率高、生产成本更低等优点。但所制备的产品仍存在孔径分布过宽、厚度均匀性较差等问题，且没有三层隔膜的中间层熔断功能，难以在高端领域拓展应用。

1.3.5 其他材料

1. 导电剂

由于正负极活性物质颗粒的导电性不能满足电子迁移速率的要求，锂离子电池中需要加入导电剂，其主要作用是提高电子电导率。导电剂在活性物质颗粒之间、活性物质颗粒与集流体之间起到收集微电流的作用，从而减小电极的接触电阻，降低电池极化，促进电解液对极片的浸润。锂离子电池常用导电剂有炭黑和碳纳米管。

1）炭黑

炭黑是由烃类物质（固态、液态或气态）经不完全燃烧或裂解生成的，主要由碳元素组成。炭黑微晶呈同心取向，其粒子是近乎球形的纳米粒子，且大多熔结成聚集体形式，在扫描电镜下呈链状或葡萄状，如图 1-26（a）所示。炭黑比表面积大（700 m^2/g）、表面能大，有利于颗粒之间紧密接触在一起，形成电极中的导电网络，同时起到吸液保液的作用。

2）碳纳米管

碳纳米管（CNT）分为单壁和多壁。锂离子电池常用的是多壁碳纳米管。多壁碳纳米管的直径在纳米级，具有一维线型结构，如图 1-26（b）所示，在电极中可形成长程连接的导电网络。这种导电网络可以将活性物质颗粒连接在一起，使较松散的颗粒之间仍能保持电接触，在长期循环过程中保持电池内阻不增大，效果显著。

石墨烯作为新型导电剂，由于其独特的二维片状结构和强导电性引起了广泛关注。将CNT、石墨烯和导电炭黑之间两者或三者混合制浆，可以发挥它们各自的优势，取长补短，是目前导电剂的发展方向。

(a)

(b)

图 1-26　典型导电剂形貌图

（a）炭黑；（b）碳纳米管

2. 黏结剂

锂电池黏结剂主要是将活性物质粉体黏结起来，增强电极活性材料与导电剂以及活性材料与集流体之间的电子接触，更好地稳定极片的结构。黏结剂主要分为油溶性黏结剂和水溶性黏结剂：油溶性黏结剂是将聚合物溶于N-甲基吡咯烷酮（NMP）等强极性有机溶剂中；水溶性黏结剂是将聚合物溶于水中。油溶性黏结剂中，PVDF具有优异的耐腐蚀、耐化学药品、耐热性等性能，且电击穿强度大、机械强度高，综合平衡性较好，成为锂离子电池应用最为广泛的黏结剂之一。影响PVDF黏结性和电池性能的因素主要有PVDF的分子量、添加量和杂质含量等。PVDF的分子量越大，则黏合力越强，若分子量由30 000增加到50 000，则黏合力增加一倍，但分子量过大时容易导致在NMP溶剂中的溶解性能不好。因此在保证溶解与分散的情况下，应尽可能采用分子量高的PVDF。黏结剂中的水分对黏结性影响显著，需要严格控制水分含量。

水溶性黏结剂主要采用丁苯橡胶乳液型黏结剂。丁苯橡胶（SBR）乳液黏结剂的固含量一般为49%~51%，并具有很高的黏结强度和良好的机械稳定性。目前锂离子电池负极片生产通常采用以SBR胶乳为黏结剂、羧甲基纤维素（CMC）为增稠剂、水为溶剂的黏结体系。SBR和CMC两者一起使用，能够充分发挥黏结效果，降低黏结剂用量。CMC主要起分散作用，同时起到保护胶体、利于成膜、防止开裂作用，提高对基材的黏合力。

3. 壳体、集流体和极耳

锂离子电池的壳体按材质可分为钢壳、铝壳和铝塑复合膜。钢壳不易变形，抗压能力大，可以制备体积较大的电池，早期圆柱形和方形锂离子电池采用钢壳。但钢壳电池质量比能量低，不适合制备薄电池和用于蓝牙耳机等电子设备上的小型电池。铝壳是采用铝合金材料冲压成型的电池外壳。铝壳电池的质量轻，质量比能量高于钢壳电池，但受铝材强度限制不适合制备大电池。软包装锂离子电池通常采用铝塑复合膜，这是近年来发展的趋势。铝塑复合膜制备的电池的体积比铝壳体范围大，也能制备薄电池和异形电池。铝塑复合膜内层为黏结剂层，多采用聚乙烯或聚丙烯材料；中间层为铝箔；外层为保护层，多采用高熔点的聚酯或尼龙材料。目前，动力锂离子电池组外壳也有采用 PA66，ABS 或 PP 塑料作为壳体的。

集流体的作用主要是承载电极活性物质、将活性物质产生的电流汇集输出、将电极电流输入给活性物质，要求集流体纯度高，电导率高，化学与电化学稳定性好，机械强度高，与电极活性物质结合好。锂离子电池集流体通常采用铜箔和铝箔。铜箔在较高电位时易被氧化，主要用于负极集流体，厚度通常在 6~12 μm。铝箔在低电位时腐蚀问题较为严重，主要用于正极集流体，厚度通常在 10~16 μm。集流体成分不纯会导致表面氧化膜不致密而发生点腐蚀，甚至生成锂铝合金。铜和铝表面都能形成一层氧化膜：铜表面氧化层属于半导体，电子能够导通，但是氧化层太厚会导致阻抗较大；而铝表面氧化层属绝缘体，不能导电，但氧化层很薄时可以通过隧道效应实现电子电导，氧化层较厚时导电性极差。因此，集流体在使用前最好经过表面清洗，去除油污和氧化层。随着人们对电池容量的需求越来越高，要求集流体越来越薄，但是如何保证集流体的强度、与活性物质的黏结性和柔韧性是目前研发的关键方向。

极耳就是从锂离子电池电芯中将正负极引出来的金属导电体，正极通常采用铝条，负极采用镍条或者铜镀镍条。极耳应具有良好的焊接性。

1.4 相关术语

1.4.1 电池的电压

1）电动势

电动势是指单位正电荷从电池的负极到正极由非静电力所做的功，常被称为“电压”。在等温等压条件下，体系发生热力学可逆变化时，吉布斯自由能的减小等于对外所做的最大非膨胀功，如果非膨胀功只有电功，则吉布斯自由能的增量和电池可逆电动势表示为

$$\Delta G^{\ominus}=-nFE^{\ominus}$$

式中，E 为电池可逆电动势；$\Delta G^{\ominus}$ 为电池氧化还原反应吉布斯自由能的差值；n 为电池在氧化或还原反应中电子的计量系数；F 为法拉第常数。

2）理论电压 $E^{\ominus}$

正极(还原电位)+负极(氧化电位)=标准电池电动势。

理论电压是电池电压的最高限度，不同材料组成的电池理论电压是不同的。

3）开路电压 E_{oc}

开路电压是指电池没有负荷时正负极两端的电压，开路电压小于电池电动势。

4）工作电压 E_{cc}

工作电压是指电池有负荷时正负极两端的电压，是电池工作时的实际电压，随电流大小和放电程度不同而变化。工作电压低于开路电压，因为电流必须克服极化电阻和欧姆电阻所造成的阻力。$E_{cc}=E_{oc}-IR$。电池工作电压会受温度的影响。

5）终止电压

终止电压是指电池充电或放电时，所规定的最高充电电压或最低放电电压，与不同材

料组成的电池有关，如 C/$LiFePO_4$电池的工作电压在 3.4 V，充放电终止电压一般定为 4 V 和 2.7 V。而 C/$LiMn_2O_4$电池的工作电压一般在 4 V，充放电终止电压一般定为 4.3 V 和 3.3 V。

1.4.2 电池容量和比容量

1. 容量

电池容量是指在一定的放电条件下可以从电池获得的电量，单位一般为 A·h 或 mA·h。分为理论容量、额定容量和实际容量。其中，理论容量（C_0）是指电池正负电极中的活性物质全部参加氧化还原反应形成电流时，根据法拉第电解定律计算得到的电量。锂离子电池电极活性物质的理论容量可用下式表示。

$$C_0 = F'n\frac{m_0}{M}$$

式中，C_0为理论容量，A·h；F'为经换算，以（A·h）/mol 为单位的法拉第常数，F'=26.8（A·h）/mol；m_0为活性物质的质量，g；M 为活性物质的摩尔质量，g/mol；n 为氧化还原反应得失电子数。

实际容量是指在一定的放电条件下，实际从电池获得的电量。当恒电流放电时，实际容量可用下式表示。

$$C = It$$

锂离子电池实际容量的测试方法，通常是在 20 ℃±5 ℃环境温度中，先以 1C 恒流充电至 4.2 V，再以 4.2 V 恒压充电至终止电流充满电，然后以 1C 恒流放电至 2.75 V，所测得的放电实际容量。

2. 比容量

比容量是指单位质量或单位体积电池所获得的容量，分别称为质量比容量（C_m）或体积比容量（C_v）。比容量计算可用下式表示。

$$C_m = \frac{C}{m}$$

$$C_v = \frac{C}{V}$$

式中，C_m 为质量比容量，（A·h）/g；C_v 为体积比容量，（A·h）/L；m 为电池质量；V 为电池体积。

电池制备时，通常某一电极活性物质是过剩的，因此电池实际容量是由含有活性物质较少的电极决定的。为防止析出枝晶，锂离子电池中负极容量通常是过剩的，实际容量由正极容量来决定。

1.4.3 电池能量和比能量

电池在一定条件下对外做功所能输出的电能叫作电池的能量，单位一般用瓦时（W·h）表示，分为理论能量和实际能量。

理论能量（W_0）是在放电过程处于平衡状态，放电电压保持电动势（E）数值，且活性物质利用率为 100%的条件下，电池所获得的能量，即可逆电池在恒温恒压下所做的最大非膨胀功，可用下式表示。

$$W_0 = C_0E = nFE$$

实际能量（W）是电池放电时实际获得的能量，可用下式表示。

$$W = CU_a$$

式中，W 为实际能量，W·h；C 为电池实际容量，A·h；U_a 为电池平均工作电压，V。

当锂离子电池标称电压为3.7 V，容量为2 200 mA·h时，电池的实际能量为2.2 A·h×3.7 V=8.14 W·h，单位换算为焦耳（1 W=1 J/s）时的实际能量为29 304 J。

比能量又称能量密度，是指单位质量或单位体积电池所获得的能量，称为质量比能量或体积比能量。理论质量比能量根据正、负两极活性物质的理论质量比容量和电池的电动势计算。实际比能量是电池实际输出的能量与电池质量（或体积）之比，可用下式表示。

$$W_m = \frac{W}{m}$$

$$W_v = \frac{W}{V}$$

式中，W 为质量比能量，(W·h)/g；W_v 为体积比能量，(W·h)/L；m 为电池质量；V 为电池体积。

1.4.4 功率和比功率

电池的功率是指在一定放电制度下，单位时间内电池所获得的能量，单位为W或kW。分为理论功率和实际功率，电池理论功率（P_0）可用下式表示。

$$P_0 = \frac{W_0}{t} = IE$$

实际功率（P）可用下式表示。

$$P = IU = I(E - IR) = IE - I^2R$$

比功率又称功率密度，是指单位质量或单位体积电池所获得的功率，单位为W/kg或W/L。比功率的大小表示电池承受工作电流的大小。动力锂离子电池在电动汽车启动和爬坡等情况下需要大电流放电，消耗功率大，对电池提出了更高的功率要求。

1.4.5 循环寿命

锂离子电池的寿命包括使用寿命、充放电寿命和储存寿命。在一定的放电制度下，锂离子电池经历一次充放电，称为一个周期。充放电寿命为电池容量降至规定值（常以初始容量的百分数表示，一般规定为60%）之前可反复充放电的总次数。使用寿命为电池容量降至规定值之前反复充放电过程中累积的可放电时间之和。储存寿命是指在不工作状态下，电池容量降至规定值的时间。锂离子电池常用的寿命为充放电寿命。

1.5 常见种类及优缺点

目前市场上有形形色色的电池，不同应用场景需要的电池也不一致。电动汽车上常用的电池主要有铅酸蓄电池、燃料电池、镍氢电池以及锂离子电池等，电动汽车的动力电池以锂离子电池为主，主要有两个原因：第一个原因是锂离子电池具有比能量高、寿命长、运行稳定安全的优点；第二个原因是全世界的锂离子电池产量很高，这样一来在使用成本上有很大的优势。锂离子电池按使用材料又可以划分为锰酸锂锂离子电池、磷酸铁锂锂离子电池、镍钴锰混合锂离子电池以及钛酸锂锂离子电池等。具体的分类以及优缺点如下。

（1）锰酸锂锂离子电池。这种电池的负极是使用石墨制作的，比能量相对来说比较低，运行稳定性以及安全性也比较低。

（2）磷酸铁锂锂离子电池。它的负极也是由石墨制作而成，拥有比较高的容量，并且在使用过程中比较稳定安全，目前已经有非常广泛的应用场景。

（3）镍钴锰混合锂离子电池。这种电池又称三元锂离子电池，它的正极通常由镍钴锰制作而成，虽然比能量比较高，但是运行的安全稳定性要比磷酸铁锂离子电池差一些，目前主要运用在一些小型电动汽车上。

（4）钛酸锂锂离子电池。这种电池的负极一般由钛酸锂制作而成，它的优点非常多，可以说是镍钴锰混合锂离子电池和磷酸锂离子电池优点的综合，可是它的缺点也非常明显，即高温情况下不稳定以及使用成本高。

以上是比较常见的锂离子动力电池的介绍，在日常使用过程中应综合考虑多种因素，如应用场景、运行稳定性、安全性以及成本等选择合适的动力电池。锂离子电池基本指标和适用范围如表 1-9 所示。

表 1-9 锂离子电池基本指标和适用范围

电池种类	锰酸锂锂离子电池	镍钴锰混合锂离子电池	镍钴铝酸锂锂离子电池	磷酸铁锂锂离子电池	钛酸锂锂离子电池	钴酸锂锂离子电池
标称电压/V	3.7	3.7	3.6	3.2	2.4	3.6
工作电压范围/V	3.0~4.2	3.0~4.2	3.0~4.2	2.5~3.65	1.8~2.85	3.0~4.2
比能量/（$W \cdot h \cdot kg^{-1}$）	100~150	150~220	190~260	100~120	50~80	150~200
循环寿命/次	300~700	1 000~2 000	500	1 000~2 000	3 000~7 000	500~1 000
应用场所	医疗设备、电动工具、电动动力传动系统工业	电动自行车、电动车、工业、医疗设备	电动自行车、工业、医疗设备	电动汽车、需要高负载电流和耐久性应用场所	UPS 电动汽车、太阳能路灯	笔记本电脑、手机、平板电脑、相机

项目实施

1. 项目实施准备

准备江西国轩制备的三种圆柱形电池和三种方形电池。

2. 项目实施

学生分组，分别对三种圆柱形电池和三种方形电池进行命名。

以表格的形式将三种圆柱形电池和三种方形电池的正极、负极、隔膜、电解液等关键材料分类。

项目评价

请根据实际情况填写表 1-10 项目评价表。

表 1-10　项目评价表

<table>
<tr><th>序号</th><th colspan="2">项目评价要点</th><th>得分情况</th></tr>
<tr><td rowspan="3">1</td><td rowspan="3">能力目标
（15 分）</td><td>自主学习能力</td><td></td></tr>
<tr><td>团队合作能力</td><td></td></tr>
<tr><td>知识分析能力</td><td></td></tr>
<tr><td rowspan="4">2</td><td rowspan="4">素质目标
（45 分）</td><td>职业道德规范</td><td></td></tr>
<tr><td>案例分析</td><td></td></tr>
<tr><td>专业素养</td><td></td></tr>
<tr><td>敬业精神</td><td></td></tr>
<tr><td rowspan="5">3</td><td rowspan="5">知识目标
（25 分）</td><td>锂离子电池命名与标准</td><td></td></tr>
<tr><td>锂离子电池工作原理与结构</td><td></td></tr>
<tr><td>锂离子电池关键构成材料</td><td></td></tr>
<tr><td>锂离子电池相关术语</td><td></td></tr>
<tr><td>锂离子电池常见种类及优缺点</td><td></td></tr>
<tr><td rowspan="3">4</td><td rowspan="3">实训目标
（15 分）</td><td>项目实施准备</td><td></td></tr>
<tr><td>项目实施过程</td><td></td></tr>
<tr><td>项目实施报告</td><td></td></tr>
</table>

项目 2

锂离子电池主要标准及参数

学习目标

【能力目标】

（1）能够判别国内外锂离子电池主要标准。

（2）能够分析锂离子电池主要性能参数。

【知识目标】

（1）了解锂离子电池国内外主要参数。

（2）理解锂离子电池标准解读。

（3）掌握锂离子电池主要性能参数分析方法。

【素质目标】

（1）通过对国内外锂离子电池标准的解读，了解世界电池发展趋势，扩宽学生视野。

（2）通过了解锂离子电池主要性能参数，培养学生综合设计能力。

工匠精神

项目描述

小赵是一名锂离子电池质量管理人员，他对自己公司生产的电池标准有很好的了解。公司为了扩充业务，需要生产其他电池，但是小赵对国内其他产品电池标准和国外电池标准不太了解，尤其对于国内标准新增项目不熟悉，因此，为了保证电池质量，需要进一步学习锂离子电池标准。

任务要求：对国轩方块形电池进行国家标准新增项目测试。

项目分析

为了熟悉锂离子电池国内外标准，小赵应当加强理论知识的学习。首先，小赵应当了解国内主要锂离子电池标准，熟悉锂离子电池安全要求；其次，小赵应了解国外主要锂离子电池标准；最后，为了保证电池质量标准，小赵要熟悉国家新增项目测试要求。

项目目的和要求

【项目目的】

本项目的学习能够让学生深入了解锂离子电池的国内外标准，能够正确解读电池标准。对常见的锂离子电池测试项目安全要求能准确地描述。

【项目要求】

（1）学生要掌握重点理论知识，确保对锂离子电池标准理解透彻，并能正确解读。

（2）在解决学习过程和实训过程中产生的问题时，小组成员要充分发挥团队精神，多讨论，多询问，自主查找资料，培养学习能力和团队协作能力，并共同解决问题。

知识准备

2.1 国内主要标准

近年来，我国在锂离子电池的标准制定和应用方面取得了很大的进步，除了积极制定、更新相关锂离子电池的检测标准外，我国锂离子电池相关的标准体系也在逐渐完善，正逐步缩小与国外锂离子电池标准的差距。

目前，国内涉及锂离子电池的标准数量众多，主要分为国家标准和行业标准两个大类。国家标准由国家标准化管理委员会发布，是综合参考、借鉴、采用国际标准化组织（International Organization for Standardization，ISO）和国际电工委员会（International Electrotechnical Commission，IEC）相关标准而制定出的符合我国发展的锂离子电池标准。行业标准是针对我国现阶段锂离子电池的技术水平，在已有国家标准的基础上综合参考美国、日本等发达国家的相关标准而制定出的锂离子电池行业的相关标准。

国内锂离子电池相关的主要标准如表 2-1 所示。

表 2-1　国内锂离子电池相关的主要标准

序号	标准号	标准类别	标准名称
1	GB 31241—2014	国家标准	便携式电子产品用锂离子电池和电池组　安全要求
2	GB 38031—2020	国家标准	电动汽车用动力蓄电池安全要求
3	GB/T 18287—2013	国家标准	移动电话用锂离子蓄电池及蓄电池组总规范
4	GB/T 31484—2015	国家标准	电动汽车用动力蓄电池循环寿命要求及试验方法
5	GB/T 31486—2015	国家标准	电动汽车用动力蓄电池电性能要求及试验方法
6	GB/T 34131—2017	国家标准	电化学储能电站用锂离子电池管理系统技术规范
7	GB/T 36276—2018	国家标准	电力储能用锂离子电池
8	GB/T 36672—2018	国家标准	电动摩托车和电动轻便摩托车用锂离子电池
9	GB/T 36972—2018	国家标准	电动自行车用锂离子蓄电池
10	GB/T 31467. 1—2015	国家标准	电动汽车用锂离子动力蓄电池包和系统　第 1 部分：高功率应用测试规程
11	GB/T 31467. 2—2015	国家标准	电动汽车用锂离子动力蓄电池包和系统　第 2 部分：高能量应用测试规程
12	GB/Z 18333. 1—2001	国家标准	电动道路车辆用锂离子蓄电池
13	QB/T 2502—2000	行业标准	锂离子蓄电池总规则
14	QB/T 2947. 3—2008	行业标准	电动自行车用蓄电池及充电器　第 3 部分：锂离子蓄电池及充电器

2.2 国外主要标准

2.2.1 国际主要标准

国际上，进行标准化相关领域工作的组织机构有很多，最为权威的标准化组织机构是国际标准化组织和国际电工委员会，这些组织机构针对锂离子电池、铅酸蓄电池、碱性蓄电池和燃料电池制定了一系列标准，被世界上许多国家采用和借鉴。根据锂离子电池安全运输领域的需要，联合国危险货物运输专家委员会也制定了相关的锂离子电池运输安全标准，并得到国际上的广泛应用。

国际标准化组织是标准化领域中的一个国际性非政府组织。ISO 成立于 1947 年，其日常办事机构是中央秘书处，设在瑞士日内瓦，ISO 是世界上最大的非政府性标准化专门机构，现有 165 个成员（包括国家和地区），中国是 ISO 的常任理事国之一。ISO 负责当今世界上多数领域（包括军工、石油、船舶等垄断行业）的标准化活动，其通过 2856 个技术结构开展技术活动，其中技术委员会（SC）共 611 个，工作组（WG）2022 个，特别工作组 38 个。ISO 的宗旨是“在世界上促进标准化及其相关活动的发展，以便于商品和服务的国际交换，在知识、科学、技术和经济领域开展合作”。

国际电工委员会是一个国际性的标准化组织，它由所有 IEC 国家委员会组成。IEC 成立于 1906 年，其总部位于瑞士日内瓦，它是世界上成立最早的国际性电工标准化机构，负责有关电气工程和电子工程领域中的国际标准化工作。IEC 依照与 ISO 之间的协定规定的条件与 ISO 组织密切合作。IEC 的宗旨是促进电工、电子和相关技术领域有关电工标准化等所有问题上（如标准的合格评定）的国际合作。IEC 的目标：有效满足全球市场的需求；保证在全球范围内优先并最大程度地使用其标准和合格评定计划；评定并提高其标准所涉及的产品质量和服务质量；为共同使用复杂系统创造条件；提高工业化进程的有效性；保障人类健康和安全；保护环境。

国际锂离子电池的主要标准如表 2-2 所示。

表 2-2 国际锂离子电池的主要标准

序号	标准号	标准类别	标准名称
1	ISO 12405-1—2011	ISO 国际标准	Electrically propelled road vehicles—Test specification for lithium-ion traction battery packs and systems—Part 1: High power applications 电动道路车辆——锂离子动力电池包和系统的试验规范 第 1 部分：高功率应用
2	ISO 12405-2—2012	ISO 国际标准	Electrically propelled road vehicles—Test specification for lithium-ion traction battery packs and systems—Part 2: High energy applications 电动道路车辆——锂离子动力电池包和系统的试验规范 第 2 部分：高能量应用

续表

序号	标准号	标准类别	标准名称
3	ISO 12405-3：2014	ISO 国际标准	Electrically propelled road vehicles—Test specification for lithium-ion traction battery packs and systems—Part 3：Safety performance requirements 电动道路车辆——锂离子动力电池包和系统的试验规范　第 3 部分：安全性能要求
4	ISO 6469-1—2019	ISO 国际标准	Electrically propelled road vehicles—Safety specifications—Part 1：Rechangeable energy storage system 电动道路车辆——安全规范　第 1 部分：车载可再充电储能系统
5	IEC 62133-2—2017	IEC 国际标准	Secondary cells and batteries containing alkaline or other non-acid electrolytes—Safety requirements for portable sealed secondary cells，and for batteries made form them，for use in portable applications—Part 2：Lithium systems 含碱性或其他非酸性电解质的蓄电池和蓄电池组——用于便携式密封蓄电池和电池组的安全性要求　第 2 部分：锂电池
6	IEC 62660-1—2010	IEC 国际标准	Secondary lithium-ion cells for the propulsion of electric road vehicles—Part 1：Performance testing 电动道路车辆用二次锂离子电池　第 1 部分：性能试验
7	IEC 62660-2—2010	IEC 国际标准	Secondary lithium-ion cells for the propulsion of electric road vehicles—Part 2：Reliability and abuse testing 电动道路车辆用二次锂离子电池　第 2 部分：可靠性和滥用试验
8	IEC 62660-3—2016	IEC 国际标准	Secondary lithium-ion cells for the propulsion of electric road vehicles—Part 3：Safety requirements 电动道路车辆用二次锂离子电池　第 3 部分：安全要求
9	IEC 62281—2016	IEC 国际标准	Safety of primary and secondary lithium cells and batteries during transport 运输途中原电池和二次锂电池及蓄电池组的安全性
10	IEC 62485-2—2018	IEC 国际标准	Safety requirements for secondary batteries and battery installations—Part 2：Stationary batteries 蓄电池组和蓄电池装置安全性要求　第 2 部分：稳流蓄电池

续表

序号	标准号	标准类别	标准名称
11	IEC 61959—2008	IEC 国际标准	Secondary cells and batteries containing alkaline or other non-acid electrolytes—Mechanical tests for sealed portable secondary cells and batteries 含碱性或其他非酸性电解质的蓄电池和蓄电池组——密封的便携式蓄电池和蓄电池组的机械试验
12	UN 38.3	联合国标准	Recommendations on the transport of dangerous goods: manual of tests and criteria Section 《联合国危险物品运输试验和标准手册》第 3 部分 38.3 款

2.2.2 美国主要标准

美国作为世界上经济、工业最为发达的国家，依靠自身雄厚的工业实力，结合了国际标准化组织和国际电工委员会的锂离子电池相关标准，建立了美国的锂离子电池标准体系。

在美国锂离子电池标准体系中，有三个具有影响力的组织机构，分别是美国保险商实验室（Underwriter Laboratories，UL）、美国电气与电子工程师协会（Institute of Electrical and Electronics Engineers，IEEE）、美国汽车工程师学会（Society of Automotive Engineers，SAE）。这些组织机构在锂离子电池的设计、制造、检测、安装、验收等各个环节都有相应且比较详细的标准予以规范和指导，其制定的锂离子电池相关标准具有较高的认可度。

美国保险商实验室是世界上最大的从事安全试验和鉴定的民间机构之一。1894 年，UL 成立于芝加哥，在 100 多年的发展过程中，其自身形成了一套严密的组织管理体制、标准开发和产品认证程序。UL 是世界上从事安全检验和鉴定最有声誉的民间机构，也是美国最有权威的安全检验机构。其不以营利为目的，在从事公共安全检验和在安全标准的基础上经营安全证明业务，其目的是使市场上得到安全的商品，使消费者的人身健康和财产安全得到保证。

美国电气与电子工程师协会是一个国际性的电子技术与信息科学工程师的协会，也是目前全球最大的非营利性专业技术学会。IEEE 由美国电气工程师协会和无线电工程师协会于 1963 年合并而成，总部位于美国纽约，在全球拥有 43 万多名会员。IEEE 致力于电气、电子、计算机工程和与科学有关的领域的开发和研究，在太空、计算机、电信、生物医学、电力及消费性电子产品等领域制定了许多类别的行业标准，现已发展成为具有较大影响力的国际学术组织。

美国汽车工程师学会是美国及世界汽车工业（包括航空和海洋）有重要影响的学术团体。SAE 每年都会推出大量标准资料、技术报告、参数（工具）书籍和特别出版物，建有庞大的数据库。其标准化工作，除汽车制造业外，还包括飞机、航空系统、航空器、农用拖拉机、运土机械、筑路机械以及其他制造工业用的内燃机等。SAE 所制定的标准不仅在美国国内被广泛采用。而且被国际上许多国家工业部门和政府机构在编制标准时作为依据，被国际上许多机动车辆技术团体广泛采用。美国及其他许多国家在制定其汽车技术法规时，也常常在许多技术内容或环节上引用 SAE 标准。SAE 已成为国际上最著名的标准体系之一。

目前，关于锂离子电池的美国主要标准如表 2-3 所示。

表 2-3 锂离子电池的美国主要标准

序号	标准号	标准类别	标准名称
1	UL 1642：2020	美国保险商实验室标准	Lithium batteries 锂电池
2	UL 2054：2011	美国保险商实验室标准	Household and commercial batteries 家用及商业电池
3	UL 2580：2013	美国保险商实验室标准	Batteries for use in electric vehicles 电动汽车用电池
4	UL 2575：2012	美国保险商实验室标准	Lithium ion battery systems for use in electric power tool and motor operated，heated and lighting appliances 电力工具和电动、加热和照明器具中使用的锂离子美国保险商实验室标准电池系统
5	IEEE 1625：2009	美国电气及电子工程师学会标准	Rechargeable batteries for multi-cell mobile computing-devices 移动计算机用可充电蓄电池
6	IEEE 1725：2011	美国电气及电子工程师学会标准	Rechargeable batteries for cellular telephones 移动电话用可充电蓄电池
7	SAE J240：2012	美国机动车工程师学会标准	Life test for automotive storage batteries 汽车蓄电池的寿命试验
8	SAE J537：2016	美国机动车工程师学会标准	Storage batteries 蓄电池组
9	SAE J2288：2008	美国机动车工程师学会标准	Life cycle testing of electric vehicle battery modules 标准类别美国机动车工程师
10	SAE J2289：2008	美国机动车工程师学会标准	Electric drive battery pack system：functional guide-lines 电力驱动电池组系统功能指南
11	SAE J2380：2009	美国机动车工程师学会标准	Vibration testing of electric vehicle batteries 电动车蓄电池的振动测试
12	SAE J2464：2009	美国机动车工程师学会标准	Electric and hybrid electric vehicle rechargeable energy storage system（RESS）safety and abuse testing 电动和混合动力电动汽车可再充能量储存系统的安全和滥用性测试

2.2.3 日本主要标准

日本作为世界上经济、工业比较发达的国家之一，依靠多年的技术积累，结合其发展需要，借鉴国际标准化组织和国际电工委员会的锂离子电池相关标准，制定了一系列锂离子电池相关的国家标准，即日本工业标准（Japanese Industrial Standard，JIS）。此外，日本还针对锂离子电池、铅酸蓄电池、碱性蓄电池和燃料电池，涉及其容量、功率密度、充电效率、尺寸构造和寿命等，建立了较严密的标准体系。

日本工业标准是日本国家级标准中最重要、最权威的标准，由日本工业标准委员会（JISC）负责相关的制定工作。根据日本工业标准化法的规定，JIS 标准对象除对药品、农药、化学肥料、蚕丝、食品以及其他农林产品制定专门的标准或技术规格外，还涉及各个工业领域。

锂离子电池的日本主要标准如表 2-4 所示。

表 2-4　锂离子电池的日本主要标准

序号	标准号	标准类别	标准名称
1	JIS C 8513：2015	日本标准	Safety of primary lithium batteries 锂电池的安全性
2	JIS C 8711：2019	日本标准	Secondary cells and batteries containing alkaline or other non-acid electrolytes—Secondary lithium cells and batteries for portable applications 含碱性或其他非酸性电解质的二次电池和蓄电池便携设备用二次电池和蓄电池
3	JIS C 8712：2015	日本标准	Safety requirements for portable sealed secondary cells，and for batteries made from them，for use in portable applications 便携设备用便携式密封二次电池及由其制成的蓄电池的安全要求
4	JIS C 8713：2006	日本标准	Secondary cells and batteries containing alkaline or other non-acid electrolytes—Mechanical tests for sealed portable secondary cells and batteries 包括碱性或其他非酸性电解液的二次电池和蓄电池密封便携式二次电池和蓄电池的机械试验
5	JIS C 8714：2007	日本标准	Safety tests for portable lithium ion secondary cells and batteries for use in portable electronic applications 便携式电子设备用便携型锂离子电池和电池组的安全测试
6	JIS C 8715-2：2019	日本标准	Secondary lithium cells and batteries for use in industrial applications——Part 2：Tests and requirements of safety 工业设备用二次锂电池和电池组　第 2 部分：试验和安全要求

2.3　主要标准解读

2.3.1　国家标准《移动电话用锂离子蓄电池及蓄电池组总规范》（GB/T 18287—2013）解读

2013 年 7 月 19 日，国家质量监督检验检疫总局、国家标准化管理委员会批准发布了国家标准《移动电话用锂离子蓄电池及蓄电池组总规范》（GB/T 18287—2013），国家标准 GB/T 18287—2013 取代旧版 GB/T 18287—2000 标准，并于 2013 年 9 月 15 日正式实施。相对于旧版标准，国家标准 GB/T 18287—2013 中对移动电话用锂离子蓄电池及电池组的测试方法和检验手段进行了较大修改。

国家标准 GB/T 18287—2013 的出台对于提高移动电话用锂离子蓄电池及蓄电池组产品的安全性有着重大的意义。手机生产企业遵循这些标准来生产，就能保证产品的质量安全。监管部门按照这些标准对市场流通环节的相关产品进行监管抽查，可以督促企业生产出质量合格、安全耐用的产品。

1. 标准的适用范围

国家标准 GB/T 18287—2013 适用于移动电话用锂离子蓄电池及蓄电池组，其他移动通信终端产品用锂离子电池及电池组可参照执行，如手机电池、平板电脑电芯、可穿戴式设备用电池、移动智能终端用电池及各种移动电源等。相对于旧版标准，这个变化使标准适用范围从手机电池扩大至移动通信类产品，对于移动电源类产业发展有规范和促进的作用。

2. 标准中术语和定义

国家标准 GB/T 18287—2013 中的锂离子蓄电池和蓄电池组已经被明确区分开，如参考试验电流、泄漏、起火等其他术语和定义参照了国际通用标准，符合目前国内锂离子行业的需求。主要术语和定义包括以下部分。

（1）蓄电池（cell）：直接将化学能转化为电能的基本单元装置，包括电极、隔膜、电解质、外壳和极端等，并被设计成可充电。

（2）蓄电池组（battery）：由一个或多个蓄电池及附件组合而成的组合体，并可以直接作为电源使用。

（3）参考试验电流（reference test current）：参考试验电流用 I_tA 表示，$I_t\text{A}=C_5(\text{A}\cdot\text{h})/1\ \text{h}$。

（4）恢复容量（recovery capacity）：根据制造商的要求，在规定的温度、时间下储存一段时间，电池或电池组放电后进行充电，并再次放电的容量。

（5）泄漏（leakage）：电解质、气体或其他物质从电池中意外逸出。

（6）泄气（venting）：电池或电池组中内部压力增加时，气体通过预先设计好的防爆装置释放出来。

（7）破裂（rupture）：由于内部或外部因素引起电池外壳或电池组壳体的机械损伤，导致内部物质暴露或溢出，但没有喷出。

（8）起火（fire）：电池或电池组有可见火焰。

（9）爆炸（explosion）：电池或电池组的外壳猛烈破裂导致主要成分抛射出来。

3. 标准中试验环境条件

国家标准 GB/T 18287—2013 中的试验环境温度要求是 20 ℃±5 ℃。相对湿度的总要求，从旧版的“45%~75%”改为“不大于 75%”。这是考虑在现实环境中低于 45%的相对湿度未对电池测量结果造成影响，所以对湿度的要求放宽了。

国家标准 GB/T 18287—2013 在具体项目中（主要集中在电性能测试项目），如不同电流放电、高低温放电、荷电保持、循环寿命等，都要求环境温度为 23 ℃±2 ℃。这是考虑到电池的电性能测试结果受环境温度的影响比较大。在环境温度上要求严格，有利于减小温度对测试结果的影响。

4. 标准中主要的试验项目

国家标准 GB/T 18287—2013 相比旧版标准，在试验内容和技术上主要有以下几个方面的变化：对低温放电、自由跌落、循环寿命、过充电保护、重物冲击、热滥用、过充电、短路等检验项目进行了修改，取消了碰撞试验，增加了静电放电（ESD）、内阻、低气压、高温下模制壳体应力、强制放电、机械冲击、温度循环等试验项目。

1）低温放电

国家标准 GB/T 18287—2013 中试验的主要内容：锂电池或电池组按规定充电，将电池或电池组放入-10 ℃±2 ℃的低温箱中恒温 4 h 后，以 0.2 I_tA 电流放电至终止电压，放电时间应不低于 3 h。

国家标准 GB/T 18287—2013 中取消了-20 ℃低温放电测试，统一进行-10 ℃低温放电测试，且低温的保持时间从 16~24 h 缩短到 4 h，提高了测试效率。

2）循环寿命

国家标准 GB/T 18287—2013 中试验的主要内容：循环寿命试验应在 23 ℃±2 ℃的环境温度下进行，试验过程中，每 50 次循环做一次容量检查，电池或电池寿命以 50 的倍数表示。重复进行 1~50 次循环，充放电之间搁置 0.5~1 h，直至任一个第 50 次循环放电时间低于 3 h 时，按照第 50 次循环的规定再进行一次循环，如果放电时间仍然低于 3 h 时，则认为寿命终止。电池的循环寿命应不低于 400 次，电池组的循环寿命应不低于 300 次。

国家标准 GB/T 18287—2013 的循环寿命项目区分了电池和电池组。电池和电池组的循环寿命要求分别为 400 次和 300 次。寿命测试方法从旧版标准的 11 次充放电改成新标准 50 次充放电的一个大循环，用 0.2I_tA 放电一次。

3）内阻

电池内阻是电池测试时常用的检测项目，大部分内阻测试仪都是对电池的交流内阻进行测量。国家标准 GB/T 18287—2013 对电池组的交流内阻提出了要求，并列出测试方法，标准的内阻项目参照了 IEC 61960 国际标准中交流内阻测试的方法。

国家标准 GB/T 18287—2013 中试验的主要内容：电池组的内阻一般用交流法进行测试。在试验之前，电池组应当以 0.2I_tA 放电至终止电压。电池组按照 5.3.2.1 规定充电后，在 23 ℃±2 ℃的环境温度下搁置 1~4 h。电池组应当在 23 ℃±2 ℃的环境温度下测量内阻。在 23 ℃±2 ℃的环境温度下，在频率为 1.0 kHz±0.1 kHz 时，测量 1~5 s 内的交流电压有效值 U_a和交流电流有效值 I_a，交流内阻阻值为

$$R_{ac}=\frac{U_a}{I_a}$$

式中，R_{ac}为交流内阻阻值，Ω；I_a为交流电流有效值，A；U_a为交流电压有效值，V。

电池组的内阻应不大于制造商的规定。

4）静电放电

锂离子电池在组合后配有保护板，用来保证电池安全使用。静电放电有可能对电池组中的元件造成损害。国家标准 GB/T 18287—2013 对电池组的 ESD 测试提出了要求，标准的 ESD 项目参照了 IEC 61960 国际标准中静电放电项目。

国家标准 GB/T 18287—2013 中试验的主要内容：静电放电试验测试电池组在静电放电下的承受能力。按 GB/T 17626.2 的规定对电池组每个端子或者电路板的输出端子进行±4 kV 接触放电测试各 5 次和±8 kV 空气放电测试各 5 次，每两次放电测试之间间隔 1 min。电池组所有功能正常。

5）自由跌落

国家标准 GB/T 18287—2013 的自由跌落项目区分了锂电池和电池组，增加了对跌落后开路电压的要求。其中，锂电池跌落的跌落面材料从硬木板变成了混凝土板。锂电池组的跌落高度为 1.5 m，区别于电池的 1 m。

国家标准 GB/T 18287—2013 中试验的主要内容：锂电池或电池组按规定充电，搁置 1~4 h 后进行测试。

（1）将锂电池按 1 m 的跌落高度自由落体跌落于混凝土板上。电池每个面各跌落一次，共进行 6 次试验。

（2）将锂电池组按 1.5 m 的跌落高度自由落体跌落于混凝土板上。电池组每个面各跌落一次，共进行 6 次试验。

自由跌落试验后，开路电压应不低于 90%的初始电压，应不泄漏、不起火和不爆炸。该试验不适用于聚合物电池和用户不可更换型电池组，但适用于聚合物电池组。

6）低气压

低气压测试一般用来评测电池在高空中的安全性能。国家标准 GB/T 18287—2013 中的低气压项目参照了国际标准 UN 38.3，UL 1642 中的高度模拟（低压）试验。

国家标准 GB/T 18287—2013 中试验的主要内容：锂电池按规定充电，将其搁置在真空箱中。真空箱密闭后，逐渐减少其内部压力至不高于 11.6 kPa（模拟海拔 15 240 m）并保持 6 h，电池应不泄漏、不泄气、不破裂、不起火和不爆炸。

7）高温下模制壳体应力

高温下模制壳体应力项目一般用来评测电池组短时间处于高温环境中的安全性能。国家标准 GB/T 18287—2013 中的高温下模制壳体应力项目参照了国际标准 IEC 62133：2012 中的高温下模制壳体应力项目。

国家标准 GB/T 18287—2013 中试验的主要内容：锂电池组按规定充电，将锂电池组放在 70 ℃±2 ℃的鼓风恒温箱中搁置 7 h，然后取出锂电池组并恢复至室温，锂电池组的外壳不能发生导致内部组成暴露的物理形变。

8）过充电保护

国家标准 GB/T 18287—2013 中试验的主要内容：锂电池组按规定充电，电源电压设定为 2 倍的标称电压，电流设定为 $2I_t$A 的外接电流，用电源持续给电池组加载 7 h，电池组应不泄漏、不泄气、不破裂、不起火和不爆炸。

9）重物冲击

国家标准 GB/T 18287—2013 中的重物撞击项目参照了国际标准 UN 38.3 和 UL 1642：2020 的撞击项目内容与国际标准接轨。

国家标准 GB/T 18287—2013 中试验的主要内容：锂电池放置于一平面上，并将一个 ϕ15.8 mm±0.2 mm 的钢柱置于电池中心，钢柱的纵轴平行于平面，让质量为 9.1 kg±0.1 kg 的重物从 610 mm±25 mm 的高度自由落到电池中心上，测试完毕观察 6 h。锂电池在接受冲击试验时，其纵轴要平行于平面，垂直于钢柱的纵轴。每只锂电池只能接受一次冲击试验，锂电池应不起火和不爆炸。

10）热滥用

国家标准 GB/T 18287—2013 中的热利用项目，温度从旧版标准的 150 ℃±2 ℃变为新标准的 130 ℃±2 ℃。该项目参照了国际标准 UL 1642：2020 和 IEC 62133：2012 标准的热冲击项目。

国家标准 GB/T 18287—2013 中试验的主要内容：锂电池放置于热箱中，温度以（5 ℃±2 ℃）/min 的速率升温至 130 ℃±2 ℃并保温 30 min。试验结束后，锂电池应不起火和不爆炸。

11）过充电

国家标准 GB/T 18287—2013 中的过充电项目，相对于旧版标准充电电压从“10 V”变为“制造商规定，但不低于 4.6 V”。充电截止条件从“电池电压为 n×10 V，电流降到接近到 0 A；或者电池温度下降到比峰值低 10 ℃”变为“电池持续充电时间达到 7 h；或电池温度下降到比峰值低 20%”。

国家标准 GB/T 18287—2013 中试验的主要内容：锂电池以 0.2I_tA 进行放电至终止电压，然后将电池置于通风橱中，连接电池正负极与电源，调节电流至 3I_tA，充电时电压由制造商规定，但不低于 4.6 V，直至电池电压达到最大值后。满足以下两种情况任一种即可停止：

（1）锂电池持续充电时间达到 7 h；

（2）锂电池温度下降到比峰值低 20%。

锂电池应不起火和不爆炸。

12）强制放电

国家标准 GB/T 18287—2013 中的强制放电项目，用来模拟电池在异常状态下强行过放电的安全性能。该项目参照了国际标准 IEC 62133：2012 中的强制放电项目。

国家标准 GB/T 18287—2013 中试验的主要内容：强制放电试验要求在 20 ℃±5 ℃的环境温度下进行。电池以 0.2I_tA 进行放电至终止电压，然后以 1I_tA 的电流对电池进行反向充电，要求充电时间不低于 90 min，锂电池应不起火和不爆炸。

13）短路

国家标准 GB/T 18287—2013 中的短路项目，相对于旧版标准取消了常温短路测试，采用了 55 ℃短路测试，该项目参照了 IEC 62133：2012 标准中的电池组短路测试内容。

国家标准 GB/T 18287—2013 中试验的主要内容：短路试验在 55 ℃±5 ℃的环境温度下进行，将接有热电偶的电池（热电偶的触点固定在电池大表面的中心部位）置于通风橱中，短路其正负极，短路导线电阻 80 mΩ±20 mΩ。满足以下两种情况任一种即可停止：

（1）锂电池温度下降到比峰值低 20%；

（2）短接时间达到 24 h。

锂电池应不起火和不爆炸，电池的外表面温度不得高于 150 ℃。

14）机械冲击

国家标准 GB/T 18287—2013 中的机械冲击项目，用来模拟电池或电池组遭受突然的机械冲击时的安全性能。此项目参考了 IEC 62133 和 UL 1642 标准中的冲击项目。

国家标准 GB/T 18287—2013 中试验的主要内容：采用刚性固定的方法（该方法能支撑电池或电池组所有的固定表面）将电池或电池组固定在试验设备上。在三个相互垂直的方向上各承受一次等值的冲击。至少一个方向垂直于电池或电池组的宽面。每次冲击在最初的 3 ms 内，最小平均加速度为 735 m/s^2，峰值加速度应该在 1 225～1 715 m/s^2，脉冲持续时间为 6 ms±1 ms。锂电池或电池组应不泄漏、不起火和不爆炸。

15）温度循环

国家标准 GB/T 18287—2013 中的温度循环项目，主要考查锂电池和电池组在高低温环境中来回冲击的安全性能。此项目参照了 UN 38.3 标准中的温度循环。

国家标准 GB/T 18287—2013 中试验的主要内容：将锂电池按照规定的试验方法充满电后，将电池放置在温度为 20 ℃±5 ℃的温控箱体中进行如下步骤：

（1）将样品放入温度为 75 ℃±2 ℃的实验箱中保持 6 h；

（2）将实验箱温度降为-40 ℃±2 ℃，并保持 6 h；

（3）温度转换时间不大于 30 min；

（4）重复步骤（1）（2），共循环 10 次；

（5）锂电池或电池组应不泄漏、不泄气、不破裂、不起火和不爆炸。

2.3.2 国家标准《电动汽车用动力蓄电池安全要求》(GB 38031—2020）解读

2020 年 5 月 12 日，国家市场监督管理总局、国家标准化管理委员会联合批准发布了国家标准《电动汽车用动力蓄电池安全要求》(GB 38031—2020)，并于 2021 年 1 月 1 日正式实施。该国家标准代替了《电动汽车用动力蓄电池安全要求及试验方法》(GB/T 31485—2015）和《电动汽车用锂离子动力蓄电池包和系统　第 3 部分：安全性要求与测试方法》(GB/T 31467.3—2015）两个关于电动汽车用动力蓄电池的安全标准。该国家标准是关于电动汽车用动力蓄电池安全要求的强制性国家标准，覆盖了从电池单体、电池模块到电池系统的各个层级，受到了广泛关注，并将促进电动汽车用动力蓄电池安全性的提升。

1. 标准的适用范围

国家标准《电动汽车用动力蓄电池安全要求》(GB 38031—2020）规定了电动汽车用动力蓄电池单体、电池包和系统的安全要求和试验方法。该标准适用于电动汽车用锂离子电池和镍氢电池等可充电储能装置。

2. 标准中术语和定义

国家标准《电动汽车用动力蓄电池安全要求》(GB 38031—2020）中的大部分术语和定义参照了国际通用标准，符合目前国内锂离子行业的需求。主要术语和定义包括以下部分。

（1）电池单体（secondary cell)：将化学能与电能进行相互转换的基本单元装置。通常包括电极、隔膜、电解质、外壳和端子，并被设计成可充电。

（2）电池模块（battery module)：将一个以上电池单体按照串联、并联或串并联方式组合，并作为电源使用的组合体。

（3）电池包（battery pack)：具有从外部获得电能并可对外输出电能的单元。

（4）电池系统（battery system)：一个或一个以上的电池包及相应附件（管理系统、高压电路、低压电路及机械总成等）构成的能量存储装置。

（5）爆炸：突然释放足量的能量产生压力波或者喷射物，可能会对周边区域造成结构或物理上的破坏。

（6）起火：电池单体、模块、电池包和系统任何部位发生持续燃烧（单次火焰持续时间大于 1 s)，火花及拉弧不属于燃烧。

（7）外壳破裂（housing crack)：由于内部或外部因素引起电池单体、模块、电池包和系统外壳的机械损伤，导致内部物质暴露或溢出。

（8）泄漏：有可见物质从电池单体、模块、电池包和系统中漏出至试验对象外部的现象。

3. 标准中试验环境条件

国家标准 GB 38031—2020 中的试验环境温度规定为 22 ℃±5 ℃，相对湿度为 10%～90%，大气压力为 86～106 kPa。

4. 标准中电池单体的主要试验项目

1）挤压

挤压是 GB 38031—2020 中唯一的单体机械安全项目，主要用于模拟单体静态或准稳态下挤压形变后的安全状态，挤压速度应尽可能低；而 GB/T 31485—2015 要求的 5 mm/s 速度过快，导致传感器不能抓取到足够多的数据。考虑到目前针刺试验设备的试验能力，GB 38031—2020 将挤压速度调整到不大于 2 mm/s；形变量从测试对象挤压方向的 30%调整到 15%；考虑到实际使用场景中电池所受的挤压力不会超过 100 kN，将挤压力从 200 kN 调整到 100 kN；还针对小电池测试专门增加了“或 1 000 倍试验对象重量（质量）”的截止条件；此外，还要求在最大挤压状态下保持 10 min。

2）温度

温度对电池内部的材料活性及隔膜的影响很大，加热和温度循环主要是考察电池内部结构在受极端温度影响下的安全性能。在这两个项目上，GB 38031—2020 沿用了 GB/T 31485—2015 的试验方法和要求。

3）电气安全

电池单体的电气安全项目包括过放电、过充电和外部短路等。这些均会极大破坏电池内部结构，造成内部短路，因此试验旨在模拟和验证电池在这种情况下的安全性。过放电和外部短路沿用 GB/T 31485—2015 的试验方法和要求，即过放电要求以 1C 倍率放电 90 min，观察 1 h；短路要求以小于 5 mΩ 的阻值短路 10 min，观察 1 h。GB 38031—2020 对电池单体过充电项目进行了修改，强化了系统层级的过充保护要求，弱化了对单体层面的要求，更注重单体与系统之间的协调，并将单体的截止条件从 GB/T 31485—2015 要求的 1.2 倍电压调整至 1.1 倍电压或 115%的荷电状态（SOC），新增了 115% SOC 作为截止条件。

5. 标准中电池包或系统的主要试验项目

1）振动

振动试验可模拟汽车长时间颠簸下电池系统受到的外部应力，并验证这种工况下电池系统的安全性。标准 GB/T 31467.3—2015 用正弦定频振动替换随机振动，但单纯的随机振动和正弦定频振动都不能完整地模拟实际工况，同时要求进行随机振动和正弦定频振动测试，并相应调整了振动参数。如将随机振动的测试时间由 GB/T 31467.3—2015 要求的 21 h，15 h 和 12 h 统一降至 12 h，并不再规定加载顺序；将正弦定频振动的振动频率、加速度及时间（参考第 1 号修改单）分别调整为 24 Hz（M1，N1 类车辆电池包）和 20 Hz（除 M1，N1 类以外车辆电池包）定频、1.5*g*/1.0*g*（M1，N1 类车辆电池包）和 1.5*g*/2.0*g*（除 M1，N1 类以外车辆电池包）、1 h（M1，N1 类车辆电池包）和 2 h（除 M1，N1 类以外车辆电池包），并要求加载顺序为先随机再定频。试验终止条件中对电压的要求由“电压差绝对值不大于 0.15 V”修改为“由制造商提供电压锐变限值作为终止条件”。

2）机械冲击和模拟碰撞

机械冲击和模拟碰撞试验分别用来模拟并验证电池系统在水平（*X* 和 *Y* 方向）和垂直（*Z* 方向）方向高加速度下的机械损伤及安全性。两者有很强的关联性，因此放在一起讨论。GB 38031—2020 对机械冲击试验方法的要求参考了 ISO 6469-1《电动道路车辆安全规范　第 1 部分：车载可充电蓄能系统》，大幅降低了冲击时的加速度值和脉冲时间，由 GB/T 31467.3—2015 要求的 25*g*，15 ms 修改为 7*g*，6 ms；同时考虑模拟碰撞对和方向在高加速度下的机械损伤已进行了充分试验，因此只要求在 Z 轴方向进行试验。为了确保试验过程中多次连续冲击相互不干扰，要求间隔时间不小于 5 倍脉冲持续时间。GB 38031—2020 的模拟碰撞相对于 GB/T 31467. 3—2015，在严苛程度上保持不变，只是对安装要求做了修改，将“按加速度大的安装方向进行试验”修改为“根据使用环境给台车施加规定的脉冲”。

3）挤压

挤压试验主要是考察电池系统在碰撞情况下的安全性。GB 38031—2020 电池包挤压试验参考了 UN GTR20，ISO 6469-1 等国际标准，在 GB/T 31467. 3—2015 要求的 75 mm 半圆柱体挤压头基础上增加了“三拱挤压头”，以使电池包的整个挤压面受力更均匀；挤压截止力则沿用了第 1 号修改单要求的 100 kN。为了试验过程中有足够的时间捕获电池包各项参数的变化，为分析电池包设计缺陷提供准确数据，要求挤压速度不超过 2 mm/s。

4）浸水

浸水着重于考察电池包或系统的密封性和安全性。在实际应用场景中，车上的电池包或系统可能因颠簸振动导致螺栓松动、密封材料变形等问题，因此 GB 38031—2020 要求试验对象为振动试验后的电池包或系统。在具体执行层面分为两种考察方式：一种针对电池包浸水的场景；另一种针对电池包不浸水的场景。前者考察电池系统的密封性能，后者考查电池系统浸水后的电气安全性能。

5）湿热循环和温度冲击

湿热循环和温度冲击旨在考察并验证不同温湿度叠加及极端温度交替变换下电池系统受到的损伤及安全性。GB 38031—2020 参考 UN GTR20，ISO 6469-1 等国际标准，将试验最高温度要求从 GB/T 31467. 3—2015 要求的 80 ℃和 85 ℃均降低到 60 ℃，因为电池的工作温度一般不能超过 60 ℃。电池系统的热管理系统通常将电池包的温度维持在 25 ℃左右，因此最高温度要求降至 60 ℃，符合现实应用场景需求。

6）外部火烧和热扩散

外部火烧和热扩散试验都属于热稳定性试验，前者考察电池系统在明火情况下的安全性，后者着重考察大量电池短时间内相继释放大量热量情况下电池系统的安全性。GB 38031—2020 修改了外部火烧试验的试验环境条件和安全要求，要求环境温度在 0 ℃以上，且风速不大于 2. 5 km/h；安全方面不再要求“若有火苗，应在火源移开后 2 min 内熄灭”。为了更真实地模拟实际应用场景，允许对电池包起保护作用的车身结构参与火烧。

电池单体发生热失控时，热量会传递到周围的电池单体并最终引发热失控，威胁人员安全。为了设计控制、验证电池包或系统的热扩散危害，GB 38031—2020 新增了热扩散试验，并作为评估电池系统热安全性的重要内容。试验过程中，加热和针刺触发时特征参数表现较为一致，而过充触发时电池单体的温度、电压、温升等参数表现出较大的差异性，因此 GB 38031—2020 规定可通过加热和针刺两种方式触发热失控，并规定了针刺规格和加热功率。此外，还推荐了热失控触发判定条件。热扩散的危害来源于短时间内积聚的大量热量，在设计电池包或系统时，应充分考虑系统的散热能力。如可将散热系统设计为液冷结构并使用导热性能更好的材质，电池间添加阻燃材料阻隔热量的不当传递。另外，系统应具有热事件报警功能，在乘员舱发生危险前 5 min 提供报警信号。由于是新增项目，市场上没有成熟的检测设备，建议针刺用钢针，使用不易被电解液等电池内部物质氧化的材质；加热片的尺寸应与当前主流动力电池单体的尺寸相似，可参考《电动汽车用动力蓄电池产品规格尺寸》(GB/T 34013—2017）等单体尺寸标准，并设计成易更换的结构，以适应不同尺寸的电池。

7）盐雾和高海拔

盐雾试验主要用于考察耐盐雾腐蚀和耐盐雾渗漏性能，并验证和评价电池系统的失效模式及安全性。前者评价的是电池系统的腐蚀效应，后者侧重评价盐分渗漏及造成的电气效应。GB 38031—2020 沿用了 GB/T 31467. 3—2015 的试验要求，但在结果判定上增加了“绝缘电阻不小于 100 Ω/V”的要求。在高海拔试验项目中，GB 38031—2020 沿用了 GB/T 31467. 3—2015 的试验方法，只是在安全要求中将“无放电电流锐变、电压异常”改为“由制造商提供电流锐变、电压异常终止条件”，明确了制造商是该终止条件提供的责任人，可避免检测单位与制造商互不认可对方提供的终止条件的情况。

8）电气安全

电气安全试验是从系统层面考察电池包的安全性，具体分两个层面：一是考察系统保护控制的有效性；二是考察系统在保护控制失效或没有保护控制时安全性。过温保护、过充电保护、过放电保护及外部短路保护均是在 GB/T 31467. 3—2015 的基础上进行了较大的修改，主要是细化保护执行的操作和截止条件。考虑到外部短路保护只能验证外部短路造成的电流过大情况，不能对由软硬件功能失效导致的系统大电流情况进行验证，因此 GB 38031—2020 新增了过流保护项目。电池包或系统设计应考虑主被动保护两个方面：主动保护应保证保护控制的鲁棒性；被动保护可做些冗余设计。检测设备应充分考虑测试仪的大电流承受能力。

综上所述，国家标准 GB 38031—2020 将 GB/T 31485—2015 和 GB/T 31467. 3—2015 两个分散的标准整合成一个试验对象和试验项目更为完整的标准，并升级为强制性国家标准。并且该标准定位于仅针对动力电池使用过程中的安全问题进行测试，删除了生产、运输、维护及回收过程中相关测试项目，定位更加清晰合理。相对于被替代的 GB/T 31485—2015 和 GB/T 31467. 3—2015 标准，国标 GB 38031—2020 在测试要求和截止条件方面的要求更加明确，消除了上述两个标准中有歧义的地方，标准的可操作性更强。

同时，国家标准 GB 38031—2020 在制定过程中参考了现有及正在制定的国际标准，并与德国汽车工业协会（VDA）、欧洲汽车工业协会（ACEA）、日本汽车技术研究所（JARI）及 UNGTR 等国外标准制定机构沟通协调，因此 GB 38031—2020 可更好地与国际标准接轨，将极大规范和促进动力电池行业的良性发展。

2. 3. 3 国家标准《电动自行车用锂离子蓄电池》(GB/T 36972—2018）解读

2018 年 12 月 28 日，国家标准化管理委员会、国家市场监督管理总局联合发布了国家标准《电动自行车用锂离子蓄电池》(GB/T 36972—2018)，并于 2019 年 7 月 1 日开始实施。标准规定了电动自行车用锂离子电池的术语和定义、符号、型号命名、要求、试验方法、检验规则和标志、包装、运输和储存。标准的制定规范了电动自行车用锂离子电池标准，对电动自行车用锂离子电池的发展具有重要意义。

1. 标准的范围

国家标准 GB/T 36972—2018 适用于电动自行车用锂离子蓄电池组，标准规定了电动自行车用锂离子电池的术语和定义、符号、型号命名、要求、试验方法、检验规则和标志、包装、运输和储存。

国家标准 GB/T 36972—2018 的测试项目包括电性能测试、安全性测试、外壳测试等三个主要部分。

2. 电性能测试

国家标准 GB/T 36972—2018 将锂电池的电性能试验分为放电试验、荷电保持与恢复能力试验和内阻试验等三个项目。国家标准 GB/T 36972—2018 的锂电池电性能测试如表 2-5 所示。

表 2-5 GB/T 36972—2018 的锂电池电性能测试

测试项目	国标 GB/T 36972
常温下的电池容量	放电电流为 I_2
倍率放电下的电池容量	放电电流为 $2I_2$
循环寿命的能力测试	放电电流为 I_2
低温条件下放电	在温度为-20 ℃，符合标准的条件为初始容量的 70%
高温条件下放电	在温度为 55 ℃，符合标准的条件为初始容量的 90%
荷电的能力保持性能	为期 30 天的储存时间
内阻测试	新加测试项目
荷电的能力恢复性能	新加测试项目
长期储存下的荷电恢复能力测试	新加测试项目

1）放电试验

国家标准 GB/T 36972—2018 要求的放电电流增加到 $1I_2$和 $2I_2$，以更好地测试额定容量和大功率放电性能。

（1）放电电流影响。锂离子电池的放电电流将直接影响电池的实际容量。放电电流越大，电池容量越小，说明放电电流越高，达到终止电压的时间越短。评价电池的放电性能的指标主要为电流的大小和快慢（大电流快速放电），而且该指标更适用于实际生活。

（2）温度影响。环境因素对于电池充放电性能的影响比较大，其中温度的影响最为显著。电极/电解液界面上的化学反应速率随温度的升高而加快。温度降低时，反应速率变慢，放电容量大大降低；当温度升高时，化学反应速率增加，放电容量增大。但是，高温会破坏电池内部的化学平衡，产生副反应，从而减慢化学反应速率，降低放电容量。

国家标准 GB/T 36972—2018 要求的温度区间，其中低温试验温度降至-20 ℃，高温放电温度提至 55 ℃。由此可见，放电试验温度试验的条件更为苛刻。

2）荷电的保持及恢复能力

荷电保持能力和荷电恢复能力的检测主要是测试锂离子电池在储存一段时间后的容量保持能力，然后在荷电保持测试后对电池进行充电，以测试其容量恢复情况。

针对电动自行车长期未使用的情况，国家标准 GB/T 36972—2018 延长了充电保持时间，新增电池存放一段时间后的能力恢复测试，进一步考虑用户的实际使用情况。

3）内阻测试

蓄电池电压、电流和温度是蓄电池的重要工作参数，但不能反映蓄电池的内部状态。内阻是表征电池最有效、最方便的性能参数，它能反映电池的劣化程度和容量状态，而电压、电流、温度等运行参数无法反映。电池内阻是指电池工作时流过电池的电流电阻。因此，通过对电池组中电池单体的内阻测试，可以准确掌握电池组中各电池单体的性能状态。同时对保证电池供电的稳定性，延长电池组的使用寿命具有重要意义。

3. 安全性测试

国家标准 GB/T 36972—2018 针对锂电子蓄电池的安全性测试主要包含三个部分：电安全性测试、机械及环境安全性测试和安全保护性能测试。其中，电安全性测试主要包含三个项目，即过充电试验、强制放电试验和外部短路试验。电安全性测试项目如表 2-6 所示。

表 2-6　电安全性测试项目

测试项目	GB/T 36972—2018
过充电	限压过充 90 min
强制放电	其中一个电池单体为 0 V
外部短路	（80±20） mΩ
挤压测试	利用挤压速度为（5±1） mm/s 对异形板进行挤压，符合标准的条件为 70%的形变或在 30 kN 的挤压力保持 5 min
振动项目的测试	X，Y，Z 三个方向
自由跌落项目的测试	在水泥地面上进行测试
高低温冲击项目的测试	低温-20 ℃至高温 72 ℃
浸水项目的测试	在温度为 20 ℃±5 ℃的水槽中浸没电池组 24 h
机械冲击的项目测试	新加测试项目
低气压项目的测试	新加测试项目

1）过充电试验

当充电系统工作不正常、充电器故障或使用错误的充电器时，通常会发生蓄电池过充电。电池的过充加速了锂离子的过度插入和解吸以及放热副反应的发生，极易导致电池损坏行为的发生。国家标准 GB/T 36972—2018 将过充电试验时间从 60 min 增加到 90 min，而且要求试验不设保护装置。

2）强制放电试验

行业标准是以保护电路的电池组作为实验对象，进而进行过放电试验。电池组放电后，按 0. $2I_2$ 电流向任何一个电压为 0 V 的电池单体放电，与国家标准相比有根本性区别。电池单体的生产，其中最重要的因素为电池的统一性。如果电池的统一性较差，单个电池的过充或过放电问题会在长期的充放电过程中积累，最终导致电池失效。

3）外部短路试验

在国家标准 GB/T 36972—2018 中，外部短路试验要求将电池组的正负极与电阻为 80 mΩ±20 mΩ 的外部电路短路，直至电池组电压小于 0. 2 V，目测电池组外观。

4）机械及环境安全性

国家标准 GB/T 36972—2018 根据世界公认最为广泛的标准 UN 38. 3，针对锂电池的检测增加了机械冲击和低压试验两项项目的测试，进而严格把控锂电池的安全性问题。

国家标准 GB/T 36972—2018 在自由落体试验中，将硬木板改为水泥板，加强了落下面的强度，试验更加严格。锂电池在使用过程中有被挤压导致碎裂的可预见性风险，规定了不同条件下的挤出速度、挤出方向等试验参数，要求电池在这种情况下不着火、不爆炸。

5）安全保护性能测试

国家标准 GB/T 36972—2018 中，安全保护性能测试主要包括 5 个方面：过充电保护试验项目、过放电保护试验项目、短路保护试验项目、放电过流保护试验项目、静电放电试验项目。当电池组有保护电路时，对样品进行更严格的试验条件，以评估电池在极端试验条件下的主动保护性能。

4. 外壳测试

外壳是电池组的盔甲，主要用于保护电池组的安全。故外壳需要具有一定的抗压强度和阻燃能力。国家标准 GB/T 36972—2018 中增加了外壳的阻燃性能的测试要求。目前电池组外壳主要由非金属材料制成。国家标准 GB/T 36972—2018 中增加了壳体的特殊试验，包括壳体应力试验、壳体耐压试验和阻燃试验，前两个测试主要评估电池组外壳在长期高温或表面应力下的应力和压缩能力。众所周知，电动自行车的火灾危险性很大，故若提高各个固件的阻燃性，则可大大降低锂电子电池的火灾危险性。

2.4 锂离子电池主要性能参数

锂离子电池具有能量密度高、转换效率高、循环寿命长、无记忆效应、无充放电延时、自放电效率、工作温度范围较宽等优点，因而成为电能的一个比较理想的载体，在各个领域得到广泛应用。在使用锂离子电池的时候，会关注一些参数指标，作为衡量其性能“优劣”的主要因素。

1）电压

锂离子电池的电压（V）有开路电压、额定电压、工作电压、充电截止电压、放电截止电压等一些参数。

（1）开路电压。电池外部不接任何负载或电源，测量电池正负极之间的电位差，此为电池的开路电压。

（2）额定电压。电池在标准规定条件下工作时应达到的电压。

（3）工作电压（负载电压、放电电压）。在电池两端接上负载 R 后，在放电过程中显示出的电压，等于电池的电动势减去放电电流 i 在电池内阻 r 上的电压降，$U=E-ir$。一般来说，由于电池内阻的存在，放电状态时的工作电压低于开路电压，充电时的工作电压高于开路电压。

（4）充电截止电压。电池允许达到的最高工作电压。超过了这一限值，会对电池产生一些不可逆的损害，导致电池性能的降低，严重时甚至造成起火、爆炸等安全事故。

（5）放电截止电压。电池在一定标准所规定的放电条件下放电时，电池的电压将逐渐降低，当电池不宜再继续放电时，电池的最低工作电压称为终止电压。当电池的电压下降到终止电压后，再继续使用电池放电，化学“活性物质”会遭受破坏，减少电池寿命。

2）电池容量

（1）理论容量。根据蓄电池活性物质的特性，按法拉第定理计算出的理论值，一般用质量容量（A·h）/kg 或体积容量（A·h）/L 来表示。

（2）实际容量。在一定的放电条件下所放出的实际电量，主要受放电倍率和温度的影响（故严格来讲，电池容量应指明充放电条件），等于放电电流与放电时间的乘积。实际容量一般都不等于额定容量，它与温度、湿度、充放电倍率等直接相关。一般情况下，实际容量比额定容量偏小一些，有时甚至比额定容量小很多，比如北方的冬季，如果在室外使用手机，电池容量会迅速下降。

（3）标称容量。用来鉴别电池的近似安时值，电池在环境温度为 20 ℃±5 ℃条件下，以 5 h 率放电至终止电压时所应提供的电量，用 C_5表示。

（4）额定容量。按一定标准所规定的放电条件下，电池应该放出的最低限度容量。

（5）荷电状态（SOC）。电池在一定放电倍率下，剩余电量与相同条件下额定容量的比值，反映电池容量的变化。

荷电状态是人们比较关心的一个参数。智能手机早已普及，在使用智能手机的时候，最担心的就是电量不足，需要频繁充电，有时还找不到地方充电。早期的功能机，在正常使用情况下，满充的电池可以待机 3~5 天，一些产品甚至可以待机 7 天以上。可是到了智能机时代，待机时间就显得惨不忍睹了。这里面很重要的一个原因，就是手机的功耗越来越大，而电池的容量却没有同比例地增长。

3）能量（W·h，kW·h）

（1）标称能量。在按一定标准所规定的放电条件下，电池所输出的能量，电池的标称能量是电池额定容量与额定电压的乘积。

（2）实际能量。在一定条件下电池所能输出的能量，电池的实际能量是电池的实际容量与平均电压的乘积。

（3）比能量[（W·h）/kg]。电池单位质量中所能输出的能量。

（4）能量密度[（W·h）/L]。电池单位体积所能输出的能量。

能量密度指的是单位体积或单位质量的电池，能够存储和释放的电量，其单位有两种：（W·h）/kg、（W·h）/L，分别代表质量比能量和体积比能量。这里的电量，是上面提到的容量（A·h）与工作电压（V）的积分。在应用的时候，能量密度这个指标比容量更具有指导性意义。

基于当前的锂离子电池技术，能够达到的能量密度水平在 100~200（W·h）/kg，这一数值还是比较低的，但在许多场合都成为锂离子电池应用的瓶颈。这一问题同样出现在电动汽车领域，在体积和质量都受到严格限制的情况下，电池的能量密度决定了电动汽车的单次最大行驶里程，于是出现了“里程焦虑症”这一特有的名词。如果要使得电动汽车的单次行驶里程达到 500 km（与传统燃油车相当），电池单体的能量密度必须达到 300（W·h）/kg 以上。

锂离子电池能量密度的提升是一个缓慢的过程，远低于集成电路产业的摩尔定律，这就造成了电子产品的性能提升与电池的能量密度提升之间存在一个剪刀差，并且随着时间不断扩大。

4）功率（W，kW）

在一定的放电制度下，电池在单位时间内所输出的能量。

比功率（W/kg）：电池单位质量中所具有的电能的功率。

功率密度（W/L）：电池单位体积中所能输出的能量。

5）电池内阻

电流流过电池内部受到的阻力，使电池电压降低，此阻力称为电池内阻。由于电池内阻的作用，电池放电时端电压低于电动势和开路电压，充电时端电压高于电动势和开路电压。

锂离子电池的内阻包括欧姆内阻和极化内阻。欧姆内阻由电极材料、电解液、隔膜电阻以及各部分零件的接触电阻组成。极化电阻是指化学反应时由极化引起的电阻，包括电化学极化和浓差极化引起的电阻。电池内阻大，会引起大量焦耳热，引起电池温度升高，导致电池放电工作电压降低，放电时间缩短，对电池性能、寿命等造成严重的影响。电池内阻大小的精确计算相当复杂，而且在电池使用过程中会不断变化。内阻大小主要受电池的材料、制造工艺、电池结构等因素的影响。电池内阻是衡量电池性能的一个重要参数。

6）寿命

电池以充放电的循环次数和使用年限来定义电池寿命。

循环次数。蓄电池的工作是一个不断充电、放电、充电、放电的循环过程。在每一个循环中，电池中的化学活性物质发生一次可逆的化学反应，充放电次数的增加，化学活性物质老化变质，使电池充放电效率降低，最终丧失功能，电池报废。电池的循环次数与很多因素有关：电池充放电形式、电池温度、放电深度、电池组均衡性、电池安装等。循环寿命一般以次数为单位，表征电池可以循环充放电的次数。当然这里也是有条件的，一般是在理想的温湿度下，以额定的充放电电流进行深度的充放电（100% DOD 或者 80% DOD），计算电池容量衰减到额定容量的 80%时，所经历的循环次数。循环次数是衡量电池寿命的指标。

使用年限。SOH（State Of Health）反映电池的预期寿命。$SOH=C_M/C_N$，其中，C_M表示蓄电池预测容量，C_N表示蓄电池标称容量。

锂离子电池的寿命会随着使用和存储而逐步衰减，并且会有较为明显的表现。仍然以智能手机为例，使用过一段时间的手机，可以很明显地感觉到手机电池“不耐用”了，刚开始可能一天只充一次，后面可能需要一天充电两次，这就是电池寿命不断衰减的体现。

7）充放电倍率

充放电倍率是指电池在规定的时间内放出其额定容量时所需要的电流值，这个指标会影响锂离子电池工作时的连续电流和峰值电流，其单位一般为 C（C-rate 的简写），如 1/10 C，1/5 C，1 C，5 C，10 C 等。举个例子，某电池的额定容量是10 A·h，如果其额定充放电倍率是 1 C，那么就意味着这个型号的电池可以以 10 A 的电流反复地充放电，一直到充电或放电的截止电压。如果其最大放电倍率是 10 C/10 s，最大充电倍率 5 C/10 s，那么该电池可以以 100 A 的电流进行持续 10 s 的放电，以 50 A 的电流进行持续 10 s 的充电。

充放电倍率对应的电流值乘以工作电压，就可以得出锂离子电池的连续功率和峰值功率指标。充放电倍率指标定义得越详细，对于使用时的指导意义越大。尤其是作为电动交通工具动力源的锂离子电池，需要规定不同温度条件下的连续和脉冲倍率指标，以确保锂离子电池在合理的范围之内使用。

8）充放电效率

充电效率是指锂电池在充电过程中所消耗的电能转化成电池所能储存的化学能程度的量度。主要受电池工艺、配方及电池的工作环境温度影响，一般环境温度越高，充电效率越低。

放电效率是指在一定的放电条件下放电至终点电压所放出的实际电量与电池的额定容量之比，主要受放电倍率、环境温度、内阻等因素影响。一般情况下，放电倍率越高，放电效率越低；温度越低，放电效率越低。

9）自放电率

自放电率是指锂电池在存放时间内，在没有负荷的条件下自身放电，使电池容量损失的速度。自放电率用单位时间（月/年）内电池容量下降的百分数来表示。

自放电率又称荷电保持能力，是指电池在开路状态下，电池所储存的电量在一定条件下的保持能力，主要受电池的制造工艺、材料、储存条件等因素的影响，是衡量电池性能的重要参数。

项目实施

1. 项目实施准备

选取江西国轩圆柱形电池作为演示电池。

2. 项目实施操作

学生分组，分别列举圆柱形电池测试项目。

对照列举出项目，描述测试方法。

对照测试方法，回答测试项目合格要求。

项目评价

请根据实际情况填写表 2-7 项目评价表。

表 2-7　项目评价表

序号	项目评价要点		得分情况
1	能力目标（15 分）	自主学习能力	
		团队合作能力	
		知识分析能力	
2	素质目标（45 分）	职业道德规范	
		案例分析	
		专业素养	
		敬业精神	
3	知识目标（25 分）	锂离子电池国内主要标准	
		锂离子电池国外主要标准	
		锂离子电池主要标准解读	
		锂离子电池主要性能参数	
4	实训目标（15 分）	项目实施准备	
		项目实施过程	
		项目实施报告	

项目 3

制备锂离子电池正负极浆料

学习目标

【能力目标】

(1) 能够描述锂离子电池制浆的相关过程。

(2) 能够介绍常用的锂离子电池制浆的设备状况。

【知识目标】

(1) 理解锂离子电池制浆的工艺过程。

(2) 了解悬浮液的颗粒受力类型。

(3) 掌握锂离子电池制浆的相关设备类型。

【素质目标】

(1) 通过对锂离子电池制浆相关过程的学习分析，加强学生的工程思维能力。

(2) 通过对锂离子电池制浆的原理分析，树立从宏观深入微观的学习意识。

(3) 培养学生与人协作、沟通和团队合作的能力。

工匠精神

项目描述

小何作为一名从事锂电池制浆的技术人员，在工作中遇到了一些问题：浆料中存在不均匀性，导致电池性能不稳定；颗粒团聚现象严重，影响了浆料的流动性和电极的孔隙率；设备经常出现故障，影响了生产效率和产品质量。

因此，这次的任务是让小何带领新入职的公司实习生深入理解和掌握锂离子电池正负极匀浆的基本概念、重要性以及在实际生产中可能遇到的问题和挑战。通过理论学习和实践操作的结合，培养他们解决实际问题的能力，提高他们的专业素养和技术水平。

本次任务对小何与小组成员提出以下具体要求。

(1) 需要认真完成理论学习，确保对锂离子电池正负极匀浆的基本概念、重要性和可能遇到的问题有清晰的认识和理解。

(2) 在实践操作过程中，小组成员需要严格按照操作规程进行，注意安全，并做好详细的记录和观察。

(3) 在问题解决过程中，小组成员需要充分发挥团队协作精神，共同分析问题原因，提出解决方案和改进措施。

(4) 在反馈与总结过程中，小组成员需要积极参与讨论，分享自己的经验和教训，互相学习和进步。

项目分析

为了解决这些问题，小何需要带领小组成员深入了解锂离子电池正负极匀浆的基本概念、制浆的工艺和制浆的相关设备以及在实际生产中可能遇到的问题和挑战。需要理解匀浆的定义、目的和在锂离子电池制造中的作用。了解匀浆过程中的关键因素和挑战，以及它们对电池性能和寿命的影响。最后能够提出一些可能的解决方案和改进措施，以提高生产效率和改善产品质量。

知识准备

3.1 概　　述

1. 简介

锂离子电池制造过程中的制浆，是将正负极活性物质粉体、导电剂粉体、高分子黏结剂和助剂均匀分散于溶剂中形成稳定悬浮液的过程。这种悬浮液在锂离子电池行业中又称浆料。

2. 正极浆料

锂离子电池正极浆料常用体系为钴酸锂粉体、炭黑（导电剂）、聚偏氟乙烯（黏结剂兼分散剂）等，分散于N-甲基吡咯烷酮（NMP）中形成悬浮液。负极浆料常用体系为石墨粉体、炭黑（导电剂）、丁苯橡胶乳液（SBR，黏结剂）、羧甲基纤维素钠（CMC，分散剂）等，分散于水中形成悬浮液[3]。

3. 制浆过程

常规制浆过程如图3-1所示。活性物质颗粒团聚体首先在机械搅拌作用下被打散，然后均匀分散于溶剂中。均匀稳定分散是锂离子电池制浆的基本要求。对于制备好的悬浮液，能否稳定分散，主要取决于悬浮颗粒之间的作用力情况。当颗粒之间的作用力以排斥力为主时，颗粒之间不自发产生团聚，有助于悬浮液的稳定分散；当颗粒之间以引力为主时，将自发产生团聚，不能稳定分散，需要对颗粒的受力情况进行调控，以便使其稳定分散。

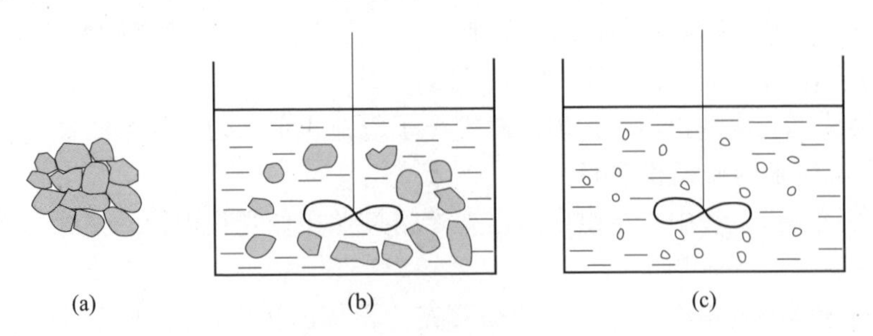

图3-1　常规制浆过程

（a）活性物质颗粒团聚体；（b）机械搅拌；（c）均匀分散

3.2　悬浮液颗粒受力

3.2.1　颗粒间作用力

1. 简介

在静态悬浮液中，固体颗粒主要受到颗粒间作用力（引力 $\boldsymbol{F}_1$ 和斥力 $\boldsymbol{F}_2$）、重力（$\boldsymbol{G}$）、浮力（$\boldsymbol{F}_3$）以及布朗运动力（$\boldsymbol{F}_4$）作用，如图 3-2 所示；而在动态悬浮液中，固体颗粒还受到流体力学力的作用，主要表现为流体的曳力和阻力。颗粒间作用力包括范德华力、静电作用力、溶剂化作用力、疏溶剂作用力和位阻作用力等[4]。

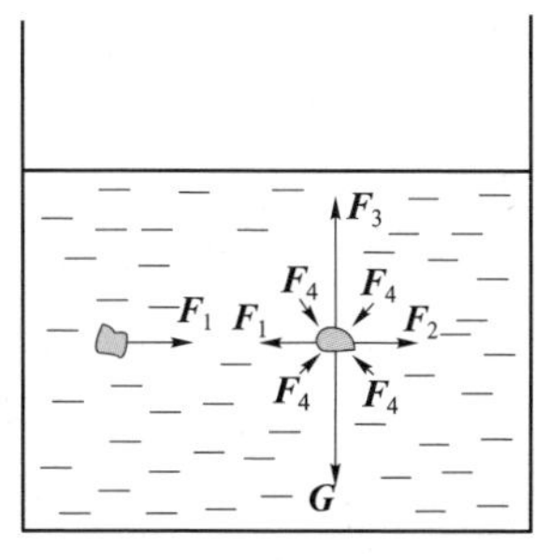

图 3-2　静态悬浮液固体颗粒受力示意图

2. 范德华力

范德华力属于引力范畴。单个分子（原子）间的范德华力作用距离非常短，只存在于距离小于 1 nm 的两个分子（或原子）之间。单个原子的范德华力与原子间距的六次方成反比，衰减很快。范德华力普遍存在于固、液、气态微粒之间。含有大量原子（或分子）的颗粒与颗粒之间的总作用力是颗粒中的各个原子（或分子）与另一颗粒中的各个原子（或分子）间所有作用力的总和，故颗粒间的分子作用力不仅可观，而且作用距离较大，可以在 100 nm 内表现出来。范德华力受颗粒密度、直径、颗粒间距和表面性质等因素影响，随颗粒间距的增大而减小，随颗粒密度和直径的增大而增加。

表面吸附对范德华力有影响，吸附层使范德华力减弱。在锂离子电池的制浆过程中，减小颗粒粒度可以减小范德华力，有助于制备稳定悬浮液。

3. 静电作用力

颗粒表面通常带有电荷使颗粒间产生静电作用力。静电作用力有排斥和吸引两种作用。当两个颗粒带有同种电荷时，则颗粒间静电作用力表现为排斥力；而当两个颗粒带有相反电荷时，则表现为引力。同质颗粒通常带有同种电荷，静电作用力表现为排斥力；对于异质颗粒，当不同异质颗粒带有相反电荷时表现为引力，带有同种电荷时表现为斥力。

悬浮液中颗粒表面带有电荷的原因非常复杂，仅在水性体系中，颗粒表面带有电荷就可能是由颗粒表面晶格离子和表面官能团的选择性解离，以及表面晶格缺陷等多种原因造成的。悬浮液中颗粒带电时表面存在一个由同种电荷（电位形成离子）形成的电荷层，在颗粒表面电荷层的外面聚集了反号离子，其中一部分反号离子被紧密吸引在表面，称为束缚反离子，形成了吸附层。带电颗粒表面的电荷层与吸附层一起构成了双电层结构，吸附层有几个分子厚度，通常随着颗粒一起运动。另一部分反号离子由于分子热运动和液体溶剂化作用而向外扩散，并延伸一定距离，直至与溶液中的离子浓度相等，形成了一个扩散层。由于扩散层的反号离子与吸附层的结合力弱，在颗粒运动时，常常脱离颗粒，这个脱开的界面称为滑动面，滑动面通常位于靠近吸附层的某个位置，胶体化学常将吸附层边界近似作为滑动面。

两个颗粒的静电作用距离与扩散层的厚度有关，扩散层越厚，静电作用距离越远，但是随着距离的变远，作用力减弱。双电层的厚度受离子强度影响，随着离子强度的增加而下降。表面吸附情况不同，引起的静电作用改变十分复杂，可以使静电作用增强或减弱，有时甚至使电位形成离子发生相反改变，这也为人们调节颗粒间静电作用力提供了途径。

4. 溶剂（水）化作用力

固体颗粒在溶剂中分散时，存在着溶剂化膜。最常用的溶剂就是水。在强极性的水介质中，当两个颗粒互相靠近，水化膜开始接触时，就会产生一种排斥作用，称为溶剂化作用力，又称水化力或结构力。水化力作用范围在2.5~10 nm，是10~40个水分子厚度，并且随着距离的增大呈指数衰减。在非极性介质中，固体颗粒溶剂化膜的厚度较小，约几个分子厚，并且结构不稳定，会发生振荡现象，如密度大小的变化。

在水体系中，水化膜可以看作是具有一定结构和厚度的弹性实体，其结构十分复杂。一般认为颗粒表面含有不溶解的离子，其中的阳离子以部分水合的形式与水结合，阴离子以羟基化的形式与水结合，其结合力远超过氢键；在其外面的水再以氢键加偶极作用的方式形成水膜。由于这几种结合力都超过了水相中分子间的氢键力，溶剂化膜能够稳定存在。溶剂化膜的结构和性质主要受到颗粒表面状况、液体介质的分子极性和体相结构特点、溶质分子和离子种类及其浓度、温度等因素影响。

5. 疏溶剂（水）作用力

疏水作用是在水中发生在非极性颗粒之间的吸引作用。它的作用距离短，在10~25 nm。这是因为在水性介质中分散非极性表面的颗粒时，颗粒表面对水的排斥作用，使水分子的极性氢键避免直接指向颗粒表面，而是尽量与颗粒表面平行，产生一种特殊不稳定的“冰状笼架结构”水化膜。这层水化膜与颗粒表面以较弱的色散力结合，其生成过程属于熵减的过程，有自发破坏的趋势。当两个被这种水化膜包覆的颗粒在水中接近时，这种水化膜会自发破裂，将两个颗粒挤到一起，或者将颗粒挤出水面，以减少水化膜的面积。表现为在水介质中非极性表面颗粒具有吸引力，这就是疏水作用。

疏水作用强度比范德华力大10~100倍。疏水作用与表面的非极性程度（即疏水程度）有关。水化作用与疏水作用是一对相反的作用，水化作用越强，疏水作用越弱，反之亦然。

6. 位阻作用力

颗粒表面的吸附层对颗粒间的作用有显著影响。当颗粒吸附高分子或长链有机物后，在不同颗粒吸附层发生接触时，便会产生一种可以占支配地位的颗粒间排斥作用，这种作用称为位阻作用。而当颗粒吸附层不接触时，则不产生位阻作用。

位阻作用与吸附层高分子的含量有关，即与高分子分散剂的使用浓度密切相关。当高分子分散剂浓度低时（如在50%左右时），高分子分散剂主要在颗粒间起架桥作用，使多个颗粒聚团长大，不利于分散稳定，没有位阻效应。而当浓度高、覆盖率接近100%时，颗粒吸附的高分子吸附层相互穿插或受到压缩，从而阻止了颗粒之间靠近，使颗粒受位阻作用排斥力而稳定分散。

这种位阻排斥作用距离受到高分子分子量影响，致密的吸附层可达到数十纳米，而对于分子量大于1 000 000的高分子可达数百纳米，几乎与双电层作用距离相当。当浓度过高时，空间位阻效应会失效，可能发生新的聚团行为。

3.2.2 颗粒受到的其他作用力

1. 重力和浮力

悬浮液处于重力场中。在溶剂中，固体颗粒受到重力 G 和液体浮力 F 的双重作用。

$$G=\rho_{p}gV$$

$$F=\rho_{s}gV$$

式中，G 为颗粒受到的重力，N；F 为颗粒受到的浮力，N；ρ_p、ρ_s 分别为颗粒和溶剂的密度，g/m³；g 为重力加速度，m/s²；V 为颗粒体积，m³。则有如下规律。

当 $\rho_p>\rho_s$ 时，颗粒受到的重力大于浮力，颗粒发生沉降；

当 $\rho_p=\rho_s$ 时，颗粒受到的重力等于浮力，颗粒悬浮在溶剂中；

当 $\rho_p<\rho_s$ 时，颗粒受到的重力小于浮力，颗粒发生上浮。

只要颗粒密度不等于溶剂密度，都会自发地沉降或上浮，使悬浮液的溶剂和颗粒分离，颗粒密度与溶剂密度的差值越大，悬浮液越不稳定。在锂离子电池浆料中，通常颗粒密度大于溶剂密度，悬浮颗粒会沿重力方向向下运动，发生重力沉降。重力沉降会造成颗粒浓度沿重力方向增大，使悬浮体系破坏。

2. 布朗运动力

悬浮液中的所有颗粒，无论粒度大小，都会受到溶剂分子热运动的无序碰撞，从而产生扩散运动，称为布朗运动。这里将使颗粒产生布朗运动的力称为布朗运动力。布朗运动力是无规则的，它们在各个方向存在的概率相等。颗粒在某一方向上做布朗运动时，其运动速率随颗粒质量和尺寸的减小而增大，并且非球形颗粒的布朗运动速率低于球形颗粒的布朗运动速率。

布朗运动一方面使悬浮液体系中颗粒随机向任意方向移动扩散，使悬浮液浓度趋于一致，分散均匀；另一方面也使颗粒碰撞机会增加，使颗粒间发生接触而团聚，使粒度增大而发生重力沉降。

3. 流体力学力

流体力学力主要是由流体的黏性而产生的，又称流体黏性力，其本质是分子间的引力作用，也就是范德华力。衡量黏性力的物理量为黏度。这里以上下两个大平行平板之间的流体为例讨论黏度，如图 3-3 所示。当上面的平板向固定方向水平匀速运动时，紧贴上部平板的流体在平板带动下运动，由于黏性力作用带动下部流体随之运动，在上下两个平板之间流体产生速度梯度。速度梯度大小用 du/dy 表示。当速度梯度恒定时，上下层流体的作用力和反作用力相等，此时的剪切力用 τ 来表示。

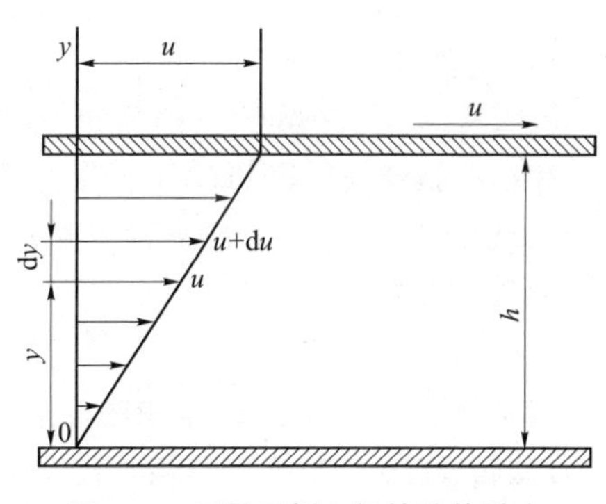

图 3-3　平行平板之间的流体黏度

$$\tau=\eta du/dy$$

其中，比例系数 η 称为黏度（动力黏度），单位为 Pa・s，也可以写成（N・s)/m²。黏度的物理意义为当速度梯度等于 1 时，流体单位面积上由于黏性所产生的内摩擦力（剪切应力）大小。在相同剪切力下，黏度越大，流体的相对速度越小。黏度反映了流体在受到外力作用时保持原来形状的能力，即黏度越大，保持原来形状能力越强。流体的黏度不仅因种类而异，而且还受温度、压力影响。同一种液体的黏度随着温度升高而降低，压力的影响可以忽略不计。

3.2.3　颗粒间距和粒度对颗粒受力的影响

1. 颗粒间作用力与颗粒间距

（1）范德华力和疏水作用力均为引力。前者作用距离长，可达 100 nm；后者作用距离短，为 10 nm，但是作用强度大。

（2）溶剂化作用力和静电力为排斥力。前者作用强度大，但作用距离短；后者作用强度小，但作用距离长。

（3）位阻作用力既可以为引力，也可以为斥力，作用距离长。需要指出的是，当高分子在颗粒表面覆盖度低时，位阻作用力表现为引力。

（4）颗粒间作用力可以采用表面力测量仪（SFA）测量，距离测量范围为几微米到 0.1 nm，而力的测量灵敏度为 10-8 N。使用原子力显微镜（AFM）可以进一步提高表面力的测量精度，灵敏度可超过 10-10N。

2. 颗粒间作用力与颗粒粒度

在静态悬浮液中，颗粒除了受到颗粒间作用力，还受到浮力、重力、布朗运动力的作用。而在动态悬浮液中，颗粒还会受到流体力学力作用。这些作用力随着粒度不同而不同。对不同粒度颗粒的粒间作用势能及动能进行计算对比，假设不同粒度颗粒的布朗运动的动能均为一个单位，与布朗运动能相比，对于 0.1 μm 颗粒，范德华作用能和静电作用能比较显著；随着粒度的增大，沉降动能和搅拌动能增加显著。

3.3 静态悬浮液稳定性

3.3.1 沉降方式

1. 自由沉降

1）概念

静态悬浮液不稳定时，会发生沉降。把固体颗粒总体积占悬浮液体积的百分数称为固体颗粒体积浓度。悬浮液的沉降行为受固体颗粒体积浓度影响，如图 3-4 所示。

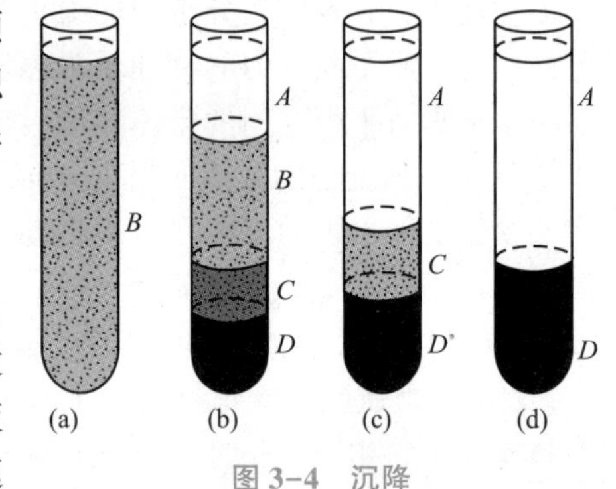

图 3-4 沉降

2）过程

当悬浮液的固体颗粒体积浓度在 3%～5%时，称为极稀悬浮液，颗粒之间相互作用可以忽略，发生的是自由沉降。随着颗粒直径和密度的增大，液体密度和黏度的减小，沉降速率增大，并且沉降速率与颗粒直径是二次方的关系，受颗粒直径影响显著。在一定温度下，悬浮液体系的粉体和溶剂一定时，沉降速率只与颗粒直径有关。当颗粒形状不规则时，会增大沉降阻力，使沉降速率降低。

2. 干扰沉降

1）概念

当悬浮液的固体颗粒体积浓度在 5%～20%时称为稀悬浮液，此时发生干扰沉降。上面的颗粒向下沉降时，会取代下面的液体而使液体向上回流，阻碍其他颗粒的沉降，使颗粒的沉降速率下降。由于颗粒之间的彼此干扰，会在沉降过程中形成一个清晰的界面，即上清液和下面悬浮沉积层二者之间的界面，如图 3-4（c）中的 *A* 区和 *C* 区之间的界面，整个沉降过程相当于这个界面的下降。

2）性质

界面的干扰沉降速率随着固体颗粒体积浓度增大而下降。当然还与颗粒的自由沉降速率有关，自由沉降速率越大，界面的干扰沉降速率越大。当颗粒间存在吸引力时，情况还会更加复杂。这时一些颗粒还会松散地结合成不同直径的大颗粒（或者叫二次颗粒），以粒群的形式沉降，相当于颗粒直径增大，使界面的沉降速率加快。

3. 压缩沉降

悬浮液的固体颗粒体积浓度在20%~50%时称为浓悬浮液，其沉降表现为压缩沉降，如图3-4（b）~图3-4（d）中的 *D* 区所示。颗粒将进一步靠拢，将水分挤压出去，达到紧密靠拢状态。由于挤出液体上升会阻碍颗粒靠近，因此压缩沉降速率大大降低。这一沉降过程是在上部分悬浮液对下部分悬浮液的压缩下发生的，因此越是 *D* 区的下边，受到的压力越大，*D* 区的浓度越高，越密实。如果选择任意一个 *D* 区中的水平界面，当上层的压力与下层的压力相等时，悬浮液就会处于平衡状态。在固体颗粒体积浓度大于50%的悬浮液中，此时悬浮液中的固体颗粒已密集到接近紧密排列的程度，易发生压缩沉降。锂离子电池悬浮液多属此类。

4. 器壁效应

器壁对沉降有一种阻碍作用，称为阻滞效应。悬浮液的沉降速率主要受固体颗粒体积浓度和颗粒直径的影响，随着浓度的增加和颗粒直径的下降，沉降速率降低。颗粒密度的减小，颗粒形状的不规则，液体的密度和黏度增大，沉降速率也降低，此外颗粒的表面性质也有影响。调整这些参数减小重力沉降速率，就会使悬浮液向稳定方向发展。

3.3.2 稳定悬浮液的判据

1. 临界直径与沉降

布朗运动扩散位移随颗粒直径增大而减小，重力沉降位移随直径增大而增大，这样针对特定的悬浮体系必然存在一个特定的颗粒直径值，使得沉降位移和布朗运动扩散位移相等，将这一特定的颗粒直径值称为临界直径。当颗粒的粒度在1.0~2.5 μm时，会出现临界直径（1.2 μm），此时扩散位移和重力沉降位移相等。大部分颗粒的临界直径在1~2 μm。

关于悬浮液体系中的颗粒是否具有自发发生沉降趋向，可以作以下判断。

（1）当颗粒直径小于临界直径时，布朗运动起决定作用，颗粒没有自发沉降趋向；

（2）当颗粒直径大于临界直径时，重力沉降起决定作用，颗粒有自发沉降趋向。

在锂离子电池的浆料中，负极材料石墨颗粒的 d_{50} 在17 μm左右，正极粉体钴酸锂的 d_{50} 在8 μm左右，多数粉体粒子直径在2 μm以上，磷酸铁锂的 d_{50} 在2 μm左右，因此颗粒直径都大于临界直径，所以锂离子电池大部分浆料都有自发沉降趋向。在锂离子电池浆料中，有时还有少量导电剂固体颗粒。导电剂颗粒多为纳米材料，小于临界直径，没有自发沉降趋向。

2. 颗粒间作用力与团聚

颗粒间作用力包括范德华力、静电力、溶剂化力、疏溶剂力和位阻作用力，这些作用力具有加和性，计算如下。

颗粒间作用力之和=范德华力+静电力+溶剂化力+疏溶剂力+位阻作用力。

设排斥力为正值，引力为负值，则颗粒间作用力对静态悬浮液稳定性影响如下：

颗粒间作用力之和大于0，悬浮液处于以斥力为主的状态，没有自发团聚趋向；

颗粒间作用力之和小于0，悬浮液处于以引力为主的状态，有自发团聚趋向。

但是一般认为，在电解质溶液中，当颗粒作用势能曲线上的势垒大于15 kBT时，颗粒处于稳定分散状态。

3. 悬浮液稳定性判据

静态悬浮液的稳定性既受颗粒间作用力的影响，也受颗粒直径的影响，悬浮液稳定性判据如表3-1所示。

对于以斥力为主，颗粒尺寸大于临界尺寸的悬浮液体系，势必会发生沉降，使颗粒之间靠近。当颗粒间斥力引起的排斥抵消掉重力引起的靠近时，底部的浓悬浮液体系可能也会处于平衡状态。这时底部悬浮液可以看作高浓度悬浮液，会出现“拟晶体”现象，即规则排列的颗粒间距与光的波长相当时，会发生光的干涉，出现彩虹现象。

表3-1　悬浮液稳定性判据

稳定性判据		稳定性情况		
颗粒间作用力之和	颗粒直径	团聚趋势	沉降趋势	稳定性
引力为主	任何直径	有	有	不稳定趋向
斥力为主	大于临界直径	没有	有	不稳定趋向
	小于临界直径	没有	没有	稳定趋向

3.4　锂离子电池浆料制备原理

3.4.1　粉体润湿

粉体润湿是溶剂在粉体表面的浸润铺展过程，直接影响颗粒能否进入溶剂中。粉体润湿是溶剂从固体颗粒表面置换空气的过程。在制备悬浮液的过程中，粉体润湿是第一步。衡量溶剂在颗粒表面润湿性的物理量是润湿角θ，可以通过润湿角测定仪测定。当固体物质平面上的液滴处于平衡状态时，θ角的顶点处在气液固三相接触点上，为沿液-气表面的切线与固-液界面所夹的角。

这个三相接触点共受到三种表面张力的作用，对于一定的固-液体系，在平衡状态时三相点处的θ是一定的，据此可以判断颗粒是否能润湿进入水中。在没有重力场的情况下并且颗粒处于平衡状态时：θ大于90°时，颗粒漂浮于液面上；当θ小于90°时，颗粒全部浸没于液面；当θ等于0°时，颗粒可以处于液面下任何位置。在重力场中时，由于重力作用，颗粒更容易进入水中，当颗粒润湿特性为不润湿或不完全润湿时，颗粒有强弱不等地逃出水面的趋势，或者将在水中聚集成团，不可能获得颗粒在水中的稳定分散。在这种场合，必须添加润湿剂以改变颗粒的润湿性，使其能够被水润湿而进入水中。

3.4.2　粉体分散

1. 简介

由于粉体颗粒间的引力作用，粉体的聚团现象普遍存在。在粉体聚团内，粉体颗粒之间的黏结力大小与颗粒间总引力大小有关，颗粒总引力越大，则黏结力越大；另外，在粉体聚团内颗粒的机械重叠和咬合也附加了黏结力。这些原生聚团的黏结力有时很大，不能自发分散于溶剂中。通常采用机械搅拌提供的剪切力使粉体的原生聚团解聚和分散。机械搅拌的转速越大，提供解聚的剪切力就越大。只有当机械搅拌提供的剪切力大于颗粒聚团的黏结力时，才能使原生聚团解聚和分散于溶剂中。

制浆过程的粉体分散，就是调节颗粒间作用力处于斥力状态，同时采用机械搅拌的剪切力使粉体聚团解聚并稳定分散于悬浮液中的过程。常用于制浆过程的机械搅拌罐通常由搅拌槽和搅拌桨构成。旋转的搅拌桨是提供剪切力的主要机械装置。

2. 搅拌桨

（1）根据搅拌桨在搅拌槽内产生的流体流型，可以将搅拌桨分为轴流式和径流式两种。轴流式搅拌桨又称推进式搅拌桨，在旋转时将液体沿轴向排出，槽内流体沿轴向产生循环，如图 3-5（a）所示。这种搅拌桨提供的剪切力小、循环量大，且功率消耗低，适合均匀混合等场合。

（2）径流式搅拌桨又称涡轮式搅拌桨，在旋转时把液体从轴的方向吸入，而向与轴垂直的方向（径向）排出，排出流遇到罐壁，向上下分开，形成上下循环的流型，如图 3-5（b）所示。其特点是剪应力大、有一定循环排出量、功率消耗大，适用于需要强剪切和有一定排出量的场合。

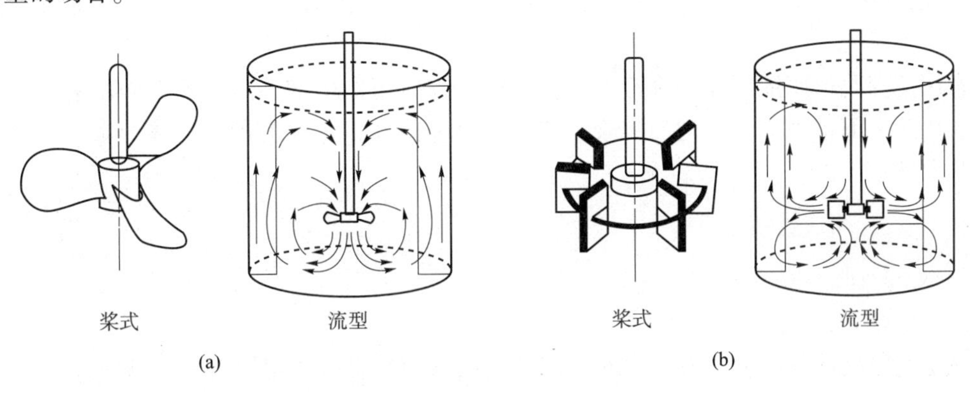

图 3-5　搅拌桨形式与搅拌罐中流体流型

（a）轴流式；（b）径流式

（3）在锂离子电池浆料搅拌罐中，常使用多种搅拌桨相结合的方式。如同时设置两类搅拌桨，一类是小直径的圆盘齿片式搅拌桨，偏心或倾斜安装都会增加剪切作用，同时还设有自转和公转功能，这种搅拌桨适合高速旋转，能提供较大的剪切力，主要用于剪切分散；另一类是直径较大的螺带式搅拌桨，这种搅拌桨转速慢，有助于减少回转流，可以形成轴向流和旋转流动，提供较大的循环量用于浆料均匀混合，还有防止粘壁的功能。当搅拌槽中液层深度大时，常设多层圆盘齿式搅拌桨和螺带式搅拌桨。

3. 搅拌参数

1）搅拌桨临界转速

在重力起主要作用时，搅拌罐中的悬浮液会发生沉降，颗粒越大沉降速率越快。搅拌能使颗粒悬浮起来。对于一定的搅拌体系，随着搅拌转速的增大，颗粒在悬浮体系中的悬浮状态依次呈现底部或角落堆积、完全在底运动、完全离底悬浮和均匀悬浮等 4 种状态。

在搅拌转速很低时，底部只有部分颗粒运动，在罐底角落处或底部相对静止区内有颗粒积聚，呈现底部或角落处堆积的运动状态；随着搅拌转速的增加，罐底面上的颗粒不停地运动并变换位置，但是却停留在罐底面上，既不悬浮也不堆积，呈现完全在底运动状态；搅拌转速进一步增加时，颗粒均处于运动之中，没有任何颗粒在罐底停留超过一个很短的时间（如 1~2 s），呈现完全离底悬浮状态；当搅拌转速足够大时，颗粒在整个搅拌罐内浓度分布均匀恒定，而且在一定的粒度范围内，粒度分布也是均匀恒定的，呈现均匀悬浮状态。

一般来说，达到均匀悬浮状态需要比产生完全离底悬浮状态高得多的搅拌转速。其实，在颗粒沉降速率很大时，流体很难达到均匀悬浮状态。影响临界转速的因素很多，桨叶直径越小、颗粒直径越大、液体的黏度越大、颗粒与液体的密度差越大，临界转速越大。其中颗粒与溶剂液体的密度差是颗粒悬浮的最主要参数之一。

2）搅拌桨剪切力

搅拌罐内参与循环流动的所有流体的体积流量，称为循环流量。从搅拌桨直接排出的流体体积流量，称为排液量，由于搅拌桨排出流所产生的夹带作用，循环流量远远大于排液量，二者之比可表示排出流的夹带能力。

在消耗相同功率情况下，采用低转速、大直径的叶轮，可以增大循环流量，同时减小流体受到的剪切作用，有利于宏观混合。反之，如果采用高转速和小直径的叶轮，结果相反。

常用搅拌桨按照推进式、涡轮、平桨的顺序，剪切作用增强。对于不同用途所需的剪切力，按照下面排序增大：均匀混合、传热、固体悬浮、固体溶解、气体分散、不互溶的液液分散等。

3.4.3 脱气、输送和过滤

1. 脱出气泡（脱气）

1）概念

在空气中搅拌分散悬浮液时，通常溶剂表面张力较低，很容易将空气吸入，以微小气泡的形式存在于悬浮液中。悬浮液中存在气泡时，气泡的不断溢出会造成悬浮液流变性能的改变，导致悬浮液流变性能的不稳定，尤其是对于后续涂膜，还可能造成针孔等涂布缺陷，因此在锂离子浆料分散完成后要将气泡脱出。

2）规律

随着气泡直径的增大，气泡的上升速度呈现先上升后下降的趋势，存在一个最大值。这是因为气泡直径超过最大上升速度对应的值时，气泡出现变形，从而使气泡上升阻力增大。这个临界值在 1 mm 左右，并且在这个临界值之前，气泡上升路径为直线向上。当气泡以群的方式上升时，会出现气泡之间的相互干扰，因此与干扰沉降类似，上升速度大幅度降低。

3）过程

静置虽然可以使气泡脱出，但是气泡的逃逸脱出速度慢，很难在短时间脱除干净。因此锂离子电池制浆过程中通常采用抽真空加慢速搅拌脱出气泡。

（1）当浆料处于真空状态时，悬浮在浆料中的小气泡受到来自悬浮液的压力变小，气泡会增大，从而增大了气泡的浮力，气泡脱出速度加快。但是真空度和时间应该匹配，否则会造成溶剂挥发损失过大，改变浆料流变性能。

（2）当浆料处于慢速搅拌状态时，悬浮液处于对流状态，在搅拌罐底部的悬浮液可以随搅拌循环流流到搅拌罐顶部，使其夹带的气泡缩短溢出距离，加快气泡的脱出速度。但是搅拌桨速度不能过快，过快可能再次引入气泡。

2. 浆料输送

悬浮液的输送是实现连续生产的基础，因此制备好的悬浮液需要用管道进行输送。输送时的浆料有均匀悬浮、非均匀悬浮、管底有推移层（即滚动或移动）、管底有固定层（即在管底不动或原地摆动）等4种状态，悬浮液颗粒直径与速度的关系如图3-6所示。

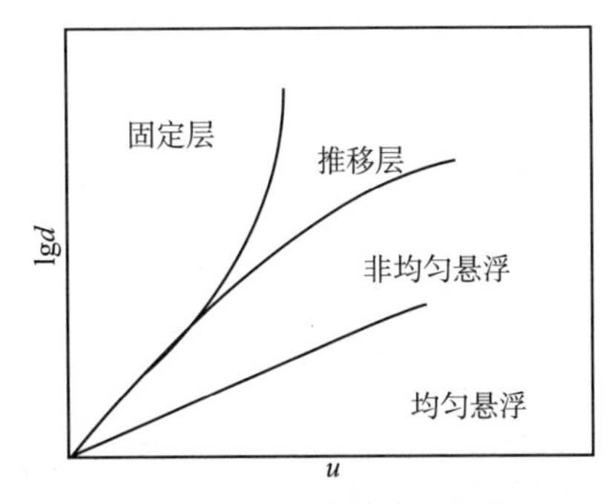

图3-6　悬浮液颗粒直径与输送速度的关系

均匀悬浮是指被输送的固体颗粒完全均匀地分散在输送液体中。这种状态只有在被输送固体颗粒粒径较小、密度较小、输送速度较大，以至于固液两相流处于完全湍流的情况下才有可能形成。由于沉降还与时间有关，因此在短时间内输送，速度并不需要太快。

3. 浆料过滤

1）概念

浆料的重要技术指标之一是分散粉体的细度。要保证浆料分散细度，除严格把握分散操作之外，过滤是必不可少的措施。浆料过滤可以解决电池极片在涂布时由于浆料中含有大颗粒导致极片合格率降低的问题。过滤也可以改善电池充放电性能不佳等问题。

锂离子电池浆料根据涂布设备及工艺要求，既可以选择最后单道过滤，也可以选择在生产过程中进行多道过滤。最简单的过滤是手工滤网过滤。根据浆料不同需求选择滤网孔径大小。滤网通常为一次性使用。浆料大生产常用袋式过滤器和滤芯过滤器。

2）过滤器

（1）袋式过滤器。

属压力式过滤装置。具有一定压力的浆料（如0.4 MPa）通过滤袋即可得到滤液，滤饼存留在袋内。其过滤机理属于表面过滤，主要靠表面孔隙的拦截作用。由于颗粒在表面堆积较快，堵塞也较快，但通过清洗可以反复使用，滤袋可为织物、纸及其他纤维制品。随着滤袋技术的不断发展，开发出了具有一定三维深度结构的复合材料滤袋，其表层用于截留大颗粒，使得小孔不易被堵塞，加上孔隙率达80%，因此具有通过流量大、效率高和不易堵塞的优点。

（2）滤芯过滤器。

属压力式过滤装置。具有一定压力的浆料（0.5 MPa）通过滤芯，即可得到滤液。滤芯过滤机理为深层过滤，过滤作用发生于滤芯的全部孔隙中，而非表面，因此使用时间较长，但是过滤速度相对较慢，不可清洗，通常为一次性使用，滤芯有纸制滤芯、丙纶（聚丙烯纤维）缠绕滤芯和树脂烧结滤芯等几类。如聚丙烯超细纤维热缠绕烧结结构的滤芯，其超细纤维在空间随机构成三维微孔结构，纤维排列不用黏结剂，微孔孔径沿滤液流动方向呈梯度分布，可阻截不同粒径的杂质颗粒。这种滤芯不易变形，孔隙呈蜂窝状，过滤性能好，但价格较高。

3.5 锂离子电池制浆设备

1. 搅拌分散设备

1）搅拌罐

罐体直径从0.1~10 m不等，典型圆柱形搅拌罐的高度与直径几乎相等。罐底的形状多呈碟形，有利于液体呈流线型运动，以减少流体阻力。

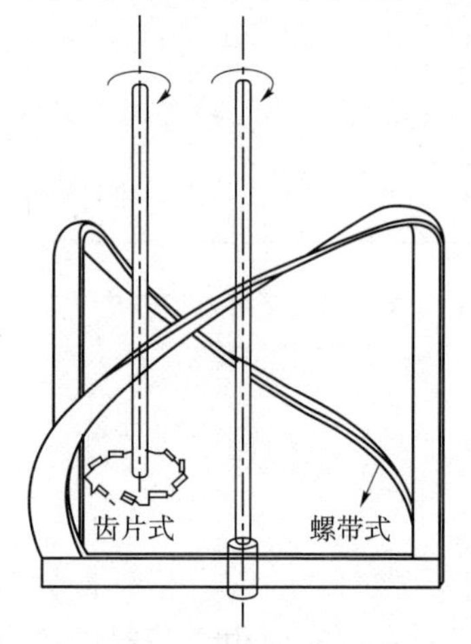

图3-7 搅拌桨分布示意

2）搅拌装置

包括传动装置、搅拌轴和搅拌桨。核心部件为搅拌桨，通常大型搅拌罐配有多个搅拌桨，设有齿片式剪切分散搅拌桨和螺带式混合搅拌桨，如图3-7所示。搅拌桨具有自转和公转功能，有时偏心安装，搅拌器自身间距2~3 mm，搅拌器与搅拌罐内壁间距2~4 mm（100 L以下规格）。

3）轴封和真空装置

轴封用于与外界隔绝，同时配合抽真空功能，用于浆料的真空脱气。

4）加热和冷却装置

桶壁和桶底均为双层夹套结构，提供对罐体的冷却和加热。

5）控制和显示单元

控制单元包括控制搅拌桨的转速和时间、加热和冷却温度、抽真空的真空度和罐体的开合等控制机构。显示单元包括对搅拌桨转速、时间和真空度等的显示。

2. 研磨设备

球磨机是最主要的研磨设备，由圆筒和其中的研磨球组成。当圆筒旋转时，研磨球与物料一起，在离心力和摩擦力的作用下被提升到一定高度后，由于重力作用而脱离筒壁沿抛物线轨迹下落，如此周而复始，使处于研磨球之间的物料受到冲击而被击碎。同时研磨球的滚动和滑动，使颗粒受研磨、摩擦、剪切等作用而被磨碎。

3. 双螺杆磨浆机

由两个相互平行、彼此啮合、转向相同的螺杆和与其配合的机壳组成。螺杆上的螺纹正反向交替，反向螺旋上开有数个斜槽。在磨浆过程中，制浆材料被正向螺旋推向反向螺旋，在正、反向螺旋挤压作用下物料被压缩剪切碎解，由于正向螺旋挤压作用较大，物料被迫从反向螺旋的斜槽通过而被剪切分散，进入下一个挤压区，如此反复，在出料口物料被磨制成浆料。在双螺杆挤压过程中还可以添加化学试剂和通入蒸汽等。双螺杆磨浆机以其磨浆质量好、能耗低、可连续操作等优良特性，在造纸行业制浆中得到广泛应用，近年来开始在锂离子电池制浆中使用。

4. 连续制浆设备

由圆筒壁上有循环孔的筒状旋转轮，以及圆筒形状的容器构成。浆料通过筒状旋转轮上的循环孔向圆周方向的外侧流动，同时在巨大的离心作用下被推向圆筒容器的壁面，以厚厚的膜状立在圆筒壁面上，最终使混合机的中心部分形成空洞状态。浆料在筒状旋转轮与容器之间的一定空隙内一边旋转一边混合，其中旋转轮附近的浆料流速高，而容器内表面附近的流速低，利用这种巨大的速度差形成的剪切力来搅拌分散。

5. 胶体磨

胶体磨由一对固定磨体（定子）和高速旋转磨体（转子）组成，浆料依靠本身的重量或在外部压力作用下通过定子和转子之间的间隙，在定子和转子相对运动产生的强烈剪切、摩擦、冲击等作用力以及高频振动的作用下，被有效地粉碎和分散。圆周速度越高，产品粒度越小。

6. 超声波分散设备

由超声发生棒和分散容器构成，该设备利用超声波在溶剂中产生空化作用所引起的各种效应，以及悬浮体系中各种组分（如集合体和颗粒等）产生的共振效应达到分散与粉碎目的，有时还会附加很多特殊效应。超声波处理效果与超声波强度、介质、颗粒物质和粒度等有关。

7. 预混合设备

在锂离子电池制浆过程中，通常需要将粉体与溶剂进行预混合。预混合装置主要有捏合机和混合机。捏合机是利用一对互相配合并旋转的 Σ 形桨叶所产生的强烈剪切作用进行混合搅拌的设备，快桨叶转速通常为 42 r/min，慢桨通常是 28 r/min。不同的桨速使混炼的物料能够迅速搅拌混合。捏合机具有搅拌均匀、无死角、捏合效率高等优点，适合高黏度、弹塑性物料的半干状态或橡胶状黏稠塑料的混合。捏合机通常还配有真空系统、加热系统和冷却系统等。螺带混合机由 U 形容器、螺带搅拌叶片和传动部件组成，正反旋转螺条安装于同一水平轴上。螺带状叶片一般做成双层或三层，外层螺旋将物料从两侧向中央汇集，内层螺旋将物料从中央向两侧输送，可使物料在流动中形成更多的涡流。可以在混合时向物料中喷入大量的液体。一般配有加温或冷却、抽真空或充压等辅助设备。能进行粉体与粉体、粉体与液体的搅拌混合，特别适合搅拌膏状、黏稠或密度较大的物料。

3.6 锂离子电池制浆工艺

3.6.1 浆料体系及要求

1. 浆料体系特点

（1）锂离子电池制备的浆料主要包括正极浆料和负极浆料，浆料体系有水性体系和油性体系两大类。油性体系的粉体活性物质既可以是正极材料，也可以是负极材料，溶剂为N-甲基吡咯烷酮（NMP），与正负极材料均具有很好的润湿性。NMP 能与水无限互溶，易吸水，因此制备浆料时应该严格控制原料和环境的水分含量。PVDF 是油性体系使用的黏结剂，同时也是有机高分子分散剂，主要靠位阻作用、增加黏度等稳定浆料。

（2）水性体系主要用于碳素类负极材料体系，石墨的润湿角为 69°，为部分润湿，CMC 既是润湿剂又是有机电解质分散剂，其分散主要靠双电层作用和高分子的位阻作用，同时具有增稠、润湿等多重作用。水性体系黏结剂使用的多是 SBR 分散于水中的乳液。

（3）锂离子电池正负极材料的粒度通常在 3~50 μm，均在临界直径以上，并且密度较大，属于重力沉降作用显著的悬浮液体系，因此制备浆料时一方面通过分散剂等增大排斥力、增加黏度使其稳定，另一方面还必须辅以流体力学力调节，使其均匀悬浮存在。

（4）在锂离子电池浆料体系中，为提高活性物质的导电性，常常加入导电剂，最常加入的是炭黑。炭黑是一种纳米材料，团聚作用很强，因此需要强剪切才能分散。

2. 浆料要求

（1）浆料分散性和稳定性好，能够稳定保持一定时间。

（2）在满足极片要求的前提下，浆料中非活性物质导电剂、黏结剂和分散剂的含量应尽量少。

（3）为了节约溶剂、提高烘干速率、降低能耗，应该尽量制备固含量大的悬浮液。

（4）黏结剂和分散剂应稳定，不参与电化学反应。

（5）浆料流变性应符合涂布要求。

（6）浆料溶剂成本低，易回收，无污染。

3.6.2 制浆工艺步骤

1. 制浆准备

（1）烘干。将正负极材料、导电剂和 PVDF 等原料烘干，可减少水分对制浆的影响。活性物质的烘干还有助于减少表面吸附物质，增大颗粒的表面能，以便增大对分散剂的吸附。

（2）固态分散剂和黏结剂溶液制备。对于固体分散剂和黏结剂，需要配制成溶液使用，如 CMC 溶于水，PVDF 溶于 NMP 制成高浓度的溶液。为加快溶解过程，某些厂家采用球磨设备制备。

（3）导电剂浆料制备。导电剂通常不适合直接加入，在使用前需要制备成浆料。如某些厂家采用球磨制备炭黑+CMC 的导电剂浆料。

2. 活性物质的预混合

将活性物质与润湿剂、分散剂和溶剂进行预先混合。如对于水性体系，通常将 CMC 溶液、水与石墨粉混合，保证石墨粉充分吸附分散剂，并被溶剂润湿。对于油性体系通常先将正负极粉体与 NMP 混合润湿备用。这一过程通常用捏合或搅拌混合设备完成，以保证充分润湿。

3. 高速搅拌分散

将预混合后的活性物质加入搅拌罐中，进行搅拌分散。高速搅拌分散是由分散机中的圆盘齿片搅拌桨来完成，它直径小、转速高（2 000 r/min），可提供高剪切力将聚团打散，使粉体分散在溶剂中。同时开动螺带式低速搅拌桨，用于将浆料混匀和防止粘壁。在高速分散过程中，分批次加入溶剂、导电剂浆、黏结剂和分散剂溶液，以达到配方要求。

4. 真空脱气泡

在真空状态下进行慢速搅拌，使气泡脱出。但是真空脱气时间不宜过长，以防过多损失溶剂。一般真空度为-0.06 atm（-6.1 kPa）时，时间不超过 0.5 h。

5. 匀浆过程

是指在不打开高速分散搅拌桨或搅拌桨速度不高的情况下，主要依靠螺带式搅拌桨达到对流体的低剪切、高循环使浆料稳定分散的过程。这个过程是一个长时间的搅拌过程，可达 5~10 h。这是因为高分子分散剂在粉体颗粒表面的吸附和紧密排列需要一定时间。这种低速长时间的搅拌，既可以防止颗粒的团聚，又可以使分散剂和黏结剂等进一步均匀紧密吸附于固体颗粒表面，达到使颗粒均匀稳定分散的目的。

6. 过滤

过滤的目的是除去浆料中未分散的大颗粒聚团。通常使用 100~300 目的筛网完成。也可以用特制的过滤器来完成。在制浆过程中并非只有最后一次过滤，根据需要可以安排多次过滤，确保浆料具有良好的分散效果。当然，最重要的还是最后一次过滤，这是分离出大颗粒的最后一道屏障。

3.6.3 悬浮液分散性和稳定性调控

1. 溶剂

悬浮液体系中用量最大的就是粉体和溶剂。粉体颗粒表面性质与溶剂性质的匹配，有利于溶剂在颗粒表面润湿，获得稳定的悬浮液。二者的匹配原则为非极性颗粒表面的粉体匹配非极性溶剂，极性颗粒表面的粉体匹配极性溶剂，即所谓同极性原则。目前在固液悬浮体系中常使用水、有机极性溶剂和有机非极性溶剂三大类溶剂，其典型代表是水、乙醇和煤油。

正极材料多为极性氧化物表面，因此常选择有机极性溶剂 NMP 等，符合同极性原则。而负极材料石墨为非极性表面，水为极性溶剂，水在石墨表面的润湿性差，石墨-水体系浆料不符合同极性原则。仍采用石墨-水体系是因为成本低，加入润湿剂可调节水对石墨的润湿性，获得稳定浆料。

可见，同极性原则只是悬浮液分散的原则之一。加入润湿剂即可使非极性颗粒在水中也表现出良好的分散行为。这说明悬浮液的一系列物理化学条件调控至为重要。物理化学条件调控能保证固体颗粒在溶剂中实现良好的分散。

2. 助剂

当悬浮液体系粉体和溶剂确定后，调节颗粒间作用力，增大斥力和减少引力，通常使用助剂来完成。所谓助剂主要是表面活性剂和高分子助剂。其中，表面活性剂是指能够显著减小表面张力的物质，通常含有亲油基和亲水基，如包含 8 个以上碳原子的有机分子都能显著降低液体的表面张力。因为小分子表面活性剂通常能够溶于电解液中影响电池性能，因此在锂离子电池制浆中很少采用。高分子助剂通常是指含有极性基团、分子量大于 1 000 的高分子化合物，由于分子量大、渗透性差，因此改变液体的表面张力能力差，不容易发泡，但形成的泡沫稳定，乳化力、分散力和絮凝力强。因此高分子物质也根据其用途称为分散剂、润湿剂、乳化剂、增黏剂、絮凝剂、消泡剂和稳泡剂等。有机高分子表面活性剂通常不能溶于电解液，对电池性能影响小，因此在锂离子电池制浆中经常采用。

3. 调控

1）概念

悬浮液稳定性调控时，首先要解决的是颗粒润湿性问题，要保证粉体颗粒能够被溶剂润湿进入溶剂中，这是制备浆料的前提。润湿性调控使用的助剂是润湿剂。在粉体颗粒进入溶剂中以后，需要调控的就是颗粒间作用力，就是降低引力和增大斥力，使用的调控助剂是分散剂。图 3-8 所示为悬浮液分散的调控流程。

2）悬浮液稳定性调控方式

（1）增大颗粒表面电位的绝对值。当颗粒表面电位绝对值大于 30 mV 时，静电排斥作用能很大，相对于范德华力而言占主导地位，颗粒互相排斥，悬浮液处于稳定分散状态。当表面电位的绝对值小于 20 mV 时，范德华力占主导地位，颗粒间产生聚团现象。

（2）添加有机高分子分散剂。当有机高分子吸附层的覆盖度接近 100%或更大时，位阻效应占主导地位，悬浮液处于稳定分散状态。锂离子电池油性体系使用的 PVDF 就是高分子分散剂。而当高分子吸附层的覆盖度在50%左右时，颗粒可在间距很大时（可能超过100 nm，达到数百纳米）通过高分子的桥连作用互相连接而生成絮团。

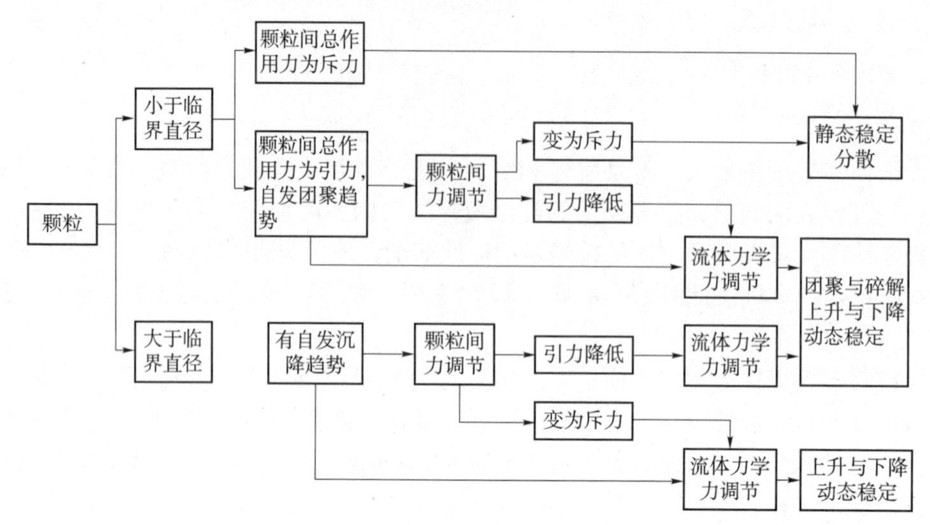

图3-8　悬浮液分散的调控流程

（3）添加高分子电解质分散剂。其既包括有机高分子电解质，又包括无机高分子电解质。电解质在水中可以电离出带电离子，并吸附在颗粒表面，增大颗粒的表面电位绝对值。同时当高分子电解质用量较大，在颗粒表面覆盖度接近100%或更大时，会形成具有一定机械强度的吸附层，以较强的位阻效应阻碍颗粒互相接近，使悬浮颗粒呈稳定分散状态。锂离子电池负极水性体系使用的CMC就属于这类高分子分散剂。

（4）调控颗粒表面极性。可以添加无机电解质和表面活性剂，增强溶剂的润湿性；同时增强颗粒表面溶剂的结构化程度，使溶剂化膜排斥力大为增强；还可以减少疏水引力作用。减少溶剂中的非极性成分可以减少疏水颗粒间形成非极性油桥，从而减弱形成颗粒的油聚团。

（5）当有不同种类颗粒需要分散在同一悬浮液中时，应使其带同种电荷，同时使其静电排斥能足够大，达到稳定分散，否则将产生聚团沉降。

3）水性体系调控

在制备锂离子电池水性浆料时，粉体为石墨负极材料，导电剂为炭黑，黏结剂为丁苯橡胶（SBR）乳液，润湿剂和分散剂为CMC，因为石墨和炭黑均属于碳材料，其润湿角较大，在水中润湿性不好，尤其是粒度很小，不能依靠重力进入水中，因此首先需要加入润湿剂来调节润湿性。CMC是一种白色固体粉末状聚合物电解质，易溶于水，与水形成透明黏稠液体。

在水性体系中添加CMC的作用：一是伸展后吸附于石墨颗粒表面，因为CMC含有大量极性基团，增加了石墨颗粒的润湿性，能使石墨粉体顺利进入水中；二是石墨吸附CMC后，表面带电，使得产生静电作用力；三是在用量达到饱和吸附时具有空间位阻作用。

4）油性体系调控

在制备锂离子电池油性体系浆料时，常用聚偏氟乙烯作为分散剂。PVDF属于非离子型有机高分子分散剂，外观为半透明或白色粉体或颗粒，分子链间排列紧密，有较强的氢键作用。高分子作为分散剂，主要是利用其在颗粒表面吸附膜的强大空间位阻排斥效应。高分子分散剂的吸附膜厚度通常能达到数十纳米，几乎与双电层的厚度相当甚至更大。

非水体系中的微量水分很难去除，水可以离解出 H^+和 OH^-，OH^-被选择性吸附后使颗粒表面带负电荷。随着水分含量的增加，颗粒表面吸附的 OH^-增加，表面电位增大；当水分含量再继续增大时，过多的 H^+会中和掉 OH^-，导致颗粒表面电位下降。也就是说，随着水分的增多，表面电位呈现先增加、后减小的趋势。

表面电动电位随着水分含量的增加呈现先增加、后减小趋势，说明初期水分含量的增加有助于浆料的稳定，直到 ζ 电位达到最大值时，水分对浆料的稳定作用达到最大；水分继续增加 ζ 电位下降，当下降到较低值时，就会发生突发聚团絮凝。突发絮凝的区域为 35~45 mV。基于此原因，非水性正极浆料制备中应该严格控制体系的水分，防止浆料出现不稳定现象。

5）温度调控

温度对悬浮液的稳定性有显著影响。一般来讲，随着体系温度的升高，悬浮液的分散稳定性下降，反之亦然。这是由于分散剂在颗粒表面的吸附性能随体系温度发生了变化。物理吸附时，体系温度升高，分散剂的吸附量下降。另外，体系温度对液体密度和黏度也有影响，因而对颗粒间作用力和沉降都会产生影响。因此在实施悬浮分散时，应该充分考虑温度的影响，并尽可能使其处于较低温度状态。化学吸附时，随温度升高，吸附量升高。

6）流体力学力调控

只有粉体直径小于临界直径，颗粒间总作用力为排斥力时，悬浮液才有可能稳定存在，否则不能稳定存在。对于不稳定的悬浮液，利用机械搅拌等方法能够使悬浮液处于动态稳定状态。如利用机械搅拌提供较大的循环流动能够使沉降的大颗粒被搅动起来，抵消由于重力产生的沉降作用，使之处于沉降与上升的动态稳定状态。流体力学力调控可以使不稳定的悬浮液处于动态稳定状态。

一般锂离子电池应用的悬浮液都能保证颗粒间作用力处于斥力状态。由于锂离子电池正负极粉体材料大多数粒径大于临界直径，都会存在自发沉降使浆料不稳定的现象，因此需要不断搅拌使其处于动态稳定之中。在实际使用过程中，制备好的浆料静置超过一定时间，就需要重新进行分散就是这个原因。

3.6.4 制浆工艺与极片导电体系

在调节悬浮液的分散性和稳定性过程中，在改变悬浮液配方及助剂时，还要考虑到悬浮液配方和助剂对电池性能的影响，只有在获得高性能电池的同时获得分散性和稳定性好的浆料才是合理的。

以乙炔黑（AB，平均粒度为 40 nm）为导电剂，以 PVDF（密度 1.78 g/cm^3）为黏结剂，以 NMP 为溶剂，PVDF：NMP 以质量比 5：95 制备成溶液使用。首先采用超声波分散方法制备含有乙炔黑和 PVDF 的浆料，然后将 $LiNi_{0.8}Co_{0.15}Al_{0.05}O_2$（平均颗粒 10 μm）添加到浆料中，利用均质机制备活性物质浆料，这两种浆料中乙炔黑含量固定为 4%。然后分别制备涂膜进行测试。

用四探针法测试乙炔黑和 PVDF 浆料涂膜的电导率发现，随着 AB：PVDF 比增加，电子电导率上升，当 AB：PVDF 为 1：1.25 时电子电导率达到最大，活性物质电极涂层也具有类似规律。但采用交流阻抗测试活性物质电极涂层界面电阻时，发现随着 AB：PVDF 比增加，离子导电性下降，或随着 AB：PVDF 比增加，活性物质电极涂层的电子导电性增加，但是离子导电性下降，研究还发现电池的倍率性能也随之大幅度下降。

在 PVDF 用量大时，PVDF 与导电剂形成一体并黏结于活性物质的有限表面上；而 PVDF 用量小时，导电剂与 PVDF 分离，散布于活性物质周围，限制了离子导电性，在复合

电极中，AB：PVDF 组成比在很宽范围内都能满足锂离子电池长程导电需要，因此界面电阻成为制约因素。所以在 AB：PVDF 比小时，界面电阻变小，功率性能显著提高，而不是远离长程导电最好的 1：1.25。一般来讲，聚合物黏结剂与大比表面积炭黑的相互作用，比与小比表面积活性材料的相互作用更强。这种相互作用决定了电极结构和微观炭黑分布，二者可能以一体化形式存在。

导电剂用量是影响容量的重要因素，在电池实际生产过程中，减少导电剂用量可以提高电池容量，也就是说，在满足导电需求的前提下尽量减少导电剂用量。但是对于导电性能良好的活性物质也不能不用导电剂，因为在充放电过程中电极发生膨胀，会造成颗粒失去电接触，从而使电性能下降。导电剂以团簇形式处于两颗粒的接触点附近，并且随电极膨胀而变形，可以使电极膨胀时持续保持颗粒之间的电接触，因此用量很小就能满足导电要求，当颗粒导电性很差，而离子导电性很高时，则应该使用大量导电剂，构筑电子导电网络，当颗粒电子导电性和离子导电性适宜时，可兼顾离子导电和电子导电需求。

项目实施

1. 项目实施准备

（1）理论知识学习：小何和小组成员们需先学习锂离子电池正负极匀浆的基本原理、悬浮液颗粒受力、静态悬浮液稳定性等相关理论知识，为实训操作打下基础。

（2）实训器材准备：准备所需的制浆设备，如搅拌机、分散机、研磨机等，以及原料，如活性物质、导电剂、黏结剂等。

（3）实训场地布置：确保实训场地安全、整洁，设备摆放合理，便于操作。

2. 项目实施操作

（1）原料预处理：按照配方要求，将活性物质、导电剂、黏结剂等原料进行预处理，如粉碎、过筛等。

（2）混合：将预处理后的原料放入搅拌机中，加入适量的溶剂，开启搅拌机进行混合，直至原料充分混合均匀。

（3）分散：将混合后的浆料放入分散机中，调整转速和时间，使浆料中的颗粒充分分散，提高浆料的稳定性。

（4）研磨：将分散后的浆料放入研磨机中，调整研磨时间和压力，使浆料中的颗粒进一步细化，提高浆料的均匀性。

（5）取样检测：在制浆过程中，定期取样进行检测，如浆料的黏度、固含量、粒径分布等，以确保浆料质量符合要求。

3. 项目实施提示

（1）安全问题：在制浆过程中，需注意防止溶剂挥发造成的安全隐患，如佩戴防护眼镜、手套等防护用品，确保通风良好，避免溶剂中毒。

（2）原料配比：在混合原料时，需严格按照配方要求进行配比，避免原料比例不当导致浆料性能不佳。

（3）搅拌速度与时间：在搅拌过程中，需注意控制搅拌速度和搅拌时间，避免搅拌过快或时间过长导致浆料过度剪切，影响浆料稳定性。

（4）分散效果：在分散过程中，需注意观察浆料的分散效果，如发现颗粒团聚现象，需及时调整分散参数，确保颗粒充分分散。

（5）研磨细度：在研磨过程中，需注意控制研磨细度，避免研磨过细导致浆料黏度过大，影响后续涂布工艺。

（6）取样检测：在制浆过程中，需定期取样进行检测，如发现浆料性能异常，需及时调整制浆工艺参数。

（7）团队协作：在实训过程中，需与团队成员保持良好沟通，分工合作，共同完成制浆任务。

（8）记录详细：在实训过程中，需详细记录各项操作参数和现象，为后续数据分析和问题解决提供依据。

项目评价

请根据实际情况填写表 3-2 项目评价表。

表 3-2 项目评价表

序号	项目评价要点		得分情况
1	能力目标（15 分）	自主学习能力	
		团队合作能力	
		知识分析能力	
2	素质目标（45 分）	职业道德规范	
		案例分析	
		专业素养	
		敬业精神	
3	知识目标（25 分）	锂离子电池制浆概述	
		悬浮液颗粒受力	
		静态悬浮液稳定性	
		锂离子电池浆料制备原理	
		锂离子电池制浆设备	
		锂离子电池制浆工艺	
4	实训目标（15 分）	项目实施准备	
		项目实施着装	
		项目实施过程	
		项目实施报告	

项目 4

锂离子电池涂布工艺

学习目标

【能力目标】

(1) 掌握锂离子涂布的基本知识。

(2) 能够根据辊涂原理，选择正确的涂布方法，并进行正确的干燥处理。

【知识目标】

(1) 了解涂布流变学基础知识。

(2) 了解辊涂原理与工艺、预定量涂布原理与工艺。

(3) 了解各种涂布方法以及干燥的相关事项。

工匠精神

【素质目标】

(1) 勇于探索，敢于创新，注重细节，追求卓越。

(2) 关注环保，选择环保材料和方法，具有良好的团队协作能力。

(3) 独立思考，分析和评估信息，识别和分析问题，提出有效的解决方案。

项目描述

在锂离子电池涂布生产过程中，经常会遇到涂布不均匀、气泡产生、边缘不齐等问题。胡博士是一位富有经验且博学的锂电专家，经过观察和分析，他发现可能是由于涂布设备的不稳定或操作不当导致的。这个问题影响了涂布层的质量和电池的性能，因此需要及时解决。

项目分析

针对涂布不均匀、气泡产生、边缘不齐等问题，胡博士决定向同学们教授涂布相关的理论知识，帮助同学们掌握涂布工艺的基本原理、涂布液的流变学特性、黏度和表面张力的调控方法等知识，为将来实训做好理论准备。在胡博士的指导下，同学们还需要完成实验方案的设计，包括涂布液的配制比例、涂布设备的操作步骤、涂布参数的设定范围等，确保实训的顺利进行和数据的可比性。最后同学们要完成数据记录和分析，根据实验结果进行数据分析，撰写一份完整的实验报告，总结涂布工艺的关键点和实践经验，并提出改进建议。

项目目的和要求

【项目目的】

本任务旨在让同学们通过实际操作，模拟涂布生产技术人员在工作中遇到的涂布生产

性难题，学习如何解决这些问题，从而掌握锂离子电池涂布的基本原理和操作方法，解决涂布不均匀的问题，培养同学们的动手能力和解决实际问题的能力。

【项目要求】

（1）掌握涂布工艺的基本原理和技术要点，包括涂布液的流变学特性、黏度和表面张力的调控、各种涂布方法和干燥工艺等。

（2）在实验室或生产线上进行涂布工艺的实践操作，包括涂布液的配制、涂布设备的操作和维护、涂布参数的调整和优化等。

（3）对涂布过程中的数据进行收集和分析，包括涂布速度、涂布量、干燥温度和时间等，以评估涂布质量并优化工艺参数。

（4）问题解决：学生在实际操作中可能会遇到各种问题，如涂布不均、气泡产生、边缘不齐等，需要运用所学知识进行分析并提出解决方案。

（5）报告撰写：学生需要根据实验结果进行数据分析，撰写一份完整的实验报告，总结涂布工艺的关键点和实践经验，并提出改进建议。

知识准备

锂离子电池涂布是利用涂布设备，将含有正负极活性物质的悬浮液浆料均匀涂布于铝箔或铜箔片幅上，然后干燥成膜的过程，涂布过程具体包括剪切涂布、润湿和流平、干燥等三个工序。

（1）剪切涂布。在刮板和辊面间缝隙中有一层作为片幅的金属箔片，在刮刀的左侧有浆料。片幅以一定速度运动，剪切涂布就是在机械力的剪切作用下，将浆料涂于片幅表面的过程。

（2）润湿和流平。包括润湿和流平两个过程。浆料首先在片幅表面铺展并附着在片幅表面，这就是润湿过程。从微观角度看，沿片幅运转方向（纵向），片幅表面的浆料膜存在厚度不均的纵向条纹，这些条纹会在表面张力的作用下产生流动而使浆料涂膜变得平整，这就是流平过程。

（3）干燥。干燥是将经过流平的涂膜与热空气接触，使其中的溶剂蒸发并被空气带走，涂膜附着在片幅上的过程。有时在干燥的初期也存在流平现象。

悬浮液表面化学性质和流变学性质对涂膜质量有重要影响。因此，涂布技术涉及的基本理论主要包括表面物理学和流变学，前者是研究润湿现象的科学，后者是研究流动和变形的科学。这一章重点讨论悬浮液的流变学。了解、掌握并预测悬浮液流动及其界面相互作用的基本规律，是有效设计浆料配方及其涂布工艺的前提。

4.1 涂布流变学基础

4.1.1 悬浮液分类

流变学的研究对象为流体，主要研究流体的流动与变形。其中，黏度是流变学中方便测量的重要物理参数，反映剪切力与剪切速率的关系，同时也反映流体在受到外力作用时保持原来形状的能力。在剪切力相同时，黏度越大，流体的剪切速率就越小，变形越小，流动性越差，反之亦然。

悬浮液流变学狭义上讲是研究悬浮液黏度变化规律的科学。当对纯液体施加剪切力时，液体开始流动，并产生一定的剪切速率。而对静置悬浮液施加剪切力时，液体首先流动，遇到静置悬浮颗粒在颗粒周围发生偏离和扰流，同时在颗粒与流体之间产生速度差，二者之间产生的内摩擦力带动颗粒跟随运动。因此要使悬浮液中液体在水平方向保持相同的剪切速率，不但要提供液体水平方向流动的剪切力，还要额外提供使液体偏离和扰流的剪切力，这就导致了悬浮液黏度的增加。也就是说，由于扰流和偏离存在，悬浮液黏度均大于相应纯液体的黏度。

相对于均相流体来讲，悬浮液黏度变化更为复杂。悬浮液的浓度越大，黏度越大。当悬浮液浓度足够大时，即可出现类固体性质，在很小的剪切应力下不会流动。悬浮液只有受到超过一定数值的剪切应力后才能具有流动性，这种性质称为悬浮液的屈服性。这个使悬浮液流动的最低剪切应力，称为屈服应力或屈服值。屈服性与颗粒间作用力密切相关。悬浮液的颗粒之间以排斥力为主时，流动性好，不存在屈服应力。悬浮液的颗粒之间不受力或者以引力为主并且浓度高时，一般存在絮凝或凝聚结构，具有抵抗剪切的能力，因此存在屈服应力。例如，对于黏土和水的分散系，黏土颗粒在沉积过程中，可以形成层状的絮凝结构，能抵抗剪切力，即产生屈服应力。在剪切作用下，结构型悬浮液颗粒的网络结构总是从最弱处开始断裂，断裂的难易程度决定了悬浮液的屈服应力的大小。当剪切力超过屈服应力后，悬浮液就开始流动。显然，颗粒的粒度、形状和浓度是影响絮凝网络结构形成的主要因素。随着颗粒浓度增加、粒度的下降、形状不规则增加，屈服应力增大。

按照悬浮液黏度变化规律不同对悬浮液进行分类。任一点上的剪切力都同剪切速率呈线性函数关系的流体称为牛顿流体，反之称为非牛顿流体。在一定的温度、压力下，牛顿流体的黏度是一个常数。非牛顿流体的黏度变化更为复杂，有些非牛顿流体的黏度既随剪切应力改变，也随时间改变，称为触变体或震凝体[4]。

4.1.2 剪切与黏度

1. 拟塑性流体和膨胀性流体

塑性是指在剪切应力作用下形状发生永久改变的性质。拟塑性流体的特征为随剪切速率增加，剪切应力增加幅度减小，黏度变小。但是对于实际应用的拟塑性悬浮液来讲，随剪切速率增加，黏度变化通常并非一直都是下降的。只在剪切速率处于某一区间内时，呈现拟塑性体特征，即剪切速率增大，黏度变小；而在剪切速率较小时，黏度不发生变化，处于第一牛顿区；当剪切速率很大时，黏度也不发生变化，处于第二牛顿区。为了更好地理解悬浮液的拟塑性，以杆状颗粒悬浮液为例进行说明。当剪切速率较低时，悬浮液运动缓慢，杆状颗粒以布朗运动为主，处于空间随机分布状态，由于此时的偏离和扰流较大，悬浮液黏度很大，并且不随剪切速率增大而发生变化，处于第一牛顿区；而当剪切速率增大时，流体黏性力逐渐增大，颗粒逐渐沿流动方向定向排列，布朗运动不足以使颗粒恢复随机状态，流体的偏离和扰流逐渐降低，悬浮颗粒层逐渐定向，颗粒层扰动逐渐减小，表现为黏度下降、剪切变稀，呈现明显拟塑性特征；当剪切应力达到某一临界值以后，颗粒高度定向，形成不同的颗粒层，层间是连续相（清液），悬浮液颗粒层受到的扰动消失，黏度达到最小值，随着剪切速率的继续增大，黏度不再继续下降，形成第二牛顿区；当剪切停止后，形成的流动结构消失，经过一段时间后达到新的平衡。锂离子电池石墨负极材料和 CMC 制备浆料都属于拟塑性流体范畴。

膨胀性流体，随剪切速率增加，剪切力先增加较慢，然后增加较快，表观黏度逐渐变大。膨胀性流体一般很少见，只在一定浓度范围内固体颗粒形状不规则的悬溶液中才会观察到。

2. 宾汉流体和非宾汉流体

宾汉流体具有两个重要特征：一是存在屈服应力，当剪切应力小于屈服应力时不发生流动或弹性变形；二是当剪切应力大于屈服值时开始产生流动，并且随着剪切应力的增加，黏度不发生变化，类似于牛顿体。如泥土、灰尘、细分散矿物、石英、污泥、涂料的水悬浮液，在中等浓度范围就表现为宾汉流体。

对于存在屈服应力，开始流动后随着剪切速率增大黏度下降的流体，称为屈服-拟塑性流体，反之称为屈服-膨胀性流体。有时也将屈服-拟塑性流体和屈服-膨胀性流体统称为非宾汉流体。工程上为了便于处理，在允许误差范围内可将其视为宾汉流体。

3. 触变体和震凝体

前面讨论的悬浮液黏度有一个共同特点就是与时间无关。还有一些悬浮液的黏度与剪切时间有关，表现出时间依赖性。随剪切时间延长黏度降低的性质称为触变性，而具有这一性质的流体称为触变体。触变性并非有害，剪切时间延长，黏度降低，有利于涂覆，而剪切涂覆后黏度恢复有利于防止流挂。触变体有高分子油类、氧化铁、五氧化钒、矿石、黏土及煤的悬浮液等。

触变性多与絮凝体的解体和重建有关。颗粒之间以引力为主并且浓度较高时，悬浮液容易出现触变性。如悬浮液中颗粒形成链状絮凝体，并在整个悬浮液中形成网络结构，当悬浮液受到剪切力作用时，网状结构不断被打破，絮凝体颗粒不断减小，表现为随着剪切时间的延长，黏度降低；当在剪切力作用下建立起新的团聚和解聚平衡时，体系黏度不再下降。而当剪切速率减小或停止时，絮凝体会重新生成，黏度增加。絮凝体重建的动力是布朗运动。大颗粒体系破坏快，重建慢；小颗粒体系破坏慢，而重建快。应注意不能把拟塑性与触变性混淆。拟塑性流体的黏度与剪切时间无关，随着剪切速率增大而减小；触变体是在一定剪切速率下，黏度随剪切时间延长而减小，只是随着剪切速率增大，剪切时间也在延长，因此触变体的黏度也在下降。

4. 悬浮液的弹性

当悬浮液中颗粒之间存在着双电层或高分子位阻作用时，悬浮液通常具有黏弹性。对聚丙乙烯橡胶分散系进行流变测量表明，浓度较低时，黏性分量大于弹性分量；浓度较高时，弹性分量大于黏性分量。只有在较窄的浓度（14%~16%）范围内，黏性和弹性同时存在。增大电解质浓度压缩双电层或使吸附层厚度降低，都可使表示悬浮液黏弹性的剪切模量降低。

4.1.3 润湿与流平

1. 悬浮液的润湿

悬浮液浆料在片幅表面的润湿是影响涂层质量的重要因素。要实现浆料在片幅表面自发润湿，要求悬浮液在片幅表面的接触角范围为 $0° \leqslant \theta < 90°$，否则浆料的润湿性差，容易导致缩孔、露白等涂布弊病出现。调节润湿性有几个方面，使用低表面张力的溶剂或混合溶剂减小悬浮液表面张力、清洁片幅油污、增大片幅的表面张力等均是改善润湿性的有效途径。片幅粗糙度越大越有利于润湿。

2. 悬浮液的流平

在悬浮液浆料与片幅已实现适当润湿的情况下，由于涂布设备的加工精度难以达到绝对平整，刚刚涂布出来的浆料膜会出现波纹和皱纹等厚度不均现象。需要在涂膜固化前通过流平来使厚度变得均匀，以获得良好的涂膜质量。流平的主要驱动力为表面张力，阻力为黏性力，流平结束时表面张力的梯度消失。设浆料无屈服应力存在，在垂直于涂布方向横断面上涂膜厚度呈现正弦波变化时，涂层平均厚度为 h，波长或波峰之间距离为 λ。流平速率受涂层平均厚度 h 和波长 λ 影响显著，波长大的薄涂层很难流平。由于流平通常是在低剪切或没有剪切下完成的，需要注意在利用流平公式计算时，应该采用在非常低剪切速率时的黏度值，甚至采用零剪切速率时的黏度值。

3. 涂布悬浮液要求

涂布质量主要受悬浮液的表面物理性质和流变学性质影响。表面张力较小时流平性较差，过大会导致浆料对片幅的润湿性差，有时候会出现缩孔和露白等涂布弊病。黏度较小容易造成边缘涂布性能差，过高时流平性差。因此，涂膜需要悬浮液的表面张力和黏度两者平衡和匹配。

在涂布不同阶段对浆料黏度有不同要求，以满足涂膜的质量要求。

（1）在低剪切速率（存储阶段）时，要求具有较高黏度，防止储存时沉淀。

（2）在剪切涂布时（涂布阶段），要求黏度较低，有利于流平和高速涂布。涂布时的剪切应力应该大于屈服值；并且浆料具有一定的拟塑性和触变性，在剪切力作用时黏度变小，有利于涂布流平。

（3）在涂布后（干燥阶段），要求适时恢复黏度，能防止分层和流挂现象。

4.2 黏度和表面张力调控

为获得良好涂膜，需要对悬浮液的流变学性能和表面张力进行调节。二者主要受悬浮液的组成和环境影响。悬浮液组成包括固体颗粒粉体、溶剂、分散剂、黏结剂和助剂等。悬浮液调节的目的是要兼顾黏度和表面张力，满足涂布技术需求。当然，这种调节十分复杂，黏度调节时会影响表面张力，表面张力调节时反过来又会对黏度产生影响，因此这种调节最终还需要以实验验证为准。

4.2.1 黏度调节

1. 体积浓度

悬浮液中粉体浓度通常采用固相体积分数或固相体积浓度来表示，即固体颗粒总体积占整个悬浮液体积的百分数。当悬浮液中粉体处于最紧密堆积状态，颗粒间孔隙由液体充填满，不存在过剩液体，此时悬浮液中的固相体积浓度达到最大值，称为最大固相体积分数。对于等径球粉体形成的悬浮液，最大固相体积分数为 0.74。

随着固相体积浓度增大，可流动液体成分越少，悬浮液黏度越大。固相体积浓度对悬浮液黏度影响显著，当固相体积浓度很小时，黏度呈线性变化；当浓度较大时，黏度呈现非线性变化；最后黏度急剧上升趋于无穷大，此时悬浮液形成高度有序结构体，颗粒自由活动空间很小，颗粒振动幅度比颗粒本身尺度小得多，体系表现出明显固态粉体的流变特性。

2. 粒度大小和比表面积

粒度对水煤浆黏度的影响：在固相体积分数相同的条件下，剪切速率相同时，粉体粒度越小，水煤浆黏度越大；粉体粒度相同时，黏度随剪切速率增大而增大，当中值粒径小于2 μm 时，黏度增大显著。比表面积对水煤浆相对黏度的影响[4]：在固相体积分数相同条件下，粉体比表面积越大，黏度越大；在比表面积相同时，固相体积分数越高则黏度越大。在颗粒内部无孔隙时，颗粒粒度越小，比表面积越大，二者具有相关性。

这是因为在颗粒表面吸附溶剂形成了滞流底层，对一种物料来说，滞流底层厚度在较高浓度范围内变化不大，滞流底层厚度与颗粒大小的比值 δ/d 却随着颗粒粒径的减小而增大。滞流底层中的水分类似于结构水，会造成可流动水的减少，相当于增大了悬浮液中固相体积分数。因此颗粒越小，单位质量固体颗粒的表面积越大，滞流底层体积占比越大，相当于 φ_s 增大，而 $\varphi_{s,max}$ 不变，计算黏度也增大了。当颗粒内部存在孔隙、比表面积增大时，进入孔隙中的水分会随颗粒一起运动，造成流动水分减少，黏度增大；相当于颗粒紧密堆积时，更多水分进入颗粒间隙使 $\varphi_{s,max}$ 减小，而 φ_s 不变，因此黏度增大。

3. 粒度分布

对于球形单分散体系，实际颗粒之间排列不能达到最紧密堆积状态，所以最大固相体积分数小于 0.74，通常取 0.65。对于球形双分散体系，在相同固相体积分数情况下，双分散体系黏度要比单分散的低。这可能是在大颗粒之间的小颗粒起到了滚珠轴承作用。小颗粒充填于大颗粒之间，堆积紧密，使 $\varphi_{s,max}$ 增大，而 φ_s 不变，计算得到的黏度降低。当小颗粒的体积占到固相体积的 25%~30%时能获得最低黏度。当然，小颗粒直径与大颗粒直径之比 d_p/D_p 也有影响，当 $d_p/D_p<1/10$ 时，这种作用逐渐减弱，小颗粒仅能被作为大颗粒之间的流体对待。

在锂离子电池浆料中，通常加有纳米粉体导电剂。按照级配来看，纳米粉体导电剂与活性物质粉体颗粒相比太小，因此不但不会降低黏度，反而由于其表面积大，其团聚使更多水分被沉淀在颗粒上和颗粒之间，造成可流动水分降低，主要起到的是增加黏度作用。

4.2.2 表面张力调节

1. 液体表面张力

液体表面张力是分子间作用力（范德华力和氢键）引起的，分子间作用力越大，表面张力越大。就有机化合物而言，极性化合物分子间力一般高于非极性化合物，因此其表面张力也大于非极性化合物，如水和甘油的表面张力就高于苯和己烷的表面张力。

2. 固体表面张力

固体表面同样具有表面张力。固体物质密度高于液体密度，原子间和分子间的作用力更大，因此通常比同种物质的液体具有更高的表面张力。石蜡和聚苯乙烯树脂的表面张力较小，表面能小于 100 mJ/m^2，这类固体表面称为低能表面；而金属和无机盐固体的表面张力较大，表面能超过 100 mJ/m^2，在 500~5 000 mJ/m^2，这类表面称为高能表面。

液体易于流动，可以通过减少表面积来降低表面能量。固体无法改变形状来减小表面能，但可以通过吸附气体来降低表面能量，可以从溶液中吸附某些物质来降低界面张力。当吸附小分子时，通常为单分子层或多分子层吸附。当吸附高分子时，由于分子量大且具有柔性，通常呈多点吸附，且脱附困难。吸附点的多少与作用基团密度有关，也与高分子在溶液中的形态有关。溶液中高分子在固体表面的吸附还受溶剂影响，在良溶剂中，高分子链比较舒展，所占有流体力学体积较大，吸附点多；而在不良溶剂中，高分子链卷曲收缩，则其所具有流体力学体积较小，吸附点也相应较少。

3. 溶液、浆料的表面张力

对于溶液来讲，溶质在表面层浓度与内部浓度不同。当溶质表面张力较小时，溶质在表面层中富集而使溶液表面张力减小；当溶质表面张力较大时，溶质倾向于在溶液内部富集，对表面张力影响较小。

在温度一定时，溶液表面张力随溶质浓度变化大致有以下三种情况。

（1）表面张力随溶质浓度增加而增加，如 NaCl、KOH、蔗糖和甘露醇的水溶液。

（2）表面张力随溶质浓度增加而降低，通常开始时降低得快一些，后来则降低缓慢，如醇、醛、酮、酯和醚等大多数可溶性有机物的水溶液。

（3）表面张力在溶质浓度很低时就急剧下降，至一定浓度后，几乎不再变化，如 8 个碳以上直链有机酸的碱金属盐、磺酸盐和苯磺酸盐等的水溶液。从广义上讲，能使液体表面张力降低的溶质都可称为该液体的表面活性物质，但习惯上只把那些在浓度很低时才能显著降低表面张力的溶质叫作表面活性物质或表面活性剂。

高分子在溶剂中形成树脂溶液，与一般溶液表面张力变化类似。当树脂表面张力比溶剂的表面张力低时，溶液表面将富集树脂，使高分子溶液的表面张力降低；反之，则表面将富集溶剂分子，高分子对表面张力的影响变小。

粉体与溶剂形成的悬浮液，其中含有固体粉体，当粉体表面张力小时，粉体倾向于浮出溶剂表面，而使悬浮液表面张力下降；反之则会悬浮于溶液中，对于表面张力影响较小。通常悬浮液表面张力介于固体和液体表面张力之间。

4.2.3 助剂调节

助剂是调节悬浮液黏度和表面张力的重要手段。

1. 表面活性剂

表面活性剂主要用来降低体系的表面张力。表面活性剂既可以用来降低液体的表面张力，也可以用来降低固体的表面张力，也可以二者兼而有之。表面活性剂在降低表面张力同时也对浆料黏度产生影响。常用的无机表面活性剂有水玻璃、六偏磷酸钠、三聚磷酸钠和聚丙烯酸钠等，有机表面活性剂包括胺类、磺酸盐类、羧酸类和聚合物类等。

表面活性剂添加于浆料中对浆料黏度的影响：在相同剪切速率下，添加十二烷基磺酸钠的水煤浆黏度比未添加的黏度明显下降。表面活性剂用来降低粉体颗粒表面能时对浆料相对黏度的影响：在颗粒表面覆盖一层硅油，可降低粉体表面张力，增大颗粒疏水性，浆料黏度明显降低。可能有两方面原因，一方面是颗粒表面张力降低使表面吸附滞流底层厚度减小，流动液体增多，黏度减小；另一方面是表面张力降低使颗粒表面双电层变薄，从而使悬浮液黏度减小。

2. 增稠剂和分散剂

增稠剂和分散剂多为含有亲水和疏水基团的高分子有机物，其中增稠剂可以与水形成结构水降低流动水含量，同时在体系中形成网络结构，起到增加黏度作用。分散剂可以在颗粒表面吸附，增大颗粒间排斥力，起到分散的作用。通常增稠剂和分散剂对表面张力影响要比表面活性剂影响小得多。

增稠剂和分散剂通过改变颗粒之间作用力对黏度产生影响。增稠剂和分散剂有时可以是同一种物质，如羟甲基纤维素钠（CMC）在水性体系中，既是增稠剂，又是分散剂。当CMC浓度较低时，颗粒间作用力为引力，颗粒将絮凝形成絮状物，絮状物可能近球形，也可能形成一种“珍珠链”状的结构。这些结构将连续相“固化”其中，使黏度大幅度增加。此时，添加电解质可以降低颗粒间的引力，使黏度降低。当CMC浓度较高时，颗粒间作用力为斥力。当斥力足够大和颗粒浓度很高时，可以形成一种拟网络结构，颗粒之间相互排斥而使颗粒运动受到限制，剪切时颗粒被迫离开原来位置，造成低剪切时，黏度增大。

3. 触变剂

触变剂是能使浆料黏度随着剪切时间延长而降低，而当剪切撤销时，黏度又在一定时间内恢复的助剂。加入触变剂后，悬浮液体系中能产生网状低强度的絮体结构。在低剪切应力作用下，这种结构足以阻碍浆料流动。而在中至高剪切应力下，浆料中的絮体结构将被破坏。随着剪切时间延长，絮体结构破坏增多，黏度降低；当这种结构完全破坏时，黏度降至最低。但当剪切应力消除后，又可以一定速度重新恢复这种絮体结构。如果这种恢复是即刻发生的，则体系属于假塑性，不存在触变性。如果需要一定时间才能恢复，则该体系具有触变性。常用触变剂为二氧化硅粉末和膨润土。

4. 黏结剂

在锂离子电池水性浆料制备过程中，通常采用SBR做黏结剂，一般为直径140 nm的SBR在水中的分散液。

4.2.4 温度调节

1. 黏度

溶剂和聚合物黏度均随着温度升高而降低，聚合物溶液黏度的温度依赖性则介于聚合物和溶剂之间。悬浮液黏度受温度影响体现在两个方面：一方面温度改变溶剂和分散剂在固体颗粒表面的吸附状态，随着温度升高，悬浮液中大分子更为柔顺，大分子在粉体表面吸附量增加，溶剂在表面的结构化膜可能会减薄；另一方面温度变化造成热胀冷缩。随着温度升高，溶剂热胀明显，固相体积分数降低，使悬浮液黏度降低。总的来讲，随着温度升高，悬浮液浆料黏度降低，并且随着固相体积浓度增加，这种影响增大。

2. 表面张力

温度升高时大多数液体表面张力呈下降趋势。随着温度升高，体系密度降低，分子间作用力降低，同时表面分子的动能增加有利于克服液体内部分子的吸引，从而使表面张力下降。当液体温度趋于临界温度时，分子内聚力接近于零，气液界面消失，其表面张力也将不复存在。由于温度对黏度和表面张力均有显著影响，因此改变温度能够同时调节黏度和表面张力，但是温度对黏度和表面张力的影响幅度不同，因此温度影响具有复杂性，具体调节程度还需要实验来确定。

4.2.5 制浆工艺调节

Kim等采用钴酸锂作为活性物质[5]，平均直径2 μm的石墨作为导电剂，NMP作为溶剂，PVDF作为黏结剂，质量比钴酸锂：石墨：PVDF为89：6：5，浆料固含量为66.7%，采用4种不同制浆工艺制备浆料：第一种是将导电剂、溶剂、黏结剂溶液混合，抽真空，再添加活性物质和溶剂，搅拌制备浆料；第二种是将活性物质、溶剂、黏结剂溶液混合，抽真空，再添加导电剂和溶剂，搅拌制备浆料；第三种是将导电剂、溶剂、黏结剂溶液、活性物质混合，抽真空，搅拌制备浆料；第四种是将活性物质与导电剂干混，加入黏结剂溶液后搅拌，再加入溶剂搅拌制备浆料。他们发现制备浆料的最好顺序是将两种比表面积相差很大的材料进行干混合，然后分别加入黏结剂溶液和溶剂，获得的最小黏度为 4 800 mPa · s。而第一种方法获得的黏度最大，为 8 100 mPa · s。第四种方法获得浆料的极片压缩性能最好，制备成电池的充放电循环性能最好。

静置不同时间的浆料显示出相似的剪切变稀行为，剪切黏度与剪切速率近似呈线性关系，表明浆料为幂律流体，并且随着剪切速率的增加，浆料黏度下降幅度变小，表明浆料内部网络结构的结合强度与剪切速率相比下降。剪切黏度随着时间先上升后下降，表明有屈服现象。尤其是放置 1 天的浆料表现出震凝和触变行为，这与内部结构变化有关，如在最大值处存在内部网络，由于结构发生了不可逆破坏，放置 1 天的浆料比放置 7 天的浆料具有更高的触变指数，这表明放置 1 天的浆料具有更为突出的网络结构，具有类固体性质。

4.3 辊涂原理与工艺

4.3.1 辊涂简介

辊涂有单辊、双辊和多辊涂布方式。单辊涂布方式应用较为最广泛，双辊和多辊涂布主要用于高速涂布或薄层涂布。

4.3.2 单辊涂布

单辊涂布就是将绕有片幅的单个涂布辊部分浸入浆料槽中，涂布辊和片幅以一定速度旋转将浆料涂到片幅上的过程。单辊涂布的涂布过程简单，操作方便，但涂层较厚，精度不高。

当把带有片幅的涂布辊浸入浆料槽中时，由于浆料均为润湿性流体，表面张力的作用使浆料靠近片幅表面狭缝处时形成了一个稳定的弯液面（半径 R）。随着涂布辊的旋转，片幅从浆料表面上拉出，在弯液面处附着的浆料层会被片幅带走。由于片幅的向上运动，靠近片幅表面的浆料层受到片幅表面张力作用与片幅一起向上运动，涂层表面的浆料层则受到片幅表面浆料层黏性力作用也随之向上运动。这种向上运动破坏了静止的弯液面，使涂层表面的浆料层还受到弯液面表面张力的作用而有向下运动的趋势。这是因为涂层表面的浆料层在弯液面上方曲率为零处受到的压强等于大气压，而在其下方弯液面曲率最大处受到的压强小于大气压，导致涂层表面浆料层向弯液面流动。同时这层流体还会受到向下的重力。当向上的拉曳力与向下的作用力平衡时，在弯液面处建立了新的平衡，弯液面保持稳定，涂布过程稳定。

4.3.3 双辊涂布

双辊涂布方式有顺转辊涂布和逆转辊涂布两种。顺转辊涂布是双辊间最小间隙位置线速度方向相同的涂布方法。顺转辊涂布时，浆料经过双辊的缝隙，按照一定比例将浆料分配到两个转辊表面，浆料涂布于经过计量辊的片幅表面。逆转辊涂布是双辊间最小间隙位置线速度方向相反的涂布方法，逆转辊涂布时计量辊将片幅表面的浆料减薄，完成涂布过程。

4.3.4 三辊涂布

三辊逆转辊涂布时，涂布辊和计量辊、涂布辊和上背辊均以逆转辊形式进行旋转。由涂布辊将浆料带上来，通过计量辊对涂布膜进行定量，最后将涂布辊上的定量膜全部转移到上背辊的片幅上。三辊顺转辊涂布时，涂布辊和计量辊、计量辊和上背辊均以顺转形式进行旋转，由涂布辊将浆料带上来，经过刮刀定厚，然后通过涂布辊和计量辊辊缝进行分裂，计量辊上涂膜在进入计量辊和上背辊间隙时再次进行分裂，上背辊上的涂层留在片幅上得到最终涂层。

锂离子电池极片涂布为双面单层涂布，浆料湿涂层较厚，在 100~300 μm，涂布片幅为厚 8~20 μm 的铝箔和铜箔，涂布精度要求高，浆料为非牛顿高黏度流体，极片涂布速度不高。目前锂离子电池生产中应用较多的是逗号刮刀涂布。计量辊被固定的逗号刮刀所取代，相当于计量辊转速为 0 时的逆转辊涂布。逗号刮刀的使用，使产生喷涌时吸入的气体得以顺利逸出。此时采用的是润湿线在上游处的涂布，随转速比增大，涂布厚度显著增大。

三辊涂布与双辊涂布的不同之处：首先是涂布辊和计量辊直接接触，片幅没有包在涂布辊上，定量膜厚度更为准确；其次是涂布辊将定量膜全部转移到上背辊的片幅上时，增加了一个影响厚度因素，就是涂布辊和上背辊之间的转速之比。当辊直径相同和转速之比为1∶1 时,膜厚度等于涂布辊上的定量膜厚度。当上背辊转速增大时，涂层变薄；而转速减小时，涂层加厚。

4.4 预定量涂布原理与工艺

4.4.1 坡流涂布原理与工艺

坡流涂布设备主要部件由涂布模头、涂布辊和负压箱组成。其中，涂布模头由几块堰板组成，堰板之间存在狭缝，几块堰板上部构成一个倾斜的滑动面，每一个狭缝流出一种浆料，对应一个涂层，多个涂层沿倾斜滑动面流下，并且保持互相不混合的状态，直至流到涂布模头唇口位置，并被片幅带走形成多层涂层。负压箱设置在涂布模头与涂布辊的下方。负压目的是稳定涂布模头唇口与片幅之间的弯液面和减小弯液面半径。

当浆料被定量地挤出隙缝，在坡流面上叠合在一起流向涂布模头唇口时，在涂布模头唇口与片幅的间隙处形成一个弯液面，又称液桥和涂珠，完全处于悬空状态。当润湿线被锚定在唇口的最边缘，弯液面稳定而清晰时，涂层稳定均匀。坡流涂布的弯液面完全处于悬空状态，不同于浸沉涂布那样有槽液相托，这就决定了坡流涂布弯液面的不稳定性。稳定弯液面成为坡流涂布研究的核心问题。存在上表面（上弯液面，半径为 R_1）和下表面（下弯液面，半径为 R_2）两个弯液面。要想理解弯液面的稳定性，首先要了解弯液面的受力情况。

将弯液面表面层液体所受的力分为稳定力和不稳定力两大类。不稳定力是指破坏弯液面稳定的力，通常是指将弯液面液体向上撕裂带走或将弯液面从片幅上剥离的力，主要有黏性拉曳力、空气膜动量等。稳定力是有助于弯液面稳定的力，通常是指有助于弯液面向下贴近唇口或贴近片幅的力，主要有负压力、静电力、坡流流体压力、片幅支持力和重力等。其中，由于涂层很薄，重力、片幅支持力很小，通常可以忽略不计。

4.4.2 条缝涂布和挤压涂布原理与工艺

条缝涂布与挤压涂布都是将浆料从缝隙中直接挤压到片幅上的预定量涂布方法。通常为使涂布头对准背辊，条缝出口垂直于片幅，有时也有夹角大于90°的情况，或者能够进行调节。挤压涂布的浆料是以带状离开模具唇口并且不润湿唇口端面，可用于高黏度浆料涂布，具有较高精度。条缝涂布和挤压涂布量由挤出量决定，当缝隙一定时，挤出量由挤压压力决定。条缝涂布与挤压涂布同样需要真空，也可以进行双层及多层涂布。

与坡流涂布一样，当弯液面清晰稳定、润湿线处在唇口边缘和不晃动时，条缝涂布才能获得良好的涂布效果。涡流是造成弯液面不稳定的重要原因。当层流层流动浆料表面凹陷或凸起时，受到扰动的层流层在凹陷和凸起的角落处易产生涡流。与此类似，条缝涂布在涂布间隙处也易形成涡流，当涂布间隙过宽（湿厚度小于1/3涂布间隙）、涂布间隙过窄、涂布速度过低、真空度不足、条缝太宽（大于湿厚度5倍）时都会在涂布间隙不同位置产生涡流。

需要注意的是，与坡流涂布不同，条缝涂布挤出浆料的条缝直接对着片幅，并在涂布间隙内，因此条缝宽度是影响涂布性能的重要参数之一。

4.4.3 涂布弊病及消除

1. 拉丝

（1）现象和原因：拉丝是沿涂布方向在片幅上出现的细条纹，又称细条道和铅笔道，是与稳定性无关的一种涂布弊病。这主要是由于片幅、浆料和空气中夹带的颗粒或气泡污染涂布头表面引起的。如干黏结剂在挤压头条缝出口、涂布头和片幅间隙、弯液面内停留造成的涂布头表面污染。涂布头出现小缺口也会造成类似于颗粒物的影响。多层涂布相邻层流速不同或差别很大时这种影响会更大。

（2）消除措施：加强过滤以去除杂质，如在浆料过滤的基础上涂布头处再次进行过滤；采用片幅清洁器清洁片幅、采用较宽的挤出条缝和涂布间隙；调控各涂层的流速使相邻层流速差减小；提供各层之间良好的润湿铺展性能；采取有效的消泡过滤措施和保护机头环境卫生；控制挤压机头锈蚀；也可以采用在线清除的方法。

2. 纵条道

（1）现象和原因：纵条道为片幅上存在的纵向条道，通常沿涂布方向的反向形成，又称竖条道。纵条道是一种所有涂布都会出现的问题，通常是由高毛细管数、涂层厚度和间隙比h/G过小造成的。与拉丝不同，纵条道沿片幅的横向周期性存在。黏弹性在扩大可涂能力极限上是有帮助的，但是过大也会造成纵条道。当片幅表面存在纵条道缺陷时，也会产生这种情况。

（2）消除措施：可以采用降低黏度、降低车速、提高表面张力、加厚涂层和增大间隙等措施，提高片幅质量。可选用合理的工艺参数使浆料输送量与涂布量达到平衡。

3. 横条道

（1）现象和原因：横条道为沿片幅宽度方向周期性均匀出现的条道弊病，表现为顺片幅方向遮盖率的变化。大部分是由于片幅速度、张力、弯液面的波动，以及机械振动引起的。片幅或片幅底层上的横条道也能引起类似现象。

（2）消除措施：减少机械振动和共振、减少空气扰动等可以稳定车速、片幅张力和弯液面。在流体方面，提高负压、减小间隙、降低车速也可以改进此缺陷。片幅质量的改进可以提高涂布质量。

4. 局部脱涂

（1）现象和原因：挤压机头变形，局部地方片幅与挤压机头唇口距离过大，弯液面被破坏。浆料输送量小于涂布量。弯液面局部破裂，动润滑性能不好。

（2）消除措施：校正挤压机头。调整工艺参数使浆料输送量与涂布量达到平衡。调整表面活性剂，提供良好的动润湿性能。

5. 涂布不均与闪动

（1）现象和原因：底层涂布不均造成浆料润湿性能差异导致出现涂布量不均匀现象；各涂层间润湿铺展性能不好引起涂布不均。计量泵输送浆料有脉冲现象，形成有规律的闪动。弯液面受气流波动影响而不稳定，浆料各涂层间流速差大，造成涂层间的相互冲刷。

（2）消除措施：改善片幅底层的涂布均匀度；提供各涂层间良好的润湿铺展性能；改善浆料输送使之稳定（如提高计量泵转速、增添缓冲措施，或改用电磁流量计控制等）；加强弯液面的防护措施（如增设机头罩、前后托板等）；控制调整各层流速，减少流速差。

6. 气泡、沙眼和斑点（色点）

（1）现象和原因：涂层液中的泡沫未除净，环境或工艺通风生产条件差。

（2）消除措施：在浆料进入挤压嘴前，采用有效的多组过滤消泡装置（包括超声波消泡装置）并配合有效的消泡剂；加强浆料输送系统的密封和恒温，以消除浆料运行中可能产生的气泡；加强过滤和卫生措施以消除尘埃。

7. 橘皮状与磨砂状

（1）现象和原因：浆料各湿层间流速差大，形成冲刷；干燥过速引起明胶层收缩不均；各涂层间的表面张力值差别过大，引起各涂层在干燥后收缩不均；配方中某些组分配比不适当。

（2）消除措施：控制和调整湿涂层在坡流面和弯液面上的流速，使其差值缩小；合理调整干燥参数以进行均匀干燥；调整表面活性剂用量以调整各层间的表面张力，使其差别缩小；调整配方中不适当的组分比例。

8. 脱膜和起皱

（1）现象和原因：片幅底层牢度不好；浆料层坚膜不够，吸水胀量大。

（2）消除措施：改善底层粘牢度；改善浆料层坚膜效果和吸水胀量（如采用新型坚膜剂、共聚物护膜、明胶增塑收乳等）。

9. 一致性不高

（1）现象和原因：片幅与挤压机头涂布间隙误差大，浆料挤出条缝间隙误差大，以及浆料在坡流面上分布不均（以上为机械误差因素）。坡流面与弯液面横向各点温差大造成黏度不均。

（2）消除措施：改善和调整机械精度，缩小误差；改善机头的保温措施或提高弯液面处的浆料温度，以减少温差对浆料黏度的影响。

4.5 涂布方法选择

4.5.1 涂布方法

涂布方法很多。浸涂涂布方法有浸涂、落帘涂布、刮刀涂布和缠线棒涂布等方法，预定量涂布有坡流涂布、条缝涂布、挤压涂布和幕帘涂布等方法。

1. 浸涂

浸涂是将片幅在浆料槽中连续浸入和拉出，多余浆料重新流回槽内的涂布方法。浸涂通常为双面涂布，因此片幅拉出方向通常与液面垂直，保证片幅两侧涂膜厚度一致。通常涂布层厚度取决于黏度、密度和车速和拉出角，片幅表面的浆料涂层厚度随浆料黏度和涂布速度增加而变厚。浸涂也适用于间歇操作的复杂工件。

2. 刮刀涂布

刮刀涂布法就是利用刮刀将涂布辊或片幅上浆料涂层厚度减薄至规定厚度的涂布方法。其中，气刀涂布涂层厚度和涂布量取决于气刀压力和气流喷射速度，特别适用于涂布低黏度或中低黏度的水性浆料。若采用有机溶剂型浆料，应注意避免大量空气和可燃性溶剂蒸汽形成爆炸混合物。

3. 落帘涂布

落帘涂布是将浆料从条缝挤出并以液帘方式直落于运行片幅上的涂布方法，属于预定量涂布方法。由于挤压嘴与片幅距离较大，落帘上没有气泡存在，在消除拉丝、划伤等弊病方面有突出优势。由于落帘的动能更大，有助于稳定弯液面，因此能够达到较高涂布速度，车速可以达到 100 m/min 以上。

4. 缠线棒涂布

缠线棒涂布是用缠线计量棒将液体均匀涂布在柔软片幅上的涂布方法。缠线棒是将磨光不锈钢线紧紧缠绕在芯棒上制成的，缠线棒又称涂漆棒和刮棒。当缠线很细时能够使涂层厚度精确度到几个微米之内。因为低黏度液体在缠绕金属丝上容易流动，适合涂装低黏度液体。使用特殊涂装棒，涂布黏度可以比较高，涂层厚度可达 225 μm。棒涂速度一般限制在 304 m/min。

4.5.2 涂布方法选择

涂布方法选择是个系统工程，需要考虑的因素很多，选择涂布方法时应该考虑以下主要因素。

1. 涂布层数

大多数涂布方法适合一次涂布一层，一层干燥以后再涂另一层。有些方法可以同时涂布多层，如坡流涂布，在彩色胶片涂布时可以至少同时涂布 9 层。落帘涂布的涂布头就是坡流涂布头，在边缘流下涂层，也可进行多层涂布。条缝涂布和挤压涂布通常进行单层涂布，但是也可以有两三条挤出缝隙，进行多层涂布。

2. 涂层厚度

缠线棒涂布适合薄层涂布，挤压涂布、逆转辊涂布和落帘涂布适合厚涂层涂布，涂层厚度可以达到 400~750 μm。一般来说，越是薄涂层，涂布难度越大。需要注意的是，这里提及的厚度是湿涂层厚度，干涂层和湿涂层的差别很大。

3. 浆料黏度

黏度和黏弹性是反映流变性质的物理量。每一种涂布方法适应的黏度和剪切速率都有一定范围。浆料黏度最好按照涂布剪切速率下测定的黏度去选择，因为黏度随剪切速率而发生变化。但是在预定量涂布过程中，通常浆料受到的剪切速率过大，以至于用目前仪器难以达到如此高的剪切速率，所以进行的黏度估算也都是粗略的，最后还是要以实验结果为准。黏弹性虽然很重要但很难预测，有一些黏弹性有助于改善某些涂布的运行状况，但是高黏弹性却会引起竖条道等弊病。

4. 涂布精度

精密条缝涂布、坡流涂布和落帘涂布等方式的涂布精度较高，其他涂布方法的精度则取决于流体性质、滚筒几何形状以及转动速度等因素。任何涂布方法都有一个较宽的涂布范围，取决于涂布装置的结构和运行方式，只有非常精细地使系统最佳化才能得到良好的涂布效果。

5. 片幅情况

片幅可以是非渗透性的，也可以是渗透性的。对于渗透性的片幅可以将孔封闭后涂布。同样还要考虑在片幅上的粗糙度和表面张力。浆料表面张力要低于片幅的。

6. 涂布速度

涂布速度涉及生产效率，在可能的情况下涂布速度越快越好。所有涂布方法都有涂布速度限制，但是有些方法在高速涂布更好。落帘涂布需要有一个最小流量，以保证落帘本身形状，在薄涂层涂布时就不能进行高速涂布。坡流涂布时，当涂层很薄时会产生涂层不稳定，较高的车速、较厚的涂层有助于避免涂层不稳定。光滑、非渗透性片幅可以进行更高车速涂布。涂布速度还跟干燥区段长短有关，干燥区段越长，越有利于提高干燥速率。

锂离子电池电极极片涂布方法为辊涂和挤压涂布。逆转辊涂需要较高的剪切速率，适合黏度稍高的浆料，获得的涂膜较厚，涂层质量好，是目前锂离子电池最常用的涂布方法。挤压涂布是较为先进的涂布技术，涂布时给浆料施加一定的压力，可用于较高黏度浆料的涂布，获得的极片具有较高的精度，涂布速度快。随着锂电技术发展，挤压涂布应用会更加广泛。

4.6 干　燥

4.6.1 干燥简介

固体物料中含有的水分或其他溶剂成分统称为湿分，含有湿分的固体物料称为湿物料。固体物料的干燥就是对湿物料加热，使所含湿分汽化，并及时移走所生成蒸汽的过程。

按照加热方式，干燥过程可以分为传导干燥、对流干燥和热辐射干燥。对流干燥是使热空气以相对运动方式与湿物料接触，向物料传递热量，使湿分汽化并被带走的干燥方法。锂离子电池极片涂布干燥主要采用空气对流干燥。传导干燥是通过传热壁面以热传导方式将热量传给湿物料，使湿分汽化并被去除的干燥方法。辐射干燥通常以红外热辐射方式加热湿物料表面，物料吸收辐射能后转化为热能，使湿分汽化。

按照操作压力可分为常压干燥和真空干燥。常压干燥就是在大气压下的干燥过程，锂离子电池涂层的干燥属于常压干燥。真空干燥是在抽真空，具有一定真空度情况下完成的干燥过程，具有操作温度低、可以深度除湿、热经济性好、溶剂回收容易等优点，适用于热敏性、易氧化、有毒、易燃易爆物料的干燥。

按操作方式不同，干燥还可分为连续干燥和间歇干燥。工业生产中多为连续干燥，生产能力大、产品质量较均匀、热效率较高、劳动条件较好。间歇干燥投资费用较低，操作控制灵活方便，故适用于小批量、多品种或要求干燥时间较长物料的干燥。

4.6.2 干燥原理与工艺

锂离子电池极片涂布的最后一道工序是干燥，是将涂膜中水或其他溶剂蒸发，使湿膜固化的过程。在锂离子电池制造过程中还有很多环节需要干燥技术，如原材料干燥、注液前电芯干燥、空气中水分的去除等。

锂离子电池涂膜干燥通常采用烘道式干燥方式，将空气作为热载体，利用对流加热涂膜，使涂膜中水分或其他溶剂汽化并被空气带走，达到涂膜固化干燥的目的。

干燥速率为单位时间在单位干燥面积上汽化的水或溶剂的质量，用 U 表示，单位为 $kg/(m^2 \cdot s)$。干燥速率与空气和物料状态都有关。

按照干燥速率曲线可以将干燥分成三个阶段：过渡段、恒速干燥段和降速干燥段。

1. 过渡段

在过渡段，涂膜先降温后升温，位于干燥箱前面。这一阶段涂膜进入干燥箱后，由于水或其他溶剂汽化吸热，膜温度显著下降，这是过渡段的温度变化特征，通常这一阶段干燥速率快，时间不长，然后进入恒速干燥阶段。其中容易忽视的是涂布后进入干燥段前的准备阶段，此时挥发性溶剂已经开始蒸发。另外，如果空气不清洁，也会引起涂布弊病。

2. 恒速干燥段

恒速干燥段由4个恒温段组成，位于干燥烘道的中段。这一阶段涂层表面有足够的非结合水分，物料表面蒸汽压与同温度纯水的饱和蒸汽压相等，与物料内部水分及其运动状况无关。这一阶段干燥速率受外部条件控制，当外部条件不发生变化时物料的吸热与汽化处于平衡状态，温度通常处于恒定不变状态，这是恒速干燥段的温度变化特征。大部分水分或其他溶剂在这个阶段汽化。

在恒速干燥段，当一定量的热空气与一定量的涂层接触时，大部分被排除的水分是非结合水，$p_{水}=p_s$，干燥的推动力为 p_s-p_w。当常温下空气湿度为 p_w 时，提高温度使 p_s 增大，可以增大推动力。推动力越大，干燥速率越快。

干燥速率还受到传热量的影响，高温度的空气将热量传递给涂层中的溶剂，使溶剂升温和汽化，从而使物料得以干燥。传递热量越多则干燥越快。

由恒速干燥的特点可知，恒速干燥段的干燥速率与物料的种类无关，与物料内部结构无关，主要受以下因素影响。

（1）干燥介质条件。指空气温度、湿度和流动速度的影响。提高空气温度，降低空气湿度，提高空气流速，可增大对流传热系数与对流传质系数，所以能提高恒速干燥段的干燥速率。

（2）物料条件。指物料尺寸、与空气接触面积和物料速度的影响。物料尺寸较小时提供的干燥面积大，干燥速率高。当物料速度增大即涂布速度增大时，相当于传热面积增大，传热量随之增大，但由于空气接触的物料增多，干燥速率反而会下降。

（3）物料与空气接触方式。对于同样尺寸物料，物料悬浮于气流中的接触方式最好，不仅对流传热系数与对流传质系数大，而且空气与物料接触面积也大；其次是气流穿过物料层的接触方式；气流掠过物料层表面的接触方式干燥速率最低。

3. 降速干燥段

降速干燥段，温度上升，处于干燥烘道的后面。与恒速干燥段相比，降速干燥段移除的水分少，由于扩散的影响干燥时间大幅度延长。

降速干燥段的特点是物料中只有结合水分，干燥介质温度和速率增加对干燥速率影响减弱，此时干燥速率主要受以下因素影响。

（1）物料本身性质。包括物料内部结构、物料与水的结合形式、物料粒度和形状等性质。这些因素对干燥速率有很大影响。如物料内部孔隙直径越小，蒸汽压越小，烘干速度越慢；物料层越薄或颗粒直径越小对提高干燥速率越有利。不过物料本身的性质通常是不能改变的因素。

（2）物料温度。在同一湿含量的情况下，提高物料温度可以增大物料内部空隙中水的蒸汽压，提高推动力，同时提高温度还可以增大扩散速度，使干燥速率加快。

（3）物料与气体接触方式。这个影响与恒速干燥段的相同，这里不再赘述。

4. 干燥点控制

干燥点通常是指物料在干燥过程中恒速干燥段的终点。涂布后干燥过程中，通常需要根据干燥物料性质和干燥系统来预设干燥点在长干燥器中的位置，又称预定干燥点位置。控制涂层的干燥点是保障产品产量和质量的重要因素。干燥过程中湿涂层温度比干涂层的温度低，一般在干燥末尾段设一些测温点，以便建立一个温度曲线，由这个曲线就可以判断出涂层处于恒速干燥段还是降速干燥段，以及涂层是否已经干燥和干燥点的位置。

知道干燥点以后，就可以对干燥点进行调节。当干燥点过晚时，需要调节送风系统和涂布车速将干燥点前移，反之亦然。送风系统调节包括空气干球和湿球温度、喷嘴风量调节和空气循环/排放比率。一般随着干球温度和风量的升高，随着循环比率的减小，干燥速度加快，干燥点前移。当然，送风风口排布方式、送风量大小分布也是影响干燥速度和均匀程度的重要工艺参数。涂布车速的减小，可以使干燥点前移，反之则后移。

通过优化空气速度节省干燥运转费用，涂层的机械稳定性、干燥的最大风速是限制因素，应综合考虑设备费用和运行成本。一般降速干燥段对气速不敏感，应取速度较低；恒速干燥段对气速敏感，取较高速度较为有利。

4.6.3 干燥时涂膜的流变性质及缺陷预防

干燥过程和涂布过程各自独立，又相互联系。

片幅干燥速率直接影响涂层中浆料黏度和表面张力，从而影响流平时间和流平性能。为得到满意涂膜，应该在干燥前通过悬浮液流平使缺陷消除。减小干燥速率、降低溶剂蒸发速度、更换沸点高的溶剂，都会延长流平时间，有利于流平。反之，溶剂蒸发过快、黏度升高太快，会导致流平不好，有时会造成皱皮和龟裂。干燥速率过慢容易流挂和降低生产效率。因此干燥生产能力与涂布生产能力应该相互匹配。

涂料涂布于基材后，在各种因素的影响下黏度开始增加。涂布时浆料具有一定黏度；涂膜完成后进入干燥阶段，涂膜黏度开始快速上升。一是涂膜以后剪切消除，拟塑性体黏度恢复，这个增加量是个定值；二是触变体引起的涂膜黏度恢复，这一恢复需要一定时间，因此达到黏度最大值的时间要比剪切力消失引起黏度上升慢一些，这一时段也同时发生了冷却，冷却也造成黏度上升；三是溶剂蒸发和乳液聚合造成的黏度升高，随着干燥进行引起了黏度大幅度提高。低固体浓度和高固体浓度溶液涂料的黏度变化量不同。在温度接近熔点时，一些粉末涂料的黏度增加是由冻结引起的。

测量浆料黏度随剪切和时间的变化有助于了解涂布发生各种现象所需要的时间。浆料只有在流动时才可能发生流平和流挂现象；当黏度增加时，流平和流挂的作用减弱，当黏度超过 10 000 Pa · s 时，流平和流挂现象可以忽略。采用摆动技术测定黏度增长的方法很受欢迎，如具有宽范围稳定剪切的流变仪和在固定应力下测试蠕变与恢复的流变应力流变仪。它们可以在低剪切幅度下测试，这近似于涂料涂装后的条件。同样，可以通过测试弹性模量估算固化点。为了模拟涂布后的瞬间状态，摆动测试前，材料应预先经受较高速率的剪切，以达到与实际涂装方法一致的目的。试验中，斜面剪切终止后，扭矩/应力的平均波幅随着时间延长而增长。尽管依据波幅变化计算黏度变化并不容易，但是可以近似估算黏度。另外，可以利用应力波幅建立关系式。

1. 应力引起的弊病

卷曲和裂纹是干燥时涂层体积收缩导致的常见弊病。由于片幅不会减小，干燥时涂层体积缩小只发生在厚度方向上，并且越往上收缩越大。这样在涂层内就会产生收缩应力，并且越往上越大。当涂层已经固化时，收缩应力就不会再通过流体流动释放，而是都集中于片幅的横向。这时会产生两种情况：一是当涂层和片幅的韧性好时，涂层释放应力将使片幅向内卷曲，可以通过测定弯曲程度推测出收缩应力的大小；二是若片幅刚度很好，而涂层的韧性不足，强度不高时，涂层会被撕裂，形成泥土状的开裂。有时二者兼而有之。使用增塑剂、减薄涂层，可以减少卷曲和开裂。在较低干燥速率时，应力能在涂层永久定型前释放出来，也有助于减少卷曲和开裂。

2. 气孔

干燥时滞留于涂膜中的气泡冲破涂膜留下像被针尖刺过的空洞称为气孔。浆料带入或涂布时引入的空气气泡、溶剂中溶解空气的逸出、溶剂挥发等均可以形成气泡造成气孔。降低黏度和涂布速度、片幅表面预先吹干和加入消泡剂等均可以消除气泡，减少气孔。浆料中的溶剂挥发形成气孔，多数是由于恒速干燥段很短，在降速干燥段空气温度高，涂层温度可能超过溶剂沸点而形成气泡，气泡破裂后会留下气孔。因此在降速干燥阶段，降低空气温度能够消除此类弊病，空气温度不应该超过溶剂沸点。有时表面会迅速形成表面干皮，溶剂通过干皮的扩散速率减慢，在干皮内留下的溶剂可形成蒸汽泡，最终导致气孔的产生，可通过加入少量易挥发溶剂、降低干燥速率来消除。

3. 网眼状弊病

网眼状弊病是涂层中呈现许多山丘和山谷图形的现象。这种弊病在干燥结束时是看不见的，必须将涂层放入溶剂中溶胀以后才能发现。其实质是干燥过程中的不均匀，使溶胀应力不均匀造成的。垂直于片幅的溶胀不会产生这种弊病，而平行于片幅的溶胀不均匀却是产生这种弊病的原因。这种网眼状弊病的出现还与黏结剂系统强度有关，黏结剂的强度决定了涂层会有多少变形产生。

4. 黏附力失效

干燥产生的应力可以导致黏结剂的失效或涂层和片幅之间的分离脱模。表面活性剂系统强烈影响黏附力的失效以及黏结剂在干燥时的迁移。在多层涂层中，这些应力会引起层与层的黏结失效。

5. 颗粒

颗粒是指涂膜上有明显颗粒状物存在的弊病。造成涂膜颗粒的因素很多，包括作业环境的灰尘多、涂料没有过滤、涂料中悬浮颗粒的絮凝返粗（如涂料中的炭黑就容易返粗，水分使局部颗粒絮凝）和存在溶解性差的树脂等。清洁作业环境、使用清洁空气、浆料过滤、稳定浆料、油性浆料避免与水接触等均是有效的解决办法。

6. 发白

干燥时溶剂涂层形成乳白色的现象，又称褪色。产生原因是在恒速干燥段溶剂快速蒸发带走大量热量，引起表面温度低于露点，加上作业环境湿度太大，从而使水分在涂层表面凝结形成一种薄云状膜。产生这一现象后，会产生两种结果：一是涂层上的水滴膜优先于溶剂挥发掉，则褪色弊病自动消失；二是水分引起聚合物在表面沉淀，聚合物不溶于水，水分蒸发后，涂层表面光泽度降低。避免这种弊病的方法是涂层温度保持在空气露点以上，或者降低空气的湿度、降低空气的露点。

4.6.4 干燥设备

1. 干燥设备简介

以锂离子生产厂家常用的辊涂为例介绍涂布干燥设备及其流程。涂布设备主要有以下几个系统：涂布系统是将浆料剪切涂布于片幅上的设备系统；干燥系统是完成涂膜干燥操作的设备系统；收放卷系统是由放卷装置、张力控制装置、自动纠偏装置、收卷装置等组成，主要进行放卷、输送片幅、收卷的过程，保证片幅的连续稳定运行。

涂布的工艺流程为放卷→张力控制→自动纠偏→涂布→干燥→张力控制→自动纠偏→收卷。正常涂布时，在收卷电极的拉动下，片幅以恒定速度运动进入涂布装置进行涂布，然后进入烘干装置进行烘干，烘干后的片幅经过收卷装置进行收卷，单面涂布完成。然后再涂另一面。

2. 干燥设备形式

锂离子电池中常用单面冲击干燥器和双面漂浮干燥器。单面冲击干燥器的片幅输送是由驱动辊和被动导辊联合完成的，片幅上部设有喷嘴将正压空气直接吹到干燥表面进行涂膜的干燥。在有效范围内，采用高速空气直接吹到片幅干燥表面上是冲击干燥的主要特征。在对流干燥过程中，片幅上面的边界层最容易为空气所饱和，边界层越厚，对水分的扩散阻碍越大，干燥效率越低，因此边界层问题成为对流干燥的主要控制步骤。在冲击干燥器中使用很大的空气气速，可达 1 000 ~ 2 000 ft/min（5.08 ~ 10.16 m/s，1 ft/min = 5.08×10^{-3} m/s），同时还要让片幅在喷嘴的有效范围内，让干燥空气的高速冲击减薄边界层，从而提高干燥效率。双面漂浮干燥器又称漂浮式干燥器，由喷嘴从两面向片幅吹空气进行干燥。空气代替滚筒传输系统实现传输和支撑片幅的作用，同时起到对片幅进行干燥的作用。与单面冲击干燥相比，双面干燥涂层不受损伤，热效率高，干燥速率快。

3. 溶剂安全和回收

干燥过程一定要确保干燥环境中溶剂浓度处于安全范围之内，同时不要泄漏到工作环境中。干燥通风系统设计一般在负压下操作，以防止干燥溶剂蒸汽泄漏到涂布机的工作环境。负压对干燥速率也有影响，负压越大则干燥速率越快。

锂离子电池浆料通常采用较昂贵的NMP溶剂，直接排放至空气中会污染环境。极片涂布机一般应具有溶剂回收系统。NMP回收系统分为冷冻式回收和吸附式回收两种。冷冻式回收是利用冷却水和冷冻水盘管使得NMP从空气中冷凝出来，然后通过收集达到回收目的。吸附式回收采用分子筛吸附回收，处理后废气可以直接排放，分子筛吸附NMP后进行脱附再生循环使用。

项目实施

1. 项目实施准备

（1）分组与合作：根据各自的兴趣和能力进行分组，每组选出一名组长，负责协调组内分工和进度。

（2）理论准备：学习掌握包括涂布的目的、涂布的方式、涂布的厚度控制等锂离子电池涂布的基本原理。

（3）设备准备：确保涂布设备正常运行，包括设备的启动、停止、速度调节等功能。

（4）材料准备：准备好如正负极活性物质、黏结剂、溶剂等所需的涂布材料。

（5）安全准备：确保实训室的安全设施完善。

2. 项目实施操作

（1）涂布液配制：按照一定的比例将正负极活性物质、黏结剂、溶剂等混合，搅拌均匀，制备成涂布液。

（2）涂布操作：将涂布液均匀地涂布在集流体上，控制好涂布速度和压力，确保涂布层的均匀性和厚度。

（3）干燥处理：将涂布后的电极片放入干燥箱中，设定合适的温度和时间，进行干燥处理。

（4）质量检测：对干燥后的电极片进行质量检测，包括涂布厚度、均匀性、附着力等指标。

3. 项目实施提示

（1）在涂布过程中，要注意控制涂布速度和压力，避免涂布不均、气泡产生、边缘不齐等问题。

（2）在干燥处理时，要根据涂布液的性质和电极片的厚度，选择合适的干燥温度和时间，避免过度干燥或干燥不足。

（3）在质量检测时，要使用专业的检测仪器和方法，确保检测结果的准确性和可靠性。

项目评价

请根据实际情况填写表4-1项目评价表。

表4-1 项目评价表

序号	项目评价要点		得分情况
1	能力目标（15分）	自主学习能力	
		团队合作能力	
		知识分析能力	

续表

序号	项目评价要点		得分情况
2	素质目标（45分）	职业道德规范	
		案例分析	
		专业素养	
		敬业精神	
3	知识目标（25分）	涂布流变学基础	
		黏度和表面张力调控	
		辊涂原理与工艺	
		预定量涂布原理与工艺	
		涂布方法选择	
		干燥	
4	实训目标（15分）	项目实施准备	
		项目实施着装	
		项目实施过程	
		项目实施报告	

项目 5

锂离子电池极片辊压工艺

学习目标

【能力目标】

(1) 能够了解电池极片辊压相关知识。

(2) 通过教学材料、线上学习等资料，自主学习极片辊压相关知识。

(3) 通过分组的方式讨论问题和完成任务，在与他人的合作交流中培养团队协作的精神。

(4) 提高交流与表达能力，同时培养思考能力。

【知识目标】

(1) 掌握粉体材料的基本知识。

(2) 掌握极片辊压原理、工艺以及常见的辊压设备。

(3) 掌握极片对电池充放电性能的影响。

(4) 掌握极片常出现的缺陷及其预防措施。

工匠精神

【素质目标】

(1) 通过对极片辊压工艺的学习，结合从业者职业道德规范，培养学生的专业素养和爱岗敬业的素养。

(2) 本项目所讲述的极片辊压是多个设备严密配合的过程，以此启发学生在学习过程中培养团队协作、认真细致的精神。

(3) 通过本项目的学习，让学生了解极片辊压的现状和基本知识，提高专业素质，为将来个人的发展打下坚实的专业基础。

项目描述

小李是刚分配到极片辊压生产线的一名工人，在极片辊压过程中发现一些问题：极片上的粉体材料压实程度不够紧实，经常出现掉粉现象；辊压设备在运行中经常产生异响等现象；卷带收卷过程中经常存在难以对齐、卷带出现塔形等问题，对生产造成了较大的影响。为了解决这些问题，小李带着这些疑问对极片辊压知识进行了学习。

项目分析

为了解决这些问题给生产带来的影响，小李应当先对极片辊压的知识进行学习，再将所学知识应用于实际生产中。首先应当对用于制作极片的粉体材料知识进行学习，了解粉体颗粒的基本特点及颗粒充填方面的知识；然后对极片辊压的原理、设备、极片对电池性能的影响进行学习；最后为了解决后期在极片生产中可能遇到的问题，应当在前人的经验基础上，对极片辊压过程中已经出现的缺陷以及预防措施进行总结学习。通过这些知识的学习和整理，小李应该可以很好地解决极片辊压生产线上存在的问题。

项目目的和要求

【项目目的】

本项目的学习是为了让学生深入了解极片辊压技术，了解辊压的目的以及辊压过程的相关知识。在项目实施中将对极片辊压全过程进行学习，了解用于制作极片粉体材料的基本知识；掌握粉体材料的性质以及充填方式；了解辊压设备的工作原理和设备的结构；了解极片与电池性能的关系。同时，对极片在生产中可能出现的缺陷以及应对措施进行总结，并用于实际生产中。本项目将极片辊压的理论知识和实训操作相结合，旨在培养学生的理论知识和动手实操的能力。

【项目要求】

（1）掌握极片辊压的重点知识，对极片辊压的原理、设备、极片对电池性能的影响等知识有充分了解；

（2）在实训活动中，要严格遵照生产场所制度和老师指示，规范操作设备，做好安全防护措施，避免出现安全事故；

（3）在学习过程中遇到疑问，首先应通过自行思考、与其他学员讨论等方式寻找答案，以培养自主学习、团队协作的能力，最后再和老师进行交流；

（4）在学习的过程中，不断地反思和总结，积极参与小组讨论交流，加强自身的思考和表达能力。

知识准备

极片辊压是锂离子电池制造中一道重要的工序，通常安排在涂布干燥工序之后，极片剪切工序之前。极片辊压的目的是将涂覆在集流体表面的粉体材料压实，使箔片和活性物质结合得更加紧密，同时减小极片厚度，提高极片单位体积活性物质的载量，以达到提高电池容量的目的。辊压良好的极片通常具有较大的充填密度，厚度较为均匀，同时极片的塑性变形量较小。极片辊压的本质是涂覆在集流体上活性粉体物质的流动、重排和致密化的过程，该过程涉及粉体学和辊压的基本知识。

5.1 粉体基本性质

粉体一词最早出现于20世纪50年代初期，但对于粉体的应用早在新石器时代就开始了。从史前人类将植物的种子磨成粉用于制作食物，到现如今女性用于化妆的脂粉，这些都是粉制品。所以，粉体和人类的生产生活一直都有着很密切的关系。那么，什么是粉体？首先看一些人们所熟悉的物质，如生活中的面粉、豆浆、奶粉、咖啡、大米、小麦、大豆、食盐，自然界中的河沙、土壤、尘埃、沙尘暴，工业生产中的火药、水泥、颜料、药品、化肥等。按照学科的分类，以上的物质都是粉体。既然能够归为同一类，那么它们必定具有共同的特征，可以看到，这些物质的共同特征是有许多不连续的面，比表面积比较大，由许多小颗粒状物质所组成。更进一步分析发现，其实这三个特征可以归纳为小颗粒状物质的集合体。

粉体学是研究固体粒子集合体的表面性质、力学性质、电学性质等内容的应用学科。众所周知，物态有固体、液体和气体三种，液体和气体具有流动性，而固体不具备流动性。在将固体粉碎成粒子群之后，则具有与气体类似的可压缩性，与液体类似的流动性，且具有固体的抗变形能力。因此，常把粉体视为第四种物态来处理。粉体学研究的粒子尺寸通常在0.1~100 μm，少数情况下会研究小于1 nm或大于1 mm的粉体。粉体的辊压过程主要受粉体基本性质的影响，如粉体的粒度及其分布、形态、密度、比表面积、空隙分布、表面性质、力学性质和流动性能等，表现为充填性能和压缩性能的不同。

5.1.1 粒度与形状

1. 粒度

粉体中颗粒的平均大小称为粉体的粒径，习惯上可以将粒径与粒度通用。在现实中，粉体颗粒多为不规则形状，因此人们定义了很多种等效直径的粒度表达方式。如三轴径法，如图5-1（a）所示，在一水平面上，将一颗粒以最大稳定度放置于每边与其相切的长方体中，用该长方体的长度 l、宽度 b、高度 h 的平均值定义粒度平均值；定向径法，如图5-1（b）、图5-1（c）、图5-1（d）所示，采用固定方向测定颗粒的外轮廓尺寸或内轮廓尺寸作为粒度，对应一个颗粒可以取多个方向的平均值，对应粉体可以取多个方向的统计平均值；投影圆当量径法，如图5-1（e）所示，采用与颗粒投影面积相同的圆的直径作为颗粒粒径；还有球当量径法，把相同体积球的直径定义为颗粒的等效直径，或把相同表面积球的直径作为颗粒的等效直径；也有用筛分径表示的，如图5-2所示，即颗粒通过粗孔网并停留在细孔网上时，以粗细筛孔径的算术平均值或几何平均值表示颗粒的粒径，此时筛分径可表示为 $(a+b)/2$ 或 $\sqrt{a+b}$。

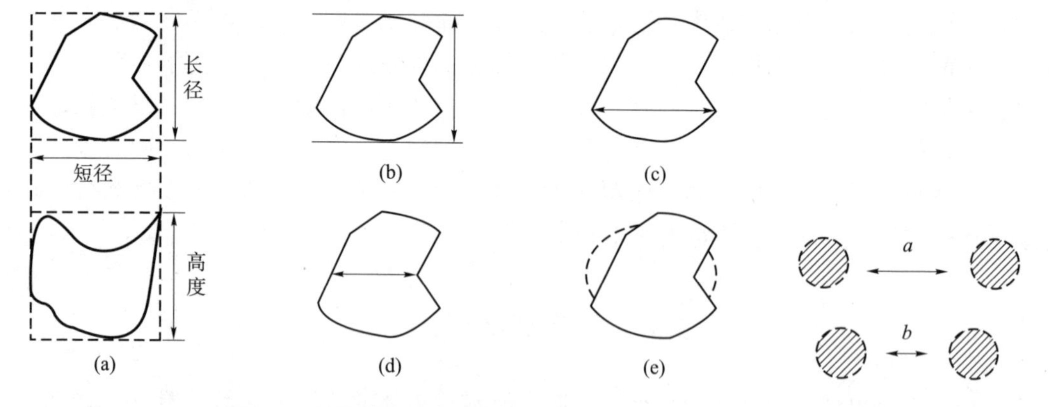

图5-1 粉体粒度的定义方法

（a）三轴径；（b）定方向接触线径；（c）定方向最大径；（d）定方向等分径；（e）投影面积圆等效径

图5-2 筛分径

注：a，b 分别表示粗细筛的筛孔尺寸。

实际中研究的粉体材料是由众多大小不一的颗粒组成的，一般用平均粒度来表示粉体颗粒的直径，平均粒度是颗粒直径的统计平均值，这些粒子直径的表达方式通常具有统计学意义。

2. 颗粒形状

颗粒形状是颗粒表面上各点的图像及表面的细微结构，通常包括投影形状、均整度（即长、宽、厚之间的比例）、断面状况、外形轮廓等。实际粉体颗粒具有不同的形状，如图 5-3 所示，微观世界下的不同形貌的颗粒。人们往往会根据颗粒形貌进行定性描述，如球状、卵石状、针状、纤维状等。有时人们也用空间维数来表示，如一维颗粒表示线形或棒状颗粒，二维颗粒表示平板形颗粒，三维颗粒表示颗粒长宽高具有可比性的颗粒。

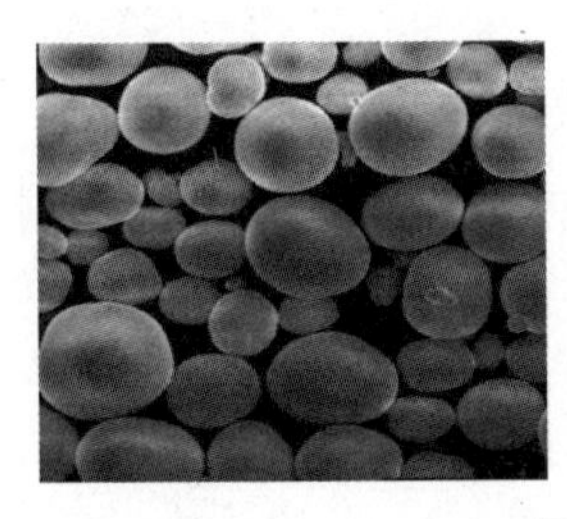
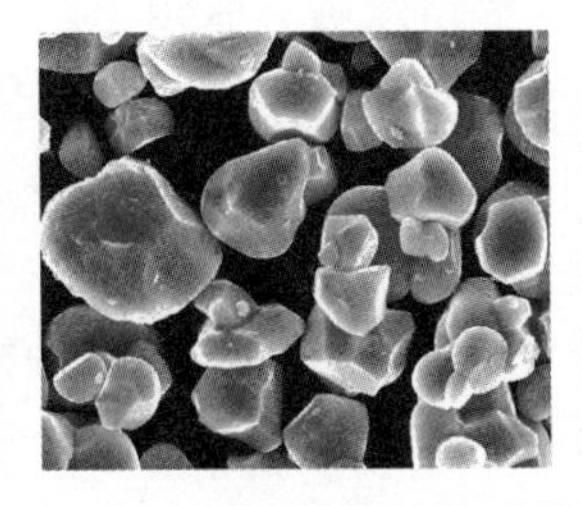
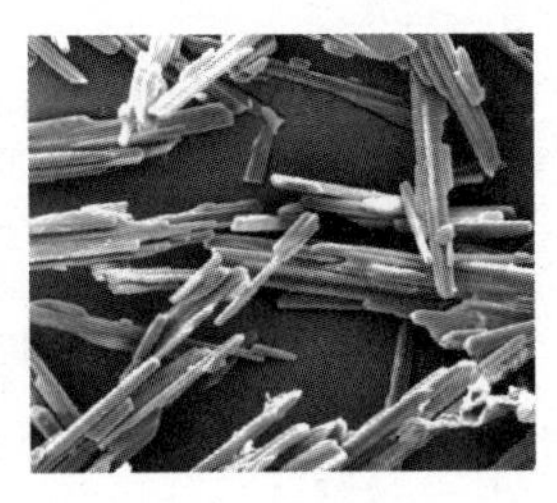

图 5-3　不同颗粒材料的形貌图

3. 粒度分布

粒度分布是不同粒径粒子颗粒群在粉体中的分布。粉体中颗粒的粒径相等时，则可用单一粒径表示其大小，这时粉体称为单粒径体系，此时不存在粒径分布的特征。实际生产过程中，粉体是由许多粒径大小不一的颗粒组成的分散体系，这时粉体称为多颗粒体系。粒度分布是指若干个按大小顺序排列的一定范围内颗粒量占颗粒群总量的百分数，是用简单的表格、绘图或函数的形式给出的颗粒群粒径的分布状态。

粉体的粒径分布常表示成频率分布和累积分布的形式。频率分布表示各个粒径范围内对应的颗粒百分含量（微分型）；累计分布则表示大于或小于某一粒径的颗粒占全部颗粒的百分含量与该粒径的关系（积分型）。如图 5-4 所示，其中图 5-4（a）为微分型分布曲线，即频率分布[6]；图 5-4（b）为积分型分布曲线，即累计分布。二者之间的关系是微分和积分的关系，从累计曲线的导数可以得出粒度频率分布曲线。

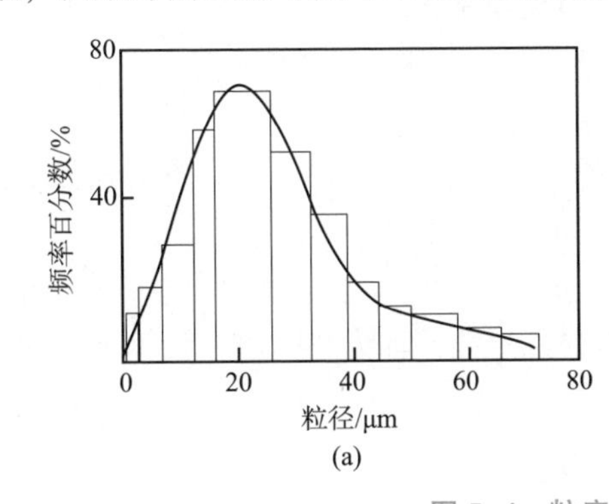

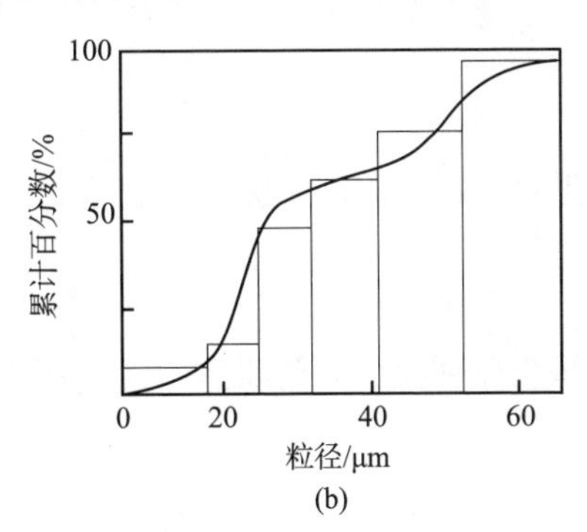

图 5-4　粒度分布示意图

（a）微分型分布曲线；（b）积分型分布曲线

5.1.2　群聚集性质

1. 粉体密度

粉体密度同其他物质密度的定义一致，即粉体填充质量与填充体积之比，如式（5-1）

所示。但因粉体总体积的定义不同，故存在三种形式的粉体密度，即充填密度、颗粒密度和真密度[7]。充填密度对应的粉体总体积包含有颗粒间的空隙和颗粒内部的微孔，又称堆密度。颗粒密度对应的粉体总体积为颗粒的体积之和，只包含颗粒内部的微孔，不包含颗粒间的空隙，又称视密度。真密度对应的粉体总体积为不包括颗粒内部微孔和颗粒外空隙的真实体积之和。粉体密度大小顺序为真密度>颗粒密度>充填密度。

$$\rho=\frac{\text{粉体填充质量}}{\text{粉体填充体积}}=\frac{m}{V} \tag{5-1}$$

充填密度又可以根据颗粒的状态分为三种形式，即松装密度、振实密度和压实密度。松装密度是指颗粒在无压力下自由堆积时的密度；颗粒经过振动后，颗粒之间排列更为紧密后测定的充填密度叫振实密度；在加载压力时，经过外部载荷挤压后测定的充填密度叫压实密度。通常充填密度的大小顺序为压实密度>振实密度>松装密度。

锂离子电池生产中常见的几种电极材料的密度如表5-1所示。

表5-1　常见电极材料的密度

电极材料	松装密度/(g·cm^{-3})	振实密度/(g·cm^{-3})	压实密度/(g·cm^{-3})	真密度/(g·cm^{-3})
石墨	≥0.4	≥0.9	1.5~1.9	2.2
锰酸锂	>1.2	1.4~1.6	2.9~3.1	4.28
$Li(Ni_xCo_yMn_z)O_2$	≥0.7	2.2~2.5	3.3~3.6	4.8
钴酸锂	>1.2	2.1~2.8	3.6~4.2	5.1
磷酸铁锂	≥0.7	1.2~1.5	2.1~2.4	3.6

2. 充填率、空隙率和孔隙率

在锂离子电池中，正负极活性物质之间的空隙和孔隙是电解液和锂离子的扩散通道。充填率、空隙率和孔隙率是从密度以外的另一个角度衡量活性物质充填情况的指标[8]。

粉末集合体的充填密度与真密度的比值称为充填率，计算公式如下。

$$\eta=\frac{\rho_A}{\rho_T} \tag{5-2}$$

粉末集合体颗粒间的空隙占颗粒堆积体积的百分数称为空隙率，计算公式如下。

$$\varepsilon=1-\frac{\rho_A}{\rho_T} \tag{5-3}$$

粉末集合体颗粒中的孔隙体积占颗粒体积的百分数，称为孔隙率，计算公式如下。

$$\varepsilon'=1-\frac{\rho_P}{\rho_T} \tag{5-4}$$

式中，η为充填率；ε为空隙率；ε'为孔隙率；ρ_A为充填密度；ρ_T为真密度；ρ_P为颗粒密度。

3. 粉体的比表面积

比表面积是粉体材料的重要特征之一，粉体的比表面积为单位质量粉体具有的表面积，单位是m^2/g。表面积通常是指颗粒所有能够接触到空气的表面积之和，即内部孔隙的表面积和颗粒外表面积。当颗粒内部没有孔隙时，则表面积为颗粒的外表面积之和。理想的非孔性材料只具有外表面积，如硅酸盐水泥、一些黏土矿物粉粒等，其比表面积通常较小，一般小于1 m^2/g；有孔和多孔物料兼具外表面积和内表面积，如实验室常见的沸石、分子筛、硅藻土等，具有较大的比表面积，高达几百平方米每克。

4. 粉体的流动性

粉体流动性用以一定量粉末流过规定孔径的标准漏斗所需要的时间来表示，通常采用的单位为s/50g，其数值越小说明粉末的流动性越好。流动性是粉末的一种工艺性能。评价粉末流动性的仪器叫粉末流动仪，又称霍尔流速计。测量粉末流动性的方式有多种，如图5-5所示，采用重力流动形式时测定粉体的休止角θ，休止角越大，流动性越差。

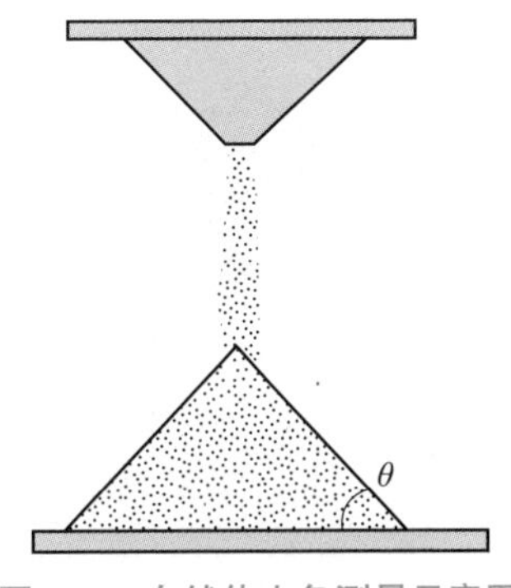

图5-5　自然休止角测量示意图

不同流动形式和相对应的流动性评价方法如表5-2所示，如重力流动、振动流动、压缩流动等，不同的评价方法所得结果也有所不同。在锂离子电池生产过程中，比较注重压实密度和空隙率，一般采用压缩流动测量粉末的流动性，而在现实处理过程中，具体采用何种评价方法需要同处理过程相对应。

表5-2　不同流动形式和相对应的流动性评价方法

流动形式	现象或操作	流动性评价方法
重力流动	粉体从加料斗中流出，使用旋转型混合器填充	测定流出速度、壁面摩擦角、休止角
振动流动	振动流出，振动筛充填、流出	测定休止角、流出速度、视密度
压缩流动	压缩成型（压片）	测定压缩度、壁面摩擦角、内部摩擦角
流态化流动	流化层干燥、造粒，颗粒的空气输送	测定休止角、最小物化速度

锂离子电池制造中比较注重极片的压实密度和空隙率，这两者和粉末颗粒的流动性能密切相关。在一定范围内，粉末的压缩流动性能越好，粉体越容易压实加工。因此，在粉体生产应用中需对粉末的流动性加以关注。

5.2　粉体充填模型和充填密度

5.2.1　理想充填模型

理想状态下颗粒充填主要有以下几种模型：单一粒径球形粉体充填模型、双粒径球形粉体充填模型、多粒径球形粉体充填模型和非球形粉体充填模型。

1. 单一粒径球形粉体充填模型

配位数即接触点数量，是指单颗粒周围直接接触的颗粒数量。当粉体颗粒为单一粒度的球形时，在理想情况下，颗粒的规则堆砌方式有6种，不同充填方式产生的空隙率和配位数会有所不同（见表5-3）。以图5-6（a）为例，颗粒以立方体的形式充填，其空隙率为0.476 4，配位数为6。在颗粒的6种充填方式中，以图5-6（c）和图5-6（f）的充填方式产生的密度最大、配位数最大、空隙率最小。

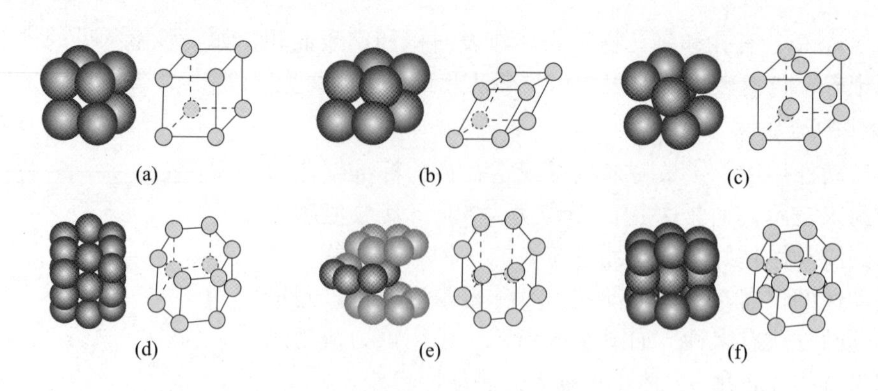

图 5-6　颗粒常见的堆砌方式

表 5-3　理想充填方式的空隙率和配位数

序号	充填方式	空隙率	配位数
1	立方体充填、立方最密充填	0.476 4	6
2	四方系正斜方体充填	0.395 4	8
3	面心立方充填或四方系菱面体充填	0.259 5	12
4	六方系正斜方体充填	0.395 4	8
5	楔形四面体充填	0.301 9	10
6	六方最密充填或六方系菱面体充填	0.259 5	12

2. 双粒径球形粉体充填模型

在双粒径球形粉体的充填模型中，通常采用 Hudson 充填模型。在 Hudson 充填模型中，将半径为 r_2 的更小等径球充填到半径为 r_1 的较大直径均一球六方最密充填体的空隙中。在均一球六方最密充填模型中，6 个大粒径的球形颗粒密集堆砌形成四角孔，4 个大粒径的球形颗粒堆砌形成三角孔，利用小粒径球形颗粒充填四角孔和三角孔，研究当两种粒径 r_2/r_1 在不同值时装入四角孔和三角孔的小粒径颗粒数量及空隙率。当 $r_2/r_1<0.414$ 时，粒子可充填到四角孔中；当 $r_2/r_1<0.225$ 时，还可充填到三角孔中。将 r_2 球按照一定数量充填到 r_1 体系中时，空隙率如表 5-4 所示。由表 5-4 可知，当 $r_2/r_1=0.1716$ 时，三角孔支配的充填最为紧密，空隙率为 0.113 0。

表 5-4　Hudson 充填模型数据

充填状态	装入四角孔的球数	r_2/r_1	装入三角孔的球数	空隙率
四角孔支配的充填	1	0.414 2	0	0.188 5
	2	0.275 3	0	0.217 7
	4	0.258 3	0	0.190 5
	6	0.171 6	4	0.188 8
	8	0.228 8	0	0.163 6
	9	0.216 6	1	0.147 7

续表

充填状态	装入四角孔的球数	r_2/r_1	装入三角孔的球数	空隙率
四角孔支配的充填	14	0.171 6	4	0.148 3
	16	0.169 3	4	0.143 0
	17	0.165 2	4	0.146 9
	21	0.178 2	1	0.129 3
	26	0.154 7	4	0.133 6
	27	0.138 1	5	0.162 1
三角孔支配的充填	8	0.224 8	1	0.146 0
	21	0.171 6	4	0.113 0
	26	0.142 1	5	0.156 3

3. 多粒径球形粉体充填模型

在规则充填的基础上，等尺寸球形颗粒之间的空隙理论上能够由更小尺寸的球形颗粒填充，得到高密度的集合体。在六方最密堆积中，所有剩余空隙最终被相当小的等尺寸球形颗粒所填满时，空隙率达到最小，这种最小空隙率的堆积被称为 Horsfield 最紧密充填。Horsfield 充填模型研究了用多种不同粒径的圆球分别填入最大粒径等径圆球充填形成的空隙最密充填的情况。在六方最密排列中，堆砌模型空隙形式有两种孔形，即 6 个球围成的四角孔和 4 个球围成的三角孔。将构成这两种孔形最大的球称为一次球（半径 r_1），填入四角孔中的最大球称为二次球（半径 r_2），填入三角孔中的最大球称为三次球（半径 r_3），然后，依次将四次球（半径 r_4），五次球（半径 r_5）填入，最后以微小的均一球填入残留的空隙中，这样就构成了六方最密充填，如图 5-7 所示。

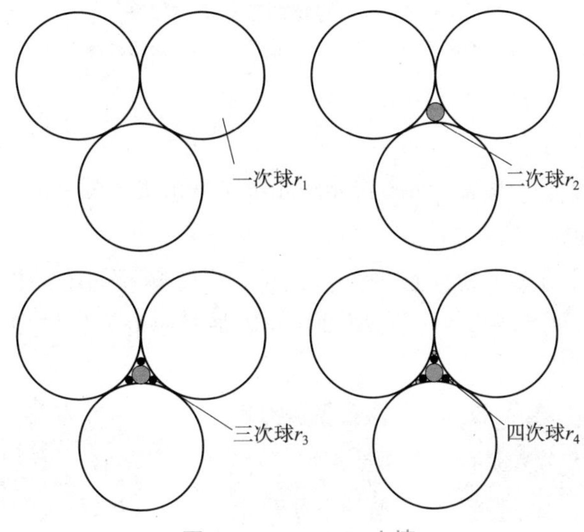

图 5-7　Horsfield 充填

经过计算，表 5-5 列出了球逐次填入时的空隙率，当以 r_1 球单独充填时，空隙率为 0.260，当按照一定比例，不断引入半径更小的二次球 r_2、三次球 r_3、四次球 r_4等，空隙率不断下降。在五次球 r_5 加入后，空隙率降低到 0.149，如果继续引入更小的细粒，空隙率将变成极限值 0.039。

表 5-5　Horsfield 充填的空隙率

充填状态	球的尺寸比	球的相对个数	空隙率
一次球	r_1	—	0.260
二次球	$0.414r_1$	1	0.207
三次球	$0.225r_1$	2	0.190
四次球	$0.177r_1$	8	0.158
五次球	$1.116r_1$	8	0.149
最后填充物	很小	很多	0.039

4. 非球形粉体充填模型和最大充填密度

非球形颗粒包括不规则的多面体状、棒状和圆片状等形貌的颗粒。对于均一粒度的粉体，理想状态下棒状和圆片状颗粒充填的空隙率同为 0.215 0，比球形粉体空隙率 0.259 5 更小；而多面体颗粒的充填，理想的六面体颗粒可以堆积出空隙率为 0 的最大充填密度，其他多面体也可以类似积木状堆积排列，得到较低的空隙率[9,10,11]，如图 5-8 所示。对于粒度不均匀的粉体，小颗粒可以充填到大颗粒间的空隙中，得到更高的充填密度。

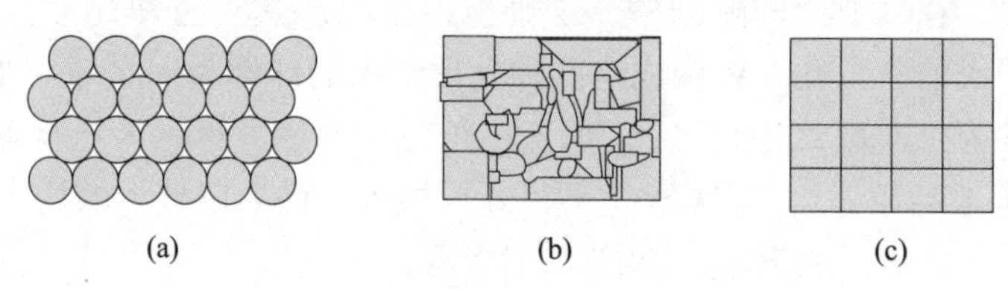

图 5-8　颗粒粉体的理想填充模型

（a）球形颗粒；（b）不规则颗粒；（c）六面体颗粒

5.2.2　实际粉体充填密度

相比于粉体的理想充填模型，实际粉体的充填是一个更为复杂的过程。

1. 实际粉体的充填特点

由均一粒径球组成的实际粉体在进行填充时，由于颗粒间力的作用会出现间隙增大、空位和搭桥等缺陷，如图 5-9 所示，充填时并非以最紧密的方式堆砌。充填缺陷所占空间越大，颗粒充填密度越小。

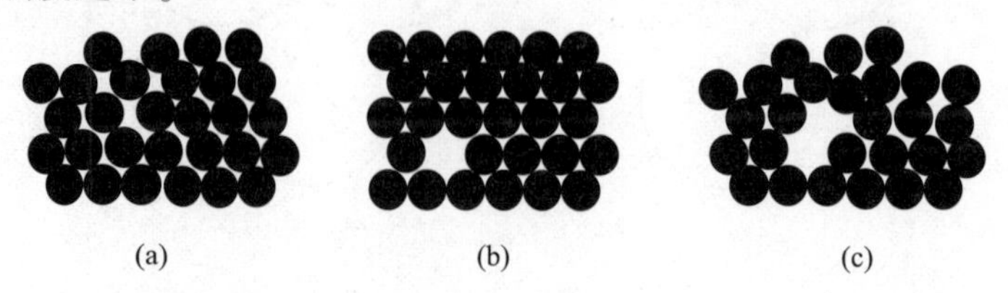

图 5-9　实际粉体颗粒充填的间隙增大、空位和搭桥

（a）间隙增大；（b）空位；（c）搭桥

粉体颗粒在实际充填过程中，充填密度的表现经常和理想规则情况下的充填表现相反。原因在于实际粉体的形状、粒径分布、表面粗糙度和颗粒间力的不同，导致实际充填情况变得更为复杂[12]。以棒状颗粒粉体的充填为例，在理想规则充填情况下可以获得比球形粉体更大的充填密度，但在实际充填过程中粉体颗粒之间存在交叉和搭桥等缺陷，导致充填密度较低。对于多面体状颗粒的粉体，在松装状态下充填时，充填密度比球形颗粒充填密度小；但在压力充填时，充填密度比球形颗粒的大。

2. 不连续粒度体系实际粉体充填

从粉体粒度分布角度可以将粉体分为连续粒度体系和不连续粒度体系。连续粒度体系由几级不间断粒度尺寸的颗粒组成，不连续粒度体系则是由粒度尺寸不连续的颗粒组成。在粉体的充填中，相比于连续粒度体系，不连续粒度体系更易形成最大充填密度[13]。为了研究不同体积分数的细颗粒加入粗颗粒粉体体系中粉体充填率的变化，研究人员 Tanaka[14] 等采用实际充填率为 0.6 的双粒径球组成的实际粉体进行了研究。将直径为503~590 μm 的粗颗粒粉体与不同体积分数的细颗粒粉体混合，所得粉体的充填率如图 5-10 所示。由图 5-10 可知，单一颗粒体系的充填率要小于两种颗粒混合体系的充填率，且呈现出随着粗颗粒体积分数的增大，充填率先直线上升，然后直线下降的趋势。在大颗粒体积分数为 71%左右时，充填率最大。充填率随着颗粒直径的减小而增大，在细颗粒直径在 74~88 μm 时，充填率达到最大。

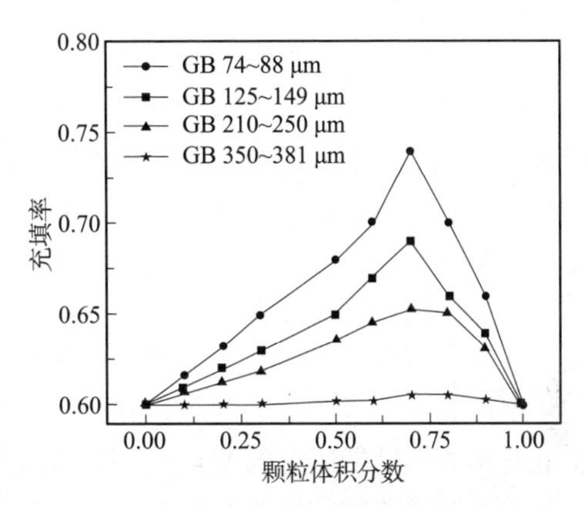

图 5-10　粗颗粒粉体与不同体积分数细颗粒粉体混合的充填率

多级粒度颗粒组成的粉体体系的充填情况，由 Furnas 最早提出：多级粒度颗粒形成堆积时，如果采用三种不同粒度颗粒，中间颗粒应恰好充填在粗颗粒的空隙中，而细颗粒恰好填入粗颗粒、中间颗粒形成的空隙中，由此可构成最紧密堆积。如果由多级不连续粒度组成，加入越来越细的颗粒时，细颗粒会不断地填充到更粗颗粒形成的空隙中，直至粉体的充填率趋近 100%。

3. 连续粒度体系实际粉体的充填

连续粒度体系的粉体是指包含某一粒径范围内所有尺寸的颗粒组成。目前报道的一种最密充填粒度分布经验曲线是 Fuller 曲线（见图 5-11），在实现最密充填时，连续粒径体系的累积分布曲线呈现出 Fuller 曲线的特征。Fuller 曲线中，在粒径比为 0.1 时累计筛下率（U_{dp}）为 37.3%，大于该粒径比的部分呈直线，小于该粒径比的部分近似于椭圆形，累计筛下率 17%处与纵坐标相切。

Andreasen 对连续粒度体系分布时粉体的空隙率进行了研究，并用下式表示连续粒度的分布情况。

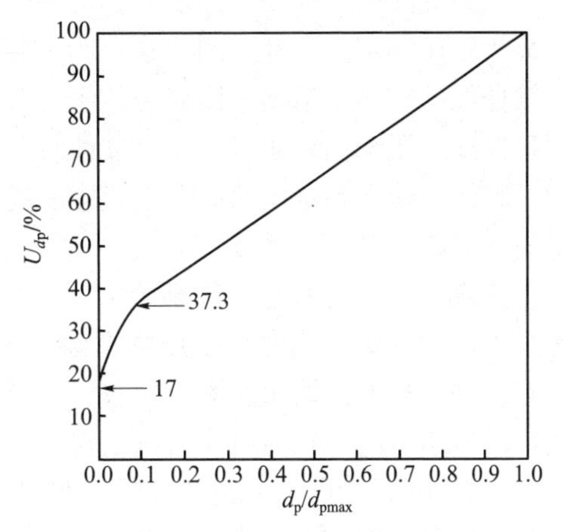

图 5-11　Fuller 曲线的一例

$$U_{dp}=\left(\frac{d_{p}}{d_{pmax}}\right)^{q} \tag{5-5}$$

式中，U_{dp}为累计筛下百分数；d_{p}为粒径；d_{pmax}为最大粒径；q 为 Fuller 指数。

5.3 实际粉体压缩性能

5.3.1 压缩过程

粉体压缩是一个复杂的做功过程，颗粒从起始松散堆积的状态逐步变成紧密堆积的过程。初始状态下，粉体没有受到压力时，粉体之间充填较为松散，粉体间的空隙率大。如图 5-12 所示，颗粒受外力后，颗粒发生滑动并重排形成紧密的堆积状态，此时颗粒之间的空隙率减小；随着压力的继续增大，颗粒开始发生弹性形变（可以恢复的形变），颗粒间的空隙率基本不变，但颗粒孔径会有所减小；伴随着压力的进一步增大，部分颗粒发生不可逆的塑性形变（不可以恢复的形变），颗粒孔径会进一步减小；同时会伴随着脆性颗粒体系发生破碎，破碎的小颗粒会充填到孔隙中，此时孔径会显著减小。粉体受压过程是弹性形变和塑性形变二者共存的过程，弹性形变是可逆的，而塑性变形是不可逆的。粉体压缩性能是粉体力学性能研究的重点，而在锂电子电池领域更多关注成品电池的压缩性能。随着锂离子电池行业的发展及对材料压实密度指标的日益重视，粉体材料的压缩性能也逐渐被研究人员所关注。

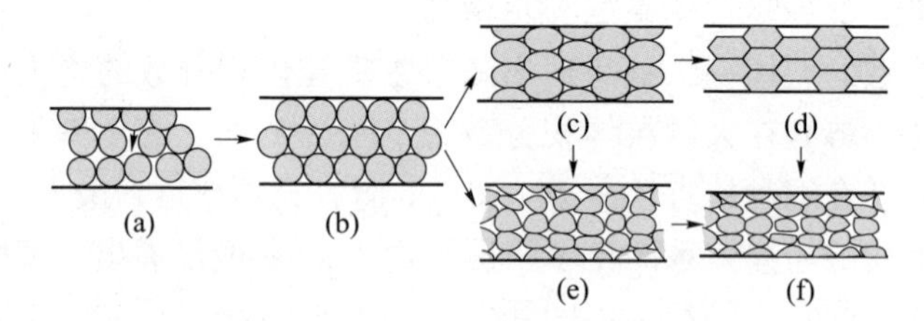

图 5-12 粉体受力后的充填过程

5.3.2 压缩曲线

压缩曲线是研究粉体在压力作用下充填过程的重要工具。压缩曲线的测定根据压强可以分为定压测定法和变压测定法。为方便比较不同粉体的压缩性能，采用定压测定法测量压缩曲线的较多。根据不同研究需要，压缩曲线有压实密度—压强曲线、压缩应力—压缩位移曲线、压缩循环曲线、Heckel 曲线等。

粉体颗粒在测定压缩曲线装置中的受力情况如图 5-13 所示。粉体装入模具内后，以恒定速度对粉体加压，测定压缩上冲位移、上冲压力 $\boldsymbol{F}_{V}$、径向力 $\boldsymbol{F}_{R}$、摩擦力 $\boldsymbol{F}_{D}$、下冲力 $\boldsymbol{F}_{L}$。压坯的高度与直径之比小于 1.0，模具在最高实验压强下的径向弹性形变 $\varepsilon=0$。该装置可以用于测定压实密度—压强曲线、压缩循环曲线和压缩力—压缩位移曲线等。此外，还有一些简易的压缩曲线测定装置，如单轴单向压制，通常只用来测定压实密度—压强曲线。以压实密度—压强曲线为例，将压实密度与压强作图，得到的就是压实密度—压强曲线。图 5-14 描绘的是人造石墨的压实密度—压强曲线，曲线呈现出人造石墨的压实密度随压强的增大而增大的趋势。通过测量还可以测定其他类型的曲线，如压缩循环曲线、压缩力—压缩位移曲线等。

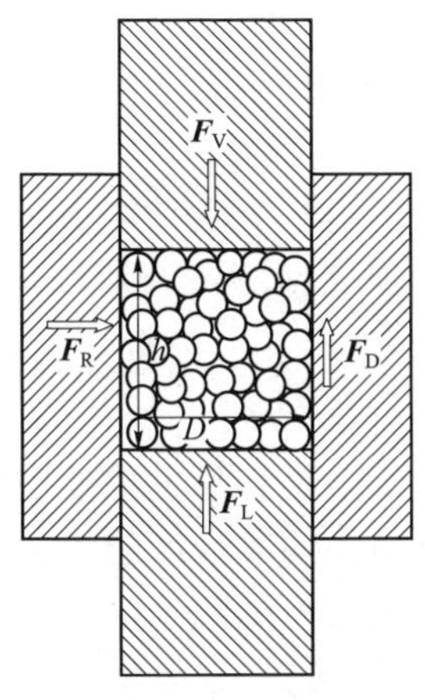

图 5-13　压缩装置中粉体受力分析

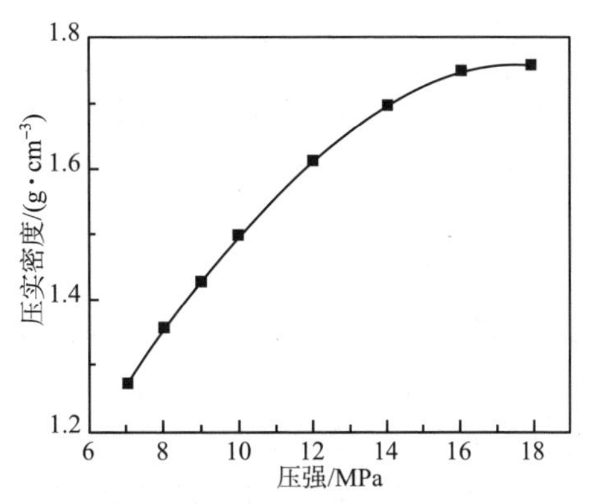

图 5-14　人造石墨的压实密度—压强曲线

5.3.3　充填和压实的调控

锂离子电池极片涂层材料的充填和压实过程，本质上是粉体的流动重排、变形和破碎过程，图 5-15 所示为正负极粉体在辊压下的变形压实过程。粉体在这个过程中需要克服摩擦力、表面作用力、弹性变形、塑性变形和破碎等做功，进而完成充填压实。

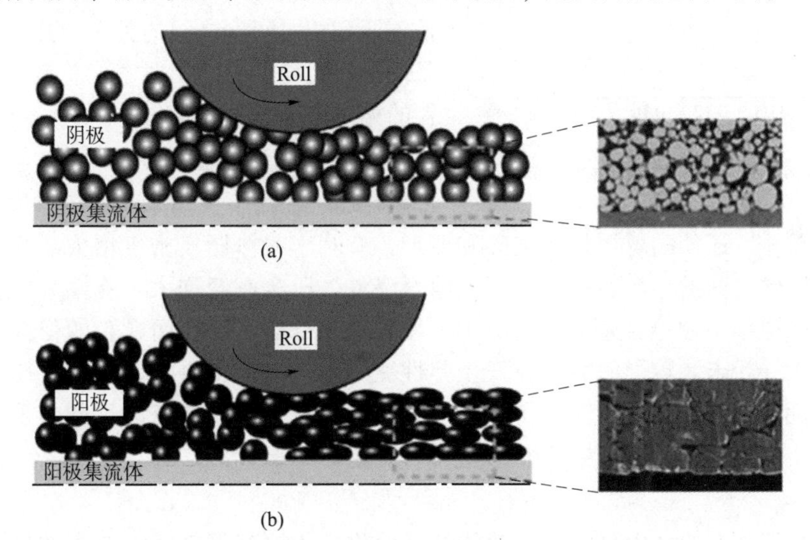

图 5-15　正负极粉体在辊压下的变形压实过程

1. 粒度及其分布

对于同一物质，在粒径单一、几何形状相似的情况下，在粉体处于松装状态下，颗粒直径大的粉体往往流动性好，充填密度大，空隙率小，这是因为颗粒直径大的粉体比表面积小，导致颗粒间的接触面积小，颗粒间相互作用力包括机械纠缠力和摩擦力小，进而有以上表现，而颗粒直径较小的粉体表现与其相反。

受力后的粉体更容易流动和重排，颗粒直径较大的粉体的压实密度要大于颗粒直径小的粉体的压实密度，这是因为颗粒大时，颗粒间接触面小，颗粒间摩擦力小，颗粒间隙占据体积小，更容易得到大压实密度。

粉体的粒度分布对充填效果的影响较为显著。对于同一物质、颗粒几何形状相似和筛分尺寸相当的粉体，在松装情况下，粒度分布范围较小的粉体松装密度大；而粒度分布范围较大的粉体具有更多小颗粒，粉体流动性差，导致松装密度小，空隙率大。在压力作用下，粉体的充填表现出与松装状态下相反的表现。这是因为粒度分布宽度大的粉体在压力下更容易发生重排和流动，会有更多小颗粒充填到空隙中，所以压实密度大，空隙率小。

2. 颗粒形状

在松装状态下，趋向于球形的颗粒由于颗粒间摩擦力小，更容易发生滚动，所以流动性较好，易于充填，空隙率小；而颗粒形态偏离球形的颗粒，偏离程度越大，流动性就越差，不利于充填，空隙率越大。在压力作用下，由于多面体状粉体的流动性得到改善，粉体间的结合更紧密，更容易得到比球形颗粒粉体更大的压实密度。

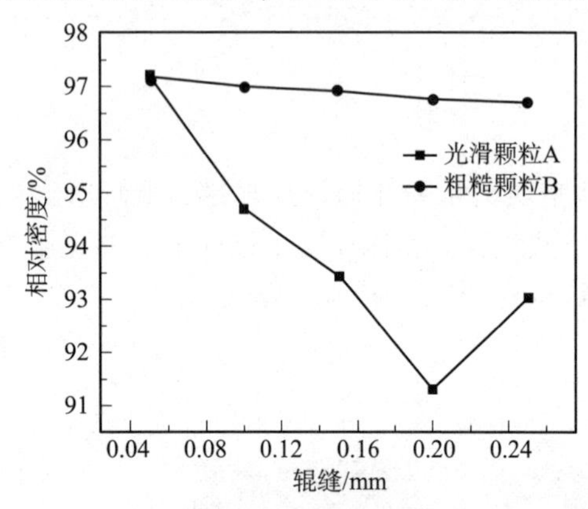

图 5-16 辊缝对相对密度的影响

3. 表面粗糙度

颗粒表面粗糙度越大，表面积越大，颗粒间摩擦力越大，流动性越差，颗粒间的架桥效应更加显著，粉体内部空隙越多，空隙率越大。而在压力作用下，颗粒间的摩擦力得到克服，流动性得到改善，颗粒排列更加紧密。图 5-16 描绘的是辊缝和相对密度之间的关系，并且在相同辊缝条件下，粗糙颗粒的相对密度总是要大于光滑颗粒的相对密度。

4. 颗粒的强韧性

在压力作用下，粉末的辊压过程不但发生颗粒的流动和重排，还伴随着颗粒的破碎和变形，有利于粉体压实密度增大。当颗粒发生塑性变形时，颗粒之间的接触面积增加，空隙率降低，压实密度增大。脆性大的粉体颗粒粉碎后，形成的更细小颗粒会充填到空隙中，显著提高压实密度。而颗粒的弹性变形不利于压实密度增大，粉末颗粒受力后颗粒发生弹性变形，粉末变得更加紧实，但压力撤销后粉末空隙率也随之恢复变大。在锂离子电池中，正负极材料通常具有改性的包覆层，不会有破碎现象发生，但材料能够塑性变形，有利于获得更大压实密度。

5. 添加剂

添加剂指添加在粉体中具有一定功能的其他物质。锂离子电池制造中常见的添加剂包括黏结剂、助流剂和导电剂等。助流剂一般附着于颗粒的表面，可以吸附颗粒中的气体，有助于改善颗粒的表面性质，减小颗粒之间的摩擦力，使颗粒光滑，有助于改善粉末流动性，增大充填密度，如滑石粉和微粉硅胶就是典型的助流剂。黏结剂一般为可溶性的有黏结作用的高分子材料，包裹于活性物质表面，充填在颗粒空隙之间。黏结剂会增大流动阻力，降低流动性能，相比之下，添加黏结剂后的粉体与未添加黏结剂的相比，需要更大的压力获得相同的压实密度，且不同黏结剂会获得不同的压实密度。

6. 水分

水分对流动性和压缩过程的影响是表面作用的结果。水分对粉体材料充填和压实的影响主要体现在对粉体材料流动性能的影响。干燥状态下粉体的流动性一般较好，粉体从空气中吸附一定量水分后表面会形成一层吸附水膜，使表面能增大，粒子之间的吸引力增大，使流动性能变差，颗粒重排难度增大。在压力作用下，颗粒内部孔隙中的水会被挤出至颗粒之间，使粒子之间形成更厚的水膜，这层更厚的水膜在颗粒间有一定的润滑作用，使压力传递更好，压力分布均匀，从而增大压实密度。

5.4 极片辊压原理与工艺

极片辊压是锂离子电池生产过程中一个重要的环节，如图 5-17 所示，极片辊压涉及放卷、切边除尘、预热、轧制、收卷等过程。辊压的目的在于使活性物质与箔片结合更加紧密、厚度更均匀。辊压工艺能够使极片的表面保持光滑和平整，从而防止因极片表面的毛刺刺穿隔膜而引起电池短路，提升电池安全性。辊压工艺可对涂覆在极片集流体的电极材料进行压实，从而使极片的体积减小，提高电池的能量密度，提高锂电池的循环寿命和安全性能。

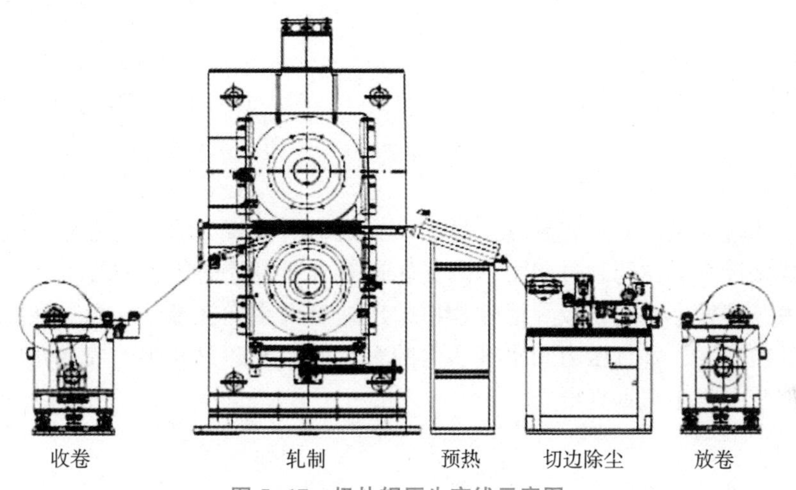

图 5-17　极片辊压生产线示意图

5.4.1　辊压过程

极片辊压原理如图 5-18 所示。辊压开始时，极片与轧辊接触，并靠二者之间的摩擦力，使极片被上下轧辊咬住，极片被拽入辊缝，进而开始发生变形，极片从辊缝出来后完成辊压变形。极片不断进入变形区，并连续发生变形，进入稳定压制阶段。当极片末端完全脱离变形区以后，辊压过程结束。在板带轧制中，如果两个轧辊同时驱动、直径相同且转速相同，被轧件做等速运动，除受轧辊施加的力外，无其他外力作用，且被轧件的力学性能是均匀的，则称为简单轧制。电池极片辊压时，条件非常接近简单轧制。

在锂离子极片的辊压中，极片的厚度基本不发生变化，宽度和长度变化非常小。主要变化是涂覆在极片表面活性物质层厚度变小，压实密度增大，集流体和活性物质结合力提升。极片辊压是一个单位面积质量不变而体积减小的过程，如图 5-19 所示，极片经过辊压后由厚变薄，进入辊压机前极片厚度为 H，辊压完成后极片厚度为 h，辊压后极片厚度 h 计算如下。

$$h=(m-m_0)/\rho+h' \tag{5-6}$$

极片轧制前后厚度变化 Δh 为

$$\Delta h = H - h = H - [(m - m_0)/\rho + h'] \tag{5-7}$$

式中，h'为集流体厚度；ρ 为充填后厚度；m 为单位面积极片的质量；m_0为单位面积集流体的质量；Δh 为极片厚度的变化值。

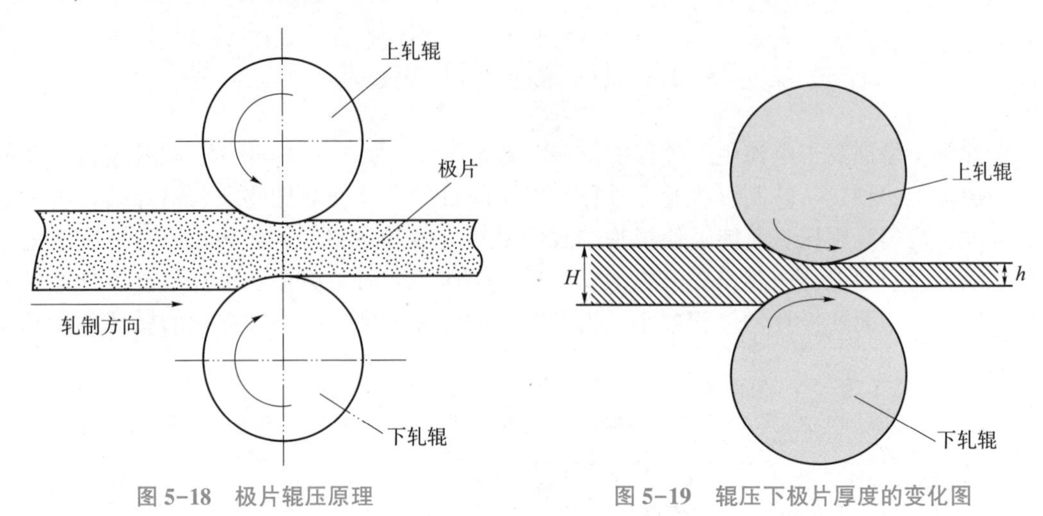

图 5-18　极片辊压原理　　　图 5-19　辊压下极片厚度的变化图

5.4.2　辊压力

极片受到的辊的压力又称轧制力，目前没有明确的计算方法，通常参照金属箔片受到轧制力的方式来计算。在轧制过程中，两支轧辊对电池极片的压力实际上是垂直压力和水平压力的合力，其大小取决于极片活性物质的压缩量大小和轧辊咬入角。在极片活性物质压缩量一定的前提下，垂直压力和水平压力的大小取决于两只轧辊的咬入角，咬入角大则水平压力大，咬入角小则垂直压力大。

5.4.3　极片相对密度

锂离子电池极片的辊压是将涂在极片上的电性浆料压实，是一个单位面积质量不发生变化而体积减小的过程。极片的长度和宽度变形很小，集流体的厚度不发生变化，辊压过程可以降低涂层厚度、增加压实密度、提高涂膜的黏结性。电性浆料颗粒受压后产生位移和变形，极片相对密度随压力的变化有一定的规律，如图 5-20 所示。

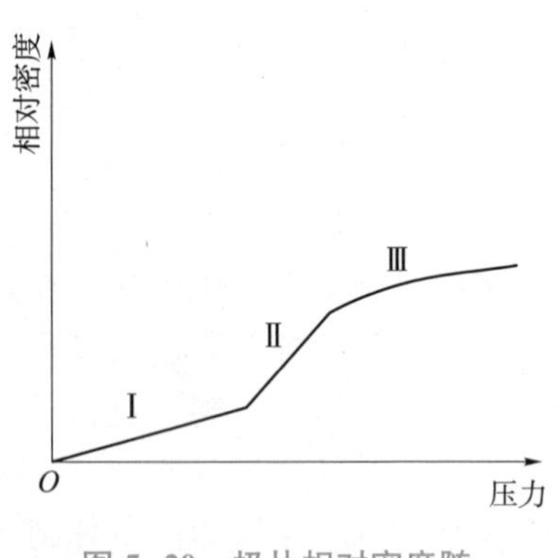

图 5-20　极片相对密度随压力变化示意图

在区域Ⅰ内，随着接触压力不断增大，电性浆料颗粒开始产生小规模的位移，并且位移在逐渐增大，此时电性浆料颗粒之间的间隙逐渐被填充，此时具体表现为极片带的相对密度随接触压力的增大而缓慢增加。

在区域Ⅱ内，电性浆料颗粒经过区域Ⅰ内的密度小规模提高后，随着接触压力的增大，电性浆料颗粒开始继续填充颗粒之间的间隙，经过区域Ⅱ内的辊压后，颗粒间的间隙已被挤压密实，此时具体表现为极片带的相对密度随接触压力的增大迅速增加，相对密度提高速度远远高于区域Ⅰ阶段，同时在区域Ⅱ内伴随着电性浆料颗粒的部分变形。

在区域Ⅲ内，经过区域Ⅱ内电性浆料颗粒之间空隙被填充满后，颗粒不再产生位移，但是随着接触压力的增大，电性浆料颗粒开始产生大变形，此时，极片带的相对密度随接触压力的增大不会再迅速增加，极片带出现硬化现象，因此极片的相对密度变化变为平缓曲线。

辊压过程中电池极片上电性浆料颗粒的变化十分复杂。电性浆料颗粒相对密度的提高主要表现在颗粒的位移上，通过位移填充颗粒之间的孔隙，同时小部分颗粒发生变形，之后由于辊压力的提高，电性浆料颗粒在空隙被填充满之后主要发生大变形，此阶段也会发生小部分位移。

5.4.4 厚度控制

电池极片辊压工序对极片的主要控制参数是极片的厚度，一般会将厚度设定为一个中值，即所期望的厚度，同时考虑到设备的精密度、材料的特性、加工环境等因素，还会给一个正负偏差厚度。极片厚度值主要是根据电芯整体要求确定，如电芯的壳体厚度、容量、材料特性等。因此，控制好极片辊压厚度的精准性对于电池的整体性能有重要作用。

1. 辊压机弹跳

辊缝尺寸是控制极片厚度的重要参数，受到辊压机各部件接触缝隙影响。当对辊压机施压稳定压力时，轧辊、轴承、机架等部件的接触缝隙变小，同时发生弹性变形，使辊缝变大。这种辊缝变大的现象被称为辊压机弹跳。

2. 极片材料特性

轧件在一定的轧制压力下会发生变形是材料的特征之一。一般随着轧制力的增大，轧件厚度先以较快的速度变小，后保持在基本不变的水平，如图 5-21 所示。轧件的变形抗力与材料结构、微观组织和变形条件有关。

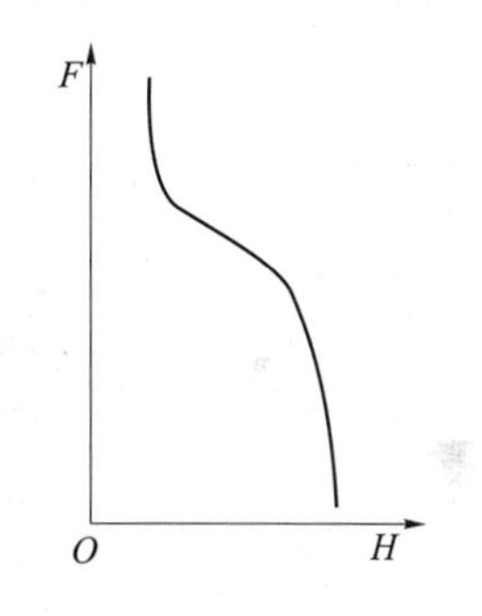

图 5-21 轧件变形度与压力的关系

3. 辊压力

一般情况下，辊压力属于因变量。在轧件及辊缝、张力、速度等辊压工艺参数一定时，辊压力也随之确定。辊压力大小等于轧件变形抗力或辊压机的弹性变形力。要得到较准确的辊压力数据，需要用实际测量的方法。影响辊压力的因素很多，电池极片的初始厚度越大，电池极片的绝对压下量越大，辊压温度越低，辊压速度越快，轧辊与电池极片间的摩擦系数越大，电池极片的宽度和轧辊直径越大，变形抗力越大，辊压力越大。

除此之外，为了获得压实密度高、厚度合适、平整度好、色泽均匀的极片，还需要考虑其他方面的因素，如来料厚度、辊压速度、辊压设备的稳定性和磨损程度以及环境湿度等。

5.5 辊压极片与电池性能

5.5.1 压实密度对电池性能的影响

在锂离子电池的制造中，压实密度对电池性能的影响很大，压实密度与片材比容量、效率、内阻和电池循环性能等密切相关。压实密度不仅与颗粒的大小和密度有关，还与颗粒的级配有关。压实密度好的电极通常具有良好的颗粒正态分布。压实密度对电极的影响主要体现在电池容量、内阻以及电池循环性能等方面。

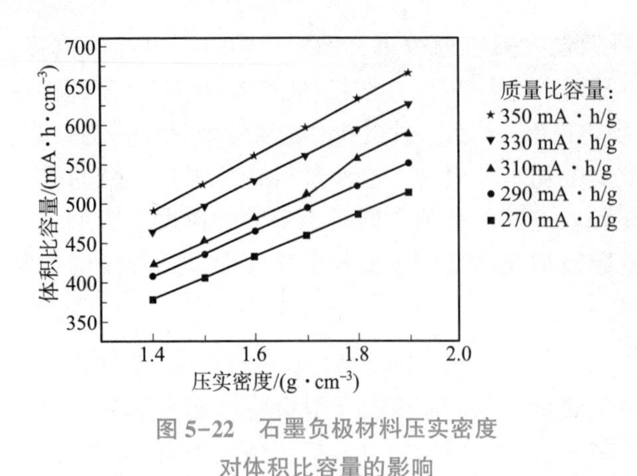

图 5-22 石墨负极材料压实密度对体积比容量的影响

1. 压实密度影响电池容量

一般来说，压实密度越高，活性物质充填量越多，电池的容量就越大，所以压实密度也被认为是材料能量密度的参考指标之一。从材料角度讲，提高电池容量的办法有两种：一是提高单位体积材料的充填量，即提高极片压实密度；二是提高单位质量活性物质的容量。压实密度对电池容量的影响一般是在电池使用过程中慢慢体现出来的，经常会被材料制作者所忽视。如图 5-22 所示，在质量比容量不变的情况下，单位体积比容量随着压实密度的增加而增加。

理论上，压实密度越大，电池的体积比容量越大，但是实际极片的压实密度并非越大越好，压实密度对电池性能的影响如表 5-6 所示。压实密度不仅影响电池的体积比容量，对电池的内阻、循环性能也都有一定的影响。由表 5-6 可知，随着压实密度的增大，材料的质量比容量先增加后基本保持不变；内阻、循环性能、倍率放电性能逐渐减小；电池低温性能开始不变，后减小。

表 5-6 石墨负极材料压实密度对电池性能的影响

压实密度/($g \cdot cm^{-3}$)	质量比容量/($mA \cdot h \cdot g^{-1}$)	内阻/mΩ	倍率放电性能/($20\ mg \cdot cm^{-2}$)	循环性能/次	低温性能(−20 ℃)/%
1. 4	350	90	10C	1 000	80
1. 5	355	75	8C	800	80
1. 6	360	65	5C	500	80
1. 7	360	60	3C	300	80
1. 8	360	55	1C	100	60
注：内阻测试采用四探针法，测试柱直径为 6 mm。					

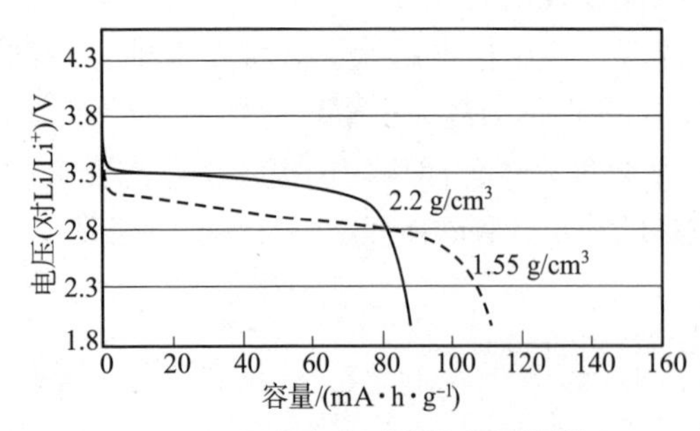

图 5-23 压实密度对电池容量的影响

压实密度过高时，电解液的体积分数降低，在循环过程中会导致电解液供应不足，循环性能下降，电池容量也随之下降。如图 5-23 所示，压实密度更大的极片制作的电池，电池容量反而比压实密度更低的极片制作的电池容量低。同时，极片压实密度过大也会增加电池制作的难度，如在注液工序，压实密度过大可能导致电解液的浸润效果差、浸润时间变长、极片的合格率下降等。因此，在电池的生产制造中需要根据电池性能要求，制作合适压实密度的极片，从而制备出性能优异的电池。

2. 压实密度对电极空隙率的影响

电极空隙率主要受电极材料粒度、颗粒形貌和压实密度的影响。如表 5-7 所示，活性物质的粒度及其分布、压实密度直接影响极片的空隙率和空隙直径分布。由表 5-7 可知，无论正负极的活性材料是什么，一般都是压实密度越大，空隙率越小[15]。压实密度对于最频空隙直径的影响亦是如此。

表 5-7　不同材料的粒度、压实密度和空隙参数

活性材料	压实密度/(g·cm^{-3})	粒度 d_{50}/μm	空隙率/%	最频空隙直径/nm
$LiFePO_4$	1.5	7.23	41.33	355
	1.8		34.82	180
	2.0		27.97	130
	2.2		23.96	110
石墨 A	1.0	18.24	40.72	3 900
	1.2		35.65	3 200
	1.5		27.87	2 200
石墨 B	1.0	8.22	48.99	950
	1.2		39.99	640
	1.5		27.67	400

5.5.2　电极特性对电池充放电性能的影响

1. 电极厚度影响电池放电性能

若电极活性涂覆层厚度过大，则电子和 Li^+迁移路径变长，在 Li^+迁移路径上容易发生拥堵，部分活性物质不能得到充分利用，导致电池的比功率和比能量降低。而如果电极活性涂层太薄，电池辅助部件的所占比例过大，也会导致电池的比功率和比能量降低。

2. 电极空隙率和厚度影响电池充电性能

有研究者对粒度小于 44 μm 的鳞片石墨（SFG）的极片空隙率和厚度对充电性能的影响进行了研究，研究结果如图 5-24 和图 5-25 所示（图中电极为 1 mol $LiPF_6$溶于 1∶1 的 EC/DMC；其中 EC 为碳酸乙烯酯，DMC 为碳酸二甲酯[16]）。由图 5-25 可以看出，充电电流小于 3C 时，恒流充电量占总充电量的百分比基本保持不变；充电电流为 3C 时，恒流充电量占总充电量的百分比随电极空隙率增大而增大，随极片厚度减小而增大[17]。

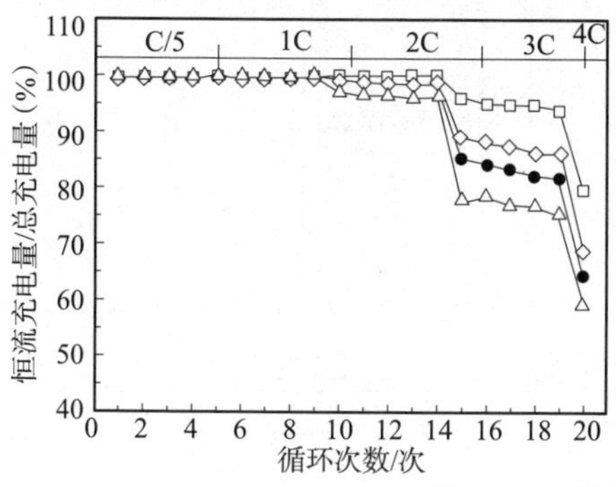

项目	极片辊压前厚度/mm	极片辊压后厚度/mm	空隙率/%
△	140	68	52.5
●	140	80	57
◇	140	86	59.3
□	140		76

图 5-24　鳞片石墨极片空隙率对充电量的影响

3. 电极粉体粒度对电池充电性能的影响

研究者在极片厚度为 140 μm，电极为 1 mol $LiPF_6$溶于 1∶1 的 EC/DMC 条件下，对比

了最大粒度分别为 44 μm 和 15 μm 粉体的充电性能，如图 5-26 所示，粒度较小的粉体制成的电极具有更好的充电性能。电极活性物质颗粒越小，电极厚度越薄，锂离子扩散路径越短，充电性能越好[18]。

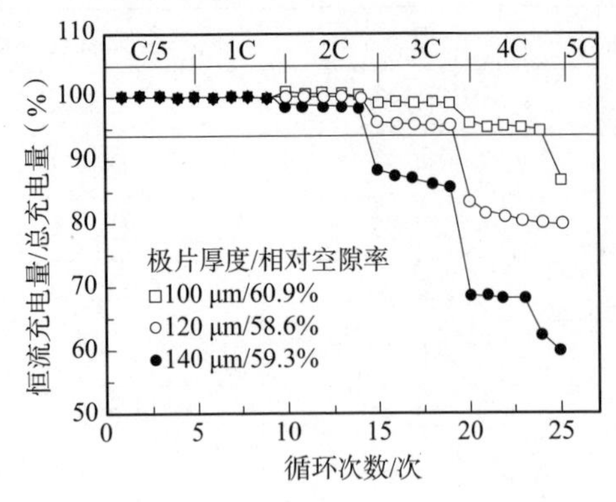

图 5-25　鳞片石墨极片厚度对充电量的影响

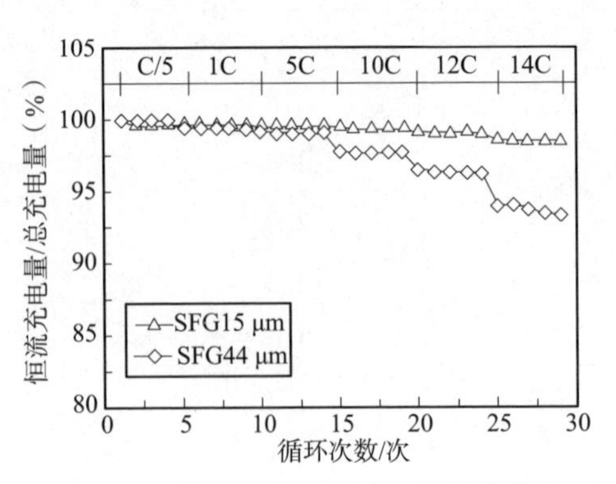

图 5-26　鳞片石墨粒度对充电量的影响

5.6　极片辊压设备

电池极片辊压机是从轧钢机械设备演变过来的。如图 5-27 所示，辊压机主要由机架、轧辊、主传动等部分组成。机架是整个设备的基础，需要有足够的刚度和强度，以减小形变。液压装置通过轴承座将辊压力施加到轧辊上，电机和减速机使两轧辊实现同步转动，为轧辊提供扭矩，保证连续辊压过程的实现。辊缝调整机构由两个调隙斜铁组成，调整两轧辊之间的缝隙，满足不同极片的厚度要求。一般辊压机是由机架、轧辊、测控系统组成，此外还配有辅助设备如放卷机、收卷机、切边机等，可实现连续辊压生产，常用的有机架型辊压机。某厂家某一型号辊压机的部分性能参数如表 5-8 所示。

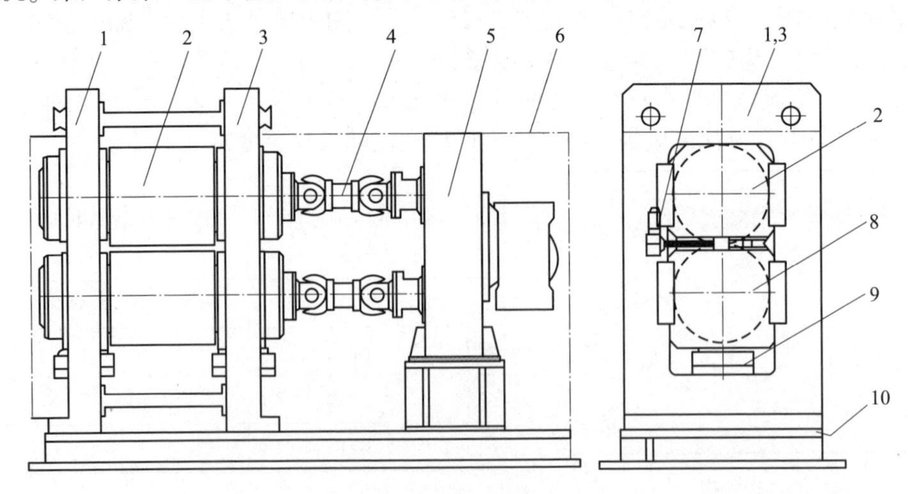

图 5-27　辊压机结构示意图

1—左机架；2—上辊系；3—右机架；4—万向联轴器；5—双输出轴减速机分速器；6—护罩；7—辊缝调整机构；8—下辊系；9—液压缸；10—底座

表 5-8　某厂家某一型号辊压机的部分性能参数

项目	参数
轧辊规格	ϕ400 mm×450 mm
系统工作压力	21 MPa
主电极功率	7.5 kW
输出转速	2~10 r/min
碾压线速度	2.5~12.5 r/min
辊缝调节范围	0~1.5 mm
极片宽度	100~400 mm
辊间压力范围	4 903.3~14 710.0 MPa（50~150 tf）（1tf=9.8×10^3N）
极片卷直径	≤400 mm
极片卷质量	≤400 kg
主机外形尺寸	2.8 m×1.1 m×1.8 m
主机质量	约 6 t

5.6.1　辊压设备组成

极片轧机主要包括机械主体、液压系统、电气控制系统等。

1. 机械主体

机械主体是指轧机的主要机械部分，包括支架、轧辊、机座以及其他辅助元件。机械主体的弹性变形、相互运动部件之间的摩擦力等对控制精度有一定的影响。

2. 液压系统

主要由冷却循环系统、阀控缸动力元件、伺服缸有杆腔油压控制阀组、平衡缸压力控制阀组、油箱及其他辅助元件组成。系统油源采用恒压变量泵，比采用定量泵加溢流阀的方式节能。伺服液压缸的无杆腔连接伺服阀，辊压过程中有杆腔通过减压阀、溢流阀和蓄能器的组合保持一个恒定低压。上下轴承座之间有 4 个柱塞缸，通过减压阀和溢流阀的组合保持恒压以平衡上辊系的重量。

3. 电气控制系统

主要由低压供电系统、信号测量反馈系统、信号处理显示控制系统和控制信号的转换放大系统组成。低压供电系统主要是一些直流电源，分别给位移传感器、液压伺服放大器、滤波器、液压阀电磁铁等供电。信号测量反馈系统主要是位移传感器和压力传感器，用于检测液压伺服缸的位置和系统中各个部分的油压。

4. 信号处理显示控制系统

主要是由 PLC 控制器和触摸屏组成。可以在触摸屏上组成一些控制按钮和显示功能，以控制轧机动作，实时显示轧机运行参数。PLC 主要完成模数-数模转换、位移反馈信号的高速计数、压力闭环和位置闭环控制、泵站控制等。控制信号的转换和放大系统主要是指液压伺服放大器，用于将 PLC 输出的电压控制信号转换为直接控制伺服阀的电流信号。

5.6.2 辊压设备主机结构形式

辊压设备由初始的轧钢设备演变至今，已经发展出了多种类型的辊压设备。不同厂家在生产过程中，由于生产工艺不同，选用不同结构形式的辊压设备，按辊压设备主机结构分类，通常有以下几种。

1. 轧辊形式

根据辊压设备轧辊形式分类，可以将辊压机主机轧辊分为有弯辊和无弯辊两种。有弯辊结构通过弯辊缸消除主轴承径向游隙及减小或消除辊面挠度变形。无弯辊结构轴承座内部设有消除主轴承径向游隙及轴向定位机构。

2. 驱动方式

根据设备驱动方式可以分为双电机驱动结构和单电机驱动结构。双电机驱动结构采用驱动电机-减速机-万向联轴器-轧辊传动形式，单电机驱动结构采用驱动电机-减速机-分速箱-万向联轴器-轧辊传动形式。其中双电机驱动结构通过同步电机实现轧辊机械同步，单电机驱动结构通过分速箱实现轧辊机械同步。

3. 施压方式

根据压力施加方式可分为机械螺杆压紧结构和液压油缸压紧结构，如图 5-28 所示。机械螺杆压紧结构设备主要通过设定辊缝值使轧辊在极片上加载压力，没有额外的加压装置。因此一般实际压力比较小，辊压极片压实密度受到限制。液压油缸压紧结构液压缸安装于下辊系两端的轴承座下部，置于口字形机架内部下面。采用柱塞缸向上顶起施压，在柱塞缸的作用下实现下辊系向上移动，并施加辊压力，通过顶紧液压缸施压，压力稳定，可以施加较大的压力，是目前主流使用的施压方式。

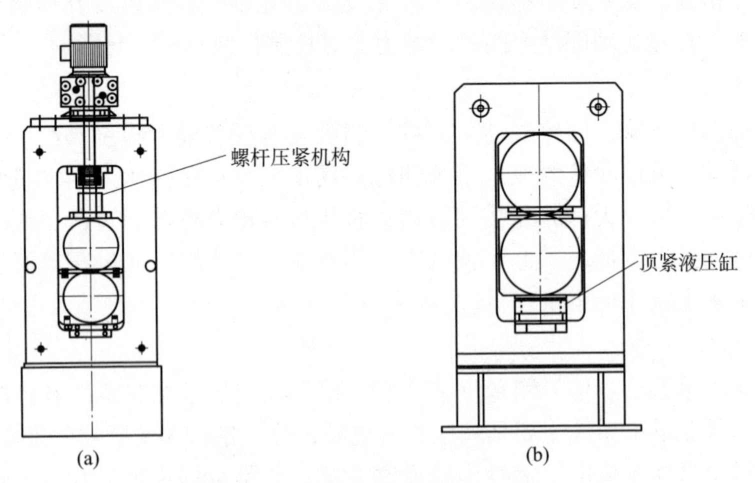

图 5-28 两种不同压紧结构示意图

5.6.3 辅助设备

辊压设备在加工过程中并不是单一设备在运行，为了实现设备的连续运行，需要配套多个辅助设备协同运行以实现产品的连续加工，随着新能源行业的发展，辅助设备同样发展得较为成熟，常见辅助设备主要有以下几类。

1. 收放卷设备

在极片辊压过程中负责极片卷曲和展开的设备。收卷是将涂布、辊压或分切完毕的极片卷绕成卷的过程，放卷是将卷绕成卷的极片放卷展开的过程。一般包括接带机构、牵引系统、张力控制系统、纠偏系统几个主要部分。在锂电池生产的多道工序中如涂布、辊压等均涉及收卷和放卷过程。

2. 刷粉吸尘机构

在极片辊压过程中，电池极片表面粉体存在滑移、吸潮现象，同时轧辊与活性物质粉体存在静电作用，粉体容易脱落并黏附在轧辊表面，造成极片品质下降。黏附在轧辊表面的粉尘又会黏附到极片上，对电池极片的质量产生较大影响，后期会直接对电池的性能和安全性造成影响。为了减少粉尘对电池的影响，会在电池极片辊压机的轧辊上设有除粉装置。

3. 加热机构

为了减少极片内应力和反弹现象，在辊压过程中对极片加热可以有效防止在分切时发生内应力释放而产生蛇形、翻转等不良现象，使黏结剂接近或处于熔融状态，有效提升活性物质与集流体之间的黏结力，减少膜层脱落和掉粉现象；有利于降低极片变形抗力，使活性物质的孔架结构不被破坏；有利于提升极片的吸液量；还可以除去极片中的部分水分。

4. 热平衡技术

由于轧辊结构上存在一定的凸度，轧辊弹性弯曲和压扁容易引起极片中间厚两边薄的板型缺陷，为了获得质量更好的极片，市场上有部分性能好的辊压机设有轧辊热平衡系统。其原理是通过外加冷却手段控制温度，对轧辊轴向温度分布进行控制以获得理想的辊凸度。热平衡控制技术对板形控制有重要作用。摩擦系数小的极片同样可以减少热量产生。

5.7 极片质量与控制

5.7.1 极片缺陷及控制

辊压后品质优秀的板材通常具有表面平整度高、色泽均匀、任意横纵截面厚度一致、外形平直等特征。但是在实际生产中，薄板在辊压过程中会出现很多缺陷，如翘曲、起拱、波浪、侧弯、褶皱、裂边、翻边等不良板形，颗粒凸起、凹陷、空洞、气泡、花纹、粉体脱落、色差等表面缺陷。这些缺陷的产生原因、特征以及防止措施如表 5-9 所示。

表 5-9 极片常见缺陷、产生原因及防止措施

缺陷种类	缺陷特征	产生原因	防止措施
波浪	沿辊压行进方向呈波浪状的连续凸起和凹陷	两侧辊缝不等且周期性变化，来料沿辊压方向存在周期性的厚度变化，板形不良，同板强度差超标或卷曲张力周期性变化	提升设备精度，保证辊缝均匀；提高来料板型质量，提高厚度和强度一致性；控制卷取张力均匀性

续表

缺陷种类	缺陷特征	产生原因	防止措施
翘曲	因横向和纵向都出现弯曲而形成的板体翘曲	过大的辊压力、较大张力或轧辊凸度过大，会使凸形状轧辊中间区域变形量大，形成翘曲	将轧辊的凸度控制在合适范围内，设置合适的辊压力和张力
侧弯	纵向向某一侧弯曲的非平直状态	两端辊缝不等，送料不正；来料两侧厚度不一致；波浪带材剪切后展开出现的侧弯	提升设备精度，保证辊缝均匀和送料对正；保证极片来料厚度均匀，剪切时将存在缺陷处剪掉
翻边	带材边部翘起现象	来料横向厚度差大、变形抗力不一、送料不正等引起局部变形过大，变形量小部分的拉应力作用引起翻边	控制来料厚度和变形抗力均匀，保证送料对正，保证变形均匀
裂边	边部破裂，严重时呈锯齿状	极片塑性差；辊形控制不当，使板带材边部出现拉应力；卷取张力调整不当；端面碰伤；辊压压下量过大	控制卷取张力小于屈服极限，防止变形；选择合适辊形，防止极片边缘受力过大
褶皱	极片表面呈现细小的、纵向或斜向局部凸起的、一条或多条圆滑的槽沟，称为皱纹	辊压偏斜、辊压变形不均、辊压力过低、极片厚度不均导致应力分布不均产生褶皱；来料板型不好或有横波，同时卷取时张力不够；卷取轴不平、套筒不圆等导致卷取张力不均匀	保证极片辊压行进方向与轧辊轴线垂直；辊压时适当减小压下量，增大卷取时张力，使变形趋于均匀；控制极片来料的厚度、板形，符合辊压要求；随时检查套筒的质量，发现套筒不圆，立即报废
起拱	局部凸起	局部厚度过大，辊压后变形量大于周围，由于压应力引起凸起	提高集流体厚度和涂布厚度一致性
颗粒凸起	极片表面的局部大颗粒	辊压时极片掉粉并黏附在极片上	防止掉粉或高效发挥除粉系统作用
凹陷	极片表面的局部凹陷	漏涂或涂布时存在气泡缺陷；辊压前掉粉	防止漏涂和气泡，防止辊压前掉粉
花纹	辊压过程中产生的滑移线，呈有规律的松树枝状花纹，有明显色差	辊压时压下量过大，或辊压速度过快，极片在轧辊间由于摩擦力大，流动速度慢，产生滑移；辊形不好，温度不均；轧辊粗糙度不均；张力过小，特别是后张力小	控制辊压的压下量和辊压速度处于合适的范围内；保证轧辊温度分布均匀，粗糙度均匀并符合要求；调整张力符合要求
粉体脱落	辊压后局部出现的粉体脱落	粘辊；黏结性不好；局部厚度大导致辊压力过大	提高轧辊表面光洁度，防止粘辊；提高活性物质黏结性；提高涂布质量，保证辊压力均匀
色差	极片辊压后表面色彩不一致	粉料搅拌不均导致涂布面密度不均；轧辊表面光洁度不均匀	提高涂布面密度的一致性和轧辊表面粗糙度一致性

5.7.2 收放卷缺陷

1. 错层

错层是极片端面处层与层之间不规则错动造成的断面不平整现象。产生错层的原因较多，如卷取张力过大或过小、压下量不均匀、套筒窜跳、卷取系统中对中系统异常等都有可能引发错层。将卷取张力控制在合适的大小，保证轧辊的压下量均匀，提高卷取套筒精度等手段可以避免极片在卷取过程中出现错层现象。

2. 塔形

带卷层与层之间向一侧偏移，形成的带卷一端粗一端细的现象称为塔形。来料板形质量差，卷取对中调节控制系统异常等原因都会引起塔形。保证来料板形品质，提高卷取对中精度可以避免塔形问题的出现。

3. 松层

卷取和开卷时层与层之间产生松动的现象称为松层。卷取过程中张力控制不好，搬运过程中钢带或卡子不牢固，都可能产生松层现象，严重时会波及整个卷带。控制好卷取张力，加固固定装置等措施可以避免松层现象的出现。

4. 燕窝

带卷端面产生局部 V 形的现象称为燕窝，这种缺陷经常出现在带卷卷取过程中或卸卷后，部分带卷在放置一段时间后也有可能产生。带卷卷取过程中前、后张力使用不当；胀轴不圆或卷取时打底不圆，卸卷后应力分布不均匀；卷芯质量差等都可能引起燕窝现象。保证卷取和辊压速度的合理配合，合理控制卷取张力大小等措施可以避免燕窝现象的产生。

5.7.3 极片强韧性

极片的强韧性不仅受基材性质的影响，同时也受涂覆在基材表面粉体材料的影响。极片的强韧性对辊压、卷绕工序有重要影响，如果强韧性过低，极片在辊压、卷绕和循环过程中容易发生折断，后期会直接影响电池的性能。

1. 测试方法

1）拉伸试验法

拉伸试验法是利用拉伸试验机对极片进行强韧性测试，可以测得极片的断裂强度和延伸率。极片在拉伸测试中一般会经历弹性阶段、屈服阶段、强化阶段和最后的局部变形阶段。极片断裂时的延伸率也是衡量极片韧性的指标，延伸率越大，说明极片的柔韧性越好。正负极极片的拉伸曲线如图 5-29 和图 5-30 所示。

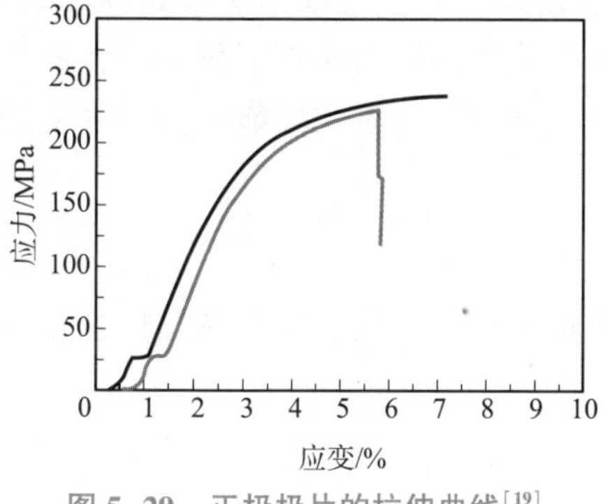

图 5-29　正极极片的拉伸曲线[19]

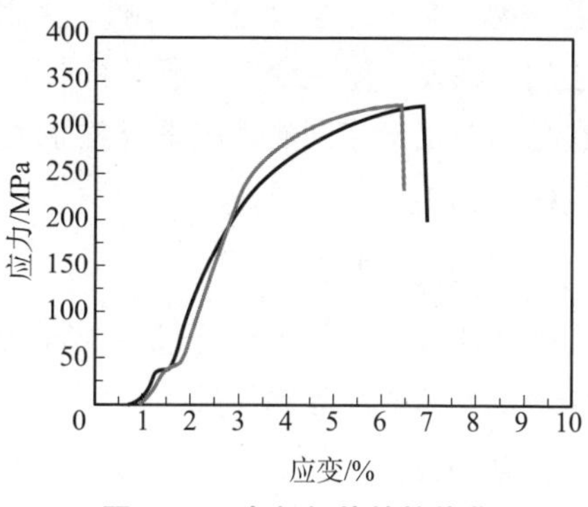

图 5-30　负极极片的拉伸曲

2）粉体涂覆层柔韧性测试

粉体涂覆层柔韧性的测试方法包括锥形弯曲法和轴棒测试法。其中，锥形弯曲法是将极片绕锥形测试棒弯转，观察弯转处涂层的开裂情况，用涂层开裂处的直径来表示涂层的柔韧性。轴棒测试法是采用一套直径大小不同的轴棒，将极片在轴棒上180°弯转，观察极片在弯转处的开裂情况，以不开裂时最细轴棒的直径大小来表征涂层的柔韧性。轴棒的直径越小，涂层的柔韧性越好。

2. 影响柔韧性的因素

1）集流体强韧性

集流体的强韧性受材料纯度、微观结构和制造工艺的影响。如锂离子电池阳极集流体常用的铝箔，杂质元素 Fe，Si 的存在会一定程度地降低铝箔的塑韧性。在微观结构上，晶粒细小的铝箔比晶粒粗大的铝箔强韧性更好。在制造工艺上，冷轧比热轧的晶粒更细小，连铸连轧坯料比连续铸造坯料的晶粒更细小，强韧性更好。

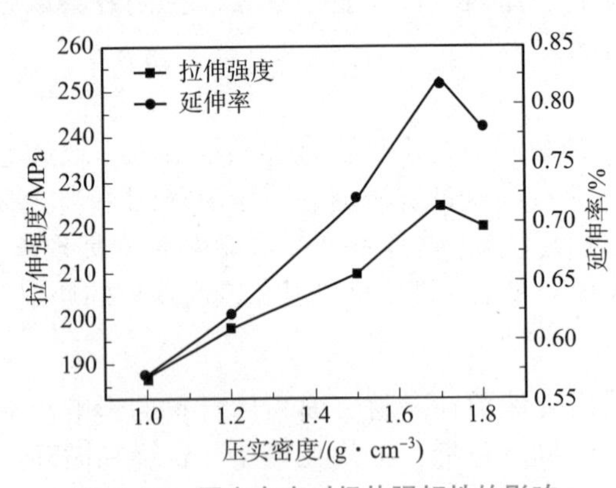

图 5-31　压实密度对极片强韧性的影响

2）压实密度

极片在压缩过程中由于颗粒的重新分布，黏结颗粒的金属箔会有所伸长，当压实密度过大时，集流体变形量过大，极片结构发生变化，同时颗粒之间空隙小，不容易变形，易产生涂层断裂和脱落。极片压实密度与强韧性的关系如图 5-31 所示，极片的强韧性首先随压实密度的增大而增大，到达极片的拉伸极限后，强韧性开始下降。

3）黏结剂种类和加入量

不同种类黏结剂对极片的柔韧性也有所不同。一般黏结剂分子量越大，分子越容易发生变形，所以柔韧性越好。黏结剂加入的量对极片的柔韧性也有所影响，加入的量越大，颗粒间黏结面积越大，粉体更容易产生多颗粒协同变形，极片的柔韧性越好。但是过多的黏结剂会影响电池的性能，通常在电池制造中会将黏结剂的用量控制在合适的范围内。

4）活性物质

活性物质对极片强韧性的影响主要和活性物质形状有关。活性物质形状越趋于球形，粉体层越容易发生塑性变形，极片的韧性越好。一般认为活性物质粒度较小时，比表面积大，在黏结剂用量相同的情况下黏结剂覆盖率下降，颗粒之间黏结性能下降，抵抗变形能力差，极片的柔韧性较差。

5.7.4　极片黏结性

活性物质和集流体需要通过黏结剂将二者牢固地结合在一起。极片黏结性差将导致活性物质脱落，造成成品率下降。

1. 测定方法

极片黏结性的测试方法及操作方法如表 5-10 所示。

表 5-10　极片黏结性测试方法及操作方法

测试方法	操作方法
划格法	用划格器在极片上划出横竖交叉的网格，使涂膜被划破，然后通过观察涂膜的脱落程度来为极片的黏结性划分等级
拉力法	用胶带粘在极片表面上，然后以一定速度将胶带和极片分离，记录胶带和极片分离的拉力，通过拉力大小来判断极片的黏结性好坏
超声波振动法	对极片施加一定时间的超声波振动，使极片上的涂膜脱落，然后通过脱落量来判定黏结性优劣

2. 影响黏结性的因素

1）集流体表面性质

集流体的表面吸附性质和粗糙度对集流体的吸附性影响较大。一般原子序数大的金属表面内聚能大，液体更容易发生吸附。粗糙度增大会降低表面吸附性能，但粗糙度增大，黏结剂与集流体的接触面积越大，黏结性能越好。

2）粉体性质

当活性物质颗粒为球形时，粉体间的接触面积小，导电性和黏结性都不好，需要加入导电剂和黏结剂增加导电性和黏结性。当球形颗粒在压力作用下产生塑性变形时，颗粒间接触面积增大，电导率提高，黏结面积增大，可以减少加入导电剂和黏结剂。而破碎状颗粒间属于面接触，导电性好，同时由于颗粒互相镶嵌增加了结合力，因此也可以少加导电剂和黏结剂。

3）压实密度

压实会造成活性物质颗粒的重新分布，同时颗粒间空隙减小，可以有效促进颗粒表面黏结剂均匀分布，增大颗粒间黏结面积，增强黏结性。所以压实密度越大，黏结性越好。但如果极片被过压，会出现粉体剥落、粘辊、极片表面平直度差、极片硬化等不良现象，会导致极片分切时毛刺出现的概率增大。因此，电池极片压实密度应在合适范围内。

项目实施

1. 项目实施准备

（1）自主复习电池极片辊压知识。

（2）自主查询极片辊压相关设备的工作原理和使用方法。

（3）项目实施前准备的材料包括完成涂布的卷带、辊压机、收方卷设备以及其他必要辅助设备。

2. 项目实施操作

（1）对完成涂布的卷带进行品质检查，如果卷带品质满足辊压要求则按生产要求将卷带进行上卷。

（2）按照辊压机操作手册进行设备开机并检查运行状态，按生产要求设置好工艺运行参数，完成以上工作检查后，操作设备开始对卷带进行辊压。

（3）检查初始辊压完的极片是否符合生产要求，如果品质满足要求，继续完成辊压工作；如果辊压的极片品质存在问题，则对设备问题进行排查以保证辊压极片的品质。

（4）使用设备对极片进行收卷，检查卷带的品质并按生产要求进行保存。

3. 项目实施提示

（1）在辊压作业过程中，人员需严格按照生产要求做好防护措施。

（2）严格检查各个设备的运行状态，以保证设备的正常运行。

（3）在辊压过程中，密切关注辊压完的极片状态，观察是否存在翻边、波浪等不良现象，如果存在以上不良现象，及时对设备进行调整。

（4）对辊压好的极片进行收卷时，认真校对卷带的对齐情况，避免收卷过程中出现塔形等不良现象。

（5）辊压作业完成后，认真检查各个设备的情况并做好记录。

项目评价

请根据实际情况填写表 5-11 项目评价表。

表 5-11　项目评价表

序号	项目评价要点		得分情况
1	能力目标（15 分）	自主学习能力	
		团队合作能力	
		知识分析能力	
2	素质目标（45 分）	职业道德规范	
		案例分析	
		专业素养	
		敬业精神	
3	知识目标（25 分）	粉体基本性质	
		粉体充填模型和充填密度	
		实际粉体压缩性能	
		极片辊压原理和工艺	
		极片辊压设备	
		辊压极片与电池性能	
		极片质量与控制	
4	实训目标（15 分）	项目实施准备	
		项目实施着装	
		项目实施过程	
		项目实施报告	

项目 6

锂离子电池极片分切工艺

学习目标

【能力目标】

(1) 能够了解电池极片分切的知识。

(2) 通过查询图书馆资料、网络学习库等资源平台，查找极片分切的相关资料，培养自主学习与资料查询能力。

(3) 以小组讨论的方式进行交流学习，培养团队协作的精神。

(4) 在传播知识的过程中设置专业问题引导学生思考、提问，培养表达与提问能力。

【知识目标】

(1) 掌握极片分切的基本知识。

(2) 掌握极片分切工艺以及认识常见的分切设备。

(3) 掌握极片分切的缺陷以及缺陷对电池的影响。

(4) 掌握激光切割的基本知识及其在极片分切中的应用。

工匠精神

【素质目标】

(1) 极片的分切有严格的尺寸要求，结合学生职业道德规范教育，以此启发学生培养认真细致、一丝不苟的工匠精神。

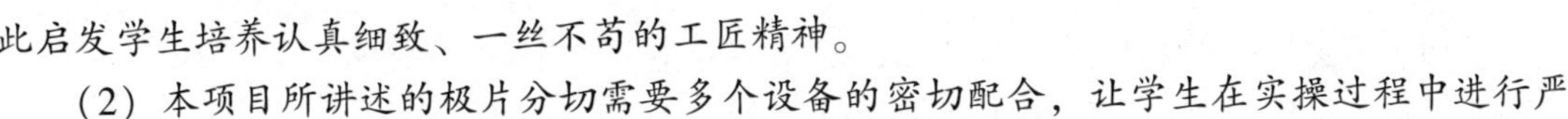

(2) 本项目所讲述的极片分切需要多个设备的密切配合，让学生在实操过程中进行严密配合以培养团队合作的精神。

(3) 通过本项目的学习，让学生掌握极片分切的知识，打下坚实的专业基础，为职业的发展打下基础。

项目描述

小李是近期刚入职锂离子电池生产企业的一名人员，被安排在极片分切生产线进行学习。在极片剪切中，小李发现分切机在运行时总是发出异响；剪切完的极片切口不平整并且带有毛刺；在极片分切中时常出现翻边现象，这些现象对极片的品质有很大的影响。为了尽快解决这些缺陷对极片分切带来的影响，小李对极片分切进行了理论知识的学习和相应的实训。

项目分析

为了解决这些问题给生产带来的影响，小李应当对极片分切的知识进行整理学习。首先，应当了解极片剪切的作用和目的，认识剪切的过程和工艺；其次，为了生产出品质好的极片，应当借助前人的生产经验，对极片剪切中可能出现的缺陷和预防措施进行总结学习，以便应对后期在实际生产中可能碰到的问题；最后，应当学习应用前景较好的激光切割知识及其在极片分切中的应用。

项目目的和要求

【项目目的】

本项目的学习是为了让学生深入了解极片分切技术。在项目实施过程中对极片的分切进行系统性学习，让学生掌握极片的剪切原理和应用，深入了解剪切的过程与工艺。对剪切设备的作用过程和剪切设备的结构要有所了解；同时应当对剪切过程极片可能出现的缺陷以及应对措施进行总结学习。另外，也要加强前沿技术在极片分切中应用的学习，对应用前景较好的激光切割技术和该技术在极片分切中的应用进行学习。为了培养学生扎实的理论基础和动手实操的能力，本项目在实施过程中以理论知识的学习和实训操作相结合的方式进行。

【项目要求】

（1）学生要掌握重点理论知识，对极片分切的过程与工艺、设备、激光切割等知识有充分的了解。

（2）在项目实训中，要严格遵照极片分切场所生产制度，遵照老师指示，按照设备操作手册进行作业，做好安全防护措施，避免出现安全事故。

（3）在学习过程中如果遇到疑问，首先应通过自行思考、资料查询、与其他学员讨论等方式寻找答案，以培养自主学习、团队协作的能力，然后再和老师进行交流。

（4）在学习的过程中，要不断反思和总结，善于发现问题，并积极参与小组讨论，以加强自身的思考和表达能力。

知识准备

分切是将宽度大的卷材或卷状产品，根据实际生产需要进行裁剪的过程。在锂离子电池极片的分切中包含纵切和横切，如图 6-1 所示，纵切是将大片极片沿长度方向裁剪成长条状，横切是指沿垂直于长度方向进行切断操作。经过分切可以获得电池生产中所需尺寸的正负极极片。由于锂离子电池中分切的极片多为塑性材料，所以本章以塑性材料为主进行讨论。

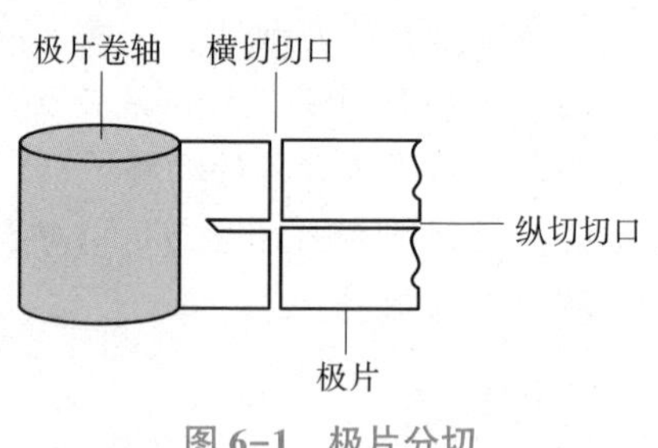

图 6-1　极片分切

6.1　极片分切方法

锂离子电池极片的分切效果对电池性能有较大的影响，对锂离子电池极片分切一般有如下要求：分切的极片尺寸精准；极片边缘平整，不存在毛刺等缺陷，不对极片涂布层造成破坏；极片合格率高。

分切在机械加工中称为剪切，根据剪切中所用刀具的形式可分为斜刃剪、平刃剪、滚切剪和圆盘剪等方法。

（1）斜刃剪上下两剪刃间呈一个固定的角度，其倾斜角一般为1°~6°，一般上刀片是倾斜的，如图6-2（a）所示。由于上下剪刃不平行，存在沿着剪刃方向的力，易造成切口扭曲变形，但剪切作用面积小，剪切力和能量消耗比平刃剪切要小[20]，一般用于大、中型剪板机中剪切厚板，极片分切一般不采用。

（2）平刃剪与斜刃剪结构相同，只是上下剪刃口平行，如图6-2（b）所示。剪切无扭曲变形，剪切质量好，但剪切力大，多用于小型剪板机和薄板、薄膜下料和极片横切[21]。

（3）滚切剪又称圆弧剪刃滚切，采用刃口呈圆弧状的刀具，刀具绕两个固定轴回转摆动完成剪切过程，如图6-2（c）所示，主要用于实现定长横切、头尾横切和切边纵切，一般剪切中厚板具有质量高、能耗小、寿命长和产量高等特点[22]。

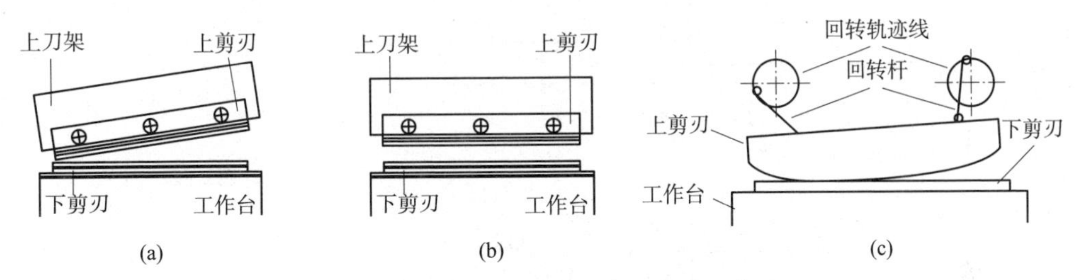

图6-2　斜刃剪、平刃剪、滚切剪的示意图

（a）斜刃剪；（b）平刃剪；（c）滚切剪

（4）圆盘剪通过上下两个圆盘状刀盘连续旋转来完成剪切，如图6-3所示。剪切时，开卷极片进入圆盘剪口，经过剪切被分成多条。圆盘剪广泛用于薄板、薄膜和金属箔的纵切分条。

在锂离子电池生产中，并不是采用某种单一的剪切方式对极片进行加工，通常是采用几种不同的剪切方式相结合对极片进行剪切。其中，极片的纵切通常采用圆盘剪，而横切采用平刃剪，自动化生产线一般先进行纵切，然后进行横切。

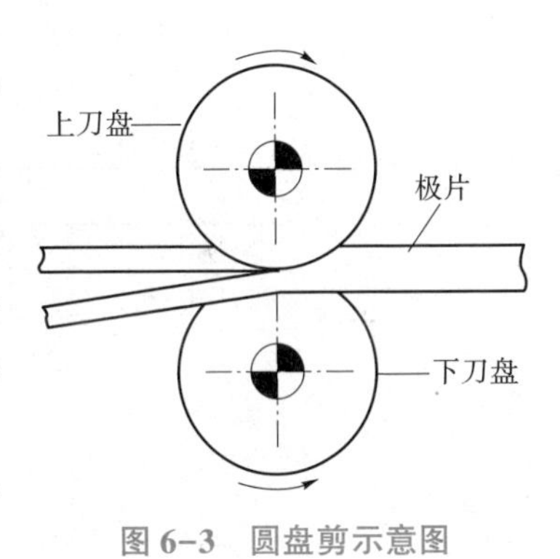

图6-3　圆盘剪示意图

6.2　极片剪切过程

电池极片主要以塑性材料为主，下面对塑性材料的剪切过程进行分析，剪切过程可分为三个阶段[23]。

（1）刀片开始压入板材，剪刃间板材发生塑性变形流动，至塑性变形量达到塑性应变极限时为止，称为第一阶段。在这一阶段板材被剪切，形成光滑剪切面，如图6-4（a）所示。

（2）刀片继续压入板材，剪刃间板材裂纹出现、变大，最后贯通，剪刃间板材在拉应力作用下发生撕裂，至上下刀刃在同一水平面时为止，称为第二阶段。这一阶段板材被撕裂，形成无光撕裂面，如图6-4（b）和图6-4（c）所示。

（3）刀片继续下压，由于塑性流动，剪刃间板材被挤出到重叠刀刃的细小夹缝中间。随着刀刃重叠量（垂直间隙）的增大，夹缝中间的板材被撕裂拉断，在边部形成毛刺，如

图 6-4（d）所示，至刀具分开为止，称为毛刺形成阶段，即第三阶段。刀具分开过程中，刀具会对板材产生磨平或挤压作用，使无光撕裂面和毛刺形貌发生改变，但是改变不大。

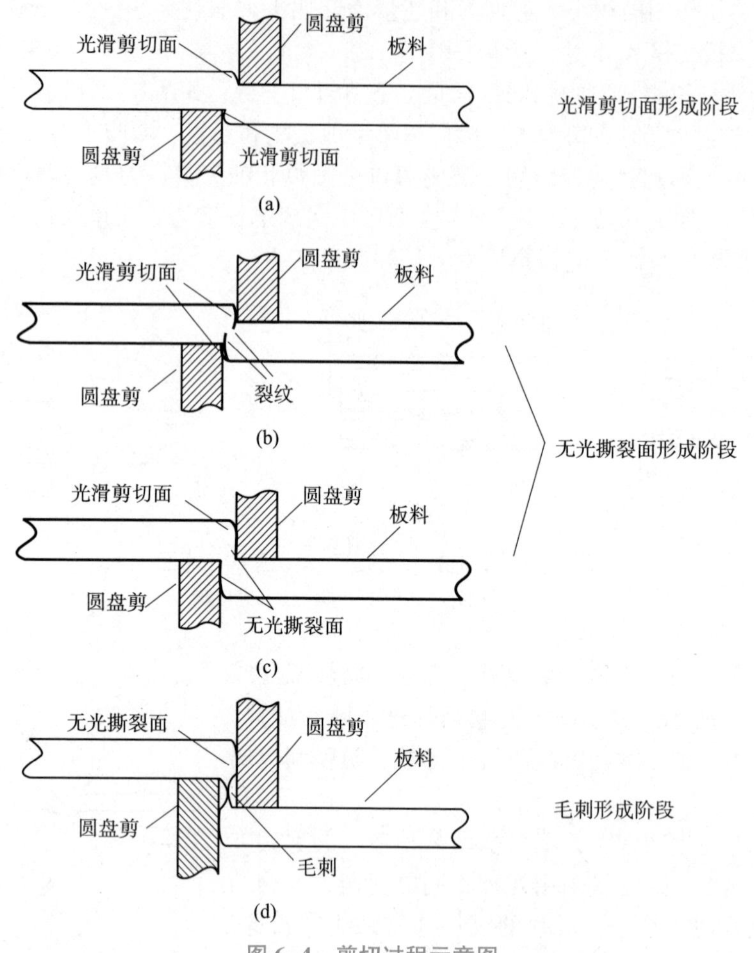

图 6-4　剪切过程示意图

（a）形成光滑剪切面；（b）形成剪切裂纹；（c）形成无光撕裂面；（d）形成毛刺

剪切后形成的剪切断口如图 6-5 所示，由光滑剪切面、无光撕裂面和边缘毛刺等三个部分组成。无光撕裂面又称脆性断裂面，其宽度与材料的塑性有关，塑性越好的材料，无光撕裂面越小；光滑剪切面越大，产生的金属流动越多，越容易产生毛刺，而对于脆性材料则不存在光滑剪切面。

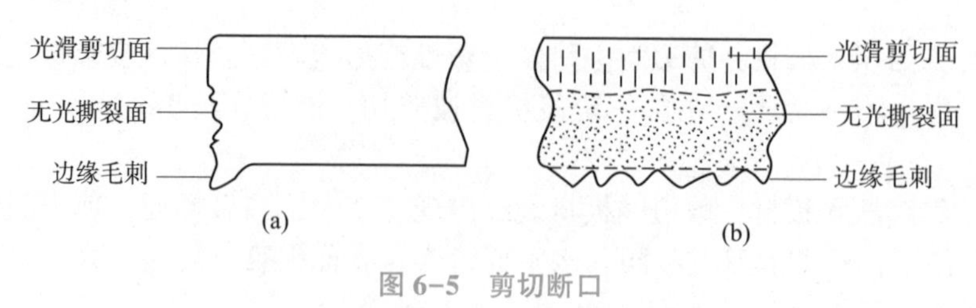

图 6-5　剪切断口

（a）剪切断口右视图；（b）剪切断口主视图

6.3 极片剪切工艺

6.3.1 剪切材料

锂离子电池生产中，需要对正极极片、负极极片、极耳和隔膜等材料分切，这些材料的性质如表 6-1 所示。

表 6-1 极片辊压后的典型性质

板带性质	材质和结构	宽度/mm	厚度/mm	力学性能参数		
				拉伸强度/MPa	伸长率/%	硬度/HV
正极极片	粉体涂层+铝箔（16 μm）	<500	<0.15	50~90	1.3~1.6	
负极极片	粉体涂层+铝箔（10 μm）	<500	<0.15	>350	0.6~1.5	
隔膜	聚丙烯+聚乙烯复合多孔膜或聚乙烯多孔膜	<100	<0.025	>100	600~650	
铝塑复合膜	铝箔与高分子多层复合膜	<100	0.012	48~55	1.2~1.6	
铝极耳	铝合金	3.5	0.12	≥75	15~46	20~25
镍极耳	镍	3.5	<0.12	≥345	≥30	85~100

6.3.2 剪切阻力

刀具在进刀过程中，取微小的进刀深度 ε，此进刀深度内剪切力与进刀面积之比，即在单位断面面积上的剪切力，又称剪切阻力，用 τ 表示[24]。当取进刀深度无限小时，可得到单位剪切阻力与进刀深度的微分曲线，又称剪切阻力曲线，如图 6-6 所示。由图 6-6 中可以看出，对于正负极片，剪切阻力随进刀深度先快速增加后缓慢增加至达到最大值，然后下降，这里的最大值称为最大剪切阻力，用 τ_{max}表示。

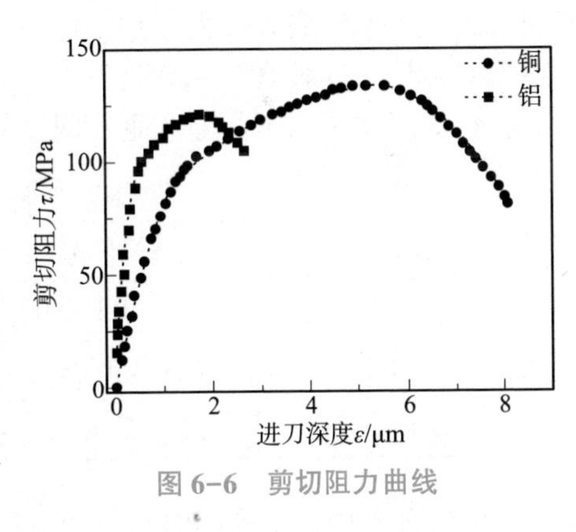

图 6-6 剪切阻力曲线

剪切阻力与材料本身性质密切相关。剪切阻力曲线是计算剪刀施加剪切力大小的主要依据。最大剪切力 p_{max}与剪切材料的剪切阻力和截面积尺寸相关，可按照下式计算。

$$p_{max}=K\tau_{max}S \tag{6-1}$$

式中，S 为被剪卷材的剪切面积，mm^2；K 为刀刃磨损、刀片间隙增大而使剪切力提高的系数，小型剪切机通常在 1.2~1.4[25]；τ_{max}为被剪卷材的最大剪切阻力，MPa。

当材料无 τ_{max}的数据时，可用 $k\sigma_{bt}$代替 τ_{max}（$\tau_{max}=k\sigma_{bt}$）进行计算。其中，σ_{bt}为脆性材料的拉伸强度极限；$k=\tau_{max}/\sigma_{bt}$，为剪切阻力与材料抗拉强度的比例系数，k 的取值通常在 0.2~0.8。

板材的剪切面积 S 与剪切方法有关，如图 6-7 中黑色面积所示，剪切面积约为弓形面积的一半。从图 6-7 中可知，剪切面积 S 与刀盘大小有关，刀盘越大，半弓形面积越大，剪切面积越大。

6.3.3 刀盘水平间隙和垂直间隙

极片分切时刀盘的水平间隙和垂直间隙会直接影响切片横截面形貌，如图 6-8 所示，反过来也可以根据切面形貌来判断水平间隙和垂直间隙是否合理。在极片的剪切过程中，剪切效果较好体现在光滑剪切面的宽度是板材壁厚的 1/3~1/2，光滑剪切面和无光撕裂面边界平直，边缘毛刺较小[26]。

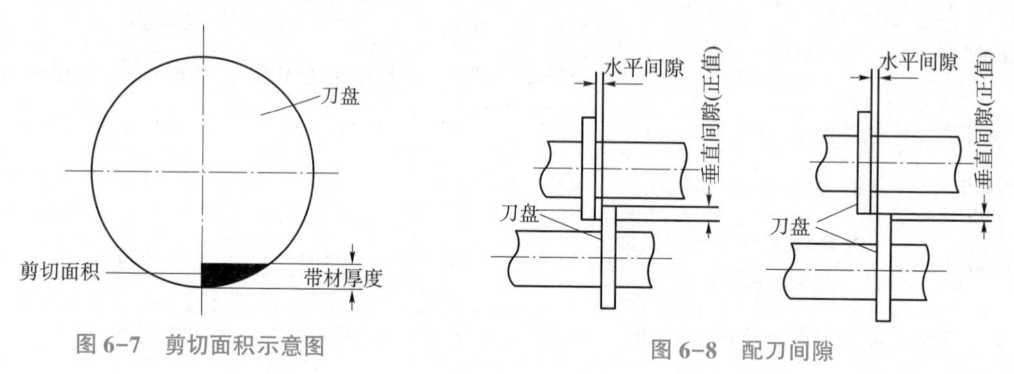

图 6-7　剪切面积示意图　　图 6-8　配刀间隙

1. 水平间隙

根据所剪金属板材的强度和厚度来决定水平间隙的大小，一般随着被剪板材厚度与强度的增加，水平间隙应适当增加。材料质地柔软时，水平间隙可取材料厚度的 5%~10%，材料硬度大时，可取 10%~20%。

表 6-2 给出了水平间隙和垂直间隙的经验数据。

表 6-2　水平间隙和垂直间隙的经验数据

厚度/mm	水平间隙/mm	厚度/mm	垂直间隙/mm
0.00~0.15	几乎为 0	0.25~1.25	材料厚度的 1/2
0.15~0.5	材料厚度的 6%~8%	1.5	0.55
0.5~3	材料厚度的 8%~10%	2	0.425

在剪切过程中，水平间隙对剪切变形和受力影响如图 6-9 所示，板材在剪刃间的剪切变形主要受拉应力和压应力影响。上下剪切力与板材表面平行方向的分力，作用于剪刃间板材两端且方向相反，称为拉应力；而垂直于表面方向的力，称为压应力，压应力主要起剪切作用。剪切力产生的拉应力和压应力大小主要与水平间隙有关，水平间隙越小，拉应力越小，压应力越大。

当水平间隙过小时，相同剪切力产生的压应力较大而拉应力较小，剪刃间板材受力以压应力为主。当受力达到板材屈服极限值时，板材沿着压应力发生流动切断，因此剪切面以光滑剪切面为主。同时，部分材料将被挤出，形成毛刺。另外，夹在剪刃间的板材对剪刃形成反方向胀大压力，会导致剪刃磨损并在严重时伴随设备过载并有崩剪刃的风险。

当水平间隙适中时，相同剪切力产生的拉应力和压应力分配适中，板材受到的拉应力和压应力其分配随剪切过程而变化。在剪切初期，受力以压应力为主，剪刃间板材被剪切

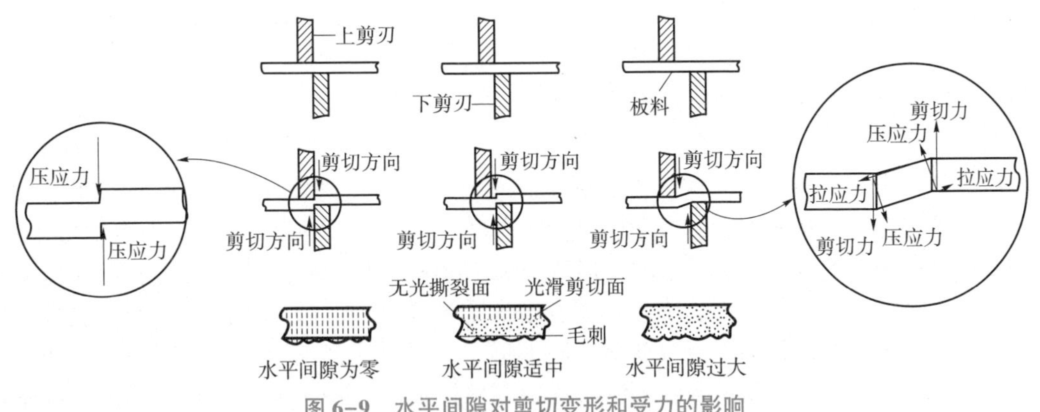

图 6-9　水平间隙对剪切变形和受力的影响

形成光滑剪切面；在剪切后期，受力以拉应力为主，剪刃间板材被拉断形成无光撕裂面。水平间隙适中时，光滑剪切面的宽度是板材壁厚的 1/3~1/2，光滑剪切面和无光撕裂面边界平直，形成的毛刺较小，此时的剪切效果最好。

当水平间隙过大时，此时剪切受力以拉应力为主，受到的压应力较小。板材在拉应力作用下开始产生裂纹后扩展贯通至完全断裂，因此剪切面以无光撕裂面为主。塑性材料拉断时产生的毛刺较大，甚至还可能导致剪切区域过大形成翻边并在剪切过程中有撞刀风险。

有研究者采用圆盘剪对 1.6 mm 厚的镀锌板进行了剪切研究，发现随着水平间隙的增大，光滑剪切面宽度在快速下降后缓慢减小，如图 6-10（a）所示；同时也研究了水平间隙对剪切极片的毛刺高度的影响，发现毛刺高度先呈现出较小尺寸波动，然后急剧增大，如图 6-10（b）所示。

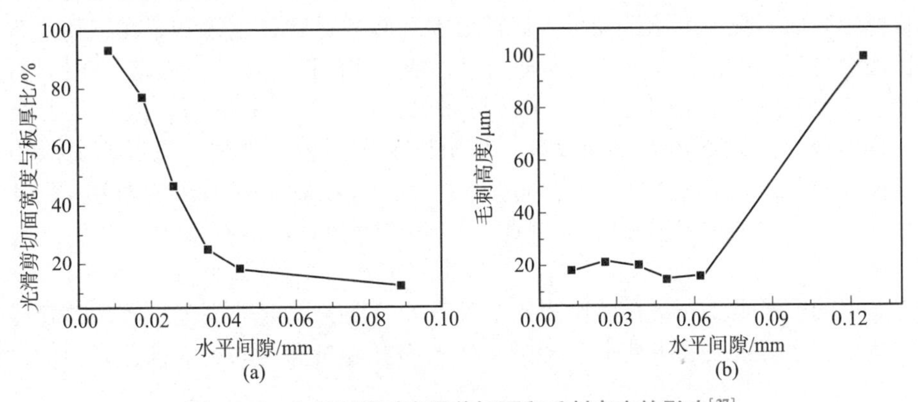

图 6-10　水平间隙对光滑剪切面和毛刺高度的影响[27]

（a）水平间隙对光滑剪切面的影响；（b）水平间隙对毛刺高度的影响

2. 垂直间隙

垂直间隙是指在垂直方向上上下刀盘的最大重叠量，上下刀盘重叠时取正值，反之取负值。当垂直间隙过小时，上下剪刃处裂纹不能重合，容易出现局部弯曲或切不断的现象；当垂直间隙适合时，光滑剪切面和无光撕裂面的宽度分布合理，形成的毛刺较小，此时剪切的效果较好；当垂直间隙过大时，会使光滑剪切面增大，无光撕裂面减小甚至消失，此时极片的剪切效果不佳，边缘容易出现变形、毛刺变大等现象。

从表 6-2 给出的经验数据可以看出，随着板材厚度增加，垂直间隙先增加后减小，在板材厚度为 1.5 mm 时垂直间隙最大，可达 0.55 mm。水平间隙对垂直间隙也有影响，当水平间隙较大时，垂直间隙往往不需要太大，就可以满足剪切需要。但是也需要参考所剪切板材的性质，板材塑形较好时，需要增大垂直间隙。

6.3.4 剪切速率

剪切是一个渐进的过程，从金属的塑性变形、裂纹萌生到最后的扩展断裂。当剪切速率大于塑性变形和断裂速率时，就会引起脆性增强、变形抗力增大。有研究表明，300 ℃的超细晶纯铜在变形速度 8 000 s^{-1}时的变形抗力为 2 000 s^{-1}时的 8 倍[28]。因此，剪切速率的提高，对于塑性材料可促使切面脆性断裂，增大无光撕裂面，减小光滑剪切面，提升剪切面品质；而对于脆性材料则不会改变剪切断面形态。同时应当注意的是剪切速率过快，会使刀具升温过快，刀具磨损加剧，致使设备的剪切稳定性下降。表 6-3 给出了圆盘剪常用剪切速率的经验数据。

表 6-3 圆盘剪常用剪切速率

板材厚度/mm	0.007~0.05	0.05~2	2~5	5~10	10~20	20~35
剪切速率/($m\cdot s^{-1}$)	1~4	1.5~3.2	1.0~2.0	0.5~1.0	0.25~0.5	0.2~0.3

制作集流体所用的金属铝和铜，由于塑韧性较好，剪切后难以获得整齐的切面，提升剪切速率可以使极片趋向于脆性断裂，更容易获得整齐的切面，减小毛刺。因此，提升剪切速率在一定程度上可以提升剪切极片的品质。

6.3.5 张力

张力是板材收放卷过程中作用于从动轴上的阻尼力或摩擦力。在收放卷过程中，张力可以让板材绷紧而不会产生塑性变形，保证放卷和收卷过程稳定进行。在纵切过程中，张力可以保证设备运行平稳，有利于提高剪切尺寸精度和保证剪切质量稳定。在横切过程中，张力会增大剪切区域的拉应力，提早使板材屈服，产生裂纹并断裂，因此张力会使剪切力下降，同时还可使切面形貌得到改善，如由楔形变得较为平整，宽展明显减小，相对切入深度减小等。在生产过程中，张力过小时，板材卷取时容易出现松层等不良现象；张力过大时，容易对极片产生损伤。因此，合理控制张力可以有效地提升生产效率、产品品质。

张力大小的选择主要由材料品质和各个参数如厚度、宽度等决定。通常随着材料厚度和宽度的减小，运行张力逐步减小。表 6-4 所示为开卷机和卷取机的推荐张力值，依据下式设定。

$$张力=带材厚度\times宽度\times张力推荐值 \tag{6-2}$$

表 6-4 推荐张力值

厚度范围/mm	开卷机张力/MPa	卷取机张力/MPa
0.007~0.101	15（最大）	15（最大）
0.101~0.375	4.8	12.4
0.376~3.000	3.4	9.0
3.001~9.375	2.8	6.9

6.4 极片分切设备

6.4.1 纵切设备

纵切机，又称连续分条机，设备由放卷系统、分切机构、收卷系统等组成。纵切机的工作示意如图 6-11 所示。

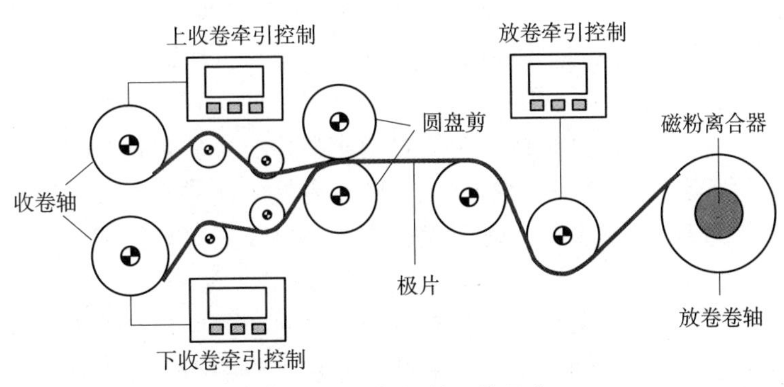

图 6-11 纵切机的工作示意

1. 分切机构

分切机构一般由框架、底座、刀轴调节螺栓、轴承座、上下刀轴、圆盘刀、定位套筒、驱动电动机等组成，如图 6-12 所示。各个系统都安装在设备底座上，如轴承座、框架等。在框架的垂直导向的轨道上安装有可以上下调节的上刀轴轴承座与下刀轴轴承座。通过调节轴承座，使下刀轴与上刀轴呈平行设置，在刀轴上固定有分切圆盘刀和圆盘刀间套接的定位套筒，在刀轴的端部固定有紧固套筒；圆盘刀的水平间隙可通过更换不同尺寸的定位套筒单个调整，也可以通过水平移动刀轴整体调整；垂直间隙可通过刀轴调节螺栓调整。在上刀轴与下刀轴的同一端部设有传动机构，主电机经过减速机减速传动，通过传动机构，分别驱动圆盘剪的上下刀轴，从而带动装在上下刀轴上的圆盘刀相对旋转，将通过刀间的极片分切成条。

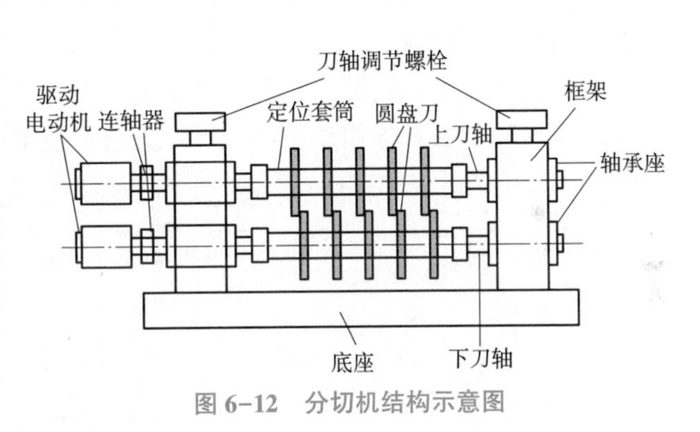

图 6-12 分切机结构示意图

2. 分切刀具

1）刀具性能和材质要求

极片分条一般采用圆盘剪悬空分切操作，要求刀具刃口锋利，具有高的刚度、硬度、韧性和耐磨性。为满足性能要求，常见刀具主要采用 9CrSi、Cr12MoV、W6Mo5Cr4V2、W18Cr4V 等优质钢材，高合金模具钢和硬质合金制造，其中硬质合金刀具硬度达到 67~70 HRC。在成本允许情况下，从提高生产率、延长刀具寿命的角度，应选用高硬度的硬质合金刀具。

2）剪切配刀

剪切时先选定刀具直径和厚度，接着对刀盘的水平间隙（又称侧向间隙）和垂直间隙进行调整，并精确安装和调整刀盘。刀盘直径 D 与被剪切带材的厚度 h、刀盘重叠量 s 与允许咬入角 α_0 有关，通常用下式表示。

$$D=\frac{h+s}{1-\cos\alpha_0} \tag{6-3}$$

在剪切中刀盘厚度必须达到一定的刚度，刀盘厚度的取值与刀盘直径有关，通常取 $(0.06\sim0.1)D$。刀具厚度会影响刀片的倾斜度，刀具越厚，倾斜度越小，而较小的倾斜度可以使剪切的条带剪切面更平整。一般刀片厚度约为材料厚度的 4 倍。

剪刃水平间隙和垂直间隙的整体调整分别通过调整上下刀轴轴向和上下刀轴丝杠实现；单个刀片水平间隙通过推出环、间隔环调整，单个刀片的垂直间隙调整通过偏心套的偏心角实现。设备参数的调整根据分切材料及质量要求确定，经验数值参考表 6-2。配刀时应在刀盘、推出环和隔离环原始检测的基础上，同时遵循上下对称配刀的原则，即上下刀厚度尽量保持一致。可以有效减少配刀时刀盘、推出环以及隔离环间隙的累计误差，同时提高刀盘的精密度。

在分切过程中，刀尖的水平抖动会引起刀盘水平间隙的变化，刀尖的垂直抖动会引起刀盘垂直间隙的变化，同时刀轴的温度会上升，受热胀冷缩影响，刀轴也会因热膨胀而引起间隙量的变化，进而影响分切尺寸精度和剪切面的质量。通常可以在剪切工作开始前选用合适的刀具、调整压力、提升配刀精度等，以保证分切极片的质量。

3）设备主要性能指标

随着新能源技术的发展，锂离子电池生产的自动化程度越来越高，自动化多功能型生产设备不断出现。表 6-5 给出了两款极片分条机技术参数。

表 6-5　分条机的技术参数

技术指标	分条机 X02-7-650-4-DZ	分条机 YF060A-50
电源	3 相 380 V 50 Hz	3 相 380 V 50 Hz
放卷直径	≤600 mm	≤450 mm
收卷直径	≤450 mm	≤450 mm
卷材幅宽	≤650 mm	≤680 mm
可分切极片厚度	80~130 μm	
分切精度	±0.05 mm	±0.02 mm
分切机械速度	最大 50 m/min	最大 50 m/min
设备质量	约 6 t	
设备规格	2 900 mm×2 230 mm×2 200 mm	

6.4.2　横切设备

目前锂离子电池极片横切主要采用平刃剪横切机。平刃剪横切机由上剪刃、下剪刃、电机驱动机构、光电跟踪修正系统、出料分离及拉带输送系统和人机交互控制系统组成。按照平刃剪的运行动作，分为上切式和下切式两种，相应地存在两种剪切机，包括上切式剪切机和下切式剪切机。下切式剪切机的下刀片固定在刀架上，上刀片固定在工作台上，剪切时，刀架带动下刀片向上运动进行剪切，上刀片不动。上切式剪切机的刀片安装和运作模式则相反，其他装置的功能相同。

随着设备智能化程度越来越高，在进行横切操作时，只需在人机交互控制系统中对加工批次、长度、数量进行设定，多个系统如光电跟踪修正系统、控制系统等配合进行工作，设备可自动进行剪切，出料分离和拉带输送系统完成高精度堆垛，横切完毕可自动停机。表 6-6 列出了一种横切设备的技术参数。

表 6-6　一种横切设备的技术参数

项目	参数
材卷	长度≤450 mm，卷芯内径 76.2 mm
最大成型面积	330 mm×270 mm
成型长度	20~500 mm
成型定位精度	±0.1 mm
主机功率	4 000 W
适切极片厚度	70~150 μm
成型压力平整度	0.02 mm
主机运行速度	15~45 冲次/min
行程调节量	±3.5 mm
润滑方式	自动循环供油

6.5　激光分切

在锂离子电池制造过程中，极片分切工序目前主要采用机械分切方法。这类方法虽然已经被广泛应用，但仍有不足之处，极片上涂覆的活性物质和刀具反复多次接触后会严重磨损刀具，造成刀具钝化，引起极片分切质量下降，容易对后续电池的性能造成影响。在生产中不得不经常磨刀或更换刀具以保证极片的分切质量，对生产效率造成较大的影响。为满足新能源汽车应用及新技术发展需求，锂离子电池的更高安全性对分切质量提出更高要求。因此，目前正逐步将无接触的激光分切技术应用到极片分切中。激光分切具有非接触式加工、无磨损、加工过程灵活、适应不同形状加工的优点。

1. 激光器原理

激光器即能发射激光的设备。产生激光的必不可少的条件是粒子数反转和增益大于损耗，所以装置中必不可少的组成部分有激励（或抽运）源、具有亚稳态能级的工作介质两个部分。激励是工作介质吸收外来能量后激发到激发态，为实现并维持粒子数反转创造条件。激励方式有光学激励、电激励、化学激励和核能激励等。工作介质具有亚稳能级，使受激辐射占主导地位，从而实现光放大。激光器中常见的组成部分还有谐振腔，但谐振腔并非必要的组成部分。谐振腔可使腔内的光子有相同的频率、相位和运行方向，从而使激光具有良好的方向性和相干性，并且可以很好地缩短工作物质的长度，还能通过改变谐振腔长度来调节所产生激光的模式。

2. 设备分类

1）按工作物质分类

根据工作物质物态的不同可把所有的激光器分为以下几类。

（1）固体激光器。一般是指晶体和玻璃，这类激光器所采用的工作物质是通过把可以产生受激辐射作用的金属离子掺入晶体或玻璃基质中构成发光中心而制成的。

（2）气体激光器。采用的工作物质是气体，并且根据气体中真正产生受激发射作用的工作粒子性质的不同，而进一步分为原子气体激光器、离子气体激光器、分子气体激光器、准分子气体激光器等。

（3）半导体激光器。这类激光器是以一定的半导体材料作为工作物质而产生受激发射作用，其原理是通过一定的激励方式（电注入、光泵或高能电子束注入），在半导体物质的能带之间或能带与杂质能级之间，通过激发非平衡载流子而实现粒子数反转，从而产生光的受激发射作用。

（4）液体激光器。这类激光器所采用的工作物质主要包括两类，一类是有机荧光染料溶液，另一类是含有稀土金属离子的无机化合物溶液。

（5）自由电子激光器。这是一种特殊类型的新型激光器，工作物质为在空间周期变化磁场中高速运动的定向自由电子束，只要改变自由电子束的速度就可产生可调谐的相干电磁辐射，原则上其相干辐射谱可从 X 射线波段过渡到微波区域，因此具有很好的前景。

2）按运转方式分类

由于激光器所采用的工作物质、激励方式以及应用目的的不同，其运转方式和工作状态亦相应有所不同，从而可区分为以下几种主要的类型。

（1）连续激光器。其工作特点是工作物质的激励和相应的激光输出，可以在一段较长的时间内以连续方式持续进行。以连续光源激励的固体激光器和以连续电激励方式工作的气体激光器及半导体激光器，均属此类。由于连续运转过程中往往不可避免地产生器件的过热效应，因此多数需采取适当的冷却措施。

（2）单次脉冲激光器。对这类激光器而言，工作物质的激励和相应的激光发射，从时间上来说均是一个单次脉冲过程。一般的固体激光器、液体激光器以及某些特殊的气体激光器，均属此类，此时器件的热效应可以忽略，故可以不采取特殊的冷却措施。

（3）重复脉冲激光器。这类器件的特点是其输出为一系列的重复激光脉冲，为此，器件可相应以重复脉冲的方式激励，或以连续方式进行激励，但以一定方式调制激光振荡过程，以获得重复脉冲激光输出。

除以上提及的三种类型外，根据运转方式不同还可以分为锁模激光器、可调谐激光器、单模和稳频激光器等几种类型。

3. 激光分切特点

激光分切是由激光器所发出的水平激光束经 45°全反射镜变为垂直向下的激光束，后经透镜聚焦，在焦点处聚成一极小的光斑，在光斑处会焦的激光功率密度高达 106～109 W/cm^2。利用高功率密度激光束照射被分切材料，使被照射的材料很快被加热至熔化、汽化、烧蚀或达到燃点，蒸发形成孔洞，随着光束相对材料的移动，孔洞连续形成宽度很窄（如 0.1 mm 左右）的切缝，完成对材料的分切。

1）激光分切的优点

（1）分切质量好。由于激光光斑小，激光分切切口细窄，切缝两边平行并且与表面垂直，分切零件的尺寸精度可达±0.05 mm。分切表面光洁美观，表面粗糙度只有几十微米，甚至激光分切可以作为最后一道工序，无须机械加工，零部件可直接使用。材料经过激光分切后，热影响区宽度很小，切缝附近材料的性能也几乎不受影响，并且工件变形小，分切精度高，切缝的几何形状好，切缝横截面形状呈现较为规则的长方形。

（2）分切效率高。由于激光的传输特性，激光分切机上一般配有多台数控工作台，整个分切过程可以全部实现数控。操作过程中，只需对数控程序进行改变就可适用不同形状零件的分切，既可进行二维分切，又可实现三维分切。

（3）分切速度快。用功率为 1 200 W 的激光分切 2 mm 厚的低碳钢板时，分切速度可达 600 cm/min；切割 5 mm 厚的聚丙烯树脂板，分切速度可达 1 200 cm/min。材料在激光分切时不需要装夹固定，既可以节省工装夹具又可以节省上、下料的辅助时间。

（4）非接触式分切。激光分切时割炬与工件无接触，不存在工具的磨损。加工不同形状的零件，只需改变激光器的输出参数而无须更换“刀具”。激光分切过程噪声低，振动小，无污染，对环境更为友好。

（5）分切材料的种类多。与氧乙炔分切和等离子分切等方式比较，可激光分切材料的种类更多，常见的金属、非金属、金属基和非金属基复合材料、皮革、木材及纤维等都能被激光切割。但是对于不同的材料，由于自身的热物理性能及对激光的吸收率不同，表现出不同的激光分切适应性。

2）激光分切的缺点

由于受激光器功率和设备体积限制的影响，激光分切只能分切厚度较小的板材，且随着工件厚度的增加，分切速度明显下降。同时激光分切设备价格较为高昂，一次性投资大。

3）激光分切的分类

（1）汽化分切。利用高能量密度的激光束加热工件，使温度迅速上升，在非常短的时间内达到材料的沸点，材料开始汽化，形成蒸汽，蒸汽喷出的速度非常大，在蒸汽喷出的同时，在材料上形成切口。材料的汽化热一般很大，所以激光汽化分切时需要大的功率和功率密度。激光汽化分切多用于极薄金属材料和非金属材料（如纸、布、木材、塑料和橡皮等）的分切。

（2）熔化分切。激光熔化分切时，用激光加热使金属材料熔化，然后通过与光束同轴的喷嘴喷吹非氧化性气体（Ar，He，N_2等），依靠喷出气体的强大压力使液态金属排出，形成切口。激光熔化切割不需要使金属完全汽化，所需能量远比汽化分切的低。激光熔化切割主要用于一些不易氧化的材料或活性金属的切割，如不锈钢、钛、铝及其合金等。

（3）氧气分切。激光氧气切割原理类似于氧乙炔切割，是用激光作为预热热源，用氧气等活性气体作为分切气体。喷吹出的气体一方面与切割金属作用，发生氧化反应，放出大量的氧化热；另一方面把熔融的氧化物和熔化物从反应区吹出，在金属中形成切口。由于切割过程中氧化反应产生大量的热量，所以激光氧气切割所需的能量低于熔化切割所需的能量；但切割速度远远大于激光汽化切割和熔化切割。该方法主要用于碳钢、钛钢以及热处理钢等易氧化的金属材料的切割。

（4）划片与控制断裂。激光划片是利用高能量密度的激光在脆性材料的表面进行扫描，使材料受热蒸发出一条小槽，然后施加一定的压力，脆性材料就会沿小槽处裂开。该方法主要适用于容易受热破坏的脆性材料。

4. 激光分切工艺

1）激光分切速度

激光分切速度取决于激光发射装置的功率和脉冲频率。有研究者研究了激光频率、脉冲频率对极片分切速度的影响。研究表明，使用连续激光分切时，功率越高分切速度越快。在激光功率为 100 W 时，分切速度已经高于常规机械分切速度（60 m/min），并且在相同功率情况下，负极极片比正极极片的分切速度更快，如图 6-13（a）所示。脉冲激光的能量输出与功率相关，在功率相同的情况下，频率高则分切速度也高。在激光切割中，100 Hz 和 50 Hz 是较为常用的脉冲频率，在相同功率情况下，100 Hz 比 50 Hz 的分切速度略微提高，并且在相同功率和相同频率情况下负极的分切速度大于正极的分切速度，如图 6-13（b）所示。

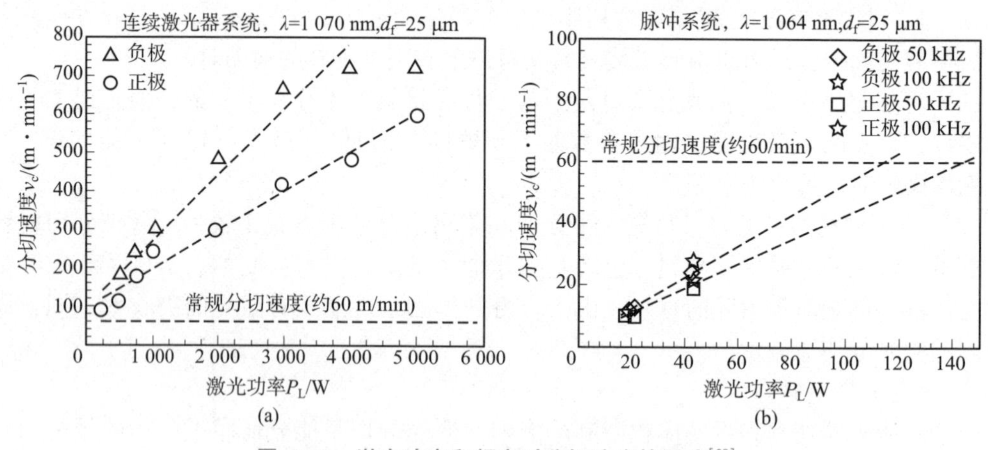

图 6-13 激光功率和频率对分切速度的影响[29]

（a）连续激光分切；（b）脉冲激光分切

注：λ—激光的波长；d_f—激光焦点处直径。

2）激光分切深度

激光的分切深度是激光功率的分段函数。正极和负极的分切深度与激光功率的关系如图 6-14 所示，在分切到活性物质时，分切深度随着激光功率的增大而显著增加；当分切到集流体（Al，Cu）时，激光功率增大时分切的深度变化比较平缓。同正负极上的活性物质相比，金属材质的集流体具有更高的热导率和更低的光吸收率，对分切深度的影响（阻碍分切深度增加）与活性物质层相比更为显著。

3）激光分切质量

电极的完整性和实用性是考察极片分切质量好坏的两个重要指标，分切质量好的极片往往只存在较小的机械缺陷，涂层基本不分层和可能存在极小的裂纹。不同缺陷会给电池带来不同的影响，机械缺陷的潜在风险是破坏隔膜的完整性；涂层分层会降低活性物质的传导性进而降低电池容量，同时，电极的加热会导致活性物质层的流失，最终导致分切边缘的容量减小。在激光分切过程中，如果脉冲激光频率持续时间过长，长时间的高能量会让集流体金属熔化并沉淀于活性物质表面形成球形颗粒；如果持续频率减小时，沉淀下来的颗粒尺寸会减小甚至消失，但是活性物质层会出现裂纹缺陷，如图 6-15 所示。

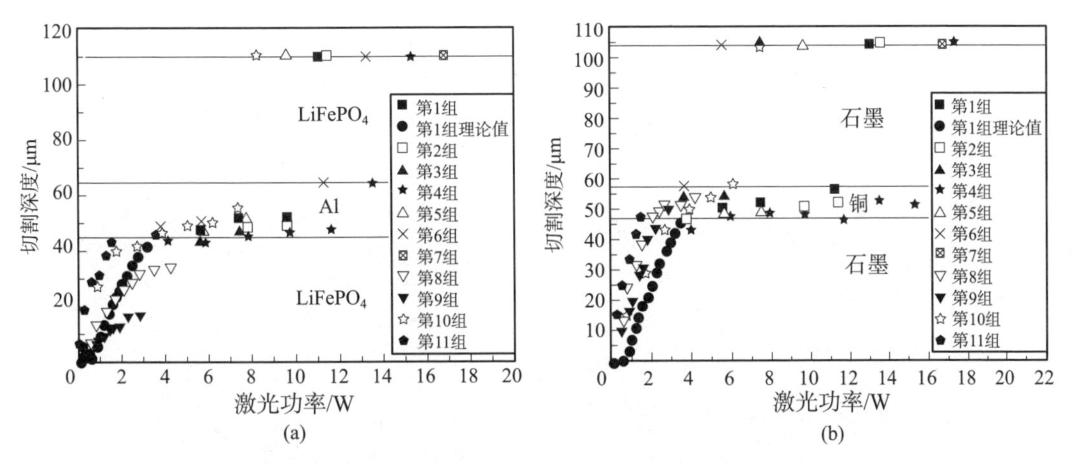

图 6-14　正极和负极的分切深度与激光功率的关系

（a）正极；（b）负极

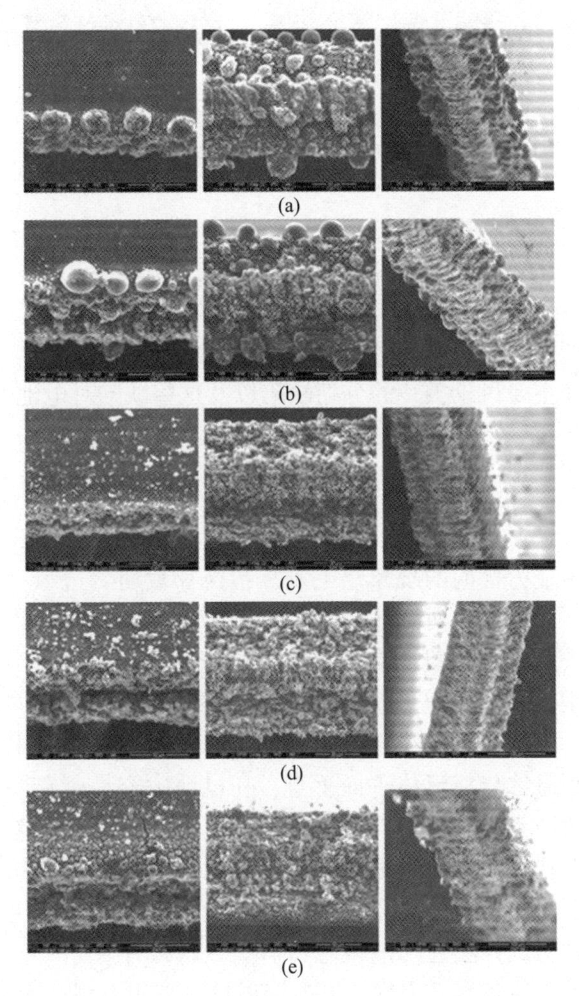

图 6-15　激光分切正极极片边缘形貌图[30,31]

注：分切速度 100 mm/s，脉冲持续时间（a）~（e）：4 ns，30 ns，30 ns，200 ns，200 ns；频率（a）~（e）：500 Hz，500 Hz，100 Hz，100 Hz，20 kHz。

选用合适的功率和脉冲频率可以得到分切质量优秀的极片，如图 6-16 所示，可以看到激光切割后的负极（见图 6-16（a））和正极（见图 6-16（b））的切面平整，涂层和集流体不分层，基本不存在裂缝。因此，激光分切中选用合适的功率和脉冲频率极其重要，对极片质量的好坏有决定性作用，实际运用需要谨慎对待。

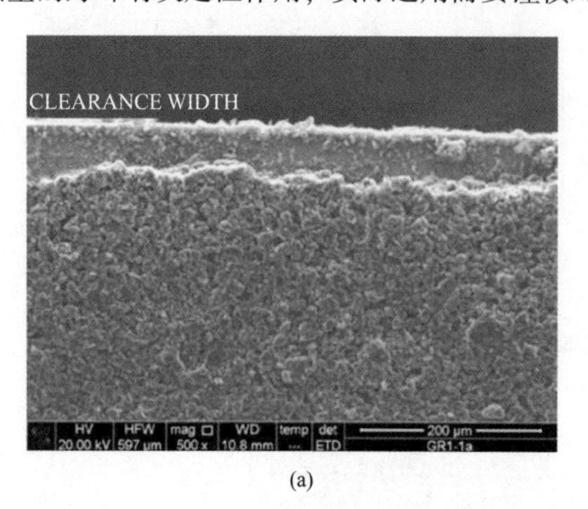

(a)

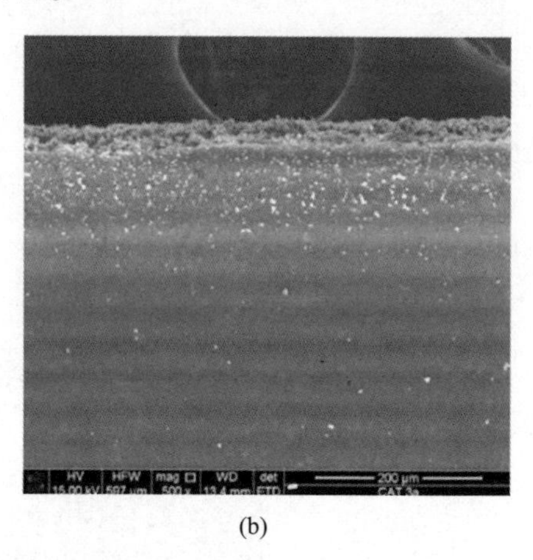

(b)

图 6-16　激光分切的合格切口

（a）石墨负极；（b）磷酸铁锂正极

6.6　极片分切缺陷及其影响

在锂离子电池生产过程中，有正负极极片、隔膜、铝塑复合膜、镍铝条带等众多需要进行分切的材料，此处主要讨论极片的分切缺陷以及这些缺陷对电池产生的影响。

6.6.1　分切缺陷

极片在分切过程中，常出现的缺陷主要包括毛刺、粉尘和翻边等。

1. 毛刺

毛刺是极片分切中最为普遍的现象。毛刺是指极片裁切后边缘存在的大小不等的细短丝或尖而薄的金属刺。在集流体两面都涂满活性物质时，极片在剪切时受力相对更为均匀，剪切后的毛刺会较少；而单面涂覆或纯集流体进行剪切时，极片受力不均匀，更容易产生毛刺。毛刺有两种类型，一种是细短丝型，另一种是尖而薄型。不同的毛刺也有一定的特征，细短丝型的毛刺尖端朝向通常与集流体平面平行，这种毛刺对电池的潜在风险系数相对更小；尖而薄的毛刺通常与集流体平面垂直，在电池中容易刺穿隔膜，对电池的安全性有较大的潜在风险，两种毛刺的形态如图 6-17 所示。检验毛刺的方法很多，最直接简便的方法是利用电子显微镜观察毛刺的表面形貌；也可以通过导通电流法进行检测，在极片层间放置隔膜，在一定压力作用下电路导通则表明毛刺已刺穿隔膜，毛刺尺寸过大时，极片为不合格品，这种导电测试方法还与测试电压有关。将极片置于一定高度的平行金属板缝隙之间，设定缝隙高度为毛刺容忍高度，有电流通过时表明毛刺高度超标。

极片剪切过程中，设备张力控制不佳、剪刃不锋利、剪刃润滑不良和剪刃水平间隙调整不当等，都可能会产生毛刺。张力控制不佳时，容易产生二次切削形成毛刺。剪刃不锋利时，刃口切入阻力增大、压应力减小，带材受压应力产生的变形量变小，光滑剪切面变小，受拉应力产生的变形量变大，无光撕裂面变大，对于塑性材料断口平整度变差，易使毛刺增多。剪刃润滑性不好时，剪刃与带材之间存在滑动摩擦，摩擦力会作用于剪刃间板材形成附加拉应力，使总拉应力增大。水平间隙过大也会导致拉应力过大，拉应力的增大会使无光撕裂面增大，毛刺增多。因此，控制好设备张力，保持剪刃锋利、剪刃润滑良好，调整好水平间隙等措施都可以减少毛刺产生。

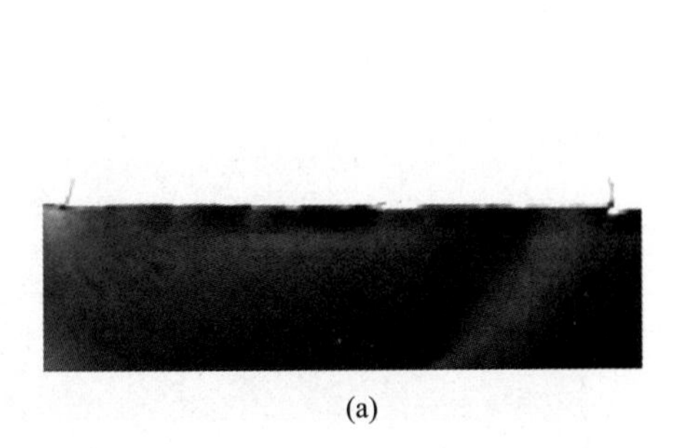

(a)

(b)

图 6-17　两种毛刺的形态

（a）细短丝型毛刺；（b）尖而薄型毛刺

为了消除毛刺给电池带来的不良影响，需要对分切的极片进行毛刺的后处理。早期极片分切设备的精度控制水平较低，分切完的极片毛刺较多，通常采用压边的方法将毛刺压平或将毛刺压向平行于集流体平面的方向，或采用电感耦合等离子体刻蚀极片边缘，或采用等离子气体处理正极集流体分切边缘的毛刺等方法。对极片分切边缘辊压并涂胶，在叠片式锂离子电池中采用极片自由端涂抹树脂的办法可防止毛刺刺穿隔膜，在极片毛刺多的卷曲端部张贴胶带等措施，在一定程度上同样可以消除毛刺的影响。

另外采用新型分切技术如激光分切，利用激光能量密度高加热速率极快可以将极片沿分割处熔化或汽化而切开，以“无接触式”的方式进行切割，不存在剪切力作用，因此断面平直光滑，可以减少毛刺的产生。

2. 粉尘

在极片辊压和分切过程中，剪切作用会使部分涂层边缘的粉体脱落并附着在极片表面，称为极片粉尘，如图 6-18 所示。在极片剪切过程中，在剪切力的作用下板材局部的拉伸变形会使涂布在极片上的粉体发生脱落，拉伸变形量越大，变形区域越大，粉体脱落越多。并且随着毛刺和翻边等缺陷的增多，粉尘也会增多，即引起毛刺和翻边等缺陷的因素都会不同程度地产生粉尘。因此控制好极片的毛刺、翻边等缺陷有利于控制极片粉尘现象。同时，极片中粉体黏结程度的好坏也会影响粉尘的脱落，黏结程度越差，辊压和分切产生的粉尘也越多。生产环境中的粉尘过多，也会造成极片被粉尘污染。因此适当增大涂布层黏结性、保持生产环境清洁，可以在一定程度上减少粉尘污染。但在分切过程中，由于极片本身载有的活性物质即为粉尘，粉尘问题是无法避免的，只能采取除尘装置对粉尘进行去除，以减少粉尘污染对生产的影响，如利用毛刷和真空吸入相结合的方式清除粉尘。

3. 翻边

翻边又称波浪边，是指极片边缘翘起和弯折的现象，如图 6-19 所示。在剪切过程中，水平间隙过大时，上下剪刃将塑形好的极片弯折拉断，断口处于弯折处，与极片不在同一平面，即出现翻边。当翻边缺陷普遍存在时，应考虑是否是水平间隙设置过大引起的；当翻边缺陷在局部周期出现时，应考虑是否是刀具翘曲引起的。

剪刃垂直间隙过大也会造成翻边。垂直间隙过大，剪切时撕裂过程延长，撕裂区末端与极片平面不在同一平面。当翻边缺陷普遍存在时，应减小剪刃垂直间隙，避免剪切时产生过长撕裂区；当翻边缺陷在局部周期出现时，应考虑是否是刀具径向跳动造成的。

图 6-18 掉粉现象

图 6-19 翻边现象

6.6.2 分切缺陷的影响

分切完的极片存在的主要缺陷是毛刺和粉尘，毛刺和粉尘的存在可能刺穿隔膜，造成电池自放电率的提高，降低电池性能；更严重的会引起电池内部短路，降低电池的安全性能，甚至引发电池膨胀、火灾或爆炸。

随着电芯装壳、注液等装配工序的推进，电池极片和隔膜的距离会逐渐靠近；极片在电解液中发生溶胀，体积变大会使极片和隔膜距离更加靠近；而在充满电之后极片膨胀至最厚，二者之间距离最近，此时毛刺刺穿电池隔膜的概率较高。毛刺严重时，装壳以后就能测出短路，而更短毛刺产生的短路只有在注液、充放电之后，随着极片与隔膜距离的靠近才能被测出。更为微小的毛刺和粉尘产生的短路，又称自放电，需要电池搁置一段时间才能测出。有人曾做过研究，随着分切刀水平间距的增大，电池自放电率有提高的趋势。因此将电池自放电率作为衡量粉尘和毛刺影响的标志量。

粉尘对电池的影响与毛刺有所不同。大的毛刺可以直接将隔膜刺破从而引起短路，但是粉尘更多的是引起电池自放电。粉尘颗粒以突出点的形式与隔膜接触，会在充放电时反复膨胀收缩，这是一个逐渐加重的过程，最终压破隔膜产生孔洞。来自空气中的粉尘或者极片、隔膜沾有的金属粉末都会引起电池的自放电[32]。如前文所述，极片分切生产过程做不到绝对的无尘，一般应控制粉尘不足以达到刺穿隔膜的程度，因此电池生产厂家对极片表面残留的粉尘粒径和数量要求较高，一般要求电池极片在卷绕前表面粉尘的最大颗粒度小于 8 μm。另外，涂布层与隔膜间的粉尘会增大涂布层和隔膜层间距，增大离子扩散路程，降低电池充放电效率。

用于手机锂离子电池的隔膜厚度大多在 10~16 μm，更有甚者，市场上已经出现了厚度只有 9 μm 的电池隔膜。同时，随着锂离子电池容量提升，对电池安全性能要求越来越高，隔膜变得越来越薄，电芯厚度占壳体厚度的比例也越来越大，金属壳体对电芯压力增加，毛刺和粉尘刺破隔膜带来的短路和自放电的风险越来越大，因此行业内对极片毛刺和粉尘的要求越来越严格。

项目实施

1. 项目实施准备

（1）自主复习极片分切知识。

（2）自主总结极片分切设备工作原理及操作要点。

（3）项目实施前准备的材料包括完成辊压的卷带、分切机、剪刃、收放卷设备以及其他辅助设备。

2. 项目实施操作

（1）对完成辊压的卷带进行品质检查，如果卷带品质符合剪切要求，则按照生产要求将卷带进行上卷。

（2）按照分切机操作手册进行开机并检查剪切机运行状态，按照生产要求设置好分切机的运行参数，核算完成后，操作设备开始对卷带进行分切。

（3）极片分切过程中密切关注分切极片的品质，观察极片是否存在毛刺过大、形变过大等不良现象，如果存在以上不良现象，及时对设备进行调整。

（4）对分切完成的极片进行收集，检查极片的品质，按要求进行分类并妥善保存。

（5）分切完成后，及时对分切设备进行清洁并做好相应记录。

3. 项目实施提示

（1）在极片分切作业过程中，人员需严格按照生产要求做好防护措施。

（2）严格检查各个设备的运行状态，以保证设备的正常运行。

（3）在使用分切设备前，按照生产要求对设备工艺参数进行设定。

（4）在分切过程中，认真检查卷带的对位情况和产品品质，以保证极片的顺利分切。

（5）分切作业完成后，认真检查各个设备的情况并做好记录。

项目评价

请根据实际情况填写表 6-7 项目评价表。

表 6-7 项目评价表

序号	项目评价要点		得分情况
1	能力目标（15 分）	自主学习能力	
		团队合作能力	
		知识分析能力	
2	素质目标（45 分）	职业道德规范	
		案例分析	
		专业素养	
		敬业精神	

续表

序号	项目评价要点		得分情况
3	知识目标（25分）	极片分切方法	
		极片剪切过程	
		极片剪切工艺	
		极片分切设备	
		激光分切	
		极片分切缺陷及其影响	
4	实训目标（15分）	项目实施准备	
		项目实施着装	
		项目实施过程	
		项目实施报告	

项目 7

锂离子电池烘烤、卷绕、装配工艺

学习目标

【能力目标】

(1) 能够清晰地描述锂离子电池的装配顺序。

(2) 能够描述锂离子电池装配过程中可能存在的生产问题。

【知识目标】

(1) 了解卷绕及叠片设备。

(2) 熟悉烘烤、卷绕及叠片工艺流程。

(3) 掌握软包装、方形、圆柱形、薄膜等锂离子电池的组装工艺。

工匠精神

【素质目标】

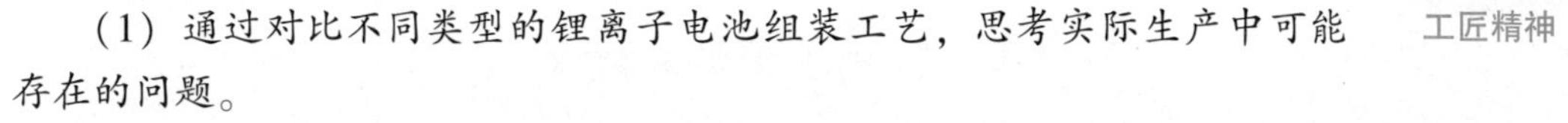

(1) 通过对比不同类型的锂离子电池组装工艺，思考实际生产中可能存在的问题。

(2) 锂离子电池生产过程中经过多次质量检验以保证产品质量，培养学生的责任意识。

项目描述

小张是一名新入职的锂离子电池装配技术人员，在装配锂离子电池过程中，极片辊压绕卷放入电池盒后，需要对电芯极组进行真空烘烤干燥，小张不能够理解这一步骤的重要性，有时会觉得多此一举。在卷绕和叠片过程中，他总是记不住卷绕和叠片的具体工艺要求，难以掌握如何采用两种工艺方法组装电芯。针对不同种类的锂离子电池，他总是会混淆工艺方法，没有掌握系统化检测锂离子电池质量的要点。

项目分析

为了解决小张在锂离子电池装配过程中的问题，应当强化理论知识的学习。首先，小张应当认识到锂离子电池真空烘烤过程的重要性，掌握卷绕和叠片方法组装锂离子电池电芯的过程、工艺要求和优异性；其次，认识不同种类的卷绕和叠片设备及其运行工艺方法；再次，掌握不同种类的锂离子电池的组装工艺，掌握封装流程；最后，认识锂离子电池装配质量检测的要点。

项目目的和要求

【项目目的】

通过本项目的学习能够让学生掌握锂离子电池的烘烤、卷绕和叠片、组装过程；掌握卷绕和叠片两种组装电池电芯方法的工艺方法和差异性；掌握不同种类锂离子电池的组装工艺；认识锂离子电池装配质量检测。

【项目要求】

（1）学生要掌握重点理论知识，确保对锂离子电池组装步骤和要点理解透彻，并能够在装配不同种锂离子电池时选择合适的装配方式，并认识装配质量检测的要点。

（2）在项目实训过程中，小组成员要严格按照老师的指导，规范操作，注意安全，做到眼看、手动、心记。

（3）在解决学习过程和实训过程中产生的问题时，小组成员要充分发挥团队精神，多讨论，多询问，自主查找资料，培养学习能力和团队协作能力，并共同解决问题。

（4）在反馈与总结过程中，小组成员需要积极参与讨论，分享自己的经验和教训，互相学习和进步。

知识准备

锂离子电池的装配通常是指将正负极片、隔膜、极耳、壳体等部件装配成电池的过程。装配过程通常可以分成卷绕和叠片、组装、焊接等工序。卷绕和叠片是将集流体上焊接有极耳的正负极片和隔膜制成正极—隔膜—负极结构的方形或圆柱形电芯结构的过程。组装是指将电芯、壳体、盖板和绝缘片等装配到一起的过程。焊接是将极耳、极片、壳体、盖板按工艺要求连接在一起的过程。本章主要讨论卷绕和叠片、组装以及装配质量检验。

7.1 锂离子电池烘烤

所谓真空干燥，就是将待干燥的物料置于一个封闭空间中，用真空设备将封闭空间内的气压降至一个大气压下，与此同时不断地对物料进行加热，这样物料内的水分子由于压力差和浓度差的作用逐渐扩散到物料的表面，在物料表面获得足够的动能以后，逐渐克服分子间吸引力的束缚，逃逸到低气压的真空室中，然后通过真空泵排到大气中。

真空干燥主要经历三个过程，首先是传热过程，物料通过热源吸收热量，升温并将内部的湿分汽化；其次是物料内部湿分液态传质过程，物料内部的水分以液态的形式向表面移动，然后在表面完成汽化；最后是物料表面湿分的气态传质过程，在物料表面汽化的水蒸气逐渐逃逸到真空室内部，并通过真空室流向外界。

要完成以上的传热传质过程，温度、压力及浓度为关键控制因素。

温度：热源温度要明显大于物料温度，满足自身温度升高以及湿分汽化所需的能量，温度越高，干燥越快。

浓度：指物料内部湿分的浓度，物料内部浓度要高于物料表面浓度，在毛细管力及浓度差的作用下，向表面迁移，最终使湿分的浓度不断降低。

压力：物料表面的蒸汽压力要高于干燥箱内的蒸汽分压力，这是真空干燥的核心理论。

真空干燥热力学主要研究的是水的汽化温度和饱和蒸汽压以及真空度三者之间的关系，其理论基础可以用克拉珀龙公式表示。

$$P_s = 4.1868\frac{L}{V''-V'}\ln T + C \tag{7-1}$$

式中，V'，V''分别为气体、溶体水的比容，m^3/kg；L 为汽化潜热，kJ/kg；P_s 为在温度 T 时的饱和蒸汽压，MPa；T 为绝对温度，K。

水的汽化温度与饱和蒸汽压成正相关性，与真空度成负相关性。饱和蒸汽压越小，水的汽化温度也随之变小，同理真空度越大，水的汽化温度就越小。因此可知在真空环境中水更容易实现低温汽化，当温度保持一定值的时候，提高干燥室内的真空度，可以使物料表面更多的水分转化为水蒸气，同样可以起到加速干燥的效果。

对于锂离子电池的烘烤工艺原理及主要过程如图 7-1 所示。

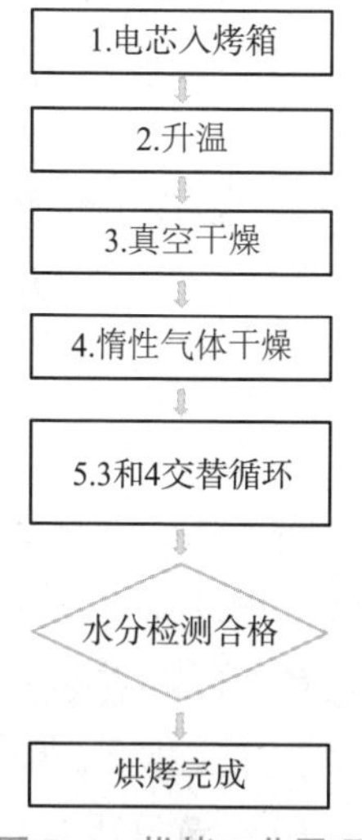

图 7-1　烘烤工艺原理及主要过程

在常压下加热一段时间，使物料整体升温到设定温度，同时物料中的湿分汽化；通过抽真空降低水的汽化温度，加速干燥；水分蒸发到一定程度后，通过充氮气破真空，排出湿气，保持干燥环境加热一定时间，再次抽真空，如此循环，直至干燥完成。

烘烤方式按加热方式有接触式烘烤和热风循环式烘烤。热风循环式烘烤指通过加热单元将气体加热，然后通过循环系统对电池进行加热。接触式烘烤指加热单元直接对电池进行烘烤加热，相对于热风循环式烘烤具有温度均匀性好、烘烤周期短等特点。

7.2　电极卷绕和叠片

7.2.1　卷绕和叠片工艺

1. 电芯结构

卷绕通常是先将极耳用超声焊焊接到集流体上，正极极片采用铝极耳，负极极片采用镍极耳，然后将正负极极片和隔膜按照正极片—隔膜—负极片—隔膜的顺序进行排列，再通过卷绕组装成圆柱形或方形电芯的过程，如图 7-2 所示。

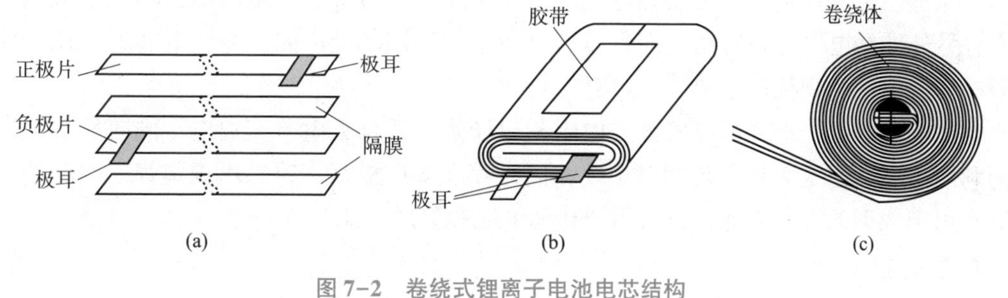

图 7-2　卷绕式锂离子电池电芯结构

（a）极片和隔膜排放顺序；（b）方形；（c）圆柱形

叠片通常是以集流体作为引出极耳，将正负极极片和隔膜按照正极片—隔膜—负极片的顺序逐层叠合在一起形成叠片电芯的过程，叠片过程如图 7-3 所示。叠片方式既有将隔膜切断的直接叠片的积层式，也有隔膜不切断的 Z 字形叠片的折叠式。

2. 工艺要求

卷绕与叠片的具体工艺要求如下。

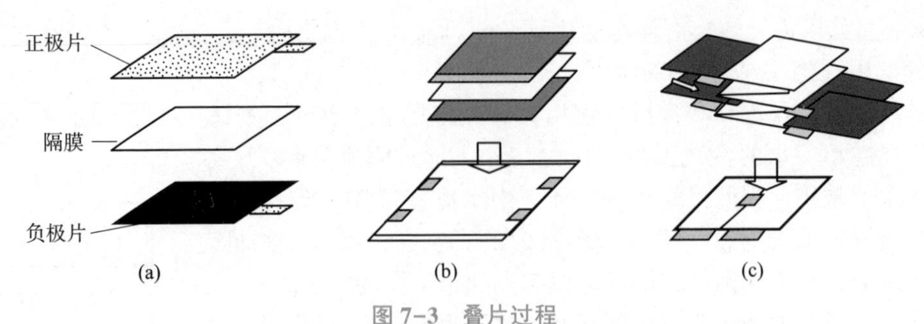

图 7-3 叠片过程

（a）极片和隔膜叠放顺序；（b）积层式；（c）折叠式

（1）负极活性物质涂层能够包住正极活性物质涂层，防止析锂的产生。对于卷绕电芯，负极的宽度通常要比正极宽 0.5～1.5 mm，长度通常要比正极长 5～10 mm；对于叠片电芯，负极的长度和宽度通常要大于正极 0.5～1.0 mm。负极大出的尺寸与卷绕和叠片的工艺精度有关，精度越高，留出的长度和宽度可以越小。

（2）隔膜处于正负极极片之间能够将正负极完全隔开，并且比负极极片更长更宽：对于卷绕电芯，隔膜的宽度通常比负极要宽 0.5～1.0 mm，长度通常要比负极长 5～10 mm；对于叠片电芯，隔膜的长度和宽度通常要大于负极 1～2 mm。隔膜的具体长度与电芯结构设计有关。

（3）卷绕电芯要求极片卷绕的松紧适度，过松浪费空间，过紧不利于电解液渗入，同时还要避免电芯出现螺旋；叠片电芯要求极片和隔膜叠片的整齐度高，极片的极耳等部件装配位置要准确，从而减小空间浪费和安全隐患。

（4）卷绕和叠片过程要防止极片损坏，保持极片边角平整，无毛刺出现。

3. 卷绕与叠片各有优势

卷绕采用对正负极片整体进行卷绕的方式进行装配，通常具有自动化程度高，生产效率高，质量稳定等优点；但是卷绕电芯的极片采用单个极耳，内阻较高，不利于大电流充放电；另外卷绕电芯存在转角，导致方形电池空间利用率低。因此卷绕电芯通常用于小型常规的方形电池和圆柱形电池。

叠片电芯的每个极片都有极耳，内阻相对较小，适合大电流充放电；同时叠片电芯的空间利用率高。但是叠片工艺相对烦琐，同时存在多层极耳，容易出现虚焊。因此叠片电芯通常用于大型的方形电池，也可用于超薄电池和异形电池。

4. 工艺流程

全自动卷绕机的工艺流程如图 7-4 所示。隔膜、正负极极片利用放卷机主动放料进入输送过程，隔膜经过除静电后进入卷绕工位，在卷针转动的驱动下进行预卷绕；极片经过除尘、极耳焊接、贴胶后进入卷绕工位，依次插入预卷绕的隔膜中进行共同卷绕；切断极片和隔膜，贴胶固定电芯结构，进行短路检测，进入传输装置送入下一工序。

全自动叠片机的工艺流程如图 7-5 所示。正负极极片经过定位后传输至叠片台，隔膜从料卷放卷后也引入叠片台；极片经过精确定位后依次叠放在叠片台上，隔膜左右往复移动形成正极/隔膜/负极的叠片结构，叠片完成后，自动贴胶，完成后送入下一工序。

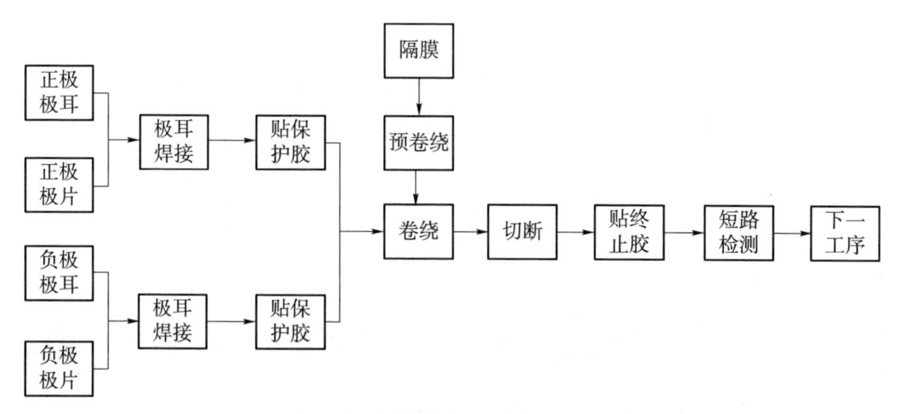

图 7-4 全自动卷绕机的工艺流程

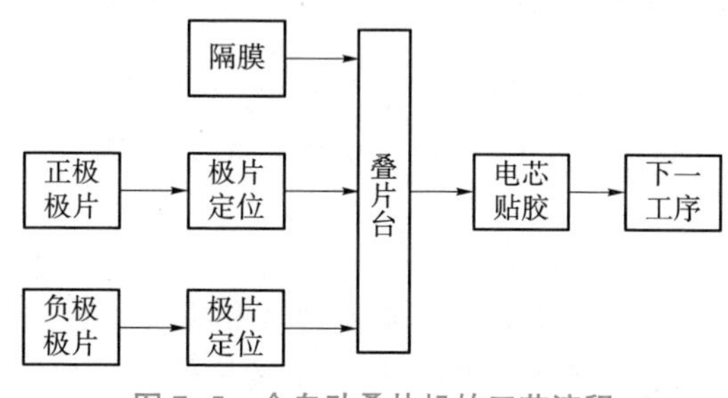

图 7-5 全自动叠片机的工艺流程

5. 工艺参数与缺陷

卷绕工艺中主要的参数有卷绕速度、卷绕张力以及附带的焊接参数和贴胶参数等。不同设备对应的具体参数不同，其中极片和隔膜的张力控制直接影响电芯的松紧度及其一致性。在电芯卷绕过程中，张力过大会导致极片和隔膜拉伸发生塑性变形，严重时甚至拉断；张力过小会导致电芯的松紧度过低，还可能使卷绕不能正常进行。因此在卷绕过程中必须对张力进行合理的控制。隔膜的张力控制为 0.3~1 N，极片的张力控制为 0.4~1.5 N。

相对于圆柱形电池，采用片式卷针的方形电池卷绕时张力波动更大。张力严重波动会导致电芯内部的电极产生膨胀，造成电芯变形、卷绕不整齐、电池表面不平整等。张力控制时要考虑为电芯在后续充放电过程中的膨胀预留膨胀空间。常见的张力过大导致的缺陷为电芯内部褶皱和中心孔反弹，如图 7-6 所示。这些褶皱可能是由电芯内部压力过大导致的，中心孔反弹可能是由张力过大造成的。

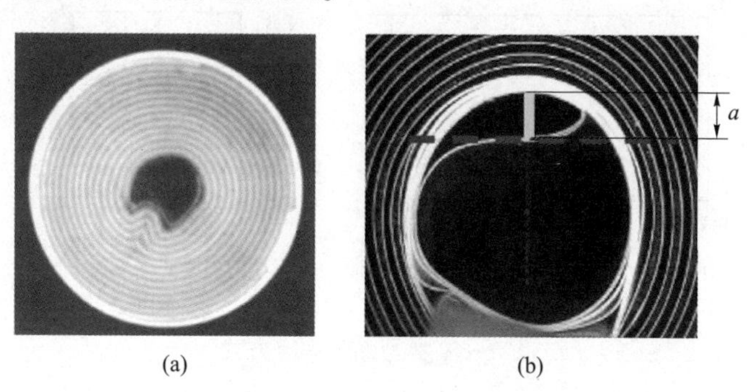

(a) (b)

图 7-6 电芯褶皱和隔膜中心孔反弹

纠偏直接影响极片卷绕的整齐度，当纠偏精度降低或出现故障时会出现螺旋现象。有螺旋现象电池和正常电池的X射线微焦衍射透视如图7-7所示。螺旋直接使电池的安全性能下降和空间利用率降低，手工卷绕时螺旋现象和不整齐现象严重，这是手工卷绕逐渐被淘汰的原因。对于隔膜连续的叠片电池，张力会影响电芯的形状，如果张力过大容易导致叠片电芯的隔膜边缘翘曲，导致电芯不平整。同时在叠片过程中，极片的精度控制和纠偏影响电芯的结构，精度控制较低容易导致负极包不住正极，存在安全隐患。

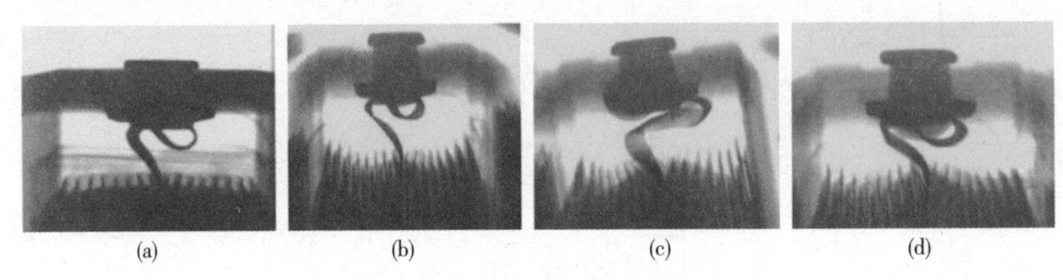

图7-7 X射线微焦衍射透视

（a）正常电池；（b）、（c）、（d）有螺旋现象电池

6. 贴胶设备

贴胶是将胶带贴于极片和电芯的过程。对于卷绕和叠片电芯，应对电芯的底部、侧面、顶部和卷绕终止处进行贴胶。对于卷绕的极片，在极片的头尾部、焊接极耳处以及极耳引出部位也需要贴胶。典型贴胶固定方式如图7-8所示。

贴胶的作用主要有固定电芯形状和提高电池安全性能。极片和极耳贴胶主要是为了防止极片和极耳上的毛刺刺破隔膜以及在使用不当时的短路，提高电池的安全性能。在电芯底部、侧面、顶部和卷绕终止处的贴胶可以起到固定电芯，方便后续入壳装配和提高安全性能等作用。

胶带的质量、贴胶位置和尺寸影响电池厚度和安全性能。贴胶过多会导致电池的有效体积降低，电池的容量下降。胶带的耐高温性能、耐针刺强度、抗拉强度、耐电解液腐蚀性和电气绝缘性也会影响安全性能。锂离子电池极耳胶带通常采用丙烯酸类胶料和聚酰亚胺基材，终止固定及其他部位的胶带通常采用丙烯酸类胶料和聚丙烯基材。良好胶带需要具有适当的黏着力并且揭开后不留残胶。

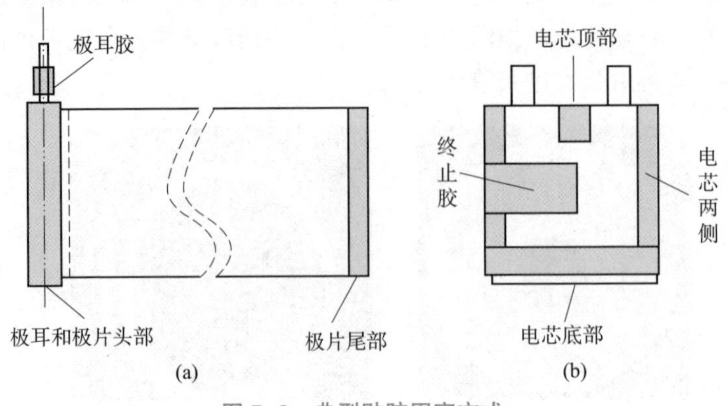

图7-8 典型贴胶固定方式

7.2.2 卷绕和叠片设备

1. 卷绕设备分类

锂离子电池卷绕设备主要有全自动卷绕机、半自动卷绕机和手工卷绕三大类。手工卷绕是将焊有极耳的正负极极片和隔膜利用脚踏控制卷针旋转进行卷绕，由于设备成本低、极片尺寸适用性广和精度要求低，在国产电池生产早期曾经大规模使用。但由于卷绕松紧度和极片螺旋靠人工控制，卷绕精度低、一致性差，手工卷绕逐渐被淘汰。全自动卷绕机能够实现极耳焊接、卷绕、贴胶、除尘和除静电、相关质量检验等全过程的自动化生产，产品一致性高，安全性好。全自动卷绕机逐渐得到普及，但设备成本高，对极片质量要求严格。半自动卷绕机能够实现极片的自动卷绕，极片可以人工分级配对；对极片精度要求较低，螺旋和松紧度控制得好，对不同型号极片的适应能力较强。但是半自动卷绕机卷绕过程中存在部分人工操作，对极片有一定的损伤。目前生产厂家通常采用全自动卷绕机和半自动卷绕机进行生产。

2. 全自动卷绕设备

锂离子电池全自动卷绕机包括放卷系统、焊接系统、卷绕系统、贴胶系统、控制装置和其他装置等，具有卷绕成型、焊接极耳和粘贴胶带等功能，锂离子电池全自动卷绕机结构示意如图 7-9 所示。

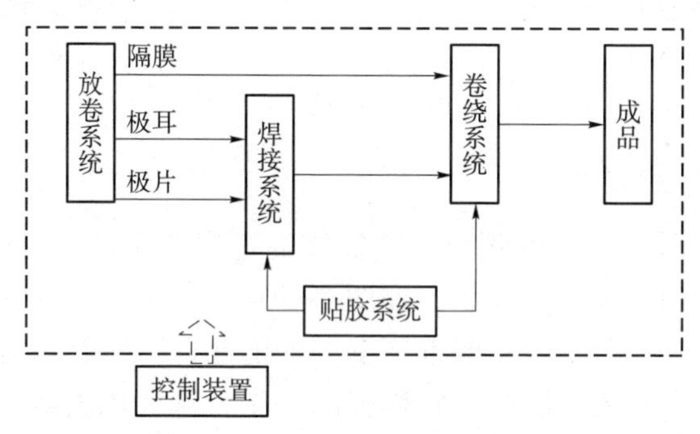

图 7-9 锂离子电池全自动卷绕机结构示意

1）放卷系统

放卷系统是将极片、极耳和隔膜卷打开并输送至后续工位的装置。由起始的放卷电机和中部设置的主动送料电机共同提供放卷动力；中部还设有挂轴，由气缸带动张紧机构通过对料卷的固定来控制极片和隔膜的停止和放卷。同时还设有料卷用完检测装置和自动换卷装置。

2）焊接系统

焊接系统是将通过放卷系统传输的极耳采用超声波的方法焊接于极片集流体上的装置。由极耳挂轴定位装置和边缘位置传感器联动来控制极耳的给入焊接位置，通过超声波焊接器对极耳与极片进行焊接，由气缸带动焊接头实现间歇焊接；然后切断极耳，贴极耳保护胶，对焊接质量进行检测。

3）卷绕系统

卷绕系统是将正极/隔膜/负极卷绕成电芯的装置。将隔膜送入卷针，由伺服电机带动卷针旋转进行预卷绕，然后将正负极极片依次送入预卷绕的隔膜中间进行共同卷绕，采用切刀切断正负极极片，采用热剪切切断隔膜，然后贴胶固定形成电芯。对电芯进行短路检验，合格产品通过输送带送入下一工序。

卷针是卷绕工序中的核心部件，按照形状分为片式卷针和圆形卷针。卷针的形状和尺寸决定于电芯的形状和大小。方形电池常用片式卷针，由上下两个相同尺寸的金属片组成，有效卷绕部分呈长方形，两层金属片之间留有微小的间隙，能够穿过并夹住隔膜；金属片外表面为光滑的扁平弧形，拔出端为半圆弧形，如图 7-10（a）所示。卷针的长度通常大于隔膜宽度，横断面的周长略小于电芯最内层的设计周长。电芯的设计要求能够从卷针上顺利拔出，避免带出内层隔膜、破坏电芯对齐度等弊病出现。

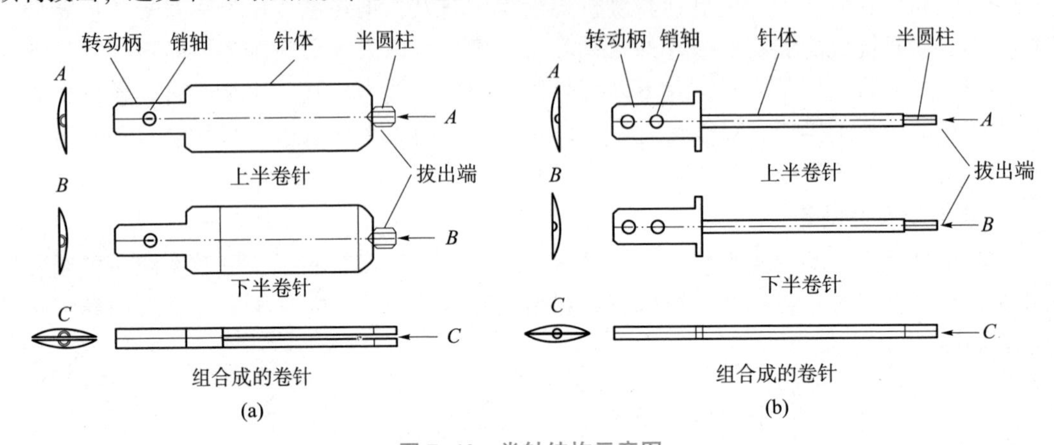

图 7-10　卷针结构示意图

（a）片式卷针；（b）圆形卷针

圆柱形电池常用圆形卷针，由两个半圆柱体的金属棒组成，可以夹住隔膜进行卷绕，卷针拔出端也设计成有利于拔出的形状，如图 7-10（b）所示。卷针的直径应尽量小，但是不能小于极耳的宽度。圆形卷针早期也用于方形电池，圆柱形的电芯进行压扁后制成方形电芯，电芯里层的宽度略大于圆形卷针周长的一半。这种压扁电芯的内部张力大，厚度不容易控制，后来被片式卷针取代。

4）贴胶系统

贴胶系统是对极耳焊接部位、极片尾部和电芯终止部位粘贴胶带的装置。极耳焊接部位的贴胶是由输送和定位装置将胶带送至机械手，利用真空吸住胶带，切断后送至极耳处进行贴胶，用于防止极耳毛刺刺穿隔膜造成内短路，提高电池的安全性能。电芯在卷绕终止部位的贴胶是利用滚筒真空吸住胶带，然后旋转到贴胶部位进行贴胶，固定电芯结构，防止松卷。与自动卷绕机配套的贴胶系统，只能完成与卷绕相关的部分贴胶工作，其他贴胶工作则由专门的贴胶设备来完成。根据生产线要求，通常由全自动贴胶机完成贴胶工作。

5）控制装置

控制装置主要包括张力控制装置和纠偏装置。张力控制装置主要用于调节卷绕过程中施加在极片和隔膜的张力，调控电芯的松紧度。卷绕过程是动态时变过程，张力控制也是动态时变过程。对于圆形电池，卷绕过程中张力的大小及其波动相对容易控制。

对于方形电池，卷绕过程中的张力波动较大，当片式卷针以恒角速度转动时，极片和隔膜的线速度发生类似于正弦波的周期性变化，线速度的最大值和最小值相差幅度很大，且在运行过程中出现尖角，相应的加速度变化很大，从而导致极片对应的张力也发生类正弦的周期性波动，变化幅度也很大。在一个卷绕周期内极片的线速度和张力变化曲线如图 7-11 所示。

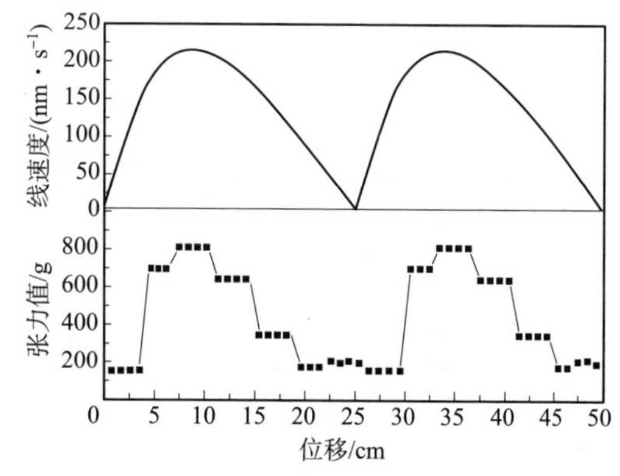

图 7-11　极片的线速度和张力变化曲线

对于方形电池，控制重点在于减少卷绕过程中卷绕线速度波动，使张力趋于恒定。张力恒定控制的方式主要有卷针自转加公转、调速机械凸轮调节送料速度等，如图 7-12（a）和图 7-12（b）所示。随着自动化水平发展，逐渐采用数字控制方式来减少卷绕时张力波动，特别是动态张力的波动，如图 7-12（c）所示。

张力大小控制主要在极片和隔离膜挂轴处，采用低摩擦气缸和电动压力控制来调整张力；利用伺服电机的速度来控制极片和隔膜传输过程中的张力稳定；在卷绕前的极片缓存机构处，采用磁粉离合器和电机控制来调整张力，实现逐圈减张力卷绕。

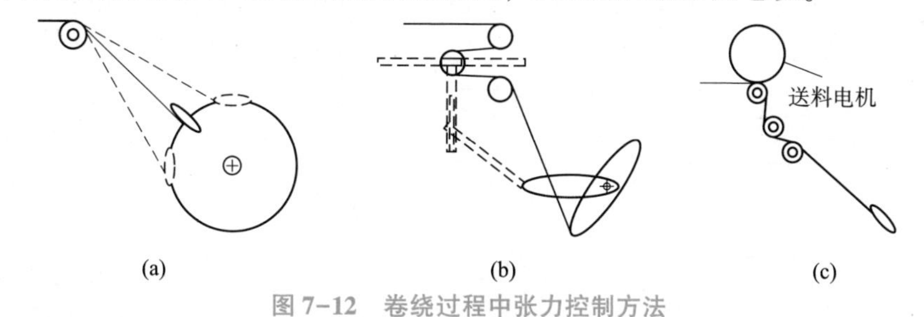

图 7-12　卷绕过程中张力控制方法

（a）卷针自转加公转控制；（b）调速机械凸轮控制；（c）数字控制[33]

纠偏装置主要用于纠正极片和隔膜在放卷、输送和卷绕过程中偏离预定位置的装置。放卷纠偏通过电机控制放卷机构进行平移来实现，采用边缘对中纠偏（EPC）方式进行纠偏。

6）其他装置

除粉和除静电装置一般设在正负极极片和隔膜挂轴处。通过刷粉集尘装置的防静电毛刷旋转、自动与极片接触和分离来实现除粉功能；通过负离子发生器除静电装置来去除隔膜的静电；还可以通过加装磁铁除去极片和隔膜的磁性粉尘。

短路检测装置一般采用电芯短路测试仪来测试，通过测量正负极之间的电阻值来判定电池是否合格。

全自动电芯卷绕机在电芯卷绕过程中全自动控制、卷绕精度高、生产能力强。常见卷绕机适用范围、卷绕性能和精度如表 7-1 所示。

表 7-1　常见卷绕机适用范围、卷绕性能和精度

设备型号	原料适用范围/mm			卷绕精度/mm		电芯厚度/mm	生产能力/(个 · min^{-1})
	宽度	厚度	长度	宽度	长度		
KAIDO KAWM-4BTH	35~70	70~300	250~1 000	±0.3	±1	3~10	10
深圳雅康 YKJR-9090	30~100	40~130	400~1 300	±0.5	—	3~10	3~10

3. 叠片设备

锂离子电池自动叠片机通常包括极片储料模块、极片定位模块、输送模块、隔膜供料模块、叠片模块、贴胶模块、取出模块和控制模块，如图 7-13 所示。极片储料模块是存放分切好的正负极极片的装置，极片定位模块控制从储料模块取出的极片在定位器中精确摆正方向和位置，由输送模块采用真空吸盘取出并输送入叠片模块；隔膜供料模块将隔膜料卷经过放卷后输送至叠片模块；叠片模块的叠片台上设有隔膜、正极极片和负极极片的叠片装置、压紧和纠偏装置，能够按照正极—隔膜—负极顺序进行精确叠片放置，然后经过贴胶固定成为叠片电芯；由取出模块将电芯取出送至下一工序。全自动叠片机生产效率高，叠片精度高，可自动跟踪叠片速度。

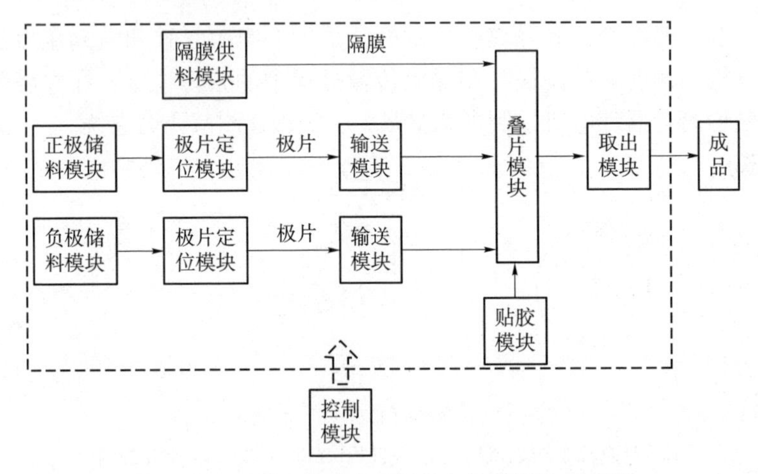

图 7-13　锂离子电池自动叠片机结构模块示意图

7.3　锂离子电池组装

7.3.1　组装工艺

1. 软包装锂离子电池

软包装锂离子电池封装流程如图 7-14 所示。首先将铝塑复合膜冲压成型制成壳体，然后将卷绕或叠片形成的电芯放入壳体内，再进行热封装。封装时通常先进行顶部热封（顶封）和一边侧封，然后从留有气囊一侧的开口进行注液，再进行抽真空侧封，然后电池进行预化成，预化成后从气囊封口边剪开，用真空封口机抽去电池内部气体后侧封、整形。气囊的作用是增大电池内部空间，防止气胀时内压过大而将电池的软包装胀裂，造成电池漏液。溶胶凝胶聚合物锂离子电池通常是将隔膜两面极片加入 PVDF 系列黏结剂，然后与正负极片辊压成型，经过卷绕或叠片制备电芯，后续工艺与软包装锂离子电池类似。

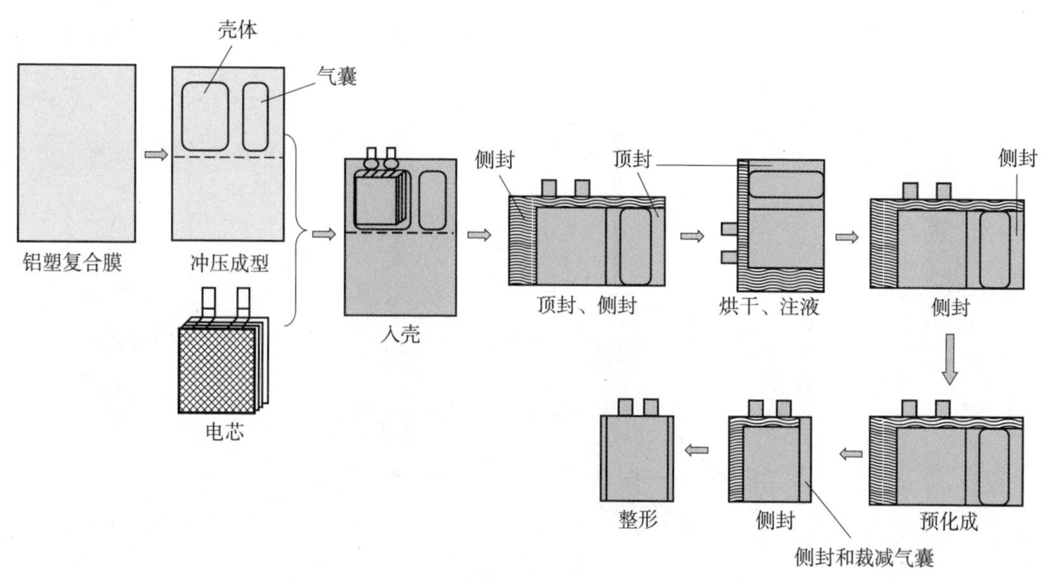

图 7-14　软包装锂离子电池封装流程

2. 方形锂离子电池

方形铝壳电池封装流程如图 7-15 所示。首先将贴胶的电芯装入铝壳。入壳后在电芯上部放置绝缘片和盖板，然后将正极铝极耳和铝壳盖板采用电阻焊焊接作为电池的正极端子，将负极镍极耳和盖板上的镍钉采用电阻焊焊接作为电池的负极端子。然后采用激光点焊将盖板预固定在壳体上，再采用激光将盖板与壳体进行连续密封焊接。然后进行烘干和注液，预化成后采用钢珠封口。

方形钢壳电池的装配与铝壳电池流程大致相同，但正负极端子与方形铝壳电池正好相反。

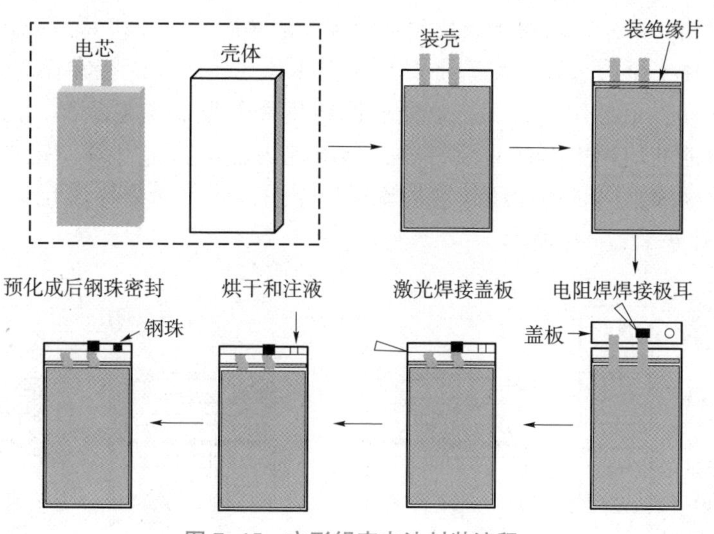

图 7-15　方形铝壳电池封装流程

3. 圆柱形钢壳电池

圆柱形钢壳电池封装流程如图 7-16 所示。先将下绝缘底圈放入圆柱形壳体，再将卷绕电芯插入壳体，采用电阻焊将负极极耳焊于钢壳，插中心针，再进行钢筒滚槽短路检测、

真空干燥后注液，再将盖帽焊到正极极耳上，最后进行封口。经过清洗后的电池进行喷码、外观检查、X 射线检测、分容分选后进行包装、出厂。

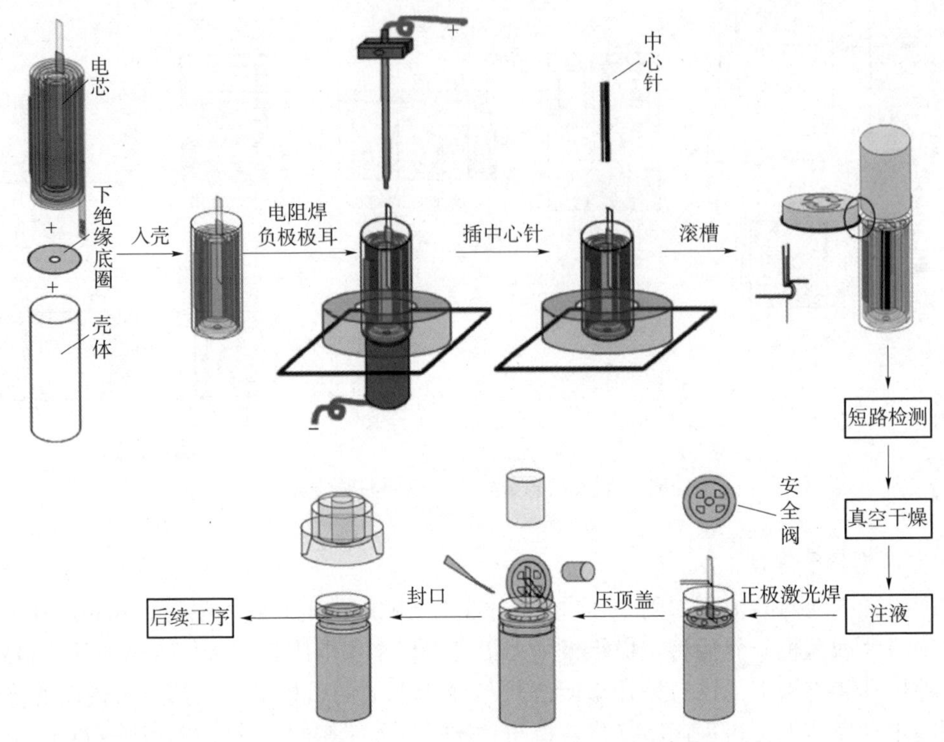

图 7-16　圆柱形钢壳电池封装流程

圆柱形锂离子电池的盖帽由安全阀、气孔、顶盖、垫片以及密封圈五部分组成，主要结构如图 7-17（a）所示。盖帽组装按照从内到外的顺序：将正极耳激光焊接在安全阀上；再采用密封圈卡住安全阀边缘；然后将安全阀主体和气孔激光焊接在一起；随后将垫片放在顶盖和气孔之间；最后组合顶盖，利用胶圈将钢壳外壁和盖帽绝缘，防止正负极短路。安全阀是保证电池的使用安全的重要部件，当电池内部压力上升到一定数值时气孔翻转，与安全阀脱离而断路，同时垫片还起着过流保护作用，而普通垫片仅起到密封的作用。如图 7-17（b）~图 7-17（d）所示。

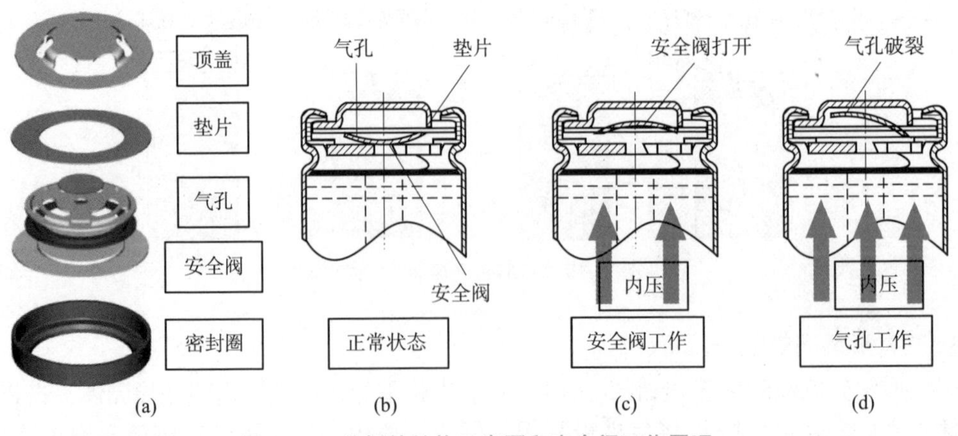

图 7-17　盖帽的结构示意图和安全阀工作原理

4. 薄膜锂离子电池

薄膜锂离子电池通常包括全固态薄膜锂离子电池和聚合物薄膜锂离子电池。

全固态薄膜锂离子电池典型的制备工艺如图 7-18（a）所示，正负极材料和电解质通常采用磁控溅射、化学气相沉积等方法直接进行沉积，电池厚度可以控制低于 0.1 mm。但设备价格昂贵，工艺精细，生产环境苛刻，难以进行大规模商业化生产；同时制备的电池内阻非常大，难以满足高功率要求。

聚合物薄膜锂离子电池典型的制备工艺如图 7-18（b）所示，大部分聚合物锂离子电池采用的是凝胶电解质技术，多孔电极能够吸收大量的电解液，电池内部没有游离的电解液存在。也有采用液态软包装电池（ALB）技术来制备薄膜电池，ALB 技术前段工艺采用普通锂离子电池生产技术，后段采用软包装锂离子电池生产技术，两者结合的技术成熟，工艺路线简单；同时电池的内阻较小，大倍率放电特性比常规聚合物锂离子电池要好。

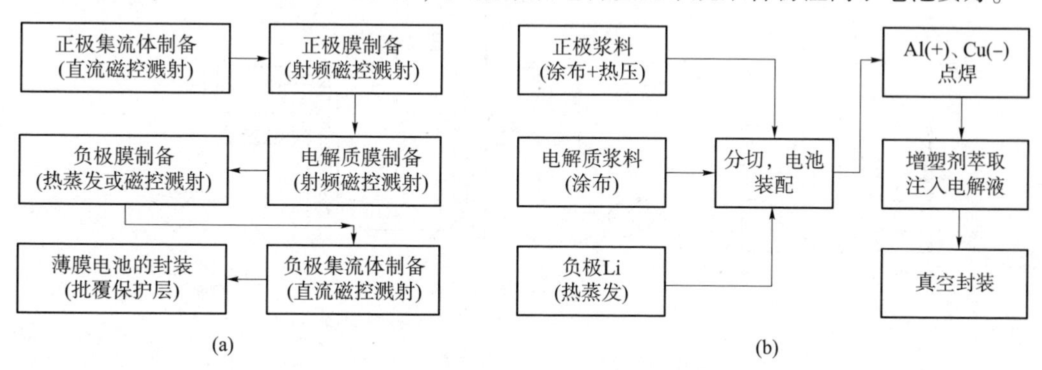

图 7-18　薄膜锂离子电池生产工艺

（a）全固态薄膜锂离子电池；（b）聚合物薄膜锂离子电池

7.3.2　组装设备

1. 组装设备

锂离子电池组装设备的开发及自动化是一个不断开发和完善的过程。国内早期主要采用脚踏式手工卷绕进行电芯卷绕，手工进行入壳和贴胶。目前国内通常采用半自动化或全自动化设备进行卷绕或叠片、入壳和贴胶，提高了电池装配质量、一致性和产品合格率。随着设备的开发及自动化水平的提高，锂离子电池的精度控制和装配效率还将继续提高。

软包装电池、方形电池和圆柱形电池装配过程主要涉及铝塑复合膜的冲壳设备、压扁设备、贴胶设备、入壳机和滚槽设备等。

1）冲壳设备

冲壳设备主要用于软包装锂离子电池壳体——铝塑复合膜的冲压成型，即将平面的铝塑复合膜拉伸成长方体型腔，该工序称为冲压成型。典型的冲压设备包括冲头、磨具和加压系统等主要部件。首先将铝塑复合膜放在磨具上压紧，然后在一定压力和速度下将冲头压下获得一定形状的壳体。冲压设备还包括铝塑复合膜的放卷、送料系统和切断系统，此外通常还具有刷尘装置，以减少生产过程中形成的粉尘。

在冲压过程中，要求铝塑复合膜各层的延展性好，同时要求冲压模具的表面光滑，防止损伤铝塑复合膜，并且对模具长方体型腔四周 R_a 角的过渡半径、拉伸 R_b 和 R_c 角的过渡半径以及拉伸深度有一定限制。根据电池芯的大小，一般 R_a 角的过渡半径在 2~4 mm，R_b 和 R_c 角过渡半径为 1 mm，拉伸深度在 3.5~5.5 mm，α 为 4°~5°。

铝塑复合膜在冲压过程中的受力如图 7-19 所示。在冲压力的作用下，铝塑复合膜在冲头径向产生拉伸应力 σ_1，在冲头切向产生压应力 σ_3。在应力 σ_1 和 σ_3 共同作用下，凸缘区的材料发生塑性变形而被冲入凹模内，成为长方体型腔。根据应力应变状态的不同，可将铝塑复合膜划分为 5 个区域，其中底部转角稍上的区域称为"危险断面"。此处传递拉延力的截面积最小，产生的拉应力 σ_1 最大，变薄最严重，成为整个铝塑复合膜强度最薄弱的地方，如果此处的应力 σ_1 超过材料的强度极限，则铝塑复合膜在此处将因拉裂或变薄严重而报废。

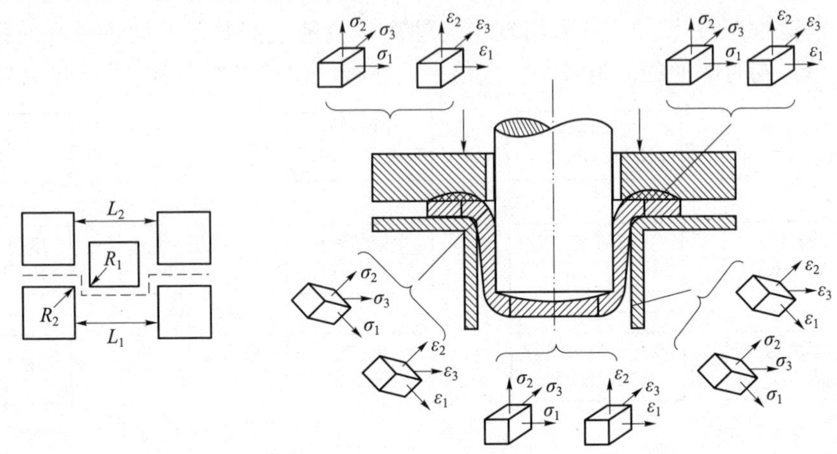

图 7-19　冲压过程的受力状态

铝塑复合膜的冲压成型方式有两种：延伸性冲深和补偿性冲深，如图 7-20 所示。延伸性冲深夹具压力较大，被夹具夹住的部位完全固定，不参加成型形变，只有冲头接触的部分发生延伸成型，边缘部分完全由底部补偿，成型部分比较薄容易破裂。延伸性冲深的冲深浅，可调性差，目前较少采用。补偿性冲深夹具压力可调，冲深部位可由边缘和底部补偿，整体运动成型，薄厚均匀，此方法冲深较深，目前被普遍采用。

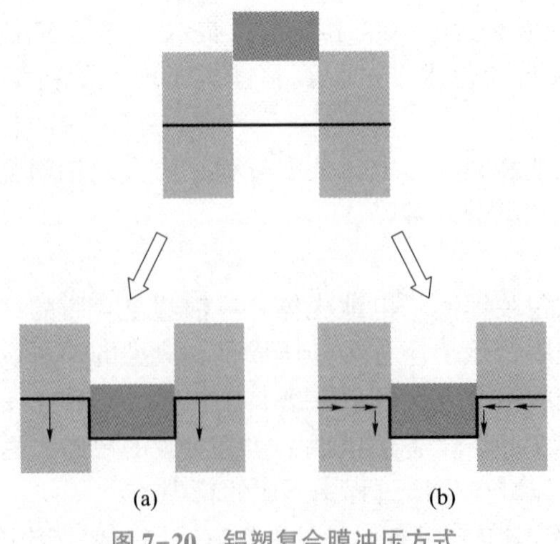

图 7-20　铝塑复合膜冲压方式

（a）延伸性冲深；（b）补偿性冲深

在铝塑复合膜冲压过程中，压力和冲压速度是重要的影响因素。冲压压力过大容易导致铝塑复合膜在转角处发生破裂，模具不合理也会导致铝塑复合膜破裂，从而造成漏液。

2）压扁设备

压扁设备主要用于方形卷绕电池，圆柱形电池不需要压扁。电芯压扁是利用上下平板对电芯进行加压操作的过程。方形电芯由于存在弹性作用，中部容易鼓起，压扁可以降低电芯在厚度上的弹性膨胀，保持扁平的塑性变形状态，更容易进行贴底胶和顶胶，避免电芯入壳时出现损伤。

压扁设备类似于平板硫化机。压扁时通常压力越大或时间越长，压扁效果越好。但是压力过大时，会使极片毛刺和较硬的极耳毛刺刺伤隔膜造成短路、极片掉粉、最内层极片断裂、电芯变形，存在安全隐患。需要适当的压力和时间才能保证电芯压扁定型的效果，某些电池厂家还将电芯加热到一定温度下进行压扁，使极片更容易进入塑性变形状态。

3）入壳机

在方形电池和圆柱形电池装配过程中，涉及电芯的入壳工序。早期通常采用手工方式将电芯装入壳体，然后再按压电芯上部将其推入至壳体底部，或者采用向下敲击桌面的方式利用惯性装入。手工入壳的最大缺点是会在一定程度上损害极片和电芯的形状，增加短路概率。为了减少电芯的损伤和提高入壳效率，后期采用入壳机。

入壳机属于入壳的机械辅助手段，是对手工入壳的一种改进。目前，入壳有离心入壳和机械手入壳两种方式。离心入壳机是利用机械旋转产生离心作用使电芯进入壳体，要求电芯入壳后露出壳体的长度为±2 mm，良品率要求不低于99.9%。机械手入壳是通过机械手将电芯装入电池壳体中，需要注意的是电芯直径必须一致，电芯负极极耳须压平盖住下保护片，入壳后电芯必须接触电芯壳体底部。

4）滚槽设备

滚槽设备用于圆柱形电池，滚槽就是在电芯入壳后注入电解液前，对电池上部用滚刀滚出一圈凹坑，使电芯在电池壳中不能上下晃动和托住电池盖，为后续焊接电池盖板和密封作准备。滚槽通常采用全自动滚槽机进行。全自动滚槽机通常包括滚槽位、检测位、除铁屑位和吸尘位等。电池自动连续送入滚槽定位装置，多工位连续运转，定位装置与电池、滚槽刀同步旋转，全自动电气与机械凸轮控制，滚槽完毕后自动输出。

5）其他设备

圆柱形电池封口设备是采用机械手将焊接好的电池送入封口工位，在封口模具中进行封装成型的过程，最后机械手将电池取出送入下一工序。封口时需要注意观察电池外观，保证电池无毛刺、无刮痕和无凹坑。

2. 工装夹具

锂离子电池在注液、整形、焊接、气密性和导电性检测过程中都需要采用工装夹具，可以大幅度提高装配效率和装配精度，提高电池的一致性。

1）注液夹具

在锂离子电池注液过程中，尤其是采用倒吸注液方式时，注液夹具可以提高注液效率。注液夹具通常包括底板、挡板和电池放置腔，挡板和底板采用可调式固定连接，这样可以提高夹具的通用性。

2）整形夹具

锂离子电池封口整形夹具，抽真空后直接对电池进行整形并封口，避免了先抽真空除气后再转移电池进行整形封口的烦琐。夹具主要包括盖体、推板和箱体。推板通过控制机构实现夹紧或挤压锂离子电池以实现锂离子电池的整形。

3）极耳焊接夹具

极耳手工焊接过程通常是操作者一手拿电池盖一手拿电芯。若不使用夹具，由于电池盖和极组均没有定位工装，焊接过程随意性较大，经常出现电池盖极柱焊点偏移、极耳伸出端的长度不一等问题。既影响产品的良品率，又影响后工序的操作，最终造成电池性能一致性较差，同时存在安全隐患。

4）激光封口焊接夹具

激光焊接是一种精密焊接方式，夹具的精确程度与激光焊接的质量高低紧密相关。夹具的性能既影响生产率，又直接关系到产品的质量。

7.4 锂离子电池装配质量检验

锂离子电池装配过程中早期的检测方法比较少和粗糙，导致合格率较低。如毛刺，在早期通常采用肉眼或者光学显微镜进行观察；随着科技的发展，人们开始采用影像测量仪、扫描电子显微镜和微焦 X 射线检测等大型现代检测设备观察毛刺和电芯的内部结构，发现新的缺陷，从而制定相应的质量标准，提高电池装配质量和合格率。

1. 电芯结构检验

电芯在装配完成后是无法用肉眼观察电芯内部结构的，因此卷绕电芯或叠片电芯的内部结构通常采用 X 射线微焦衍射透视进行检测。主要在卷绕完成后和包装成品前进行两次在线检测。卷绕之后的检测是观察正负极极片的整齐度和覆盖是否满足设计要求；包装成品前的检测主要是检测正负极极片在经过多道工序之后，覆盖是否超出规格要求，是否有损伤或者瑕疵，装配过程是否到位，焊接是否具有虚焊等。不符合要求的都要淘汰，确保将安全隐患降至最低。X 射线微焦衍射透视的成像一般是二维图像，目前最新的设备已经采用三维成像技术。

2. 盖板焊接强度检测

将电极上的正、负极极耳焊接到封口体组件上，在焊接强度不足或虚焊、脱焊的情况下，电池受到震动或冲击时将影响导电性，导致内阻增大；在最坏的情况下，电池会失效。因此有必要对盖板焊接强度进行检测。盖板焊接强度检测通常采用抽样检测方法，用拉力机来检查焊接后的剥离强度。不仅要检查焊接强度，还要注意焊点的状态。

3. 气密性检测

在锂离子电池组装过程中，产品密封不良会导致电池性能严重下降、电解液渗漏、电池鼓胀甚至爆炸等严重后果，因此锂离子电池密封性的优劣至关重要。锂离子电池气密性不良，可能是由于壳体本身具有的裂纹和气泡造成的，也可能是壳体焊接过程产生的裂纹或微孔造成的。目前，通常采用负压对电池进行抽气，并使气体流经带有液体的检测瓶，通过观察检测瓶中气泡的速度来判断电池漏气与否。这种检测方法只是人工直观的肉眼观察，无法定量检测，容易使刚超过漏气界线的漏气电池被误判为不漏气电池，使存在质量缺陷的电池流入市场。

4. 短路检测

金属异物的混入、极耳或电极箔切割后的碎屑掉入、电极涂层的脱落、隔膜在卷绕过程中的破损等，均会导致内部短路或微短路，因此要检测卷绕后卷绕体的绝缘性能。一般采用在线内阻表进行全数内阻测量，可发现并排除已经产生内部短路的卷绕体。短路检测设备包括部分短路测试仪、真空负压手套箱、PE 作业手套等。同时可以配合使用 X 射线来检查卷绕体的内部状态，观察电极或隔膜是否有破损、是否有异物混入等，以排除存在内部短路隐患的电芯。

项目实施

1. 项目实施准备

（1）自主复习锂离子电池卷绕工艺理论知识。

（2）项目实施前准备的材料包括正负极材料、隔膜层、电芯心轴等材料。

2. 项目实施操作

（1）在卷绕实施前，将正负极材料和隔膜层按照要求，以一定的叠放顺序和方式放置在电芯心轴上，通常情况下，正负极材料和隔膜层以交替叠放的方式放置，确保正负极之间存在电解质通道，有效实现电荷传递。

（2）将叠放好的正负极材料和隔膜层从电芯心轴上卷绕下来，形成圆柱形电芯。卷绕过程需要保证材料的紧密度，避免出现空隙或者重叠的情况。

（3）卷绕完成后，进行压实步骤，这是增强电芯稳定性和可靠性的关键一步。压实工艺通过机械力或热压力实现，能够提高材料的紧密度和电芯的能量密度。

（4）卷绕完成后进行电芯检测和包装工艺。检测包括电性能、内阻等，确保电芯的质量符合要求。包装工艺采用特定的包装材料进行封装，确保电芯的安全性和稳定性。

3. 项目实施提示

（1）卷绕时需要控制力度，过大或过小的力度都会影响正负极材料及隔膜层之间的紧密性，影响电芯性能。

（2）在进行压实步骤时，要保证力的均匀施加，以确保材料的密度均匀分布，避免出现松散或过度压实的情况。

（3）在进行包装工艺时，确保包装材料的密封性良好，以防止外界碰撞、湿气和污染物等对电芯的损害。

项目评价

请根据实际情况填写表 7-2 项目评价表。

表 7-2　项目评价表

序号	项目评价要点		得分情况
1	能力目标（15 分）	自主学习能力	
		团队合作能力	
		知识分析能力	

续表

序号	项目评价要点		得分情况
2	素质目标（45 分）	职业道德规范	
		案例分析	
		专业素养	
		敬业精神	
3	知识目标（25 分）	锂离子电池烘烤	
		锂离子电池卷绕和叠片	
		锂离子电池组装	
		锂离子电池装配质量检验	
4	实训目标（15 分）	项目实施准备	
		项目实施着装	
		项目实施过程	
		项目实施报告	

项目 8

锂离子电池注液、焊接工艺

学习目标

【能力目标】

(1) 能够初步了解锂离子电池焊接和热封装知识。

(2) 通过教材、线上学习平台等方式，自主完成课前预习作业，培养自主学习、探索知识的能力。

(3) 通过分组讨论学习的方式，培养团队合作能力。

(4) 引导学生思考、提问、回答，培养思考习惯及表达能力。

【知识目标】

(1) 掌握锂离子电池三种常见的焊接分类。

(2) 掌握常用的三种锂离子电池焊接方法的原理、特点和工艺技术。

(3) 理解常用的三种锂离子电池焊接方法的焊接性、缺陷来源及防护。

(4) 掌握锂离子电池的塑料热封装原理和工艺。

(5) 认识常用的三种锂离子电池焊接的设备。

工匠精神

【素质目标】

(1) 通过锂离子电池焊接技术和热封装技术的学习，结合职业道德规范、大国工匠典范的案例，让学生认真学习、培养学生敬业奉献精神。

(2) 基于系统思维，本项目的学习能够让学生了解我国锂离子电池焊接发展现状，提升专业素养，为未来实习、就业构建牢固的专业知识和专业素养。

项目描述

小张是一名新入职的锂离子电池焊接技术人员，在锂离子电池焊接过程中，总是忘记一些步骤，需要师傅的提醒，而且焊接还经常出现异常。小张公司常用的锂离子电池焊接方式为电阻焊接，虽然能够正确使用焊接设备，但他对焊接的原理知之甚少。小张作为锂离子电池焊接技术人员，需要保证焊接的成功率。

项目分析

为了解决小张在锂离子电池焊接过程中存在的问题，他应当加强理论知识的学习。首先，小张应当了解焊接技术主要方法，焊接过程正确选择接头方式，掌握焊接后质量检测要点；其次，针对锂离子电池常用的三种焊接方式，应当掌握焊接原理及特点，认识焊接设备的主要结构，把握焊接工艺对焊接质量的影响；最后，为了在实际生产中的合理使用，要掌握不同焊接方式在不同材料上的焊接性、缺陷产生及预防要点。

项目目的和要求

【项目目的】

本项目的学习能够让学生深入掌握锂离子电池焊接技术和热封装技术。对常用的三种焊接技术的原理、特点、焊接工艺、焊接性以及在实际操作中易产生的焊接缺陷进行系统性学习。通过理论知识学习和实训相结合，培养学生的专业技术能力和素养。

【项目要求】

（1）学生要掌握重点理论知识，确保对锂离子电池常用的三种焊接方式理解透彻，并能够在实操过程中合理选择焊接方式，并掌握预防缺陷的要点。

（2）在项目实训过程中，小组成员要严格按照老师的指导，规范操作，注意安全，做到眼看、手动、心记。

（3）在解决学习过程和实训过程中产生的问题时，小组成员要充分发挥团队精神，多讨论，多询问，自主查找资料，培养学习能力和团队协作能力，并共同解决问题。

（4）在反馈与总结过程中，小组成员需要积极参与讨论，分享自己的经验和教训，互相学习和进步。

知识准备

8.1 锂离子电池注液

8.1.1 锂离子电池注液过程

锂离子电池注液包括两个过程，一是电解液由电池外部流入电池内部的流体输送过程，二是电解液进入极片、隔膜、颗粒间空隙以及颗粒内部孔隙的浸润过程。电解液对极片的浸润程度对电池性能影响明显，经过完全浸润的电池才能进行化成，如果极片润湿不足容易导致电池局部化成不足，化成不均匀，甚至在封口后容易出现气胀。

注液的基本过程是将电池注液孔与真空系统连接，进行抽真空使电池壳体内部形成负压，电解液在负压作用下，通过注液管进入电池内部。这与人们呼吸时肺部处于扩张状态产生负压，新鲜空气在肺部内外的压差作用下被吸入肺部的原理一样。注液的动力是外界与电池内部的压力差（$\Delta p=p_0-p_1$），真空度越高，压力差越大，电解液进入壳体的速度越快。当然也可以在注液管内施加一定的压力，加快注液速度，但是加压过大有可能造成电池壳体变形[34]。

浸润是电解液通过极片与隔膜的缝隙进入电池内部，直至隔膜内部的孔隙和极片颗粒间的孔隙被电解液完全润湿或充满。浸润过程如图 8-1 所示。润湿是液体与空气争夺固体表面的过程，抽真空消除气相，有利于液体的润湿。电解液在这些孔隙的浸润与压力差作用和表面力作用有关。

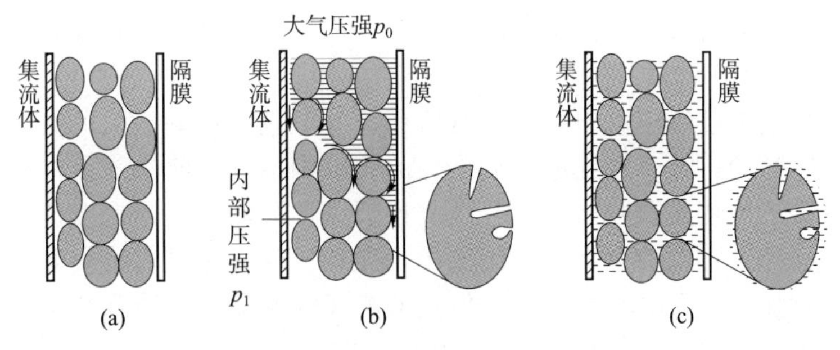

图 8-1 电解液浸润过程示意图

（a）初始；（b）进入缝隙；（c）进入颗粒内部

1. 压差作用

经过压实的正负极极片内部具有丰富的孔隙。极片中的这些孔隙通常为毛细孔和微孔，正极极片的孔隙率为10%~20%，直径 D_{s_0} 为200~300 nm；负极极片的孔隙率更高，为20%~30%，D_s 为650~900 nm。

如果将电解液的浸润看作是流体在细小管道的流动，流体流过无限长圆形毛细管时的流体流量及最大流速可用下式表示。

$$Q=\frac{\pi d^4 \Delta p}{128\mu l} \tag{8-1}$$

$$v_{\max}=\frac{d^2 \Delta p}{16\mu l} \tag{8-2}$$

式中，Q 为流体流量，m^3/s；$v_{\max}$ 为最大流速，m/s；d 为管直径，cm；μ 为流体运动黏度，m^2/s；l 为管长度，cm；Δp 为管道两端压力差，kgf/cm^2（1 kgf/cm^2 = 98.066 5 kPa）。

因此，增大压差 Δp 或延长真空度保持时间有助于提高浸润速度；而孔隙直径 d 对电解液的浸润速度影响显著，如孔隙直径 d 减小一半时，浸润速度会降低到原来的1/4，流量会减少到原来的1/16。

电解液在电极极片的浸润速度还与毛细管道的粗糙度和曲折度有关。由于电解液在这些微小孔隙中浸润的速度较慢，因此锂离子电池注液以后需要静置一段时间，让电解液充分进入极片和隔膜的孔隙，达到充分浸润。

2. 表面力作用

1）毛细作用

即使外部压力差消除以后，电解液在极片中的润湿还会受到表面力的作用。当极片或隔膜的孔隙直径为毛细孔范围（0.2~500 μm）时，表面张力引起的毛细作用使电解液在孔隙中流动。毛细管中液面上升的高度可用下式表示。

$$h=\frac{2\gamma\cos\theta}{\rho g r} \tag{8-3}$$

式中，h 为毛细管中液面上升高度，cm；γ 为表面张力系数，N/m；θ 为接触角；ρ 为流体密度，g/cm^3；g 为重力加速度，m/s^2；r 为毛细管半径，cm。

毛细作用具有促进润湿和阻碍电解液润湿的双重作用。在均一直径的孔隙中，当接触角小于90°时，毛细作用对润湿有促进作用；当接触角大于90°时，毛细作用对润湿有阻碍作用。

由于锂离子电池电解液多为接触角小于90°的体系，对均一孔径体系，毛细作用一般是有益的；但是对非均一直径的孔隙，毛细作用的影响不同。对于直径逐渐减小的孔隙，毛细作用有利于促进电解液流动进入这些孔隙中；对于直径逐渐变大的孔隙，毛细作用会阻碍电解液进入孔隙中；在直径先减小后增大的孔隙中，电解液易停留在这些孔隙的蜂腰处。由于正负极片活性物质颗粒之间的孔隙是连通结构，电解液会自发地从大孔径向小孔径进行浸润。对于活性颗粒中存在的封闭的墨水瓶孔，电解液浸润将会受到毛细作用的阻碍。虽然毛细作用随着直径减小而增大，但是电解液的流动速率受到孔隙尺寸的限制而急剧降低，因此电解液的浸润时间是由毛细作用和孔隙尺寸共同决定的。

2）吸附作用

当电解液进入极片或隔膜的微孔（<2 nm）孔隙时，产生明显的吸附作用。这时微孔的孔径与电解质和电解液分子处于同一数量级，相对孔壁的势能场相互叠加增强了固体表面与液体分子间的相互作用力，使微孔对电解液的吸附能力更强，吸附作用对电解液的浸润有推动作用。但是电解液在这些微孔中宏观意义上的流动几乎停止，通常利用吸附作用扩散进入这些微孔中，浸润速度可能更慢。对于颗粒中存在的封闭的墨水瓶孔，电解液也是通过在孔口的汽化和内部吸附过程来实现浸润的。

因此，减小极片的宽度、减薄极片厚度、减小压实密度和降低极片孔隙曲折度等都有助于提高电解液的浸润速度。

8.1.2 注液工艺

封装后的电池内部，理论上可以容纳电解液的最大空间 V_{max}（mL）可以采用下式计算。

$$V_{max}=V_0-V_1-V_2-V_3-V_4-V_5 \tag{8-4}$$

式中，V_0为电池封装后壳体内部的空间，mL；V_1为活性物质所占空间，mL，可用活性物质质量/真密度计算；V_2为导电剂所占空间，mL，可用导电剂质量/真密度计算；V_3为隔膜所占空间，mL，可用隔膜质量/真密度或隔膜体积×（1-孔隙率）计算；V_4为黏结剂所占空间，mL，可用黏结剂质量/密度计算；V_5为集流体、极耳、贴胶、绝缘片所占空间，mL，分别用长、宽、高计算。

锂离子电池的理论最大注液量为 $m=V_{max}\rho$，其中 ρ 为电解液的密度。在壳体尺寸和电池体系固定后，正负极活性物质、导电剂和黏结剂充填量越多，隔膜、集流体和极耳等越厚，所能充装的最大电解液量就越小[35]。以铝壳523450型号电池为例，分别以钴酸锂、镍钴锰酸锂、锰酸锂和磷酸铁锂为正极活性物质，天然球化鳞片石墨为负极活性物质组成锂离子电池，采用真密度仪测试电池封口前后的体积来确定最大注液量，如表8-1所示。

表8-1　不同正极材料的最大理论注液量

活性物质种类	标称容量/（mA·h）	压实密度/（g·cm^{-3}）	电芯厚度/mm	内部空间体积/cm^3	最大理论注液量/g
钴酸锂	1 000	3.9	4.45	2.563	3.15
镍钴锰酸锂	800	3.45	4.44	2.872	3.53
锰酸锂	600	2.8	4.47	3.185	3.92
磷酸铁锂	600	2.3	4.45	3.126	3.84

注液量对锂离子电池的电性能影响显著，以上述钴酸锂为正极活性物质、天然球化鳞

片石墨为负极活性物质组成的锂离子电池为例，根据最大理论注液量，分别设计 2.5 g, 2.8 g，3.1 g 和 3.4 g 四个注液量的电池，测试电化学性能。

如图 8-2 所示，当电解液量较少时，不能充分浸润极片和隔膜，引起内阻偏大、容量发挥较低、循环性能不好；电解液量增多，极片和隔膜充分浸润，引起内阻变小、活性物质容量增大，电池循环性能也随电解液增多而变好。但是电解液过量会导致电池副反应增多，产气量和固体产物增多，循环性能也会变差，过多的游离电解液还会参与燃烧和爆炸等剧烈反应，导致安全性能降低[36]。故电解液注液量以 3.1 g 为宜。

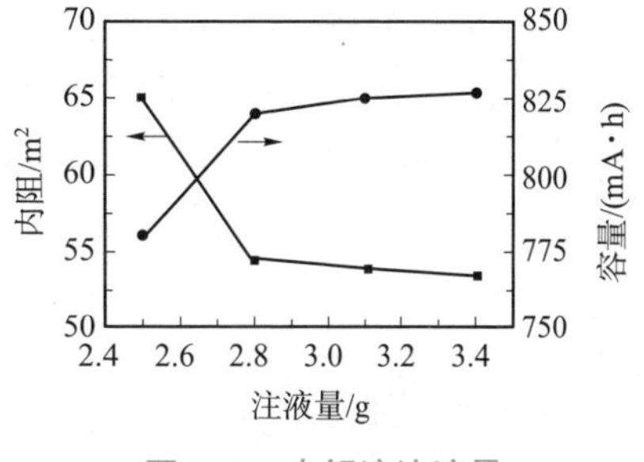

图 8-2　电解液注液量对电池性能的影响

随着电池技术的发展，为获得更高容量，充填活性物质量增大，通常需要消耗更多的电解液维持其性能。但由于电池内部总体空间有限，电池的最大注液量逐渐下降，因此只有将电池的注液量和充填活性物质量相互匹配的设计才是合理的。

8.1.3　注液设备

锂离子电池注液通常采用多工位转盘注液机注液、真空倒吸注液机注液和手工注液等三种方式。由于手工注液效率低、精度低，已经逐渐趋于淘汰。

多工位转盘注液机由排除电池壳体内部气体的抽真空系统、精确控制注液量的电解液计量系统、输送电解液的注入通道、用于恢复常压的惰性气体（氮气/氩气）注入系统以及适宜流水作业的电池传送系统等组成，主要结构部件如图 8-3（a）所示。多工位转盘注液机的注液过程如图 8-3（b）和图 8-3（c）所示。将电池注液孔朝上放置，利用抽真空排除电池壳体内部的气体，形成负压，电池内部的压力为 p_1；经过计量的电解液进入注液管中，随着氮气或氩气的注入，电解液在压力差 Δp 的作用下自动流入电池内部，直到电池内部恢复至常压，使电解液完全进入电池壳体内部，同时防止空气及水蒸气进入电池。多工位转盘式注液机的特点是注液量均匀一致，节省电解液，电池表面无残留电解液，并且对不同型号电池的适应性广。

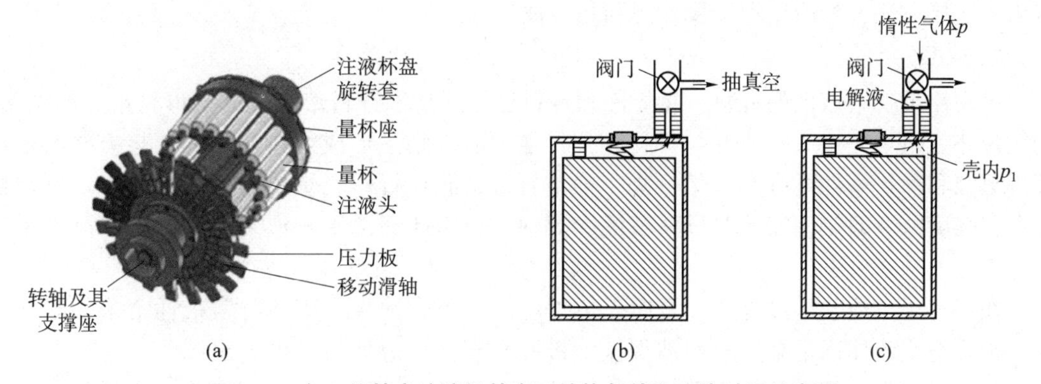

图 8-3　多工位转盘注液机的主要结构部件和注液过程示意图

（a）主要结构部件；（b）抽真空；（c）注液

真空倒吸注液机的注液过程：首先将电池倒置并放入密封的注液箱中，通过真空系统对注液箱抽真空，在电池内部形成负压，然后将电池浸入电解液槽中，随着惰性气体氩气或氮气的通入，电解液在压力差 $\Delta p=p_0-p_1$的作用下倒吸进入电池内部，直到电池内部恢复至常压，使电解液完全进入电池壳体内部；最后将电池取出完成注液过程。与多工位转盘注液机相比，真空倒吸注液机的特点是真空度高，属于间歇性操作，但注液量不能精确控制，并且电池接触电解液容易腐蚀电池壳体表面，容易浪费电解液。

8.2 锂离子电池焊接概述

锂离子电池装配过程中，极耳与集流体、极耳与壳体、极耳与电极引出端子、壳体外底部与电极引出端子、壳体与盖板等都需要焊接，涉及的焊接方法有超声波焊、电阻焊和激光焊等。焊接方法和工艺的合理选用直接影响电池的可靠性与安全性，还决定着电池的生产成本。

焊接是两种或两种以上同种或异种材料通过加热、加压或是两者并用，填充或不填充材料，使工件的材质达到原子间的结合而形成永久性连接的工艺过程。

8.2.1 焊接方法分类

焊接方法主要分为熔化焊、压力焊和钎焊三大类。

1. 熔化焊

在不施加压力情况下，外加（或不加）填充材料，将待焊处母材加热至熔化状态，冷却结晶后形成焊接接头的连接方法[37]。其基本特征是焊接时母材熔化而不施加压力。根据热源的不同，熔化焊方法又可分为以电弧作为热源的电弧焊，以化学热作为热源的气焊和热剂焊，以熔渣电阻热作为热源的电渣焊，以高能束作为热源的电子束焊和激光焊等。

2. 压力焊

在施加压力情况下，加热（或不加热）形成焊接接头的连接方法。其基本特征是焊接时施加压力。压力焊，一种是加热情况下，将焊件局部加热至高塑性状态或熔化状态，然后施加一定压力形成牢固焊接接头，如电阻焊、摩擦焊、气压焊、扩散焊、锻焊和热压焊等；另一种是在不加热情况下，施加足够大压力，使接触面产生塑性变形而形成牢固焊接接头的连接方法，如冷压焊、爆炸焊和超声波焊等。

3. 钎焊

采用比母材熔点低的钎料，将焊件和钎料加热到高于钎料熔点、低于母材熔点的温度，利用液态钎料填充接头间隙并与母材相互扩散，冷却结晶形成焊接接头的连接方法。根据钎焊热源和保护条件可分为火焰钎焊、盐浴钎焊、感应钎焊、炉中钎焊等若干种。钎焊接头存在强度差、耐热性能差及母材被溶蚀等缺点，因此锂离子电池装配过程中一般不采用钎焊方法。

在锂离子电池装配过程中，金属壳体外底部与复合镍带、壳体与盖板通常采用激光焊接；极耳与集流体通常采用超声波焊接；极耳与壳体、极耳与电极引出端子通常采用电阻点焊和激光点焊。软包装电池和聚合物电池涉及铝塑复合膜与铝塑复合膜、铝塑复合膜与极耳的热压连接或密封方法，也属于焊接范畴。

8.2.2 接头形式

焊接接头的基本形式分为对接接头、搭接接头、T 形接头和角接接头等四种，如图 8-4

所示。焊接接头形式的选择取决于工件形状、工件厚度、强度要求、焊接材料消耗量及焊接工艺方法。

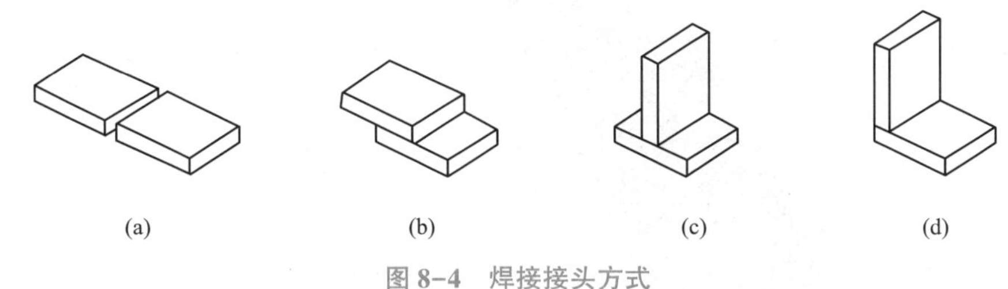

图 8-4　焊接接头方式

（a）对接接头；（b）搭接接头；（c）T 形接头；（d）角接接头

对接接头受力比较均匀，节省材料，但对下料尺寸和装配精度要求较高。搭接接头焊前准备、下料尺寸和装配精度要求相对较低，适合于箔类、薄板、不等厚度薄板之间的焊接。角接接头和 T 形接头承载能力差，适合于一定角度或直角连接。锂离子电池焊接时，极耳与集流体、极耳与壳体、极耳与电极引出端子、铝壳壳体外底部与复合镍带通常采用搭接接头，如图 8-5 所示；壳体与盖板通常采用角接接头，有时为保证装配精度和烧穿需要采用锁底接头，如图 8-6 所示。

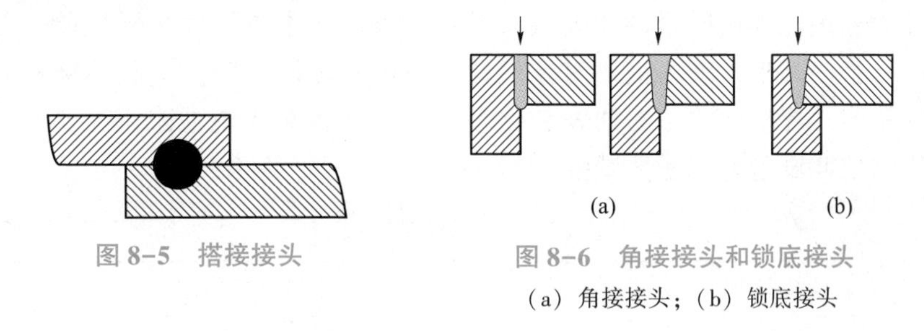

图 8-5　搭接接头

图 8-6　角接接头和锁底接头

（a）角接接头；（b）锁底接头

8.2.3　焊接接头组织

熔焊使焊缝及其附件的母材经历了一个加热和冷却的过程，由于温度分布不均匀，焊缝受到一次复杂的冶金过程，焊缝附近区域受到一次不同规范的热处理，因此必然引起相应的组织和性能的变化。图 8-7 所示为低碳钢熔化焊接接头的组织变化。根据受热温度的不同焊接接头可以分为焊缝区、熔合区及热影响区。

（1）焊缝区。焊缝区组织是由熔池金属结晶得到的铸造组织，晶粒呈垂直于熔池壁的柱状晶形态。焊缝熔池的结晶首先从熔合区处于半熔化状态的晶粒表面开始，晶粒沿着与散热最快的方向的相反方向长大，因受到相邻的正在长大的晶粒的阻碍，向两侧生长受到限制，因此，焊缝中的晶体是指向熔池中心的柱状晶体。

（2）熔合区。熔合区是焊接接头中焊缝金属向热影响区过渡的区域。该区很窄，两侧分别为经过完全熔化的焊缝区和不熔化的热影响区。熔合区加热的最高温度范围在合金的固相线和液相线之间。熔合区具有明显的化学不均匀性，从而引起组织不均匀，其组织特征为少量铸态组织和粗大的过热组织。

（3）热影响区。热影响区是指在焊接过程中，母材因受热影响（但未熔化）而发生组织和力学性能变化的区域。

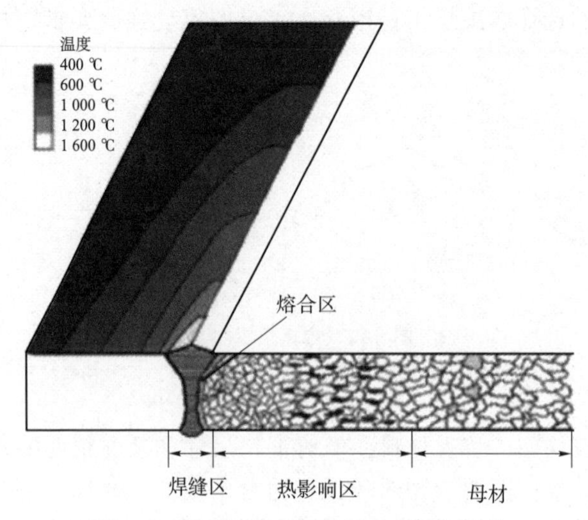

图 8-7 低碳钢熔化焊接接头的组织变化

8.2.4 焊接质量检验

焊接检验贯穿于焊接生产的始终，包括焊前、焊接生产过程中和焊后成品检验。焊接质量检验是评价和保证焊接质量的重要环节。焊接检验通常包括破坏性检验、非破坏性检验以及工艺性检验。其中，破坏被检对象的检验称为破坏性检验；不破坏被检对象的检验称为非破坏性检验。焊接检验方法如表 8-2 所示。对于锂离子电池来讲，通常进行材料的化学成分分析、拉伸试验和气密性试验。

表 8-2 焊接检验方法

类别	检验项目	检验内容和方法
破坏性检验	力学性能	拉伸、冲击、弯曲、硬度、疲劳、韧度等试验
	化学分析与试验	化学成分分析、晶界腐蚀试验
	金相与断口试验	宏观组织分析、微观组织分析、断口检验与分析
非破坏性检验	外观检验	母材、焊材、坡口、焊缝等表面质量检验，成品或半成品的外观几何形状和尺寸的检验
	整体强度试验	水压强度试验、气压强度试验
	致密性试验	气密性试验、吹气试验、载水试验、水冲试验、沉水试验、煤油试验、渗透试验
	无损测试试验	射线探伤、超声波探伤、磁粉探伤、渗透探伤、涡流探伤

8.3 锂离子电池激光焊接

激光焊接是利用高能量密度的激光束作为热源的一种高效精密焊接方法。激光焊接属于无接触式加工，具有许多优点：焊接热量集中、焊接速度快、热影响区小；焊接变形和残余应力小；焊接温度高，可以焊接难熔金属，甚至焊接陶瓷以及异种材料等；易于实现高效率的自动化与集成化；焊接精度越高，工件越精密，激光焊接的优势越明显[38]。因此，激光焊接在锂离子电池装配中得到广泛使用。

8.3.1 激光焊接原理

激光是经过受激辐射放大的光。在物质原子中有不同数量粒子（电子）分布在不同能级上，高能级上的粒子受到某种光子的激发，会从高能级跃迁到低能级上，这时将会辐射出与激发光相同性质的光，在某种状态下能出现一个弱光激发出一个强光的现象，即“受激辐射的光放大”，简称激光。激光具有单色性好、方向性好、亮度高和相干性好等特点。

激光焊接是激光照射到非透明焊接件的表面，一部分激光进入焊件内部，入射光能转化为晶格的热振动能，在光能向热能转换的极短时间（约为 10^{-9} s）内，热能仅局限于材料的激光辐射区，而后热量通过热传导由高温区向低温区传递，引起材料温度升高，继而局部金属产生熔化、冷却、结晶，形成原子间的连接；一部分激光被反射，造成激光能量的损失。激光焊接微观上是一个量子过程，宏观上则表现为加热、反射、吸收、熔化和汽化等现象。

根据焊件激光作用处功率密度不同，可将激光焊接分为热传导焊和深熔焊。其中，激光热传导焊的激光辐照功率密度小于 10^5 W/cm^2，将金属表面加热到熔点与沸点之间。焊接时，金属材料表面将所吸收的激光能转变为热能，使金属表面温度升高而熔化，然后通过热传导方式把热能传向金属内部，使熔化区逐渐扩大，凝固后形成焊点或焊缝，其熔深轮廓近似为半球形，如图 8-8 所示。热传导焊接过程稳定、熔池搅动较低、外观良好且不易产生焊接缺陷，适合于薄板焊接，对微细部件精密焊接具有独特优势。

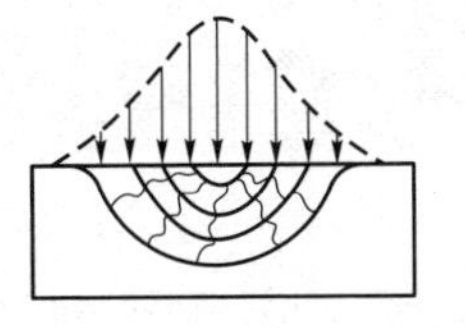
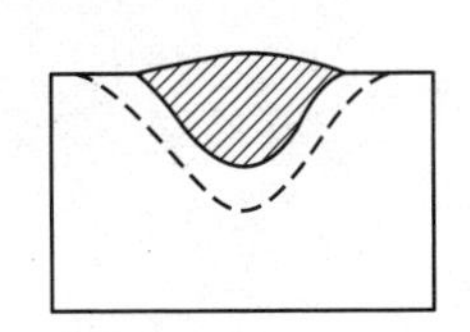

图 8-8 激光热传导焊

激光深熔焊的激光辐照功率密度大于 10^6 W/cm^2，将金属表面温度在极短时间内（10^{-8}~10^{-6} s）升高到沸点，使金属熔化和汽化，汽化的金属蒸汽以较高速度逸出，对熔池内液态金属产生反作用力（如铝 $p\approx11$ MPa；钢 $p\approx5$ MPa），使熔池表面向下凹陷，形成小孔效应。当光束在小孔底部继续加热时，逸出金属蒸汽的反作用力使小孔进一步加深，同时逸出的蒸汽将熔化金属挤向熔池四周，这个过程进行下去，便在液态金属中形成细长的孔洞。当金属蒸汽的反作用力与液态金属的表面张力和重力平衡后，小孔深度保持稳定。这种焊接方式称为激光深熔焊，又称激光小孔焊，如图 8-9 所示。图 8-10 所示为模拟小孔的形成过程及与实际结果的对比。激光深熔焊能获得熔深较大的焊缝，有利于实现中厚板材料的焊接。

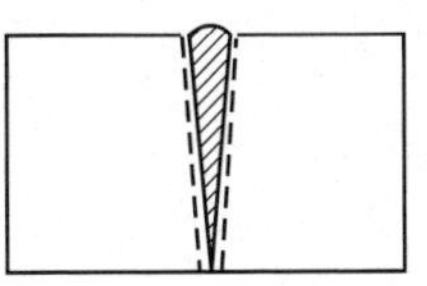

图 8-9 激光深熔焊

8.3.2 激光焊接设备

激光焊接设备主要由激光器、激光控制器、光束传输及聚焦系统、计算机数字控制（CNC）系统、CNC 工作台、气体供给系统、循环水冷系统等部件组成，如图 8-11 所示。

激光器是激光焊接设备中的重要部分，提供加工所需的光能。目前用于工业加工的激光器主要包括 CO_2激光器和 Nd：YAG（掺钕钇铝石榴石）激光器。CO_2激光器，又称气体激光器，产生波长为 10.6 μm 的红外激光，可以连续工作并输出很高的功率。Nd：YAG 激光器，又称固体激光器，产生波长为 1.06 μm 的红外激光，光束易通过光导纤维传输，省去复杂的光束传送系统，易实现焊接柔性化和自动化等。

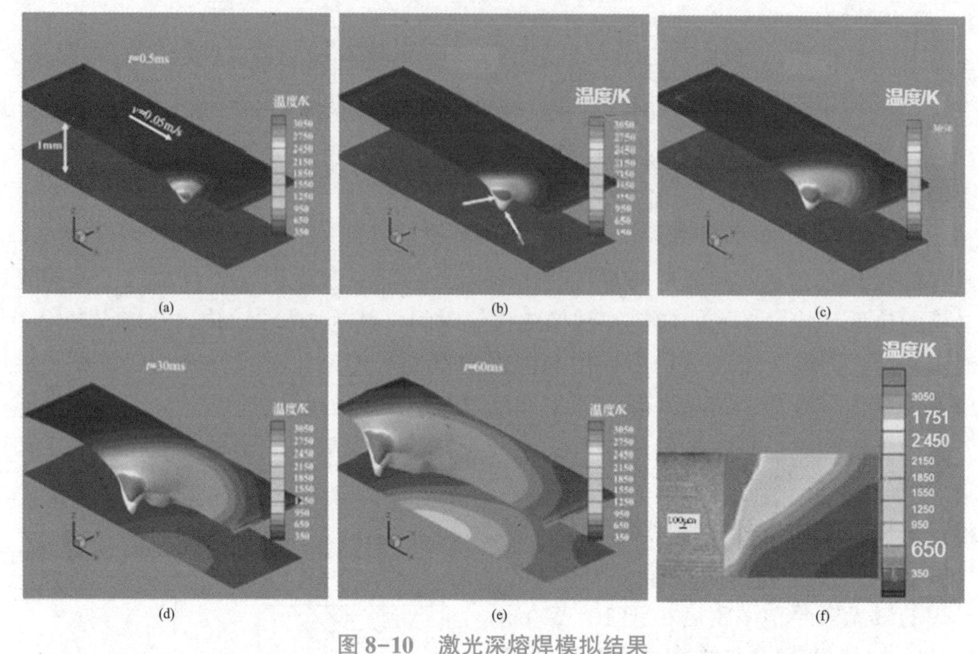

图 8-10　激光深熔焊模拟结果

（a）焊接起始时的温度场；（b）小孔形成时的温度场；（c）、（d）形成小孔后不同时刻的温度场；（e）焊接快结束时的温度场；（f）焊接后实际结果（左）与模拟结果（右）的对比

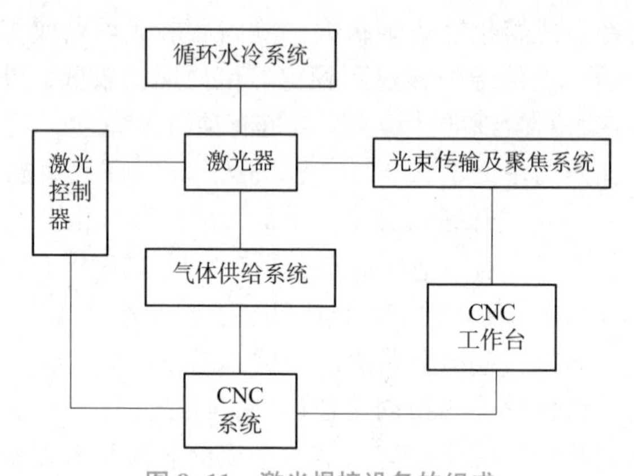

图 8-11　激光焊接设备的组成

锂离子电池的金属壳体外底部与复合镍带、壳体与盖板的激光焊接过程中需要的输出功率不高。与气体激光器相比，固体激光器波长短，吸收率高，因此固体激光器在锂离子电池焊接过程中得到广泛应用。

固体激光器主要由激光工作物质、激励源（泵浦源）、聚光腔、谐振腔和冷却系统组成。固体激光器通常以掺杂 Nd^{3+} 的钇铝石榴石 $Y_3Al_5O_{12}$（YAG）晶体作为激光工作物质。激励源是一种能够给激光物质提供能量的光源，由电源给激励源提供能量。聚光腔使激励源产生的泵浦光能够最大限度地照射到激光工作物质上，提高泵浦光的利用率。谐振腔使光子数量显著增加，形成一定频率和方向的激光束。冷却系统则用于冷却激光器，保证激光器能够稳定、正常、可靠地工作。固体激光器结构如图 8-12 所示。焊接用激光器的性能如表 8-3 所示。

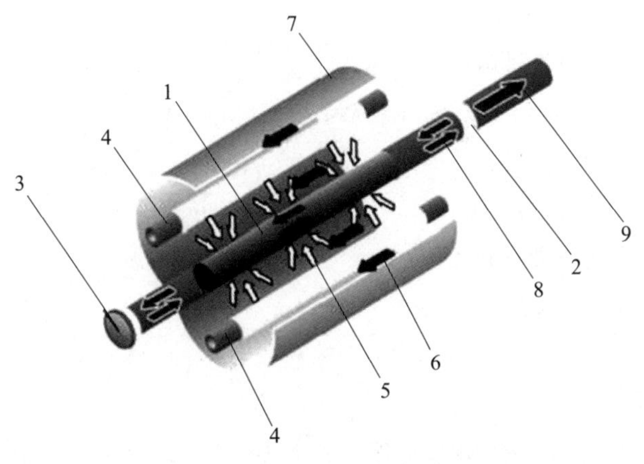

图 8-12 固体激光器结构

1—活性介质（晶体棒）；2—输出镜；3—后镜；4—泵浦灯；5—泵浦光；6—冷却水；7—反射镜；8—受激发射；9—激光束

表 8-3 焊接用激光器的性能

激光器	波长/μm	振荡方式	重复频率/Hz	输出功率或能量范围	主要用途
红宝石激光器	0.694 3	脉冲	0~1	1~100 J	电焊、打孔
钕玻璃激光器	1.06	脉冲	0~10	1~100 J	电焊、打孔
YAG 激光器	1.06	脉冲	0~400	1~100 J	电焊、打孔
		连续		0~2 kW	焊接、切割、表面处理

激光焊设备主要有日本米亚基（MIYACHI）、德国通快等品牌。国内激光焊设备技术水平有待突破，价格相对较低，知名的激光焊设备主要有深圳大族激光、华工激光、武汉楚天激光。根据锂离子电池焊接部件的不同，激光焊接机可以有多种选择。表 8-4 所示为武汉楚天激光所生产的激光焊接机技术参数，其中 JHM-1GY-300/400B 型焊接机与 JHM-1GY-300/400/500E 型焊接机可用于锂离子电池壳体的缝焊，锂离子电池极耳、安全帽的点焊。

表 8-4 武汉楚天激光焊接机技术参数

项目	JHM-1GY-300/400/500E	JHM-1GY-300/400B	JHM-1GY-300/400D
激光工作介质	Nd：YAG	Nd：YAG	Nd：YAG
激光波长/μm	1.06	1.06	1.06
额定输出功率/W	300/400/500	300/400	300/400
单脉冲能量/J	60/80	60	70
能量不稳定度/%	≤3	≤3	≤3
光斑直径/mm	0.2~0.6	0.2~0.6	0.2~0.6
脉冲宽度/ms	0.1~20（连续可调）	0.1~20（连续可调）	0.1~20（连续可调）

续表

项目	JHM-1GY-300/400/500E	JHM-1GY-300/400B	JHM-1GY-300/400D
脉冲频率/Hz	1~100/150（连续可调）	1~150（连续可调）	1~150（连续可调）
供电电源	AC380（1±10%）V，50 Hz	AC380（1±10%）V，50 Hz	AC380（1±10%）V，50 Hz
输入功率/kW	10/15	12/15	10/12
制冷系统	内循环水冷却，制冷机组（选配）	内循环水冷却，制冷机组（选配）	内循环水冷却，制冷机组（选配）
连续工作时间/h	≥24	≥24	≥24

8. 3. 3 脉冲激光缝焊

激光缝焊的主要工艺参数有功率密度、焊接速度、脉冲波形、脉冲宽度、光斑直径、离焦量和保护气体等。

1. 功率密度

功率密度是激光加工中最关键的工艺参数之一。根据热能传导方程，可求出达到一定温度时所需的功率密度 q（W/cm^2）。

$$q=\frac{0.886TK}{(ar)^{1/2}} \tag{8-5}$$

式中，T 为温度，℃；a 为热扩散率，cm^2/s；K 为热导率，$W/(cm^2 \cdot ℃)$；r 为脉宽，s。

设当工件表面温度达到熔点 T_m 时，所需功率密度为 q_1；当工件表面温度达到沸点 T 时，所需功率密度为 q_2；当功率密度超过一定值 q_3 时，材料强烈蒸发。电池壳常用材料的功率密度如表 8-5 所示。

表 8-5 电池壳常用材料的功率密度

材料	T_m/℃	T/℃	r/s	K/（$W \cdot cm^{-2} \cdot ℃^{-1}$）	a/（$cm^2 \cdot s^{-1}$）	q_1/（$W \cdot cm^{-2}$）	q_2/（$W \cdot cm^{-2}$）	q_3/（$W \cdot cm^{-2}$）
钢	1 535	2 700	10~3	0. 51	0. 51	5.8×10^4	1.0×10^5	6.7×10^5
铝	660	2 062	10~3	2. 09	2. 09	4.1×10^4	1.3×10	8.6×10^5
铜	1 083	2 300	10~3	3. 89	1. 12	1.1×10^5	2.34×10	1.4×10
镍	1 453	2 730	10~3	0. 67	0. 24	5.4×10	1.0×10	7.5×10
不锈钢	1 500	2 700	10~3	0. 16	0. 041	3.5×10^5	6.3×10^5	

在实际应用中，普通热传导焊接所需功率密度小于 10^6 W/cm^2。功率密度的选取除取决于材料本身特性外，还需根据焊接要求确定。在薄壁材料（0. 01~0. 10 mm）的焊接中，其功率密度 q_0 应选为 $q_1<q_0<q_2$，以避免材料表层汽化成孔，影响焊接质量。在厚材料（>0. 5 mm）的焊接中，大多数金属材料通常取 $q_0=q_2$，这时即使出现一定量的汽化也不会影响焊接质量；厚材料的功率密度也可以取高一些，q_0 可选为 $q_2<q_0<q_3$。电池壳材料厚度一般在 0. 2~0. 6 mm，有一定熔深要求，在实际焊接过程中，功率密度通常取 $q_0=q_2$，能够满足壳体连接的要求。

2. 焊接速度

焊接速度影响单位时间内的热输入量。与其他焊接方法不同，对于激光焊接，特别是高速焊接，由于热传导在侧面比较微弱，在给定功率时可以使用以下经验公式计算焊接速度。

$$0.483P(1-R)=vW\delta \quad \rho C T_m \tag{8-6}$$

式中，P 为激光功率，W；v 为焊接速度，m/s；R 为反射率；W 为焊缝宽度，m；ρ 为材料密度，kg/m^3；δ 为板厚，m；C 为比热容，J/(kg · K)；T_m 为材料熔点温度，K。

焊接速度过慢时，热输入量过大，易导致工件烧穿；焊接速度过快时，热输入量过小，易造成工件未焊透。有时采用降低焊接速度的方法来增大熔深。当焊接速度增加时，熔池的尺寸和流动方式也会改变。在低速焊接情况下，熔池大而宽，且容易形成下塌，这时熔化金属的量较大，由于金属熔池的重力过大，表面张力不足以承受住焊缝中的熔池，因而会从焊缝中间滴落或下沉，会在表面形成凹坑。高速焊接时，原朝向焊缝中心的匙孔尾部强烈流动的液态金属不能够重新分布，会凝固在焊缝两侧，出现咬边缺陷。由于锂离子电池壳体与盖板厚度都较薄，在保证焊透情况下，应采用较快的焊接速度。图 8-13 所示为在其他条件一定的情况下，焊接速度对焊接接头温度分布的影响。焊接速度越快，熔池尺寸越小。这是因为焊接速度越快，材料对激光能量的吸收越少，温度越低，熔化区域越小。

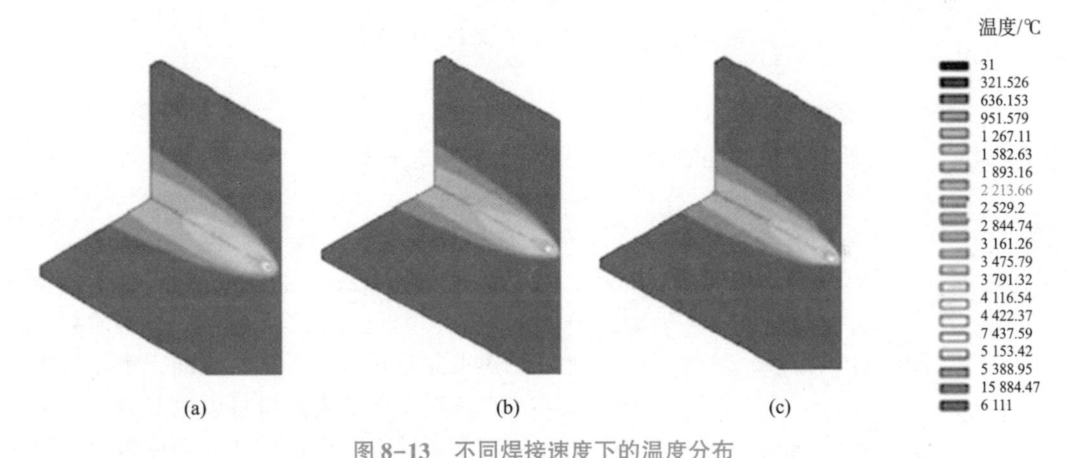

图 8-13 不同焊接速度下的温度分布

(a) 500 mm/min；(b) 600 mm/min；(c) 700 mm/min

3. 脉冲特性

激光的脉冲特性是由激光强度、脉冲宽度、脉冲波形和脉冲频率共同决定的。矩形激光脉冲的激光强度 I 与时间 t 的关系如图 8-14 所示。其中 τ 为激光作用时间，又称脉宽；T 为脉冲周期；$1/T$ 为脉冲频率，即单位时间脉冲次数。

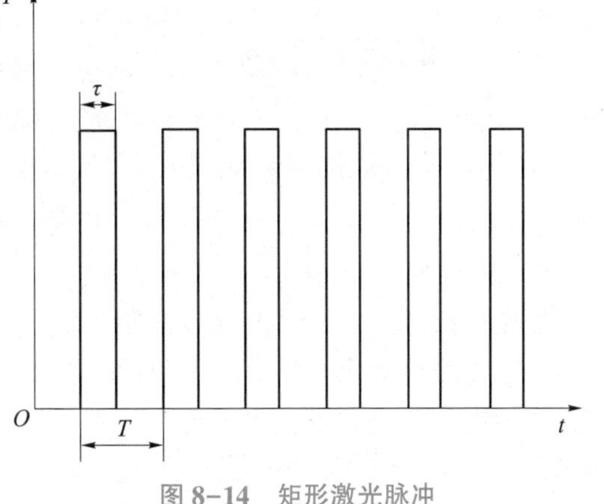

图 8-14 矩形激光脉冲

激光的单脉冲能量越大，熔化量越大；而当激光单脉冲能量一定时，脉冲宽度 τ 越大，激光强度 I 越小。其中脉冲宽度对熔深影响最大，由于材料的热物理性能不同，获得最大熔深时的脉宽不同，如钢的脉冲宽度为 $5\times10^{-3}\sim8\times10^{-3}$ s。

激光脉冲波形有很多种，主要有缓降、平坦、缓升和预脉冲等，如图 8-15 所示。当高强度激光束入射至材料表面时，60%~98%的激光能量因反射产生损失，且反射率随表面温度上升而下降。对于铝合金和铜等材料，反射率高且变化较大。当焊接开始时，材料表面对激光的反射率高，当材料表面熔化时激光吸收率迅速升高，一般采用指数衰减波或带有前置尖峰的波形，如图 8-15（a）所示。对于不锈钢等材料，焊接过程中反射率较低且变化不大，宜采用平坦波形，如图 8-15（b）所示。对于镀锌板等表面易挥发的金属材料可选择缓升波形，如图 8-15（c）所示。对于表面杂质含量较多的材料可选择预脉冲波形，如图 8-15（d）所示。

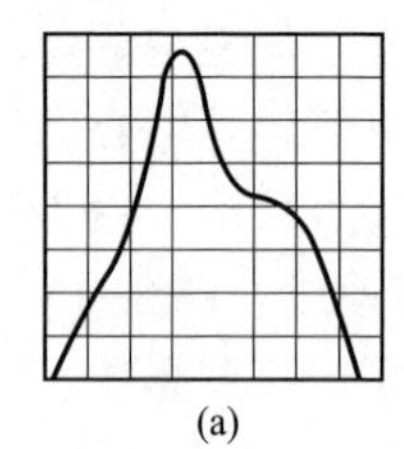
(a)
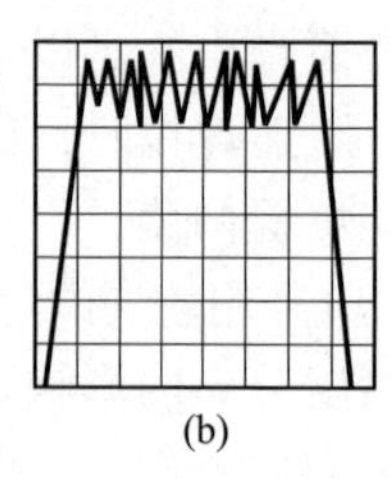
(b)
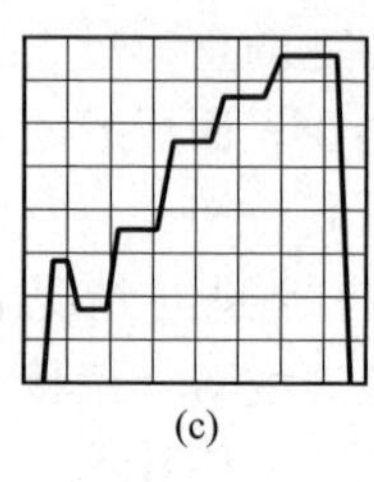
(c)
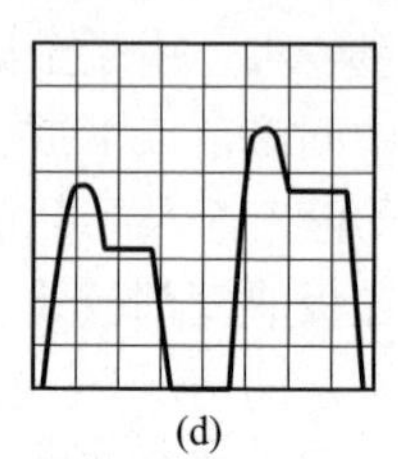
(d)

图 8-15 激光脉冲波形

（a）缓降；（b）平坦；（c）缓开；（d）预脉冲

4. 光斑直径和离焦量

根据光的衍射理论，焦点处的最小光斑直径，计算公式如下。

$$d_0=\frac{2.44f\lambda}{D(3m+1)} \tag{8-7}$$

式中，d_0为最小光斑直径；λ 为激光波长；f 为透镜焦距；D 为聚焦前光束直径；m 为激光振动膜的阶数。

激光的焦点并非总是位于材料表面，焦点与表面的距离称为离焦量。调节离焦量可以改变激光光斑大小。在一定功率条件下，焦点处功率密度最大，随光斑直径增大功率密度减小。当焦点处于焊件表面上方时称为正离焦（$\Delta F>0$），加热工件的能量仅位于聚焦处下方；反之称为负离焦（$\Delta F<0$），加热工件的能量位于聚焦处上方、焦点和下方，如图 8-16 所示。一般正离焦用于薄板焊接，焦点处于表面上方，而负离焦用于厚板焊接，焦点处于表面下方。锂离子电池薄板激光焊接过程中，一般采用正离焦。

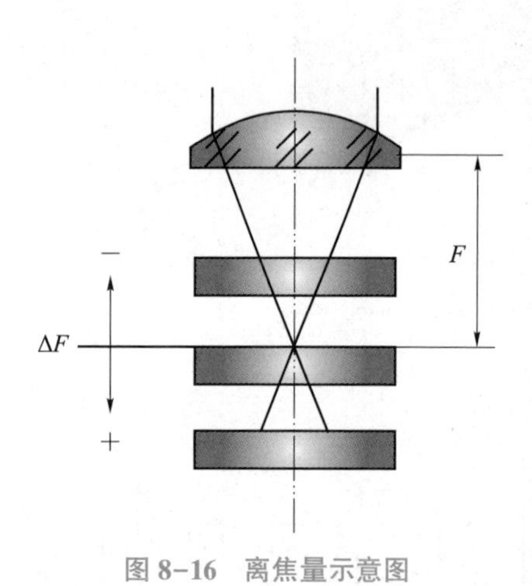

图 8-16 离焦量示意图

5. 保护气体

激光焊接过程中，保护气体常使用氦气、氩气及氮气等惰性气体，可以起到驱除等离子体、防止表面氧化、预防产生裂纹、提高外观质量、防止设备光学器件污染的作用。保护气体种类和气流大小、吹气角度等因素对焊接质量有较大影响，不同的吹气方法也会对焊接质量产生一定的影响。气流量过小时，起不到应有的作用；而气流量过大时，又会使熔池由层流状态转变成湍流，影响焊接质量。

铝合金激光焊接的常见缺陷是气孔。空气中的水分以及氧化膜中吸附的水分是产生焊缝气孔的主要原因。采用氮气保护激光焊接，可以减少壳体表面焊接过程中氧化，减少焊缝气孔，同时保护聚焦镜片。

6. 缝焊接头设计

在锂离子电池的装配过程中，壳体与盖板需要采用激光焊缝焊进行连接，图 8-17 所示为壳体与盖板焊接装配后的典型缝焊接头。

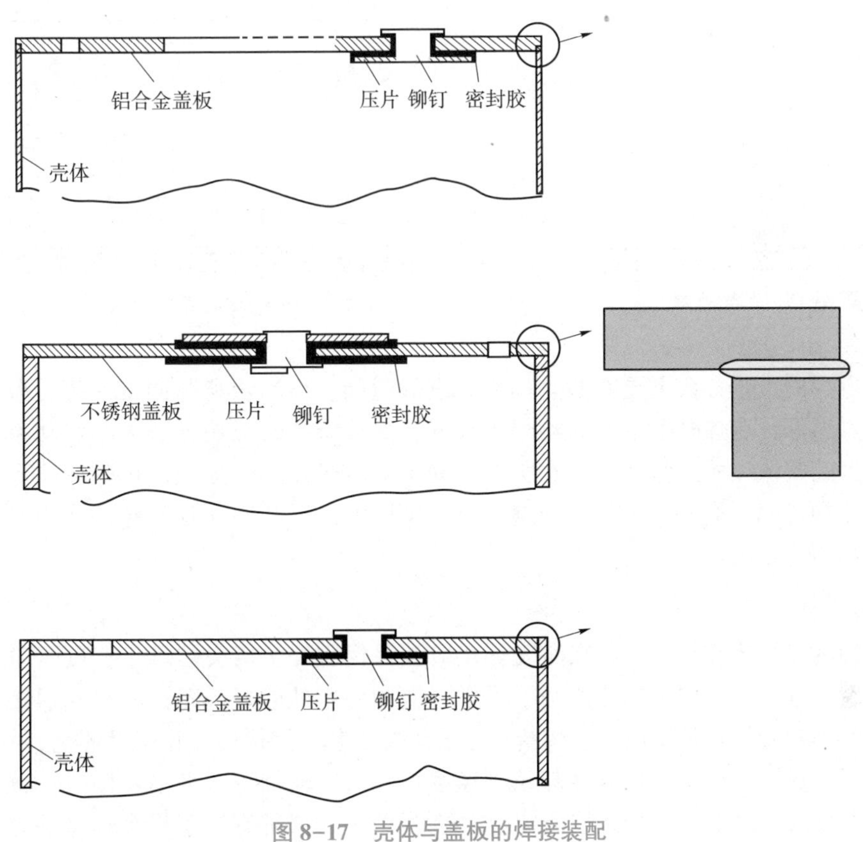

图 8-17　壳体与盖板的焊接装配

壳体和盖板接头装配间隙对焊缝成形、装配后的电池尺寸精度影响显著。接头装配间隙小和焊面高度差小时，焊接质量好。装配间隙的热量传递由于存在空气以对流传热形式为主，而在接头金属内的热量传递主要以热传导为主，传热量远大于空气对流传热，从而影响焊缝上下的温度分布和熔化状态。在装配间隙小于熔深的 15%，金属受光面高度差小于熔深的 25% 时，可以防止沿焊缝方向产生裂缝，能获得较好的焊接效果。随着功率减小、光斑尺寸减小、脉冲宽度减小，间隙与高度差的要求越来越严格。

在实际的电池激光焊接加工过程中，电池盖和电池壳间需用工装夹具提供夹紧力，利用点焊装配定位，防止产生间隙和焊接变形。

8.3.4　脉冲激光点焊

激光点焊指在同一位置上由单一的激光脉冲或一系列激光脉冲来熔化和焊接，如图 8-18 所示。激光点焊符合激光缝焊的一般过程和规律，唯一区别是点焊时激光束与焊件之间没有相对运动。激光点焊也分为热传导焊和深熔焊。热传导型激光点焊比较适合焊接厚度小于 0.5 mm 的金属。深熔焊型激光点焊可形成较大熔深，适合厚板焊接。

激光点焊的优点：速度快，精度高，热输入和变形小，焊接质量高；系统柔性强，自由度大，对接头尺寸和结构设计要求不高，可实现全位置点焊；焊接不同厚度板、异种材料和特殊材料的效果优于传统方法。

锂离子电池电极引出端子与壳体焊接、电池电极与保护线路板焊接、盖板与壳体的焊接通常采用激光点焊。铝镍复合带和铝合金壳体的点焊接头如图 8-19 所示。

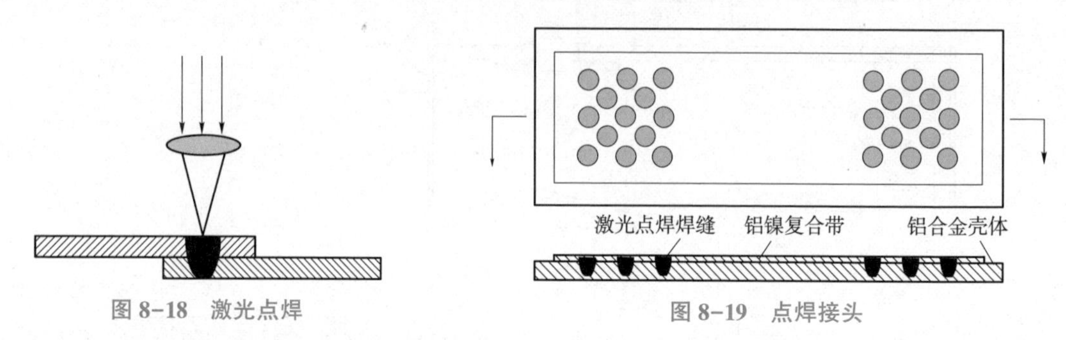

图 8-18　激光点焊　　图 8-19　点焊接头

激光点焊的工艺参数主要有激光功率、点焊时间、离焦量和脉冲特性等。激光功率主要影响焊点熔深，点焊时间主要影响焊点尺寸，离焦量同时影响光斑大小和功率密度，从而影响焊点的整体尺寸。脉冲波形和脉冲时间影响激光点焊缺陷，优化脉冲波形可以控制焊点凝固冷却速度，降低内应力，抑制裂纹。采用锯齿形脉冲和延长脉冲作用时间，可以抑制气孔和防止下塌。

8.3.5　激光焊接性

金属的激光焊接性是指金属在激光焊接时获得优质焊接接头的难易程度。通常焊接接头的冷热裂纹倾向小、抗腐蚀能力强、力学性能和使用性能好，即称材料的焊接性好。影响焊接性的因素有材料化学成分、焊接方法、焊接工艺、结构形式和服役环境。

激光焊的热输入很快，焊缝冷却结晶速度快，组织较细小，来不及偏析；激光焊具有净化效应，使杂质降低；焊缝区残余拉应力较小[39]。这些都有利于提高焊缝的力学性能和抗裂性。对于常规熔焊方法焊接性较差的金属及合金，在激光焊接时具有较好的焊接性。

锂离子电池中通常涉及的同种材料焊接有铝和铝焊接、不锈钢和不锈钢焊接等，异种材料焊接有不锈钢和镍焊接、铜和镍焊接等。

1. 不锈钢的焊接

奥氏体不锈钢的热导率只有碳钢的 1/3，激光能量散失比碳钢少，因此奥氏体不锈钢的熔深稍大一些。根据化学成分计算的 Cr 与 Ni 当量比值对焊接性具有较大影响，当该比值处于 1.5~2.0 时，不会轻易发生热裂，激光焊接性好，如 18-8 系列的 304 奥氏体不锈钢；而该比值小于 1.5 时，镍含量较高，焊缝热裂纹倾向明显提高，焊接性变差，如 25-20 系列的 310S 奥氏体不锈钢。由此，钢壳锂离子电池的壳体和盖板常用 304 奥氏体不锈钢。另外，由于激光焊具有很快的加热和冷却速度，有利于提高接头的抗晶间腐蚀能力，加之能量高度集中，激光加热对电池内部隔膜和活性物质影响小，所以激光焊才被广泛采用。

2. 铝及铝合金的焊接

铝壳锂离子电池中的铝壳体和盖板广泛采用激光焊接。铝及铝合金焊接的最大问题是对激光的高反射率和铝的高导热性。焊接起始时，铝及铝合金表面对波长为 1.06 μm 的 Nd：YAG 激光的反射率为 80% 左右，因此焊接时需要较大的起始功率，而达到熔化温度以后，吸收率迅速提高，甚至超过 90%，从而使焊接顺利进行。

铝及铝合金激光焊时，随着温度的升高，氢的溶解度急剧升高，快速冷却时不易逸出而形成氢气孔；铝合金中硅、镁等易挥发元素在焊缝中更易形成气孔。通常在高功率、高焊接速度和良好的保护下可消除焊缝的气孔缺陷。另外，材料状态对激光焊接也有影响，如热处理态铝合金激光焊难度比非热处理态要高一些。

3. 异种材料的焊接

异种材料的焊接性取决于两种材料的物理性质，如熔点、沸点和导热性等。图 8-20 所示是两种金属 A 和 B 的熔点、沸点区间。将金属的熔点和沸点之间连成线段，若两种金属的线段存在重叠区间（A 熔点与 B 沸点之间），如图 8-20（a）和图 8-20（b）所示，焊接温度选在这个重叠温度区间内，A 和 B 两种金属可以同时熔化，则可以进行激光焊接。A 熔点和 B 沸点之间的重叠温度区间越大，激光焊接参数范围越大，焊接性越好。若两种金属的线段不存在重叠区间（A 熔点>B 沸点），如图 8-20（c）所示，A 熔点和 B 沸点相差较远，焊接过程中不能同时使两种金属熔化，很难实现激光焊接。

铝和镍焊接时，镍的熔点为 1 453 ℃，沸点为 2 732 ℃；铝的熔点为 660 ℃，沸点为 2 327 ℃，符合图 8-20（a）中的规律，即铝沸点>镍熔点>铝熔点、镍沸点>铝沸点>镍熔点。因此铝和镍在 1 453~2 327 ℃ 存在同时熔化区间，可以进行激光焊连接，镍和不锈钢焊接时，不锈钢的熔点约为 1 500 ℃，沸点在 Cr 的沸点 2 601 ℃至镍的沸点 2 732 ℃之间，因此镍和不锈钢在 1 500~2 601 ℃存在同时熔化区间，符合图 8-20（b）中的规律，也可以进行激光焊连接。

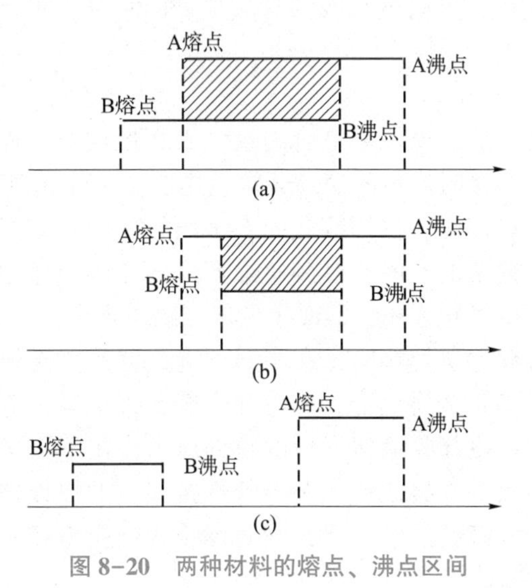

图 8-20　两种材料的熔点、沸点区间

8.3.6　激光焊接检验、缺陷预防及防护

1. 焊接检验与缺陷预防

激光焊接常见的缺陷有气孔、热裂纹、未熔合和未焊透、咬边和夹杂等，如图 8-21 所示。

图 8-21 常见的焊接缺陷

（a）气孔；（b）裂纹；（c）未焊透；（d）夹杂

1）气孔

焊接时熔池中气体在金属凝固前未来得及上浮逸出，残存于焊缝中形成空穴，称为气孔。气体可能是熔池从外界吸收而来，也可能是焊接冶金过程中反应生成，如锂离子电池常用的铝合金材料焊接时，铝合金表面的水分分解产生氢气，在冷却结晶过程中氢气的溶解度急剧下降，析出的氢气来不及逸出而形成氢气孔。铝合金中的低熔点合金元素在高温下因蒸发烧损也易导致气孔。焊前烘干或预热减少表面水分、采用惰性气体保护、焊前清理均可以有效防止气孔产生。

2）热裂纹

指焊接接头中局部区域的金属原子结合力遭到破坏形成新界面而产生的缝隙。锂离子电池壳体和盖板所用材料焊接时产生的裂纹通常是热裂纹，可分为结晶裂纹和液化裂纹等。

铝合金采用常规方法焊接时，在焊缝区固态金属的冷却收缩过程中，低熔点液态物质不足，不能及时填充收缩留下的空间，受到收缩产生的拉应力作用发生沿晶开裂，产生结晶裂纹。激光焊接能够产生净化作用，能减少低熔点物质含量，能降低热裂纹的敏感性。

奥氏体不锈钢采用常规方法焊接时，在高温下近缝区的奥氏体晶界上低熔点共晶被熔化，或者在不平衡加热冷却时金属化合物分解和合金元素扩散，造成局部区域出现共晶成分而产生局部晶间液化，在冷却收缩所导致的拉伸应力作用下沿奥氏体晶界开裂形成液化裂纹。常用的预防措施为减少焊接热输入及降低焊接接头的焊接残余拉应力。而激光焊接能量高度集中，焊接热影响区的热输入小，同时焊接残余应力较常规焊接低，所以液化裂纹敏感性较常规焊接方法低。

3）未熔合与未焊透

焊缝金属和母材之间存在未完全熔化结合的现象称为未熔合。焊接接头根部未完全熔透的现象称为未焊透。这两种现象通常是由焊接速度过快、焊接热源停留时间短所致。另外，界面上残留有油污、氧化物时，易在焊道下和焊缝根部产生未完全熔化结合现象。适当增大激光器输出功率、降低焊接速度、严格清理工件表面可有效防止未熔合与未焊透。

4）咬边

沿焊趾（或焊根）处出现低于母材表面的凹陷或沟槽称为咬边。导致咬边的因素很多，如焊接速度过快，熔池尾部指向焊缝中心的液态金属来不及重新分布，在焊缝两侧凝固易产生咬边；接头装配间隙过大，填缝熔化金属减少易产生咬边；激光焊接结束能量下降过快时，熔池容易塌陷易产生局部咬边；激光功率过高或焊接速度过小、保护气流量过大也会导致熔池两侧向下凹陷。提高接头装配精度减小接头缝隙，防止保护气流过大，在保证焊透的条件下应尽量采用较小功率、较高焊速的焊接规范，可以避免咬边。

2. 激光焊接防护

激光器输出功率或能量非常高，设备中有数千伏至数万伏的高压激励电源，容易造成电击和火灾，对人体和财产造成损害。激光的亮度要比太阳光和电弧亮度高 10 个数量级，会对皮肤和眼睛造成严重的损伤。材料被激烈加热而蒸发、汽化，产生各种有毒的金属烟尘和等离子体云，对人体也有一定损害。为此要对设备和操作人员实行安全保护。主要防护措施如下。

（1）在现场操作人员必须配备激光防护眼镜。

（2）操作人员应穿白色工作服，以减少漫反射的影响。

（3）不允许无经验的工作人员进行操作。

（4）焊接区应配备有效的通风或排风装置。

（5）激光设备及加工场地应设安全标识，并设置栅栏、隔墙、屏风等，防止无关人员误入。

8.4　锂离子电池超声波焊接

8.4.1　超声波焊接原理及特点

超声波焊接是利用超声频率（超过 16 kHz）产生的机械振动能量并在静压力的共同作用下，连接同种或异种金属、半导体、塑料及金属陶瓷的焊接方法。在锂离子电池生产中，极耳与集流体之间、叠片式电池多层极耳之间的连接常采用超声波焊接。

1. 超声波焊接原理

在金属超声波焊接过程中，焊件被夹持在上声极和下声极间，通过上声极向焊件输入超声波产生弹性振动能量，而下声极支撑焊件，两焊件接触面在静压力和高频弹性振动能量的作用下实现连接[40]。

首先通过超声振动使上声极与上焊件之间产生摩擦而形成暂时的连接，然后通过上焊件将超声振动直接传递到焊件接触面，依靠振动摩擦去除焊件接触面的油污和氧化物杂质，使纯净金属表面暴露并相互接触。随着振动摩擦时间延长，接触表面温度升高（达到熔点的 35%~50%），发生塑性流动，微观接触面积越来越大，塑性变形不断增加，出现焊件间的机械结合。咬合点数和面积逐渐增加，促进金属表面原子扩散与结合，形成共同的晶粒或出现再结晶现象，形成牢固的接头。而对金属与非金属之间的焊接，在结合面上发生犬牙交错机械嵌合的焊接接头。超声波焊接过程示意图如图 8-22 所示。

2. 分类

按照超声波弹性振动能量传入焊件的方向不同可将超声波焊接分成切向传递和垂直传递两类。其中，切向传递适用于金属材料的焊接，而垂直传递焊接主要用于塑料焊接，如图 8-23 所示。

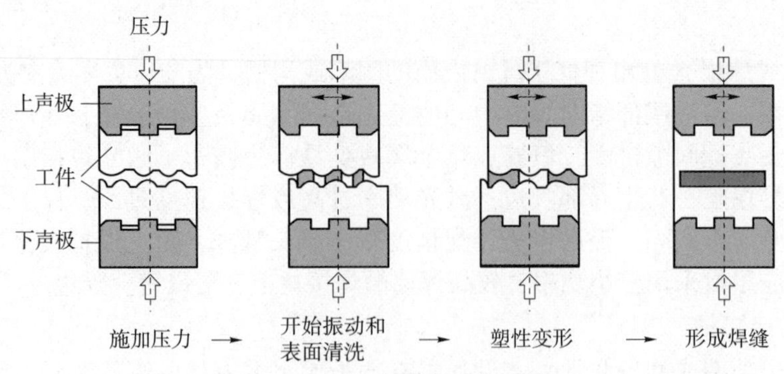

图 8-22　超声波焊接过程示意图

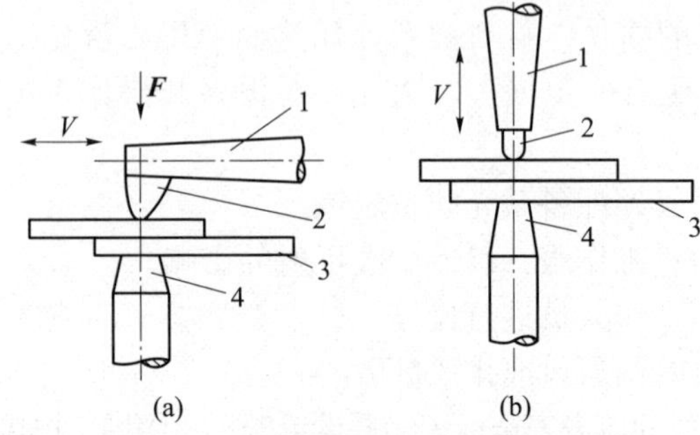

图 8-23　超声波焊接的两种基本类型

（a）切向传递；（b）垂直传递

V—振动速度；F—静压力；1—聚能器；2—上声极；3—焊件；4—下声极

超声波点焊是应用最广的一种焊接形式，锂离子电池生产过程中应用的主要是点焊。根据振动能量传递方式可分为单侧点焊和双侧点焊，如图 8-24 所示。锂离子电池焊接目前主要应用单侧点焊。

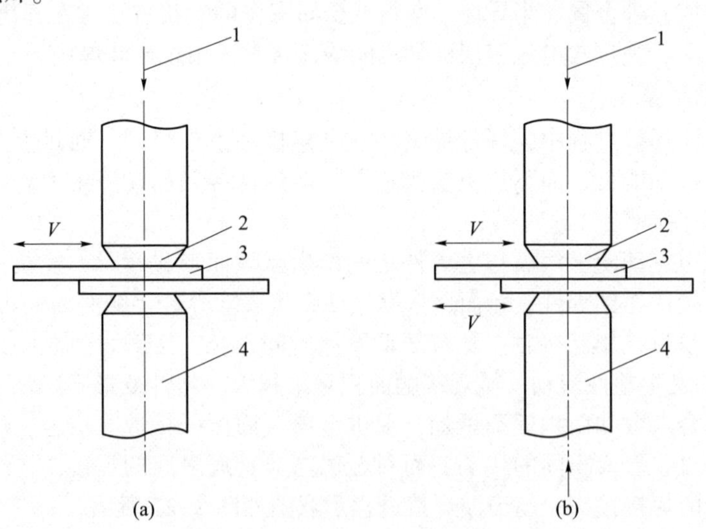

图 8-24　超声波点焊形式

（a）单侧点焊；（b）双侧点焊

V—振动速度；1—静压力；2—上声极；3—焊件；4—下声极

3. 超声波焊接特点

超声波焊接焊件无电流通过、无外加热源，特别适合高导电、高导热性的材料（如金、银、铜、铝等）和一些难熔金属的焊接，也适用于导热、硬度、熔点等性能相差悬殊的异种金属材料、金属与陶瓷或玻璃等非金属材料、塑料与塑料的焊接。还可以实现厚度相差悬殊、多层箔片、细丝以及微型器件等特殊结构的焊接。超声波焊接对焊件表面氧化膜具有破碎和清理作用，焊接表面状态对焊接质量影响较小，焊前焊接表面准备工作相对简单，甚至可以焊接涂有油漆或塑料薄膜的金属。

超声波焊属于固态焊接，不受焊接冶金性的约束，焊缝不熔化、无氧化、无喷溅，对焊件污染小，焊接耗能小（仅为电阻焊的5%），接头变形小，焊接过程稳定，焊件静载强度和抗疲劳强度较高，再现性好。

超声波焊接所需的功率随工件厚度及硬度的提高呈指数增加，大功率超声波点焊机制造困难且成本很高[41]。因此超声波焊接不利于大型、厚件的焊接，也不利于硬而脆材料的焊接，接头形式仅限于搭接接头。

8.4.2 超声焊接设备

超声波焊接设备主要由超声波发生器、电-声换能耦合装置（声学系统）、加压机构和控制装置等组成，如图8-25所示。

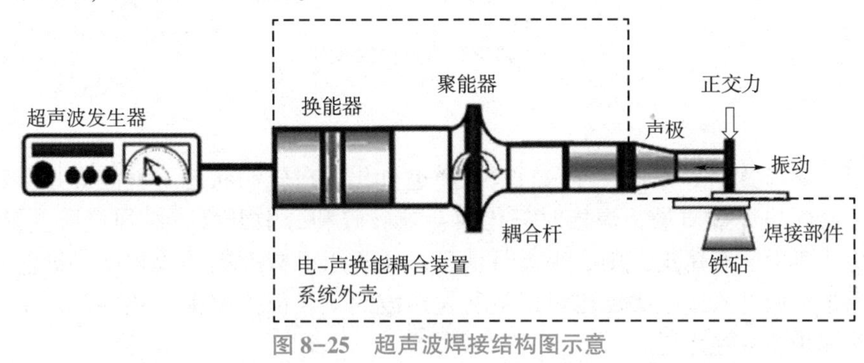

图8-25 超声波焊接结构图示意

超声波发生器是一种能产生超声频率的正弦电压波形的电源。作用是将工频（50 Hz）转换成15~80 kHz的超声频率的交流电。

电-声换能耦合装置由换能器、聚能器、耦合杆和声极组成。换能器的作用是将超声波发生器的电磁振荡转换成相同频率的机械振动。磁致伸缩式换能器工作稳定，但能量交换效率低，多用于大功率超声波焊机；压电式换能器能量交换效率高，但使用寿命较短。聚能器（变幅杆）的作用是放大换能器输出的振幅，耦合并传输到焊件。耦合杆（传振杆）的作用是改变振动形式，一般将聚能器输出的纵向振动转换成弯曲振动。声极的作用是将超声振动能传递给工件，分上声极和下声极，通用上声极端部制成球面，下声极通常用以支撑工件和承受所加压力。

加压机构是向焊接部位施加静压力的装置，大功率焊机多采用液压方式，小功率焊机多用电磁加压或弹簧杠杆加压。控制器主要用于完成超声波焊接的声学反馈和自动控制，控制预压时间、焊接时间和消除粘连时间。焊接完成后，压力解除，超声振幅继续存在一定时间，消除声极与焊件的粘连。

8.4.3 超声波点焊工艺

超声波焊接接头的质量主要由焊点质量决定，影响焊点质量的因素主要包括接头设计、焊件表面处理及工艺参数。其中，工艺参数主要有超声波功率 P、超声振动频率 f、振幅 A、静压力 F 和焊接时间 t 等。

1. 接头设计

超声波焊接接头只限于搭接一种形式。接头设计参数包括边距 s、点距 e 和行距 r 等，如图 8-26 所示。s 为焊点到板边的距离，保证声极不压碎或穿破薄板边缘。e 和 r 应根据接头强度和导电性要求进行设计，一般 e 和 r 越小，接头承载能力越高，导电性越好，有时还可以进行重叠点焊。

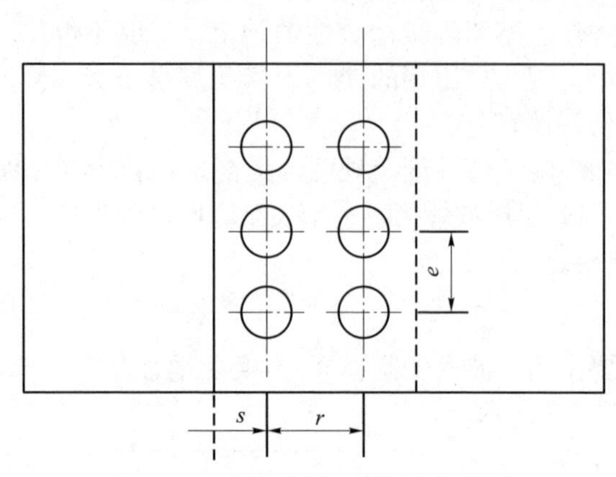

图 8-26　超声波焊点焊接头的设计

2. 表面处理

对于铝、铜与黄铜等金属，若它们未被严重氧化，在轧制状态下就能焊接。带有较薄的氧化膜不会影响焊接质量，焊接时氧化膜会被破碎和分散开来，对焊接质量影响不大。若严重氧化或表面已有锈皮，则必须进行清理，通常用机械磨削法或化学腐蚀法去除。如果工件表面带有保护膜或绝缘层也可以进行超声波焊接，但需要提高超声波能量，否则焊前仍需清除保护膜或绝缘层。

3. 超声波焊接所需功率

超声波焊接所需功率 P(W) 主要取决于被焊材料的硬度 H(HV) 和厚度 δ(mm)。一般来说，焊接所需功率随工件的厚度和硬度的增大而增加，可按下式确定。

$$P=kH \tag{8-8}$$

式中，k 为系数。

对公式取双对数作图，得到所需功率与工件厚度、硬度的关系为线性关系，如图 8-27 所示。

4. 频率和振幅

超声波频率和振幅是超声波焊机的主要参数，超声波焊机功率与频率和振幅的关系采用下式计算：

$$P=4\mu SFAf \tag{8-9}$$

式中，P 为超声波功率，W；μ 为摩擦系数；S 为焊点面积；F 为静压力，N；A 为振幅，μm；f 为振动频率，kHz。

在 μ、S 和 F 不变的情况下，由式（8-9）可以看出，超声波功率与频率和振幅的乘积成正比。

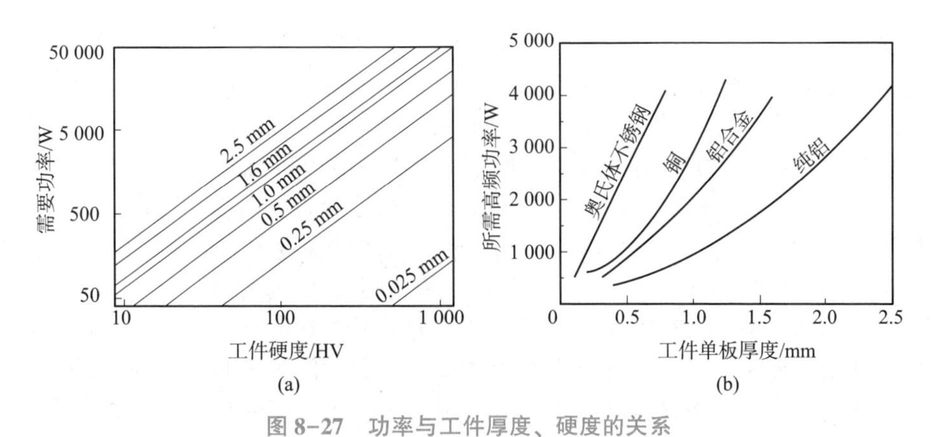

图 8-27 功率与工件厚度、硬度的关系

（a）需要功率与工件硬度的关系；（b）几种材料超声波焊接所需要的功率

1）振动频率

超声波振动频率一般在 15~75 kHz。振动频率的选择主要受焊接材料物理性能及厚度影响。在焊件硬度及屈服强度都比较低时，通常选用较低振动频率。焊件较薄时宜选用较高的谐振频率，因为在保证功率不变的情况下，提高振动频率可以相应降低振幅，可减少因振幅过大引起的交变应力造成的焊点疲劳破坏。而焊件较厚时需要选择低的谐振频率，以减少振动能量在传递过程中的损耗，但焊件越厚所需焊接功率越大，应相应选择较大的振幅。

振动频率一般决定于焊机系统给定的频率，但是实际焊件所得到的谐振频率随声极极头、工件、压紧力的改变而变化。保证焊件获得的振动频率接近给定频率并保持稳定，焊件质量才能较稳定。例如，超声波焊接过程中压紧力发生变化，可能会出现随机的失谐现象，导致焊点质量不稳定。

2）振幅

超声波焊接的振幅一般在 5~25 μm，振幅大小与焊件接触表面间的相对移动速度密切相关，决定着焊接结合面的摩擦生热大小，因而影响焊接区的温度和塑性流动。通常焊件硬度及厚度越高，选择的振幅越高，这是因为振幅由声极表面传递到上下工件的界面处时发生了衰减，选择大的振幅是为了保证界面处的摩擦生热效应。另外，振幅还关系到焊接区表面氧化膜的去除，通常振幅越大，表面氧化膜越容易去除。

对于铜/铜焊接、铝/铝焊接，在其他焊接条件不变的情况下，随着振幅的增加，接头拉剪力逐渐增加。对于铜/铜焊接，当振幅从 17 μm 增大到 25 μm 时，接头拉剪力从 728 N 增大到 793. 4 N；对于铝/铝焊接，当振幅从 17 μm 增大到 25 μm 时，接头拉剪力从 374 N 增大到 448. 7 N。

对于金属极片铝/镀镍钢片焊接，在其他焊接条件不变的情况下，随着振幅的增加，接头剥离力增加。当振幅较大时，高能量输入使焊接区域内产生大量摩擦热，瞬间温度升高有利于金属塑性流动，促进形成良好的焊点，因此使接头剥离力增加。但需要注意的是不可在振幅较大的同时保持长时间的能量输入，这样超声振动会产生持续剪切力破坏已形成的焊点，降低焊接接头强度。

3）静压力

静压力的作用是保证声极将超声振动有效传递给焊件。当静压力过低时，超声波难以传递到焊件，不能使焊件之间产生足够的摩擦功，超声波能量几乎全部消耗在上声极与上焊件之间的界面上，不能形成有效连接。当静压力增大到一定范围时，超声振动得以有效传递，焊接区温度升高，材料变形抗力下降、塑性流动逐渐加剧；同时界面接触处塑性变形面积增大，因而接头的破断载荷也会增加，能够形成有效连接。当静压力超过一定范围时，过大的静压力会使摩擦力过大，进而造成焊件间摩擦运动减弱，甚至会使振幅降低，焊件间的连接面积不再增加或有所减小，加之材料压溃造成截面削弱，而使焊点强度降低。在其他条件不变情况下，选用偏高一些的静压力可在较短时间内得到相同强度的焊点。与偏低的静压力相比，偏高的静压力能在振动早期相对较低温度下形成相同程度的塑性变形，在较短时间内到达最高温度，使焊接时间缩短，提高焊接生产率。

静压力的选择取决于材料硬度及厚度，静压力随材料硬度和厚度的增加而增加。这是因为当材料硬度较高时，较大的静压力可增加接触面积，同时材料表面温度升高、塑性变形增大，形成有效连接；当材料厚度较大时，较大的静压力能够加大材料在厚度方向上的塑性变形，从而形成有效连接。

5. 焊接时间

焊接时间是指超声波能量输入焊件的时间。形成有效焊点存在一个最短焊接时间，小于最短焊接时间不能进行有效焊接。一般随着焊接时间的延长，接头强度增加，然后逐渐趋于稳定。但当焊接时间超过一定值后，焊件受热加剧、塑性区扩大，声极陷入焊件，使焊点截面减薄，同时引起焊点表面和内部的疲劳裂纹，接头强度降低。焊接时间的选择随材料性质、厚度及其他焊接参数而定，高功率和短时间的焊接效果通常优于低功率和长时间的焊接效果。当静压力、振幅增加，材料厚度减小时，超声波焊接时间可取较低数值。表 8-6 所示为几种典型材料超声波焊接的工艺参数。

表 8-6 几种典型材料超声波焊接的工艺参数

材料		厚度/mm	焊接工艺参数			上声极材料
种类	牌号		压力/MPa	振幅/mm	焊接时间/s	
铝及铝合金	1050 A	0.3~0.7	200~300	14~16	0.5~1.0	45 钢
		0.8~1.2	350~500	14~16	1.0~1.5	
	5A03	0.6~0.8	600~800	22~24	0.5~1.0	
	5A06	0.3~0.5	300~500	17~19	1.0~1.5	
	2All	0.3~0.7	300~600	14~16	0.15~1.0	
	2A12	0.3~0.7	300~600	18~20	1.0~1.5	轴承钢 GCrl5
		0.8~1.0	700~800	18~20	0.15~1.0	
纯铜	T2	0.3~0.6	300~700	16~20	1.5~2	45 钢
		0.7~1.0	800~1 000	16~20	2~3	
钛及钛合金	TA3	0.2	400	16~18	0.3	上声极头部堆焊硬质合金，硬度 60 HRC
		0.25	400	16~18	0.25	
		0.65	800	22~24	0.25	
	TA4	0.25	400	16~18	0.25	
		0.5	600	18~20	1.0	
非金属	树脂 68	3.2	100	35	3.0	钢
	聚氯乙烯	5	500	35	2.0	橡胶

对于铜/铜焊接，过短的焊接时间使接头虚焊；过长的焊接时间也使接头强度降低；焊接时间适中时，才能够得到强度最高的接头。合适的焊接时间在 0.10~0.20 s。

对于铝/铝焊接，在其他焊接条件不变的情况下，存在一个最佳焊接时间使接头强度最大。小于该时间时接头极易发生虚焊；大于该时间时，接头强度迅速下降。

对于铜/铜焊接、铝/铝焊接，焊接压力、焊接时间过小和过大都会降低接头强度，焊接振幅增大有利于提高接头强度。合格接头的焊接工艺参数如表 8-7 所示。

表 8-7　合格接头的焊接工艺参数

项 目	焊接压力/kN	焊接振幅/μm	焊接时间/s
铜/铜	1.5~2.5	17~25	0.10~0.20
铝/铝	1.0~1.5	17~25	0.05~0.08

对于金属极片铝/镀镍钢片焊接，接头剥离力会随着焊接时间的延长而增大，焊接时间适当时振动能量可以充分传递，焊接界面之间的摩擦使金属表面迅速升温，促使焊接区域金属塑性变形和分子间作用力发生作用，形成固态连接。若焊接时间太短，超声振动能量无法完全将能量传递到工件上，会使金属结合界面的摩擦与塑性变形不足，超声振动作用结束后，焊点还尚未形成，导致接头剥离强度较小。

6. 其他工艺参数

上声极所用材料、端面形状和表面状况等会影响焊点的强度和稳定性。声极材料应具有较大的摩擦系数、较高的硬度和耐磨性、良好的高温强度和疲劳强度，以保证声极的使用寿命和焊点强度稳定。如高速钢、滚珠轴承钢多用于铝、铜、银等较软金属焊接；沉淀硬化型镍基超合金等多用于钛、锆、高强度钢及耐磨合金焊接。平板搭接点焊时，上声极端部多制成球面，球面半径一般为相接触焊件厚度的 50~100 倍。球面半径过大会导致焊点中心附近脱焊；半径过小会引起压痕过深。可见半径过大或过小都会使焊接质量和重复性发生波动。上声极与工件的垂直度对焊点质量影响较大，随着上声极与工件的垂直度降低，接头强度将急剧下降。上声极的弯曲和下声极的松动，也会引起焊接畸变。

7. 锂离子电池中的超声波焊接（预焊工艺）

为满足锂离子电池的容量及功率要求，叠片式工艺广泛应用于铝壳电池与软包电池中。叠片式铝壳电池首先要对多层极耳（0.08~0.016 mm）进行预焊，再将预焊后的多层极耳分别与盖板和引出端子焊接起来。若极耳层数较少，可直接将多层极耳分别与盖板和引出端子进行焊接，无须预焊。若盖板极耳引片厚度较大，即使极耳层数较少，也需进行预焊。预焊起到整形的作用，有利于盖板极耳引片与极耳之间的焊接。对于同样一台设备，可同时进行预焊和盖板焊接，但频繁调整焊接参数，易导致焊接效果不稳定。为保证焊接质量，预焊和盖板焊接所用设备应分开选择。预焊时可选择功率较小的设备，盖板焊接时可选择功率较大的设备。叠片式软包电池与铝壳电池不同，多层极耳预焊后，再将极耳引片与多层极耳焊接在一起，然后将极耳引片与铝塑复合膜封装在一起，完成封装过程。

焊接完成后，需要使用拉力设备检验焊接效果，也可以进行焊接接头的电阻检验，根据测试结果对焊接参数进行调整，直至焊接效果最佳。

8.4.4 超声波焊焊接性

超声波焊接可以实现同种金属材料和异种金属材料的可靠连接，能够进行超声波焊接纯金属组合，如图 8-28 所示。超声波焊接金属材料时，最常用的方法是点焊。利用超声波焊接不同厚度的焊件时，超声振动应从比较薄的焊件一方导入，焊接参数应根据薄焊件的厚度来确定。

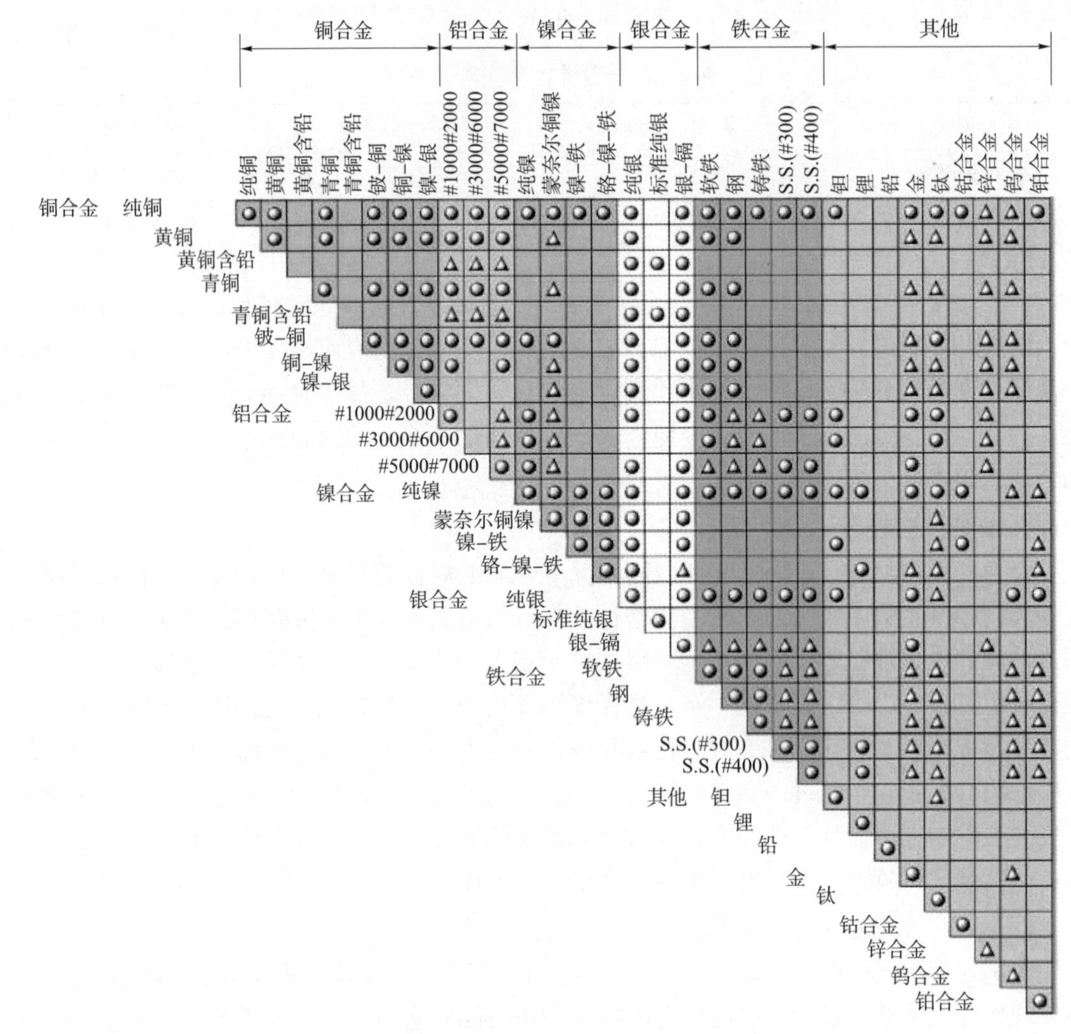

图 8-28 超声波焊接纯金属组合

（数据仅做参考，结合强度受实际材质和其他因素影响）

注：#1000，#2000，#3000，#5000，#6000，#7000—铝合金系列牌号；

S. S.（#300），S. S.（#400）—碳素结构钢牌号。

超声波不仅可以焊接金属材料，还可以对塑料进行焊接。对于物理性质相差悬殊的异种材料，如金属与半导体、金属与陶瓷、非金属以及塑料等也能够进行焊接。

1. 同种金属材料的焊接

同种金属材料焊接性，随材料性质发生变化。对强度较低的铝合金，超声波点焊和电阻焊点焊的接头强度大致相同；而对较高强度的铝合金，超声波焊接接头强度可以超过电阻焊的强度。对于钼、钨等高熔点材料，由于超声波可避免接头区的加热脆化，能够获得高强度的焊接接头，但是焊接声极和工作台应选用硬度较高的材料，焊接参数也应该适当偏高。对于高硬度金属之间的焊接，以及焊接性较差金属之间的焊接，也可以采用另一种硬度较低的过渡层。

1）铝及其合金的超声波点焊

焊接铝及其合金时，表面准备要求比其他方法都低，正常情况下只需要脱脂处理。但铝合金热处理后或合金中的镁含量高时，会形成一层厚的氧化膜，为了获得质量良好的焊接接头，焊前应将这层氧化膜去除。

图 8-29 所示是纯铝及铝合金焊点的金相组织，显示出强烈的塑性流动，原因是金属界面间摩擦所破坏的氧化膜以旋涡状被排除在焊点周围，在结合面上没有熔化迹象，只是出现了局部的再结晶现象。

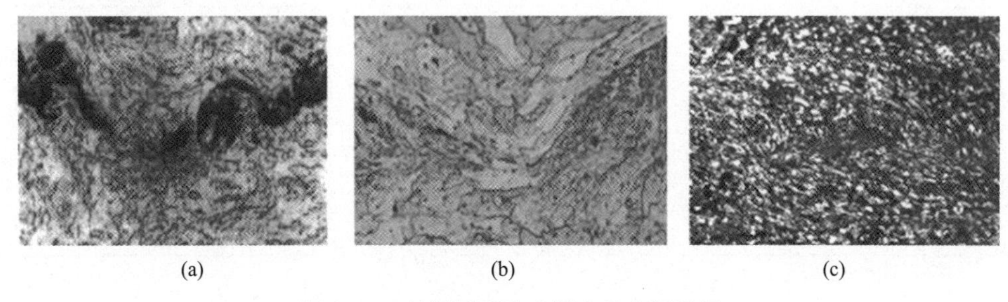

图 8-29　纯铝及铝合金焊点的金相组织

（a）纯铝；（b）6011 铝合金；（c）6022 铝合金

从铝合金焊点的疲劳强度来看，超声波点焊焊接接头比电阻点焊焊接接头优良，如铝铜合金约提高 30%，如图 8-30 所示。但是对于铸造组织的合金材料，超声波焊点的抗疲劳强度没有得到显著改善。

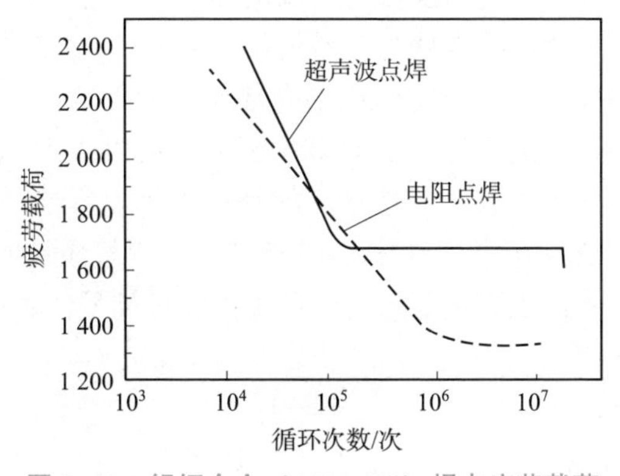

图 8-30　铝铜合金（2024-T3）焊点疲劳载荷

2）铜及其合金的超声波焊接

铜及其合金的焊接性好，焊前需要对表面进行清洗，去除油污，焊接参数和设备选择与铝合金相似。表 8-8 所示是铜 T2 的超声波焊接参数，接头的抗剪力如表 8-9 所示，表中焊点的平均直径等于 4 mm。在电机制造尤其是微电机制造中，超声波点焊方法正在逐步替代原来的钎焊及电阻点焊，几乎所有的连接工序都可用超声波点焊来完成，包括通用电枢的铜导线连接、整流子与漆包导线的连接、铝励磁线圈与铝导线的焊接以及编织线与电刷之间的焊接等。

表 8-8　铜 T2 的超声波焊接参数

厚度/mm	焊接参数			振动头		
	静压力 *F*/N	时间 *t*/s	振幅 *A*/μm	球形半径/mm	材料	硬度/HV
0.3~0.6	300~700	1.5~2	16~20	10~15	Gr45	160~180
0.7~1.0	800~1 000	2~3	16~20	10~15	Gr45	160~180
11~1.3	1 100~1 300	3~4	16~20	10~15	Gr45	160~180

表 8-9　铜 T2 的超声波点焊接头抗剪力

厚度/mm	抗剪力/N			试验件数/件	接头的破坏点
	最小	最大	平均		
0.5（单点）	1 020	1 220	1 130	6	断裂
0.5（双点）	2 600	2 750	2 670	4	两焊点全部断裂
1.0	2 100	2 360	2 240	4	局部断裂

2. 异种材料的焊接

不同材料之间的超声波焊焊接性决定于两种材料的硬度，两种材料的硬度越接近、越低，超声波焊焊接性越好；硬度相差悬殊时，只要一种材料硬度较低、塑性较好时，也可以形成良好的接头。当两种材料的塑性都较低时，可通过添加塑性较高的中间层来实现焊接。不同硬度金属材料焊接时，一般硬度较低的放在上面，使其与上声极接触，焊接参数及焊接功率取决于上焊件性质。将厚度薄的金属箔焊接于厚金属件上也具有很好的焊接性，焊件的厚度比没有限制。一般将薄焊件置于厚焊件的上方。

镍与铜的超声波焊焊接性好，较软的铜以犬牙交错的形式嵌入镍材中，并在界面形成固相连接。对于镍与铜的超声波焊接，虽然最大剥离力可以表示不同焊接参数对接头强度的影响，但是它不能区分是否形成有效连接，如焊接不足及焊接过度。研究发现镍与铜的超声波焊接接头失效形式分为五种，如表 8-10 所示。当焊接质量要求严格时可采用种类Ⅲ作为标准。种类Ⅰ和种类Ⅱ代表焊接不足，而种类Ⅳ和种类Ⅴ代表焊接过度。

表 8-10　镍与铜的超声波焊接接头失效形式

种类	失效形式	描述	失效图片	力（N）—位移（mm）曲线
Ⅰ	未结合式断裂截面	失效区域为接头内部，镍-铜之间未发生黏附，接头区域无裂纹，低剥离力		50; 0 20 40 60

续表

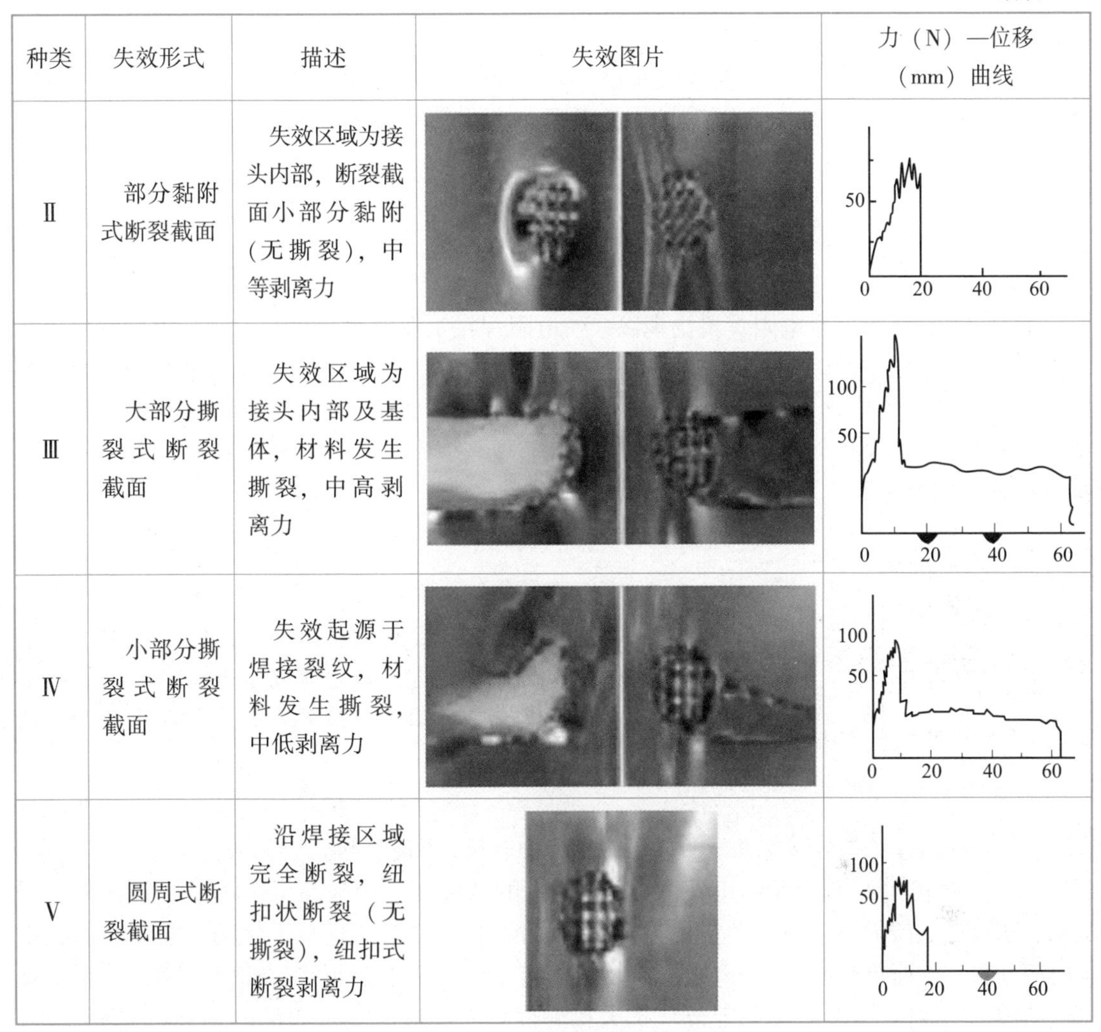

种类	失效形式	描述	失效图片	力（N）—位移（mm）曲线
Ⅱ	部分黏附式断裂截面	失效区域为接头内部，断裂截面小部分黏附（无撕裂），中等剥离力		
Ⅲ	大部分撕裂式断裂截面	失效区域为接头内部及基体，材料发生撕裂，中高剥离力		
Ⅳ	小部分撕裂式断裂截面	失效起源于焊接裂纹，材料发生撕裂，中低剥离力		
Ⅴ	圆周式断裂截面	沿焊接区域完全断裂，纽扣状断裂（无撕裂），纽扣式断裂剥离力		

8.4.5 缺陷及预防

超声波焊接常见缺陷是焊接不足（见表8-10种类I）和焊接过度（见表8-10种类V）。

1. 焊接不足

焊接不足是指焊点处纯净金属之间没有形成有效连接。焊接不足产生的主要原因有功率不足、压力过小、时间不足或振幅过小。当功率不足时，传递到工件上的能量不足，不能使金属间产生连接作用；当加载压力过小时，不能使声极与工件间产生足够大的摩擦，也不能有效破碎氧化膜，且产生的热量不足，未能使工件间产生有效的塑性流动；当振幅过小时，会使工件表面温度不够，焊件塑性不足，同时氧化膜不易被破碎，难以形成更多的连接；当焊接时间不足时，没有达到使工件相连接的有效时间，在工件发生结合前，就停止了焊接，焊接强度达不到要求。因此，增加设备功率、适当增大加载压力及焊接时间，可以有效减少焊接不足。

2. 焊接过度

焊接过度是指声极在上焊件表面的压痕过深，甚至造成表面粘连撕裂的现象。焊接过度产生的主要原因是静压力过大或焊接时间过长。当压力过大时，声极易在工件表面形成较深的压痕，导致接头承载能力下降，例如，在焊接纯铝等较软的金属时，就容易出现因压力过大造成的焊接过度；当焊接时间过长时，焊件表面甚至会产生熔化现象，使声极和焊件上表面形成永久连接，声极抬起后造成工件表面撕裂，使接头被破坏。因此合理选择静压力和焊接时间可防止焊接过度现象的产生。

8.5 锂离子电池电阻点焊

自从 1886 年第一台电阻焊机出现以来，电阻焊在工业领域获得了广泛应用。电阻焊是将被焊工件压紧于两电极之间，并通以电流，利用电流流经工件接触面及邻近区域产生的电阻热将其加热到熔化或塑性状态，使之形成金属结合的一种方法[42]。电阻焊通常分点焊、缝焊和对焊三种，在锂离子电池生产中，极耳与引出端子、极耳与盖板、引出端子与导线的连接主要应用的是电阻点焊。

8.5.1 电阻点焊原理及特点

1. 电阻点焊原理及焊接过程

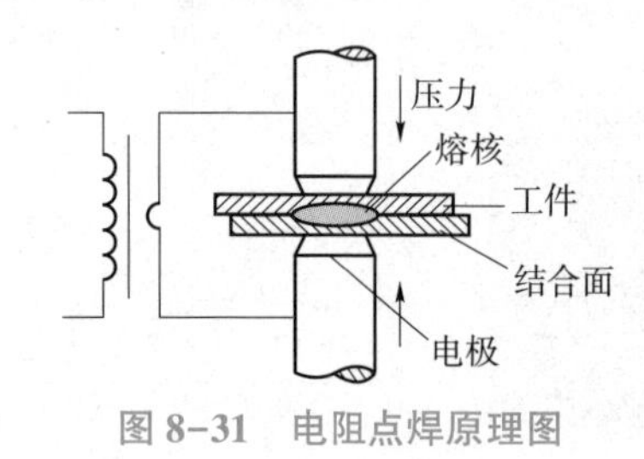

图 8-31 电阻点焊原理图

电阻点焊是利用柱状电极对搭接焊件施加压力，并通电产生电阻热，使焊件局部熔化形成熔核，冷却结晶后形成焊点的电阻焊方法，如图 8-31 所示。点焊时焊接产生的热量由下式决定。

$$Q=I^2Rt \tag{8-10}$$

式中，Q 为热量；I 为焊接电流；R 为电极间电阻；t 为焊接时间。

其中，R 包括工件内部电阻 R_1、两工件间接触电阻 R_2、电极与工作间接触电阻 R_3，即 $R=R_1+R_2+R_3$。接触电阻析出热量约占内部热源的 5%~10%，且与焊件的材质、表面状态（清理方法、表面粗糙度等）、电极压力及温度有关。接触电阻析热占比例不大，并很快降低、消失，但对初期温度场的建立、扩大接触面积、促进电流分布的均匀化有重要作用。内部电阻是焊接区金属本身所具有的电阻，其析出热量占总热量的 90%~95%。影响内部电阻的因素有材料的热物理性质（电阻率）、力学性能（压溃强度）、焊接参数及特征（电极压力及规范）和焊件厚度等。

焊点形成一般分为 4 个阶段，分别为预压阶段、焊接阶段、维持阶段和休止阶段，前 3 个阶段如图 8-32 所示。

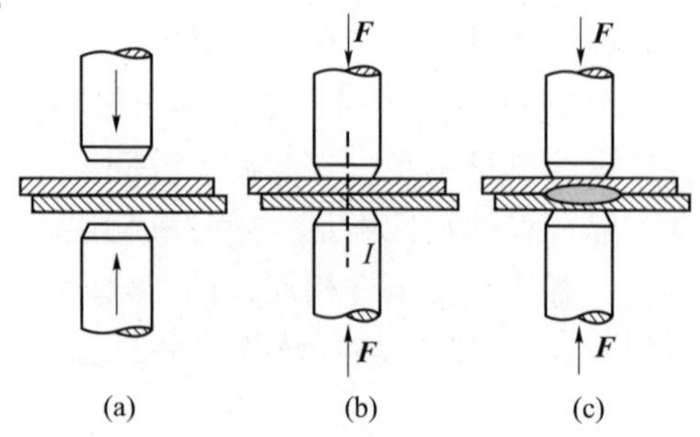

图 8-32 电阻点焊过程循环图

（a）预压阶段；（b）焊接阶段；（c）维持阶段

1）预压阶段

是对电阻点焊电极施压的过程，包括电极压力的上升和恒定。目的是建立稳定电流通道，保证焊接过程获得重复性好的电流密度。

2）焊接阶段

是在预压阶段结束后通电加热的过程。当输入热量大于散失热量时，温度上升，形成高温塑性状态的连接区，中心部位出现熔化区并不断扩大，外围形成塑性封闭环并隔绝空气，保证熔化金属不被氧化，形成熔化核心。

3）维持阶段

是在切断电流后继续保持压力的过程，使熔核在压力下冷却结晶，防止缩孔、裂纹的产生，形成力学性能高的焊点。

4）休止阶段

解除焊接压力，电极上升，第一次焊接结束。电极随后第二次向下运动，进入下一个焊接循环过程。

2. 电阻点焊分类

按照供电方式可将电阻点焊分为双面单点焊、双面双点焊、单面单点焊和单面双点焊等，如图 8-33 所示。双面单点焊指从焊件两侧对单个焊点供电；双面双点焊指从焊件两侧同时对两个焊点供电，可使分流和上下板不均匀加热现象大为改善，且焊点可布置在任意位置；单面单点焊指从焊件单侧供电，主要用于零件一侧电极可达性很差或零件较大时的情况；单面双点焊是指从一侧供电时尽可能同时焊两点以提高生产率，单面供电往往存在无效分流现象浪费电能，点距过小时将无法焊接。

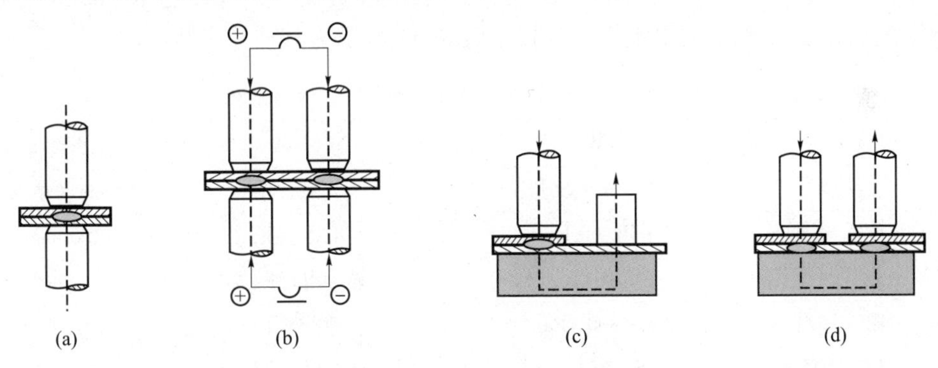

图 8-33　电阻点焊分类

（a）双面单点焊；（b）双面双点焊；（c）单面单点焊；（d）单面双点焊

3. 电阻点焊特点

电阻点焊属于局部加热，熔核冶金过程始终被塑性环封闭，保护效果好，热影响区很小，变形与应力小；焊点形成时间短，通常为零点几秒，工作效率很高；在焊接过程中，不需要焊丝和焊条等消耗材料；在焊接过程中无有害气体和烟尘产生，劳动条件好；操作方便，易于实现自动化，适于批量生产。

电阻点焊主要缺点是接头形式和工件厚度受到一定限制，通常采用搭接接头，单板厚度小于 3 mm，且接头质量目前只能靠试样的破坏性实验来检测。

8.5.2 点焊设备

电阻点焊设备由供电装置、控制装置、机械装置等三个主要部分组成，如图 8-34 所示。

1. 供电装置

由阻焊变压器、功率调节机构和焊接回路等组成。其主要特点有输出大电流（通常为 1~100 kA）和低电压（通常在 12 V 以内）；电源功率大且可调节，一般无空载运行，负载持续率较低。其中，焊接回路是指电阻点焊中焊接电流流经的回路，一般是由阻焊变压器的二次绕组、电极臂、电极及焊件等组成。

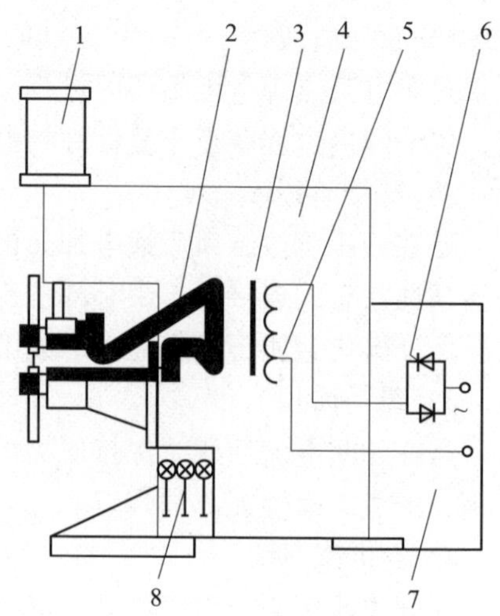

图 8-34 电阻点焊设备示意图

1—加压机构；2—焊接回路；3—阻焊变压器；4—机身；5—功率调节机构；6—主电力开关；7—控制设备；8—冷却系统

2. 控制装置

由主电力开关、控制设备、冷却系统组成。控制装置主要功能有提供信号控制电阻点焊机动作，接通和切断焊接电流，控制焊接电流值，进行故障监测和处理，控制电极冷却。

3. 机械装置

主要由机身和加压机构组成。加压机构应有良好的随动性和可实现的压力曲线。如斯特精密双脉冲可编程点焊机（PR50 型），主要特点：计算机数字控制，焊接能量精确可调，可记忆 10 种焊接规范以适应多种焊接要求；放电时间精确可控；焊接静压力、焊头速度可微调；可靠性及效率高。适用范围：锂离子电池的电芯负极、铝镍复合带、保护板等的焊接，厚度在 0.25 mm 以下的电池极片焊接。表 8-11 所示为其技术参数。

表 8-11 斯特精密双脉冲可编程点焊机技术参数

项目		参数	项目		参数
电气参数	功率	12 kV · A（最大）	机械结构	气缸行程	20 mm（最大）
	输入频率	50 Hz/60 Hz		电极直径	3.0 mm
	输入电压（交流）	220 V		最小电极距离	1 mm
	输入气源	700~800 kPa		脉冲数	0~8
	初级电流	5~30 A		脉冲能量级	0~999
	次级短路电流	1 800 A		自动补偿范围	-40~+40 V
	次级空载电压	5.5 V		面板数字显示	7 段 LED 显示
	最大工作气压	588 kPa		系统主控计算机	8 位微处理器
	最小工作气压	147 kPa		系统记忆器	EEPROM
	进气接头	快速接头		参数调节按钮	触摸按钮开关
机械结构	整机结构	一体化结构		操控控制方式	脚踏开关控制
	焊臂结构	伸缩摆动控制		外围尺寸	550 mm×240 mm×390 mm
	电极至机体距离	100 mm		总质量	40 kg
	气缸直径	20 mm			

8.5.3 电阻点焊工艺

电阻焊用于负极镍极耳（厚度约为 0.15 mm）与盖板镍电极的点焊，以及正极铝极耳与铝壳壳体的点焊连接。在钢壳电池中，电阻焊用于正极铝极耳与盖板镍电极，负极镍极耳与壳体不锈钢的焊接。主要是不同材质和不同厚度的焊接。影响焊点质量的主要工艺因素有接头设计、表面清理、焊接参数、电极材料及结构等。

1. 接头设计

点焊的电极由导热性能好的铜制成，电极和工件一般不会焊在一起。但是在焊接第二个焊点时，一部分电流会流经旁边已焊好的焊点，称为点焊分流现象，如图 8-35 所示。点焊分流会使实际的焊接电流减小，使焊接质量变差。

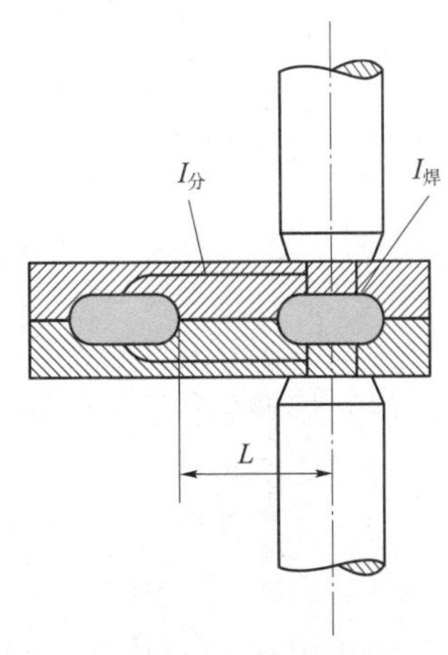

图 8-35　点焊分流现象

影响焊接分流的因素主要有焊件厚度、焊点间距、焊件层数和焊件表面状况。一般随着焊点间距的减小、焊件厚度的增大以及焊件层数的增多，分路电阻减小，分流程度增大，通过焊接区的电流减小。当焊件表面存在氧化物或杂物时，两焊件间的接触电阻增大，同样使通过焊接区的电流减小。分流对焊点质量产生不利影响，如使焊点强度降低、单面点焊产生局部接触表面过热和喷溅等。因此应进行合理的点焊接头设计，使金属在焊接时具有尽可能好的焊接性。推荐的点焊接头尺寸如表 8-12 所示。

点焊通常采用搭接接头或折边接头。接头可由两个或两个以上等厚度或不等厚度、相同材料或不同材料组成，焊点可单点或多点，点焊接头尺寸及形式如图 8-36 所示。

表 8-12　推荐的点焊接头尺寸

焊件厚度 δ/mm	熔核直径① d/mm	单排焊缝最小搭边② b/mm		最小工艺点距③ e/mm			备注
		轻合金	钢、钛合金	轻合金	低合金钢	不锈钢，耐热钢，耐热合金	
0.3	2.5^{+1}	8.0	6	8	7	5	
0.5	3.0^{+1}	10	8	11	10	7	
0.8	3.5^{+1}	12	10	13	11	9	
1.0	4.0^{+1}	14	12	14	12	10	
1.2	5.0^{+}	16	13	15	13	11	
1.5	6.0^{+1}	18	14	20	14	12	
2.0	$7.0^{+1.5}$	20	16	25	18	14	

注：

①右上角数字为允许偏差。

②搭边尺寸不包括弯边圆角半径 r；点焊双排焊缝或连接三个以上零件时，搭边应增加 25%~35%。

③若要缩小点距，则应考虑分流而调整规范；焊件厚度比大于 2 或连接 3 个以上零件时，点距应增加 10%~20%。

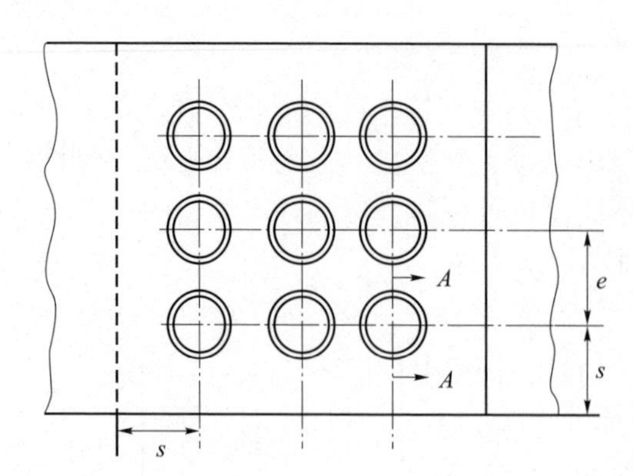

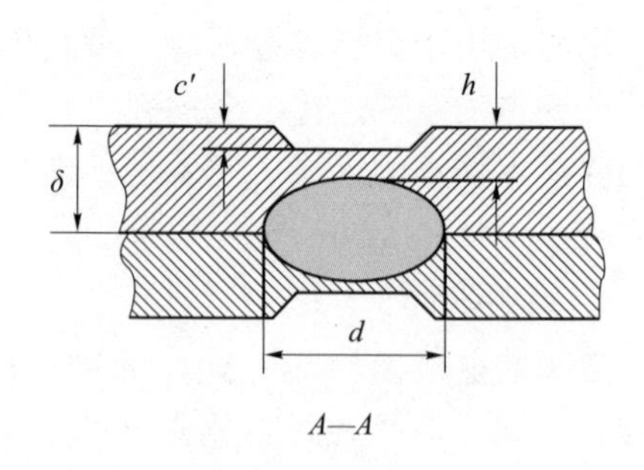

图 8-36　点焊接头尺寸及形式

主要尺寸确定方法如下。

（1）熔核直径：$d=2\delta+3$ 或 $d=5\sqrt{5}$。

（2）焊透率：$A=(h/\delta)\times100\%$。

（3）压痕深度：$c'\leqslant0.20$。

（4）点距：$e>80$。

（5）边距：$s>60$。

（6）搭边量：$b=2s$。

2. 焊前表面清理

在焊前必须进行工件表面清理，以保证接头质量及其稳定性。清理方法分机械清理和化学清理两种。常用的机械清理方法有喷砂、喷丸、抛光和用砂布或钢丝刷打磨等；化学清理则采用不同溶液进行处理，如去除铝合金的氧化膜时，在碱溶液中去油和冲洗后，将工件放进正磷酸溶液中腐蚀，为了减慢新膜的成长速度和填充新膜孔隙，在腐蚀的同时进行钝化处理。常见金属焊前清理所用化学试剂如表 8-13 所示。

表 8-13　常见金属焊前清理所用化学试剂

金属	腐蚀用溶液	中和用溶液	R 允许值/μΩ
低碳钢	1. 每升水中 H_2SO_4 200 g、NaCl 10 g、缓冲剂六亚甲基四胺 1g，温度 50~60 ℃； 2. 每升水中 HCl 200 g、六亚甲基四胺 10 g，温度 30~40 ℃	每升水中 NaOH 或 KOH 50~70 g，温度 20~25 ℃	600
结构钢、低温合金	1. 每升水中 H_2SO_4 100 g、NaCl 50 g、六亚甲基四胺 10 g，温度 50~60 ℃； 2. 每 0.8 L 水中 H_3SO_4 65~98 g Na_3PO_4 35~50 g、乳化剂 OP 25 g、硫脲 5 g	1. 每升水中 NaOH 或 KOH 50~70 g，温度 20~25 ℃； 2. 每升水中 $NaNO_3$ 5 g，温度 50~60 ℃	800
不锈钢、高温合金	在 0.7 L 水中 H_2SO_4 110 g、HCl 130 g、HNO_3 10 g，温度 50~70 ℃	质量分数为 10% 的苏打溶液，温度 20~25 ℃	1 000
钛合金	每 0.6 L 水中 HCl 16 g、HNO_3 70 g、HF 50 g	—	1 500

续表

金属	腐蚀用溶液	中和用溶液	R 允许值/μΩ
铜合金	1. 每升水中 HNO_3 280 g、HCl 1.5 g、炭黑 1~2 g，温度 15~25 ℃； 2. 每升水中 HNO_3 100 g、H_2SO_4 180 g、HCl 1 g，温度 15~25 ℃	—	300
铝合金	每升水中 H_3PO_4 110~155 g、$K_2Cr_2O_7$或 $Na_2Cr_2O_7$ 1.5~0.8 g，温度 30~50 ℃	每升水中 $NaNO_3$ 15~25 g，温 度 20~25 ℃	80~120
镁合金	在 0.3~0.5 L 水中 NaOH 300~600 g，HNO_3 40~70 g、$NaNO_2$ 150~250 g，温度 70~100 ℃	—	120~180

3. 焊接参数

1）焊接电流 I_w

焊接电流是影响析热的主要因素。随着焊接电流增大，熔核的尺寸或焊透率增加，如图 8-37 所示。电流过低时，热量不足造成熔核尺寸小甚至未熔合，焊点拉剪载荷较低。正常情况下，随着焊接电流增大熔核尺寸增加，由于焊点拉剪载荷与熔核直径成正比，当熔核尺寸达到最大时焊点的力学性能最佳。当电流过高时，热量过大，引起金属过热，塑性环被破坏产生喷溅或压痕过深等焊接缺陷，使焊点质量下降。所以电极压力一定时，使焊接电流稍低于飞溅电流值，可获得最大的点焊强度。焊接电流陡升与陡降会因加热和冷却速度过快引起飞溅或熔核内部产生收缩性缺陷。而缓升与缓降的电流波形则有预热与缓冷作用，可有效减少或防止飞溅与内部收缩性缺陷，可以改善接头的组织与性能。

2）焊接时间 t_w

焊接时间指电流脉冲持续时间，既影响产热又影响散热。在规定焊接时间内，焊接区析出的热量除部分散失外，将逐渐积累，用于加热焊接区使熔核逐渐扩大到所需的尺寸，如图 8-38 所示。所以焊接时间对熔核尺寸的影响也与焊接电流的影响基本相似，焊接时间增加，熔核尺寸随之扩大，但过长的焊接时间会引起焊接区过热、飞溅和压痕过深等。

3）电极压力 F_w

电极压力对接触电阻、加热与散热、焊接区塑性变形和熔核的致密程度有直接影响。当电极压力过小时，工件间的变形范围及变形程度不足，造成局部电流密度过大或过小，引起塑性环不均匀或密封性不好，从而产生内喷溅，同时电极和工件接触电阻过大会引起电极与工件粘损或产生外喷溅，从而影响焊接过程。当电极压力过大时，焊接区接触面积增大，电流密度减小，导致熔核尺寸过小或焊透率不够，同时压痕过深，影响表面质量和力学性能，如图 8-39 所示。

一般认为，参数之间相互影响、相互制约。当采用大焊接电流、短焊接时间参数时，称为硬规范；而采用小焊接电流、适当长焊接时间参数时，称为软规范。在调节电流、时间使之配合成软或硬规范时，必须相应改变焊机压力，以适应不同的加热速度，以满足不同塑性变形能力的要求。硬规范焊接时所用电极压力显著大于软规范焊接时的电极压力。

4. 电极材料及结构

电极材料要求有足够的高温硬度与强度、高的抗氧化能力、高的再结晶温度、与焊件材

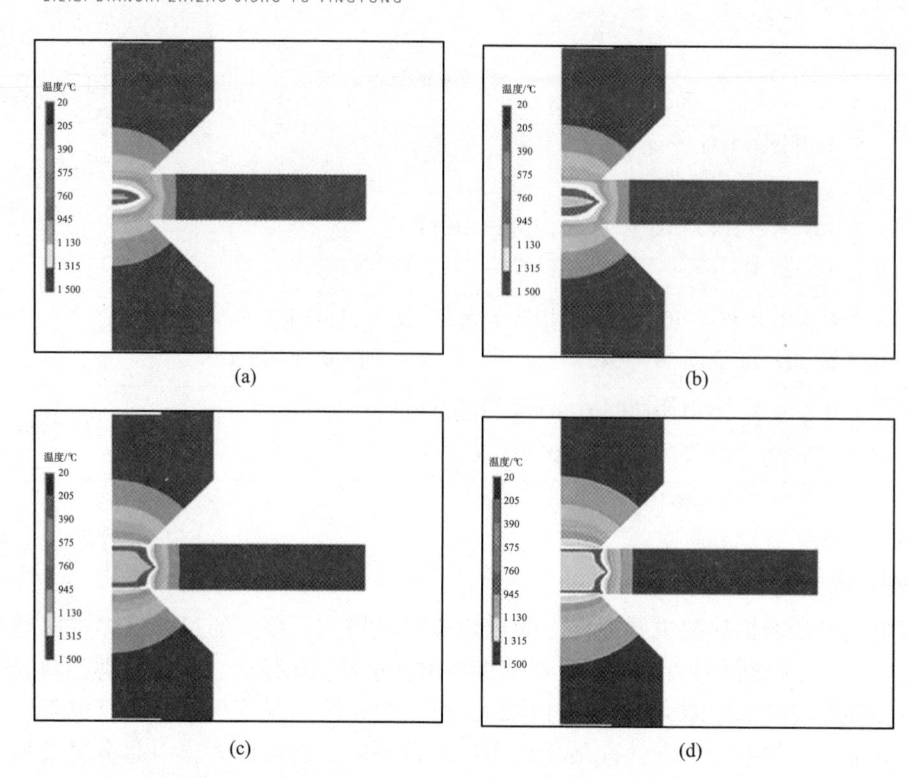

图 8-37　焊接电流对温度场和熔核尺寸的影响

（a）$I_w = 6$ kA；（b）$I_w = 8$ kA；（c）$I_w = 10$ kA；（d）$I_w = 12$ kA

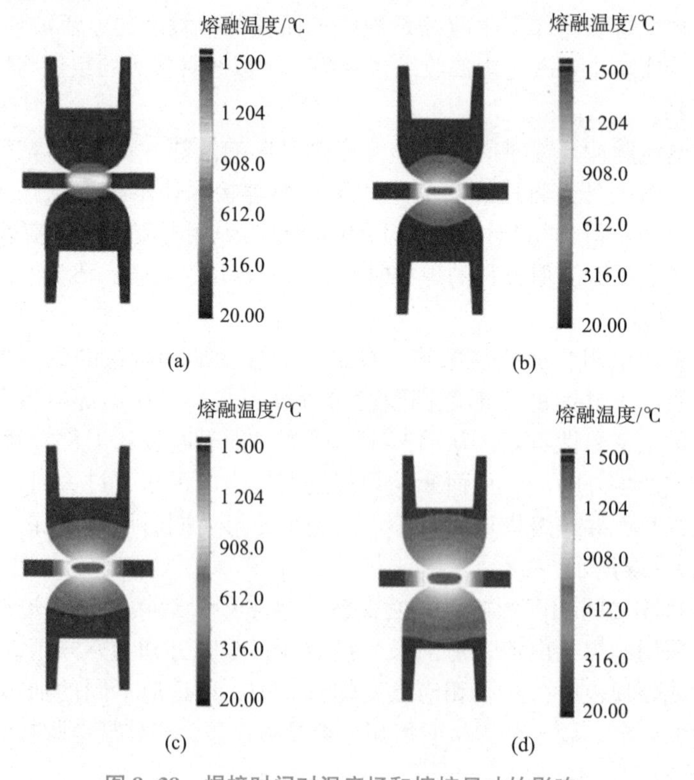

图 8-38　焊接时间对温度场和熔核尺寸的影响

（a）$t_w = 0.1$ s；（b）$t_w = 0.2$ s；（c）$t_w = 0.3$ s；（d）$t_w = 0.4$ s

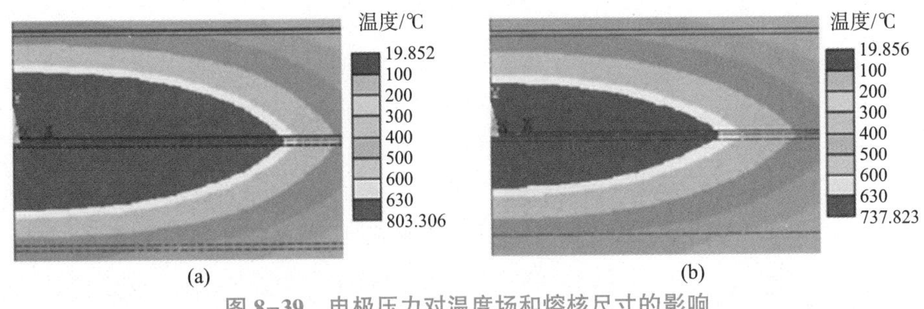

图 8-39　电极压力对温度场和熔核尺寸的影响

（a）$F_w = 3\ 100$ N；（b）$F_w = 6\ 200$ N

料形成合金的倾向小、良好的常温和高温导电性及导热性、良好的加工性能等。焊接不锈钢时，需要较大的焊接压力，选择电极材料时应优先保证高温强度和耐磨硬度，适当降低电导率和热导率要求，通常选择铬锆铜电极；焊接铝及其合金时，选用电极材料应优先保证高电导率和高热导率，适当降低对高温强度和硬度要求，并减少电极与焊件的粘连等，通常采用纯铜、镉铜及铬铜电极等；镍的焊接一般采用纯铜和铬锆铌铜电极等。

电极头是指点焊时与焊件表面相接触的电极端头部分，其形状、尺寸及冷却条件影响熔核几何尺寸与强度。图 8-40 所示为常用电极头结构，其中，D 为锥台形电极头端面直径，α 为锥台形的夹角，R 为球形电极头球面直径，h 为水冷端距离。

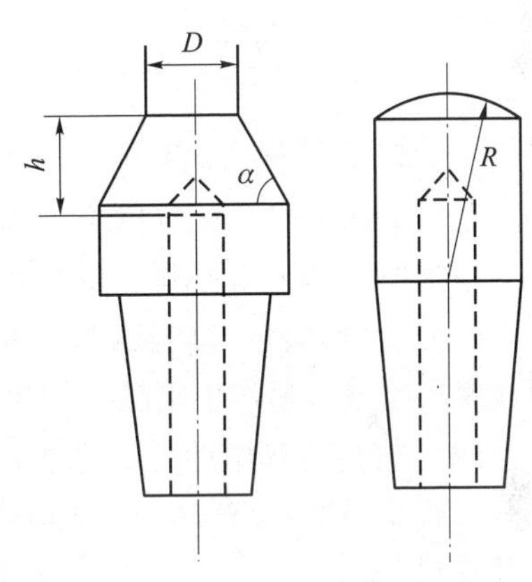

图 8-40　常用电极头结构

为提高点焊质量的稳定性，要求焊接过程中电极工作面直径变化尽可能小。对于圆锥形电极，α 一般在 90°~140°。α 过大时，端面磨损带来的电极工作面直径和面积快速增大，焊接电流不变时，电流密度和散热波动大，造成焊接质量不稳定；α 过小时，散热差，表面温度高，易变形磨损。图 8-41 所示为不同 α 对电极温度场的影响。球面形电极，散热好，电极强度高，不容易变形，较高压力下变形小。点焊电极头形状及其适用范围如表 8-14 所示。有时将电极做成帽状，电极磨损之后只需更换电极帽就可以了，还有利于节约铜合金。

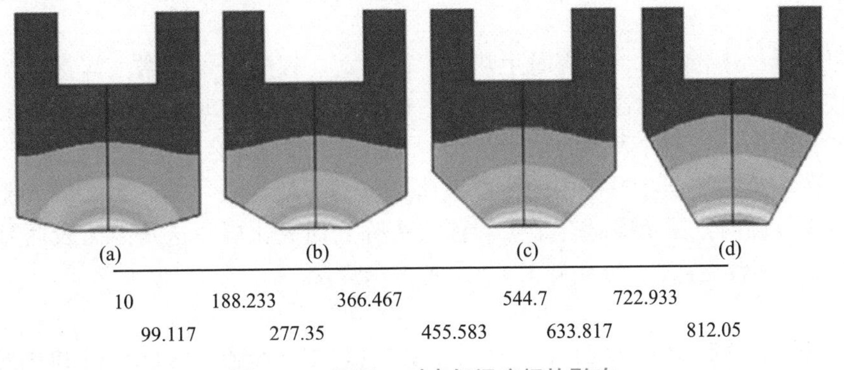

图 8-41　不同 α 对电极温度场的影响

（a）165°；（b）150°；（c）135°；（D）120°

表 8-14 点焊电极头形状及其适用范围

头部名称	形状示意图	特点与适用范围
尖头		圆锥尖头。适用于电极垂直运动的点焊机，点焊比较狭窄的地方，上、下电极需同轴，可焊接各种低碳钢和低合金钢
圆锥		圆锥平顶。适用于电极垂直运动的点焊机。安装时要求保证上、下端面平行，可焊接低碳钢、低合金钢、镀锌钢板
球面		半圆球形。可提高电极强度，散热较好，电极对中方便，易于修整维护，常用于摇臂式点焊机和悬挂式钳状点焊机，可焊接低碳钢、低合金钢等一般焊件
弧面		在较高电极压力下变形小，修正方便，广泛用于铝及铝合金的焊接
平面		电极工作面较大，端面平整，主要用于要求焊件表面无印痕的场合
偏心		电极工作面与杆体不同心。用于焊接靠近边缘弯曲等地方。焊接时电极压力不通过电极轴线，电极压力过大时，会发生弯曲变形

8.5.4 常用材料焊接性

影响金属材料电阻点焊焊接性的主要因素有以下几个方面。

（1）导电性和导热性。通常电阻率大而热导率小的金属材料焊接性较好。

（2）高温塑性。高温屈服强度大，塑性温度区间窄的金属材料，高温塑性差，点焊时塑性变形困难、易产生喷溅，焊接性较差。

（3）材料对热循环的敏感性。易生成与热循环有关的焊接缺陷的金属材料，其焊接性较差。如 65 Mn 在点焊时冷却速度较快，容易出现淬硬组织及冷裂纹、热裂纹焊接缺陷，焊接性较差。

（4）具有熔点高、线膨胀系数大、硬度高等特点的金属材料，焊接性一般也较差。在评定金属材料点焊焊接性时，应综合考虑各种因素，并通过实验来进行评价。

锂离子电池常用材料的电阻点焊焊接性有以下几种情况。

1. 同种材料点焊

1）镍

镍电阻率低、热导率高，点焊时生热少、散热大。镍的点焊要增大焊接电流才能获得良好的焊接接头。大电流时容易与电极粘连。减少焊接电流和时间、增加电极力与电极间距有助于减少电极头与工件表面的粘连倾向。因此焊接时应综合考虑选择电流值。

另外，在镍及镍基合金焊接中的主要有害杂质锌、硫、碳、铋、铅、镉等能增加镍基合金的焊接裂纹倾向；镍及镍基合金点焊前要去除表面氧化层，这是因为表面氧化物熔点高（2 040 ℃）而镍熔点低（1 400 ℃），易造成未焊接。

2）铝

铝合金分为冷作强化型 3A21（LF21），5A02（LF2），5A06（LF6）等和热处理强化型 2A12-T4（LY12CZ），7A04-T6（LC4CS）等。铝的导电性好，有利于焊接，但是铝导热性好、散热快，不利于熔核的完整形成，焊接性均较差。因此铝合金宜采用硬规范进行焊接，焊接电流常为相同板厚低碳钢的 4~5 倍。同时，铝及铝合金的点焊宜采用缓升和缓降焊接电流，起到预热和缓冷作用，采用阶梯形或马鞍形压力曲线提供较高锻压力，有利于防止喷溅、缩孔及裂纹等缺陷。

另外，铝表面有氧化物钝化膜，清理后很容易再次生成，焊前必须按工艺文件仔细进行表面化学清洗，并规定焊前存放时间。

3）不锈钢

奥氏体不锈钢电阻率大，热导率小，具有很好的焊接性。可采用较小焊接电流和较短时间进行焊接，同时由于电阻率大，减少了电流分流，可适当减小点距。加热时间过长时，热影响区扩大并出现过热，近缝区晶粒粗大，甚至出现晶界熔化现象，冷轧钢板则出现软化区，使接头性能降低，故宜采用偏硬的焊接条件，如采用硬规范焊接则宜加强冷却来提高焊接质量和生产效率。不锈钢的高温强度高，故需提高电极力，否则会出现缩孔及结晶裂纹。不锈钢线膨胀系数大，焊接薄壁结构时，易产生翘曲变形。

表 8-15 所示为常用金属材料点焊焊接性综合表，表中所列举的具体金属材料均可作为该类材料的典型代表。

2. 异种材料的点焊

1）纯镍和不锈钢

纯镍与奥氏体不锈钢的热物理性能，如热导率、线膨胀系数、熔点等有着显著区别。导致焊后熔合区产生较大的焊接残余热应力。周期性的热循环还会产生交变应力，从而使焊接接头因疲劳而过早破坏。

纯镍与奥氏体不锈钢熔化焊时，在两层金属之间会形成一个过渡层，成分介于纯镍与奥氏体不锈钢之间，化学成分的不均匀性引起力学性能的不均匀性。纯镍金属侧焊缝具有粗大的树枝状组织，在它们的边界上集中了一些 Ni-S 共晶和 Ni-P 共晶低熔点共晶体，降低了焊缝金属的抗裂性能；不锈钢金属侧焊缝内 Ni 的含量显著提高，也会产生 Ni-S 共晶和 Ni-P 共晶低熔点共晶体，使焊缝金属产生显著热裂纹的倾向。因此焊缝中镍含量越高，热裂纹倾向越大，塑性越差。熔合区是整个焊接接头最薄弱的地带。

2）铝合金和镍

纯镍与铝合金都具有较高的热导率，但两种材料的线膨胀系数、熔点不同。因此焊接时需要采用较大的电流，并宜采用缓升和缓降焊接电流方式，起到预热和缓冷作用，减少焊后熔合区较大的焊接残余热应力，避免焊接接头因疲劳而过早破坏；或采用阶梯形或马鞍形压力曲线提供较高锻压力，防止喷溅、缩孔及裂纹等缺陷。

纯镍与铝合金点焊时，化学成分的不均匀性会引起两工件之间形成一个过渡层，易形成 γ，e 等金属间化合物相，导致界面结合区产生脆性断裂。但在锂离子电池的制造中镍极耳较薄，在与铝壳体的点焊过程中形成镍铝的低熔点共晶相，形成良好的结合。

8.5.5 缺陷及预防

电阻点焊常见的焊接缺陷有飞溅、收缩性缺陷、粘连、虚焊及弱焊、压痕过深、焊点扭曲、焊穿等，如图 8-42 所示。

1. 飞溅

在点焊电极压力作用下，熔核周围未熔化的高温母材会产生塑性变形及再结晶，形成可以密封液态熔核的塑性环，能够有效防止熔核中液态金属在内压作用下的向外喷出。随

表 8-15　常用金属材料点焊焊接性综合表

金属材料	强度损失		接头塑性降低	对喷溅敏感性	电极粘损倾向	缩松裂纹倾向	对热循环敏感性	焊接电流	焊接时间	焊接压力	锻压压力	热量递增	预热电流	缓冷电流	焊后热处理
	焊缝	近缝区													
低碳钢（10 钢）	小	小	小	小	小	小	小	中	中	小	需要	不要	不要	不要	不要
可淬硬钢（30CrMnSiA）	中	中	大	中	小	大	大	中	大	中	需要	希望	需要	需要	希望
奥氏体不锈钢（1CrigNigTi）	小	小	小	中	小	小	小	小	中	大	需要	不要	不要	不要	不要
耐热合金（GH_3g）	小	小	小	大	小	中	中	小	大	大	需要	希望	希望	希望	不要
塑性铝合金（LFzi）	小	小	小	小	中	小	小	大	小	小	需要	不要	不要	不要	不要
低塑性铝合金（LF_6）	小	小	小	中	中	中	小	大	中	大	需要	希望	希望	希望	不要
高强铝合金（$LY_{12}CZ$）	中	小	小	中	中	大	中	大	小	中	需要	不要	不要	希望	不要
钛合金（TA_7）	小	小	小	小	小	小	小	小	中	小	需要	不要	不要	不要	不要
镁合金（MBg）	中	小	小	小	大	大	小	大	小	小	需要	不要	不要	不要	不要
铜合金（H_{6z}）	小	小	小	中	大	中	小	大	小	中	需要	不要	不要	不要	不要

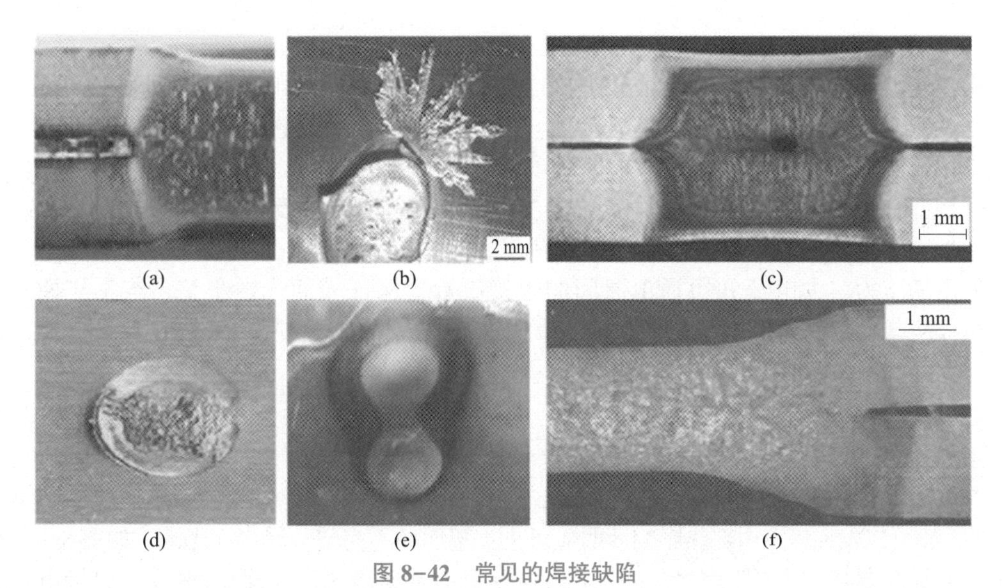

(a)　(b)　(c)
(d)　(e)　(f)

图 8-42　常见的焊接缺陷

（a）内部飞溅；（b）外部飞溅；（c）缩孔；（d）粘连；（e）虚焊及弱焊；（f）压痕过深

着加热的进行，熔核区压力逐渐增大，塑性环和熔核都不断向外扩展。当输入热量过多时，熔核的扩展速度就会大于塑性环，塑性环就会被熔化破坏，导致熔核飞溅产生，又称内部飞溅，如图 8-42（a）所示。内部飞溅产生时极易在焊接熔核内形成缩孔缺陷。在焊接条件不合理时，焊件上表面局部有时会烧穿、溢出，甚至发生喷溅，又称外部飞溅，如电极太尖锐、电极和焊件表面有异物、电极压力不足等。外部飞溅会破坏工件表面状态，恶化焊接工作环境条件，也在一定程度上影响焊点的有效承载能力，如图 8-42（b）所示。

焊接电流越大、焊接时间越长时，电极压力越小，电极与工件之间、工件与工件之间的接触面积越小，电极散热作用越差，越容易产生飞溅。在实际生产中应在保证焊接质量的前提下尽量适当减小焊接时间及电流，增大电极压力，采取对焊件表面进行清理、预热等方法，避免金属的瞬间过热和产生飞溅。

2. 收缩性缺陷

主要指焊点出现缩孔和收缩性裂纹的现象，如图 8-42（c）所示。点焊的焊接区加热集中，温度梯度大，加热与冷却速度很快，液态金属被包围在塑性环中，因此接头易出现收缩性缺陷。

缩孔产生的主要原因是熔核区存在温度梯度，中心温度最高因此最后凝固，当焊接电流切断后马上撤掉电极压力时，熔核边缘液体金属已凝固结晶，而熔核中心液态金属凝固时产生的收缩无法获得周围液体金属补充形成缩孔或疏松组织。缩孔会减小点焊承载面积，对冲击和疲劳载荷有一定影响，特别是同时伴有裂纹的情况下影响特别明显，但对接头静载强度影响不大。防止缩孔主要靠提高电极压力或延长保压时间，通过电极压力产生锻压力来进行缩孔补偿，从而避免缩孔和疏松等缺陷的形成。

裂纹形成的原因与缩孔类似。熔核结晶后期液态金属量大大减少，电极压力大多被已结晶的枝晶吸收，不足以使液态金属补充到枝晶缝隙中，故形成裂纹；维持电极压力时间过长，也会使焊点产生裂纹等缺陷。焊接淬火倾向较大的材料时可能产生裂纹，如钢铁材料焊接时如果冷却速度太快就会使硬度和脆性升高，增加产生裂纹倾向。因此，为了防止裂纹产生应适当增加焊接压力并且维持时间不宜过长。

3. 粘连

粘连是点焊时电极与零件产生非正常连接的现象，如图 8-42（d）所示。若两电极工作面不平行，电极工作面与零件局部接触，电极与零件的接触电阻增大，会使电流集中于电极工作面的局部接触区域，并使电流密度大于正常电流密度，造成温度升高到电极与零件的焊接温度，形成电极与零件的熔合。电极工作面粗糙，电极压力不足都会造成局部接触，电极冷却不足使温度升高，也会导致粘连。

使用高压力、大电流和短通电时间的焊接参数，保证表面光滑平整、与工作面平行，保证电极冷却效果，可以有效避免粘连。另外，电极表面处理提高工作面熔点也可以破坏电极与零件之间的焊接性，减少粘连。

4. 虚焊及弱焊

虚焊及弱焊可以通过外观检验和破坏性检验来识别。虚焊及弱焊时，外观检验可以发现焊点表面塑性环不完整，焊点颜色发白，焊点压痕浅，有时会有较严重的焊点扭曲现象。破坏性检验可以发现焊点内部热影响区明显可见，塑性环不完整，焊接面光滑，如图 8-42（e）所示。虚焊及弱焊主要原因有焊钳错位和焊点扭曲导致熔核不能轴向形成，焊接电流小，焊接压力过大导致焊件间电阻减小，电极面积过大，焊接中有分流（如点距过小），焊接时焊钳与焊件干涉、焊钳与工装干涉等。这些都会导致电流密度减小，产生热量不足以形成熔核或熔核直径过小，焊点强度无法满足要求。

适当增大焊接电流及时间、减小焊接压力、增加点距、不焊接边缘焊点、摆正焊接角度、保持电极冷却防止电极高温磨损、电极头部面积合适等可以避免虚焊及弱焊。

5. 压痕过深

压痕过深是指点焊电极在焊件表面形成压痕深度过大和过高凸肩的现象，如图 8-42（f）所示。压痕过深会导致焊件受力时易出现应力集中，动载使用会降低承载能力，同时还影响焊件外观。压痕过深多是由于通电时间过长、电极压力过大、电流流过表面过热而产生。保证电极端面符合工艺要求、减少焊接时间及电极压力、改善冷却条件等可避免因表面过热而造成的压痕过深、过高凸肩等缺陷。

6. 焊点扭曲

焊点扭曲是指点焊面与板材扭曲超过 25°的现象。焊点扭曲易发生脱焊和虚焊等问题。上下电极未对正、电极端部通电时滑移、电极端部整形不良、焊接角度不正、工件与电极不垂直、焊接结束前焊钳摆动等情况易产生焊点扭曲。通过修磨电极头、使上下电极头对中、保持搭接平整不产生离空现象、摆正焊接角度等措施可以避免焊点扭曲。

7. 焊穿

焊穿是指焊接区域出现穿孔、零件被烧穿的现象。电极端面太小、焊接电流及时间过大、零件之间有间隙或杂质、冷却效果差、电极头表面不平或有杂质等都易造成焊穿。通过修磨电极头、适当增加预压时间、减小电流、保持零件表面清洁等可以避免焊穿。

8.6 锂离子电池塑料热封装

热封是利用外界条件（电加热、高频电压、超声波等）使铝塑复合膜封口部位的聚合物（如 PP）变成黏流状态，并借助于热封模具的压力，使上下两层薄膜彼此融合为一体，冷却后能保持一定强度的封装过程。软包装锂离子电池的热封过程通常是将铝塑复合膜壳体上下两层对齐后进行热封，包括侧封、顶封和底封，如图 8-43 所示。其中顶封通常包含铝塑复合膜与极耳、铝塑复合膜与铝塑复合膜之间的热封装，侧封和底封为铝塑复合膜之间的热封装。当电池很薄时，铝塑膜仅一半冲壳，另一半对折，可以省去底封过程。

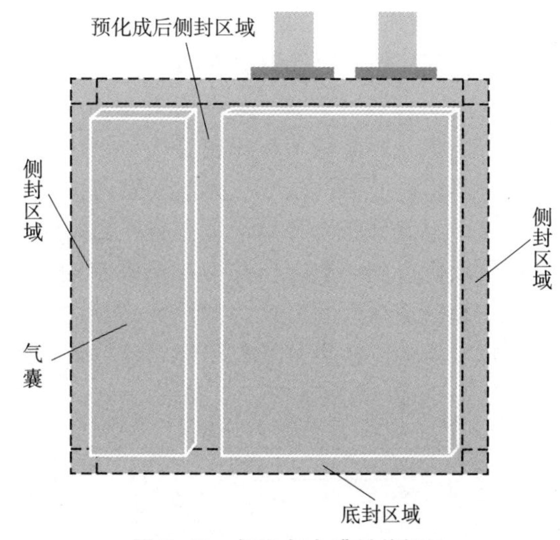

图 8-43　铝塑复合膜封装部位

8.6.1　热封装原理与设备

关于高分子材料的热封有两种作用：一种是在加热和压力的双重作用下，在封口处两层铝塑复合膜之间及铝塑复合膜与极耳胶的界面间，处于黏流状态的聚合物大分子依靠剧烈的热运动，互相渗透和扩展，实现密闭封口的作用，又称扩散作用；另一种是聚合物在加热和压力作用下发生变形，大分子在引力作用下实现密封，又称黏弹作用[43]。

热封设备通常由上下两个细长条形的加热封头和施加气压压力的装置组成。将电芯放入壳体后将铝塑复合膜折叠，内层的 CPP 胶层面相对，放入到一定温度的封头之间，压紧并加热，热量最先传递给最外层尼龙层，经中间铝层传递给 CPP 胶层和极耳胶层，在一定的封装时间下铝塑复合膜的 CPP 层和极耳胶相互融合，冷却后胶层紧密粘贴在一起，达到装封的目的，铝塑复合膜前后变化示意图如图 8-44 所示。侧封是铝塑复合膜之间的热封，不涉及极耳胶。

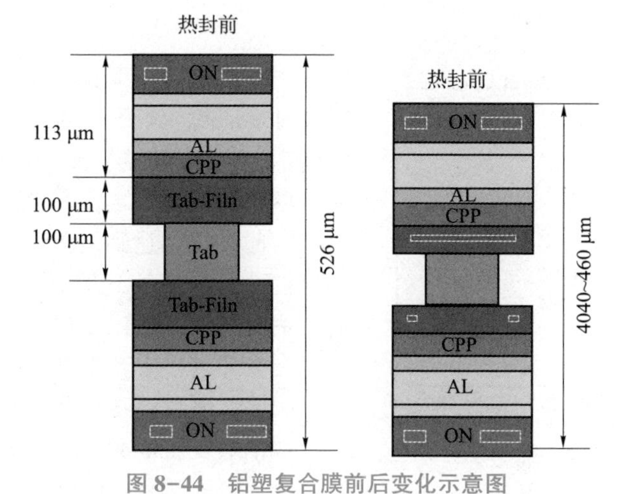

图 8-44　铝塑复合膜前后变化示意图

注：ON—延伸尼龙；AL—铝箔；CPP—流延聚丙烯；Tab—极耳；Tab-Film—极耳胶。

8.6.2　热封工艺

1. 热封窗口

热封窗口是指能够获得满意密封效果的热封温度、时间和压力等热封工艺参数的范围。为确定合理的热封窗口，需了解铝塑复合膜的热重法（TG）分析曲线和差示扫描量热法

（DSC）分析曲线，如图 8-45 所示。由图 8-45 可见，铝塑复合膜内层的熔融温度范围在两个吸热峰之间，也就是 160~215 ℃。

热封时间与热封温度的关系如图 8-46 所示。热封温度越高，可进行热封操作的时间范围越窄。当热封温度低于热封窗口下限时，虽然聚丙烯已经开始熔化，但是没有达到聚丙烯大分子链运动所需的温度，无法使聚丙烯与胶层相互融合。当热封温度在热封窗口内时，聚丙烯熔融且其分子链开始运动，有充裕的时间使其在压力的作用下与胶层分子相互缠结，使两层物质封合到一起。当温度接近热封窗口上限时，热封时间范围非常窄，热封过程很难控制，超过窗口时间后聚丙烯层完全熔融，被烧焦，甚至发生严重变形。热封压力对热封效果也有影响，压力过低有可能导致热封强度不够，热封压力过高容易挤走部分热封料，使封口边缘形成半切断状态。

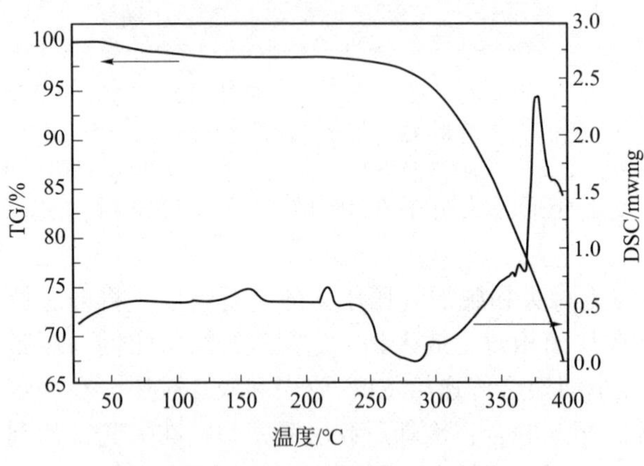

图 8-45　铝塑复合膜 TG、DSC 分析曲线

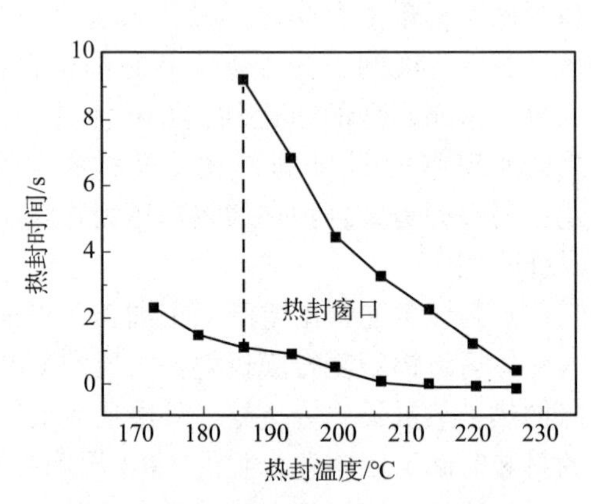

图 8-46　热封时间与热封温度的关系

2. 热封温度与拉力

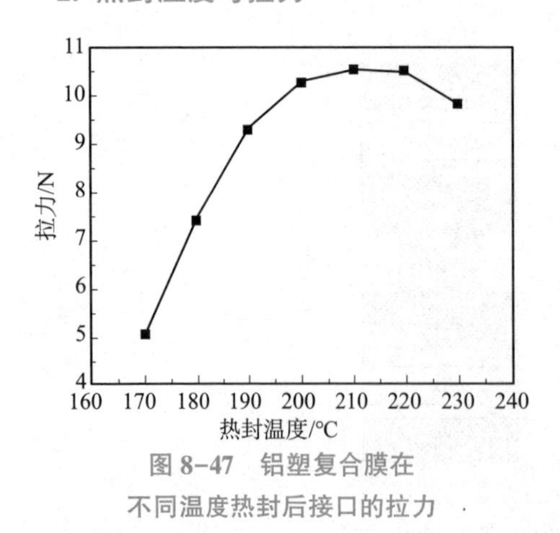

图 8-47　铝塑复合膜在不同温度热封后接口的拉力

铝塑复合膜在不同温度热封后接口的拉力如图 8-47 所示。从图 8-47 可知，在热封温度未达到铝塑复合膜内层聚丙烯的熔点时，聚丙烯未完全熔化，因此热封拉力很小；在热封温度为 210 ℃ 时，拉力达到最大值；继续升高热封温度热封拉力会下降，这是因为，当热封温度过高时，聚丙烯全部熔化，在压力的作用下会向外溢出，在冷却过程中产生微裂纹，使拉力降低。

因此，热封温度过低、时间过短、压力过低会导致铝塑复合膜聚丙烯内层不能融合到一起，反之会导致铝塑复合膜内层聚丙烯完全熔融、烧焦，影响铝塑复合膜表面的平整度甚至发生严重变形[44]。在实际生产中，需要根据材料的熔限来判断热封温度范围，同时根据试验和经验来确定热封时间。

3. 热封典型参数

由于封头传递出的热量在封头胶纸、铝塑膜尼龙层和铝层均有消耗，最终到铝塑复合膜的聚丙烯内层的温度比封头温度大约要低 10 ℃，所以封装设备的温度应该在 185~225 ℃。结合经验值，铝塑膜的侧封、底封的温度设置为 185 ℃；顶封由于涉及极耳胶，热封温度通常较高，设置为 215 ℃，上下浮动 5 ℃，以便在不同规格电芯装配及不同操作环境时，可以有一定的调整空间。

在热封强度达到要求的基础上，考虑到热辐射和热传导会对电池性能造成不良影响，热封时间越短越好，热封温度越低越好。现软包装材料的热封封条大多采用凹凸模形式，极耳采用带胶块的形式。凹凸模具是通过控制包装材料热封后的厚度来控制热封效果，从而避免由于压得过深使极耳接触铝箔而造成短路，从而有效地控制热封效果。

为了避免热封机封头直接与铝塑膜接触，目前上封头通常为光杆封头，封头外加一层铁氟龙粘贴；下封头为封头封接面开一凹槽，凹槽面宽度大于上封头的宽度，将一条厚度较薄扁平的硅胶条放入下封头的凹槽内，外加一层铁氟龙包裹封头和硅胶条实现封装。

4. 热封缺陷

铝塑复合膜热封操作不当，容易产生热封缺陷导致漏液。漏液原因很多，如热封时电池与模具的预留位不够，热封条件（时间、压力、温度）不足，电解液注液在封口残留造成热封强度不足，长时间放置以后极耳被电解液腐蚀而漏液。另外，铝塑复合膜各层之间的黏结性不足，或者电解液腐蚀有可能导致分层现象。

项目实施

1. 项目实施准备

（1）自主复习锂离子电池焊接理论知识。

（2）项目实施前准备的材料包括圆柱形锂离子电池电芯、锂离子电池点焊机、锂离子电池保护板带镍片和电池导线、绝缘辅料。

2. 项目实施操作

（1）准备好带有正负极镍带的圆柱形电池保护板，输出的红色正极导线和黑色负极导线；或提前将相关镍带、导线、保护板进行组合。

（2）将圆柱形电芯放在点焊机工作台上，提前设定点焊机的流量、时间等参数，正极朝上并让焊针居中对准。将电池保护板上的正极镍带平压放在电芯正极上，踩动点焊机进行单次点焊，共点焊两个焊点。

（3）将合适尺寸的圆形辅料贴在圆柱形电芯正极表面，需盖住电池正极镍带；沿电池辅料边开始弯折电池正极镍带；再将电池保护板平压在电池正极辅料上。

（4）将电池保护板上的负极镍带弯折，沿锂电芯表面平压折压至电池负极端。以相同方法使用锂离子电池点焊机点焊电池负极端，点焊时踩动脚踏开关点焊两点。常用于小型数码产品、电动产品和照明灯具上的圆柱单节电池组就点焊成功了。

（5）重复三次相同实验。

3. 项目实施提示

（1）在使用点焊机之前，严格把控两根焊针之间的间距。

（2）在操作点焊机过程中，作业人员需要佩戴静电环，防止静电损坏线路板等元器件。

（3）不同型号的圆柱电池对应的辅料直径有所不同，要注意区分选择；要平整贴好圆形电池辅料，不能超出电芯直径，不能多贴。

（4）在弯折电池正极镍带过程中，不能损伤元器件，不能引起短路。如果镍带起翘，可以用手平压，多次操作捋直镍带。

项目评价

请根据实际情况填写表 8-16 项目评价表。

表 8-16 项目评价表

序号	项目评价要点		得分情况
1	能力目标（15 分）	自主学习能力	
		团队合作能力	
		知识分析能力	
2	素质目标（45 分）	职业道德规范	
		案例分析	
		专业素养	
		敬业精神	
3	知识目标（25 分）	锂离子电池注液	
		锂离子电池焊接概述	
		锂离子电池激光焊接	
		锂离子电池超声波焊接	
		锂离子电池电阻点焊	
		锂离子电池塑料热封装	
4	实训目标（15 分）	项目实施准备	
		项目实施着装	
		项目实施过程	
		项目实施报告	

项目 9

锂离子电池化成工艺

学习目标

【能力目标】

(1) 能够掌握锂离子电池注液、化成和老化的过程。

(2) 能够掌握电池制成后的分容分选。

(3) 能够针对锂离子电池制造过程选择合适的水分控制方式。

(4) 能够判别不合理的水分控制方式并提出合理化措施。

【知识目标】

(1) 了解锂离子电池水分的来源及控制方法。

(2) 理解锂离子电池制造过程气体产生及预化成工艺。

(3) 掌握锂离子电池制造过程中的注液工艺。

(4) 掌握锂离子电池化成的主要目的及工艺手段。

【素质目标】

(1) 通过对锂离子电池制造的调研和分析，加强节能环保的社会责任感和历史使命感。

工匠精神

(2) 通过对水分控制分析树立一丝不苟的工匠意识。

(3) 培养与人协作、沟通和团队合作的能力。

项目描述

小张深入学习锂离子电池焊接和组装工艺后，已经掌握了相关的操作要点。锂离子电池组装完成后，需要将电池进行注液、封口，再进一步进行化成、老化和分容分选步骤。在对锂离子电池进行注液的过程中，他难以把握合适的注液参数，导致注液量不足或过多。在化成之前必须有一个预化成过程，小张了解预化成的目的在于排除气体，但不清楚气体产生的原因，也不能理解水分产生和烘烤干燥的重要性。

项目分析

为了使小张完成锂离子电池整个装配过程，让他对锂离子电池注液、化成工艺理解透彻，他应当加强理论知识学习和动手实践能力。首先，小张应当了解化成的原理，如何在活性物质表面形成稳定的 SEI 膜，认识气体和水分产生的原因和排除方法；其次，理解注液工艺要点，把握如何适量地注液；最后，深入把握化成工艺的目的和操作步骤，并了解老化步骤。

项目目的和要求

【项目目的】

通过对本项目的学习，学生能够深入掌握锂离子电池整个装配工艺的最后两步，对化成原理、目的、工艺方法进行系统性学习，并深入认识气体和水分产生及排除的方法。通过理论知识学习和实训相结合，能够培养学生专业技术能力和素养。

【项目要求】

(1) 学生要掌握重点理论知识，确保对锂离子电池注液和化成理解透彻，并能够清楚锂离子电池的分容分选要点。

(2) 在项目实训过程中，小组成员要严格按照老师的指导，规范操作，注意安全，做到眼看、手动、心记。

(3) 在解决学习过程和实训过程中产生的问题时，小组成员要充分发挥团队精神，多讨论，多询问，自主查找资料，培养学习能力和团队协作能力，并共同解决问题。

(4) 在反馈与总结过程中，小组成员需要积极参与讨论，分享自己的经验和教训，互相学习和进步。

知识准备

锂离子电池化成是锂离子电池电芯生产中最关键的工艺步骤之一，因为它会影响电池的关键性能指标，如倍率能力、寿命和安全性，且对电池生产过程中的能耗和电池生产成本有很大的影响。由于锂离子电池通常超过电解质的电化学稳定性窗口，因此需要产生足以激活和稳定的电化学反应。增强型电池技术有望进一步扩大电压窗口，并利用转换或金属电极来提高能量密度，从而放大电池化成在电池领域的重要性。

9.1 锂离子电池化成原理

9.1.1 锂离子电池化成原理

锂离子电池石墨负极材料的首次充电曲线和放电曲线并不完全重合。放电容量又称可逆容量，通常小于充电容量，充电容量和放电容量的差值称为不可逆容量。不可逆容量主要与形成 SEI 膜反应和其他副反应有关，其中 SEI 膜形成对应充电曲线中 0.8 V 左右的不可逆平台。SEI 膜是离子可导、电子不可导的固体电解质膜，化成的主要目的是使负极表面形成完整的 SEI 膜，从而使电池具有稳定的循环能力。

在锂离子电池化成反应研究过程中，研究得较多的是碳负极材料。锂离子电池电解液通常由 $LiPF_6$、碳酸乙烯酯、碳酸二甲酯、碳酸二乙酯、碳酸甲乙酯等组成，还含有各种添加剂、微量 H_2O 和溶解 O_2等，在负极表面发生的化成反应主要是溶剂、电解质以及杂质的还原反应，化成反应所有可能发生的化学反应如表 9-1 所示。由表 9-1 可知，化成反应过程中在负极表面形成的固体产物主要包括烷基碳酸锂（$ROCO_2Li$）、烷氧基锂（ROLi），碳酸锂（Li_2CO_3）、LiF、Li_2O、LiOH 等，这些固体产物形成了 SEI 膜[45]；气体产物包括 C_2H_4 等烃类气体和 CO_2、H_2等无机气体；液体产物生成后溶解在电解液中。

表 9-1　化成反应所有可能发生的化学反应[46]

种类	名称	化学反应
溶剂	EC	$EC+2e^- \longrightarrow CH_2=CH_2\uparrow +CO_3^{2-}$，$CO_3^{2-}+2Li^+ \longrightarrow Li_2CO_3(s)$ $EC+2e^-+2Li^+ \longrightarrow (CH_2CH_2OCO_2)Li_2$ $EC+e^- \longrightarrow EC^-$（阴离子基） $2EC^- \longrightarrow CH_2=CH_2+CH_2(OCO_2)^-CH_2(OCO_2)^-$ $CH_2(OCO_2)^-CH_2(OCO_2)^-+2Li^+ \longrightarrow CH_2(OCO_2Li)CH_2OCO_2Li(s)$
	DEC	$CH_3CH_2OCO_2CH_2CH_3+e^-+Li^+ \longrightarrow CH_3CH_2OLi+CH_3CH_2OCO\cdot$ 或 $CH_3CH_2OCO_2CH_2CH_3+e^-+Li^+ \longrightarrow CH_3CH_2OCO_2Li+CH_3CH_2\cdot$
	DMC	$2DMC+2e^-+2Li^+ \longrightarrow CH_3OCO_2Li+CH_3OLi+CH_3^*+CH_3OCO\cdot$
	EMC	可以生成 $CH_3CH_2OCO\cdot$、$CH_3CH_2O\cdot$、$CH_3OCO\cdot$、$CH_3O\cdot$ 等自由基
锂盐	$LiPF_6$	$LiPF_6 \longrightarrow LiF+PF_5$ $PF_5+H_2O \longrightarrow 2HF+PF_3O$ $PF_5+2xe^-+2xLi^+ \longrightarrow xLiF+Li_xPF_{5-x}$ $PF_3O+2xe^-+2xLi^+ \longrightarrow xLiF+Li_xPF_{3-x}O$ $PF_6^-+2e^-+3Li^+ \longrightarrow 3LiF+PF_3$
杂质	O_2	$\frac{1}{2}O_2+2e^-+2Li^+ \longrightarrow +Li_2O$
	H_2O	$LiPF_6 \longrightarrow LiF+PF_5$ $PF_5+H_2O \longrightarrow 2HF+PF_3O$ $Li_2CO_3+2HF \longrightarrow 2LiF+H_2CO_3$ $H_2CO_3 \longrightarrow H_2O+CO_2(g)$ $H_2O+e^- \longrightarrow OH^-+\frac{1}{2}H_2(g)$ $OH^-+Li^+ \longrightarrow LiOH(s)$ $LiOH+Li^++e^- \longrightarrow Li_2O(s)+\frac{1}{2}H_2(g)$

9.1.2　固体产物及 SEI 膜

化成的主要目的是在活性物质表面形成稳定的 SEI 膜。SEI 膜具有的电子绝缘性可以阻止溶剂分子在电极表面发生还原反应，防止溶剂化锂离子嵌入石墨层间，稳定石墨负极的碳层结构，从而使碳负极具有稳定循环的能力；同时 SEI 膜具有良好的离子导电性，Li^+能够自由进出 SEI 膜。SEI 膜的结构直接影响电池的循环寿命、稳定性、自放电和安全等性能[47]。

SEI 膜模型最早由 Peled 建立[48]。当金属锂与电解液接触时，会在负极表面形成厚度为 1~2 个分子层厚的第一层钝化层，该钝化层薄而密实，由电极与电解液反应产生的不溶性产物所组成，可以阻止电解液组分进一步还原。如果第一层钝化层表面还存在第二层钝化层，则可能是疏松的多孔结构。第一层钝化层具有固体电解质的特征，又称“固体电解质界面膜”，锂离子穿越 SEI 膜的过程是电极动力学过程中的控制步骤。这一模型揭示了电极界面膜的本质，但却无法解释一些高化学活性的膜组分稳定存在于电极表面的现象。如 Li_2

CO_3在金属 Li 或 LiC_6界面上会自发还原成 Li_2O（ΔG=136 kJ/mol），而作为 SEI 膜重要组分的 Li_2CO_3却能够稳定存在；另外，这种模型的单分子层假设与一般 SEI 膜的实际厚度（5~50 nm）不相符。随后 Peled 认为 SEI 膜由多种微粒的混合相态组成更合理，斑纹状多层 SEI 膜的结构模型如图 9-1 所示，这种结构的膜厚度为 5~50 nm，可以较好地模拟电极界面膜的阻抗行为。

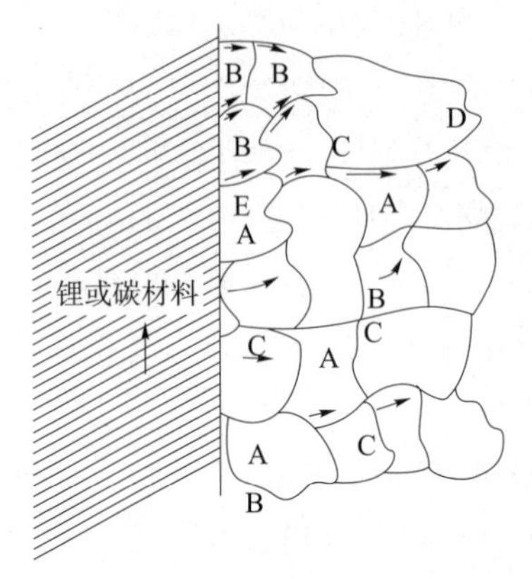

图 9-1　斑纹状多层 SEI 膜的结构模型

注：A—Li_2O；B—LiF；C—Li_2CO_3；D—聚烯烃；E—烷基碳酸锂。

Kanamura[49]等采用 X 射线光电子能谱法（XPS）研究发现，SEI 膜为多层分子界面膜，与电极界面紧密相连的是较稳定的 Li_2O、Li_2S 或 LiF，与电解液紧密相连的是溶剂分子的单电子还原产物，如聚丙烯等。Bhattacharya[50]等采用扫描电子显微镜（SEM）和透射电子显微镜（TEM）观察了石墨负极表面 SEI 膜的分布和组成，SEI 厚度为 1 μm 左右，结果如图 9-2所示。但是指出 SEI 膜的厚度为 50 nm 的文献较多[51]。

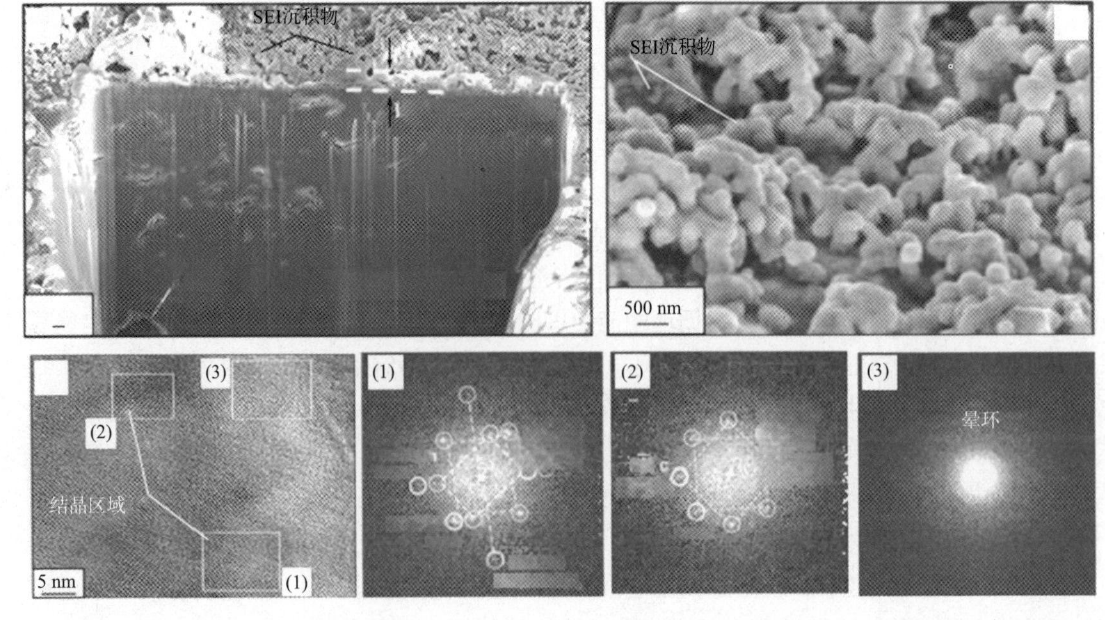

图 9-2　石墨负极表面 SEI 膜的分布和组成

Zhang[52]等在石墨电极上用阻抗法研究半电池中 SEI 膜的形成过程，他们认为在 0.25 V 以上充电时生成疏松的高阻膜，在 0.25~0.04 V 继续充电则生成致密、高导和稳定的 SEI 膜。Leroy 等[53]以高定向热解石墨（HOPG）为原料在 EC/DEC/DMC 的 $LiPF_6$（1 mol/L）电解液中，采用 XPS 研究了 SEI 膜在全电池充放电过程中的生成情况，如表 9-2 和表 9-3 所示，他们认为，首次充电至 3.0 V 时 SEI 膜刚刚开始形成，到 3.8 V 时主要是碳酸锂的生成，同时有少量 LiF 和 CH_3OCO_2Li 生成，在 4.2 V 时主要是盐的分解，所以外层的主要化合物是 LiF、少量的 CH_3OCO_2Li 和碳酸锂，随后在放电时部分溶解，而在充电时又会生成。尽管整体不可逆，但是至少前 5 次充放电时会发生溶解和再生成。

表 9-2　首次充电过程中负极元素的结合能和含量的 XPS 分析

峰	3.0 V		3.5 V		3.8 V		4.2 V	
	结合能/eV①	原子分数/%	结合能/eV	原子分数/%	结合能/eV	原子分数/%	结合能/eV	原子分数/%
C 1s	284.5	23	284.2	8	283.7	0.9	—	—
	285.1	27	285.0	26	285.0	16	285.0	11
	287.0	16	286.9	11	286.7	5	286.9	7
	289.0	2.9	288.8	2.7	288.7	1	288.8	1
	—	—	290.1	3.5	290.0	11	290.2	3.4
O 1s	532.2	7	532.4	12	532.6	28	531.6	20
	533.6	8	533.8	10	533.5	9	533.5	7
F 1s	684.9	1	685.1	3	684.9	1	685.0	17
	686.9	7	686.9	9	687.1	3	686.9	4
P 2p	134.5	0.4	134.1	0.6	134.2	0.2	134.3	2.6
	137.2	1.7	137.2	2.2	137.3	0.9	137.1	1
Li 1s	56.4	6	56.1	12	55.8	24	56.0	26

表 9-3　5 次充电过程中负极元素的结合能和含量的 XPS 分析

峰	3.0 V		3.5 V		3.8 V		4.2 V	
	结合能/eV	原子分数/%	结合能/eV	原子分数/%	结合能/eV	原子分数/%	结合能/eV	原子分数/%
C 1s	284.1	9	284.0	4	—	—	—	—
	284.9	21	285.1	19	285.0	13	285.0	16
	286.9	11	287.0	7	286.8	6	286.8	5
	288.7	2.1	288.9	1.7	288.7	1	288.9	2.4
	290.1	5.4	290.2	8	290.1	11	290.2	2

① 电子伏特，是能量单位，代表一个电子经过 1 伏特的电位差加速后所获得的动能。1 eV≈1.602 2×10^{-19} J。

续表

峰	3.0 V		3.5 V		3.8 V		4.2 V	
	结合能/eV	原子分数/%	结合能/eV	原子分数/%	结合能/eV	原子分数/%	结合能/eV	原子分数/%
O 1s	532.0	17	532.1	23	532.3	30	532.1	17
	533.4	8	533.4	8	533.4	7	533.5	3.3
F 1s	685.2	2.2	685.3	2.4	685.1	0.8	685.0	20
	687.1	8	687.3	6	687.3	4	687.1	3.5
P 2p	134.4	0.5	134.2	0.4	134.6	0.2	134.1	1.8
	137.4	1.8	137.5	1.5	137.4	1	137.5	1
Li 1s	56.1	14	55.9	19	55.9	26	56.0	28

SEI 膜的组成、结构和性能与电极材料、电解液和化成工艺有关。对于常用的石墨负极材料，虽然石墨化度越高，容量越高，但却更容易发生溶剂共嵌入，更加难以形成致密的 SEI 膜。在天然石墨表面包覆一层无定形碳形成的核壳结构，有助于形成致密稳定的 SEI 膜。电解液的溶剂、电解质盐、添加剂和杂质（H_2O）都会影响 SEI 膜的组成结构和厚度。溶剂还原活性与还原分解电压不同，电解质盐与溶剂的反应活性不同，得到 SEI 膜的组成和厚度也就不同。如碳酸丙烯酯溶剂在石墨表面容易发生溶剂共嵌入不能形成稳定的 SEI 膜，而 EC 溶剂则能够形成稳定的 SEI 膜。电解液成膜添加剂可促使负极表面形成有效的 SEI 膜，无机添加剂 SO_2，CO_2，LiI，LiBr 等可以提高 SEI 膜的离子导电性，Li_2CO_3可以抑制 DMC 分解减少产气量，使 SEI 膜离子导电性更高。有机添加剂碳酸亚乙烯酯、亚硫酸乙烯酯、1，3-丙磺酸内酯（PS）等在首次充电过程中会先于电解液溶剂分解形成 SEI 膜，从而抑制溶剂还原分解，降低不可逆容量。电解液中水分含量较大时，水与 $LiPF_6$反应生成 HF，具体反应如表 9-1 所示。HF 会破坏 SEI 膜结构，如与 Li_2CO_3发生反应降低 SEI 膜的离子导电性；同时 HF 又会腐蚀集流体和正极物质。水分还使电池发生膨胀、内阻升高和循环性能变差等，如图 9-3 所示，甚至使负极极片活性物质从集流体表面脱落。化成工艺的电流和温度对 SEI 膜也有影响，如小电流密度有利于形成良好的 SEI 膜。最新研究表明[54]，锂离子电池 $LiCoO_2$正极材料也会发生化成反应生成 SEI 膜，成分与负极 SEI 膜类似，厚度较薄，在 1~2 nm。

9.1.3 气体产物与水分

1. 气体产物

在化成过程中，生成 SEI 膜的反应及副反应都会生成气体，包括 C_2H_4等烃类气体和 CO_2、H_2等无机气体，具体生成气体的反应如表 9-1 所示。气体的种类和气体量与化成电压有关，如表 9-4 所示。由表 9-4 可知，化成电压低于 2.5 V 时产气量不大，产生气体主要为 H_2和 CO_2，主要由杂质 H_2O 的还原反应生成；化成电压为 3.0~3.5 V 时产气量最大，这一时期也是 SEI 膜形成的主要时期，到 3.5 V 时产气量达到总气体量的 90%以上，气体主要由 C_2H_4，CO，CH_4，H_2组成；化成电压超过 3.8 V 以后，产气量很少，以 CH_4为主。

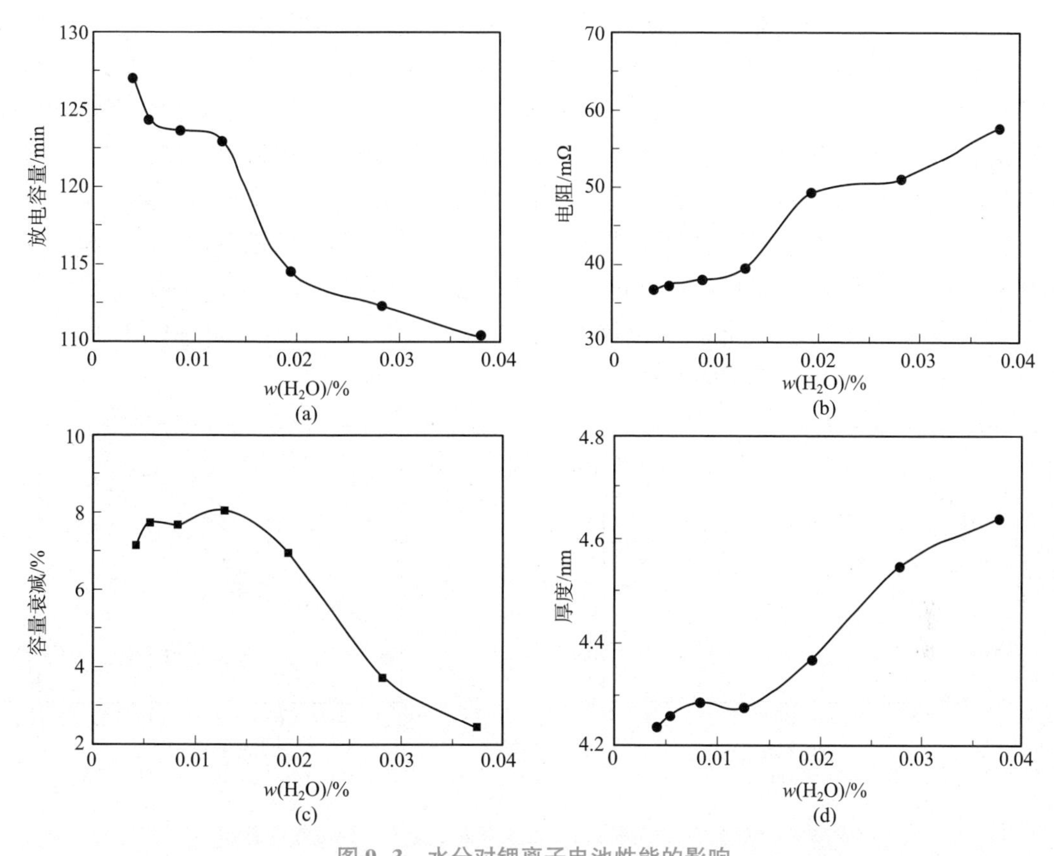

图 9-3　水分对锂离子电池性能的影响

（a）放电容量；（b）电阻；（c）容量衰减；（d）厚度

表 9-4　化成时不同电压下的总产气量和组成[55]

编号	样品	产气体积/mL	各气体的体积分数/%									
			H_2	CO_2	C_2H_4	CH_4	C_2H_6	C_3H_6	C_3H_8	CO	O_2	N_2
1	0.02 C 恒流充电至 2.5 V	2.00	36.46	51.65	0.66	0.00	0.00	0.00	0.00	10.58	0.05	0.60
2	2.5 V 恒压充电 24 h	1.50	20.60	52.84	3.95	0.00	0.30	0.00	0.00	21.97	0.05	0.29
3	3.0 V 恒压充电 24 h	10.00	4.76	18.21	70.75	0.96	0.81	0.03	0.00	4.46	0.00	0.00
4	3.5 V 恒压充电 24 h	8.50	5.37	4.34	73.78	5.71	1.54	0.16	0.00	9.06	0.01	0.02
5	3.8 V 恒压充电 24 h	1.50	7.67	3.74	45.06	32.95	4.06	0.60	0.00	5.88	0.01	0.03
6	4.0 V 恒压充电 24 h	0.50	3.28	5.67	13.74	61.53	6.29	0.58	0.00	2.75	0.35	1.24
7	恒流充电至 4.3 V，之后 4.2 V 恒压充电 24 h	0.10	5.52	8.95	0.48	65.11	7.03	0.59	0.13	11.59	0.11	0.48

正是由于化成时会产生大量的气体，因此对于方形铝壳和钢壳锂离子电池，通常先要在开口的情况下进行预化成，将产生的气体排出，然后封口后进行化成。对于钴酸锂与石墨体系，预化成的充电电压通常要达到 3.5 V，具体电压值与电池体系及电池设计有关。另

外预化成时也可以采用充电量来控制，通常需要充电至电池容量的20%左右。

影响产气量的因素主要有电极材料、电解液和化成工艺。对于常用的石墨负极材料，容易发生溶剂共嵌入，生成气体量较大，而无定形碳包覆的核壳结构石墨材料则容易形成致密稳定的SEI膜，气体生成较少。随着石墨比表面积的增大，气体产生量也增大。石墨晶体结构（端面和基面占比）与不可逆容量密切相关，端面由于发生较多的副反应导致不可逆容量增大，如图9-4所示，进而使气体量增大。产气量与电解液溶剂、锂盐和杂质含量有关。单一EC和DEC电解液产气量较大：EC电解液主要产生C_2H_4；DEC电解液主要产生C_2H_6和CO。DMC电解液产气量较少，主要产物为CH_4和CO。EMC电解液产气量较少。三元溶剂电解液的产气量明显较少。

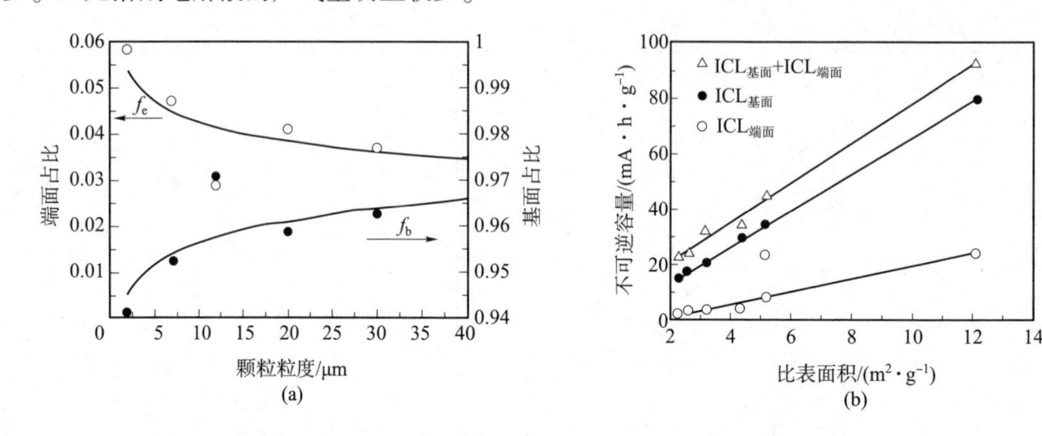

图9-4　石墨端面和基面占比及其表面积对不可逆容量的影响

（a）石墨粒度对端面和基面占比的影响；（b）石墨端面和基面的比表面积对不可逆容量的影响

注：f_e—端面占比；f_b—基面占比；ICL—不可逆容量。

2. 水分

水分是化成过程中最易引入的杂质，进入电解液中的水分产生的HF会破坏SEI膜使电池性能变差，同时会导致化成过程产气量增大。

Bernhard[56]等采用电化学质谱法对石墨和金属Li半电池的产气进行了研究，以双三氟甲烷磺酰亚胺锂（LiTFSI）溶于EC/EMC作为电解液，结果如图9-5（a）和图9-5（b）所示。水分含量较低条件下（<20 μg/g），形成的气体主要为C_2H_4，H_2和CO_2，生成量较少；在水分含量较高的条件下（4 000 μg/g），形成的H_2和CO_2大幅增加。电解液中添加VC有助于减少H_2和CO_2的产生，如图9-5（c）所示。由图9-5还可以看出，这些气体不仅在首次充放电过程中产生，并且在随后的2次循环中还会继续产生，随着循环次数的增加，产气量逐渐减少。这也表明化成反应在首次充放电过程时进行得并不完全，在后续的充放电过程中化成反应还会持续进行，这是电池需要进行后续老化的主要原因之一。

水分含量影响电池厚度，在电池封口以后，对于含水量较高的电解液，后续化成过程产生大量H_2和CO_2可能不容易溶解于电解液，会引起电池发生气胀；而对于含有水量较低的电解液，第2次循环以后产生的少量C_2H_4气体可以溶解到电解液中，不会导致电池体积发生膨胀。同时，水分过多还会导致电池首次不可逆容量增大，如图9-6所示。

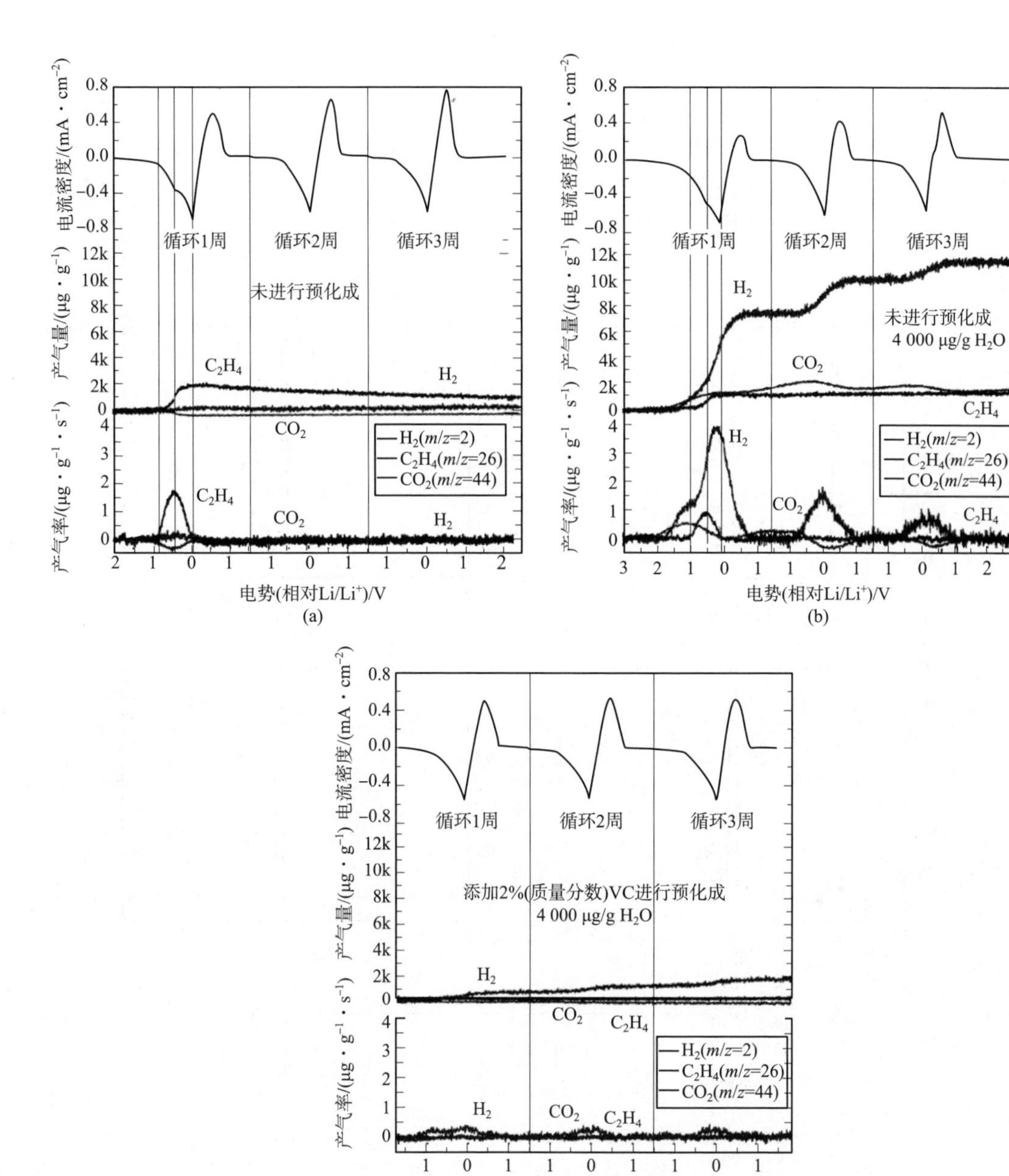

图 9-5　锂离子电池电解液产气量及其成分

（a）水分含量 20 μg/g；（b）水分含量 4 000 μg/g；（c）水分含量 4 000 μg/g+2%VC

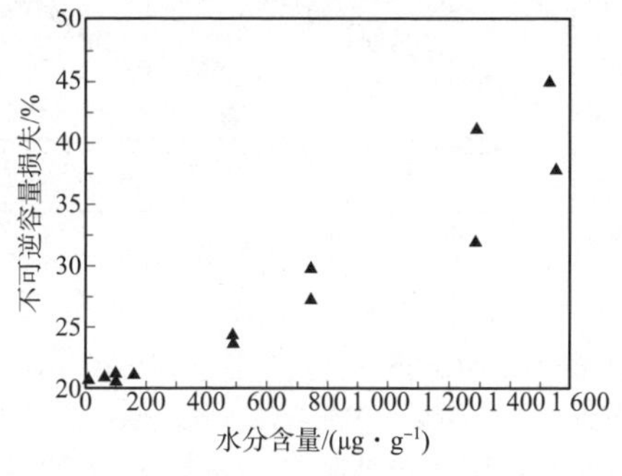

图 9-6　电解液水分含量与首次不可逆容量关系（1 mol/L $LiClO_4$/EC+DMC）

不同负极材料在化成过程中产气量也不同，Belharouak 等[57]采用锰酸锂（LMO）为正极材料，对比了钛酸锂（LTO）与石墨（G）负极的产气量，如图 9-7 所示，他们发现钛酸锂在电解液中水分含量极低的情况下产气量较小，在后续的 30 天放置过程中，LTO/LMO 电池的内阻变化不明显，G/LMO 电池的内阻明显增加。当电解液中含水量较大时，LTO 同样会产生大量气体，如形成 H_2 的反应。

$$Li_7Ti_5O_{12}+3H_2O \longrightarrow Li_4Ti_5O_{12}+3LiOH+\frac{3}{2}H_2\uparrow$$

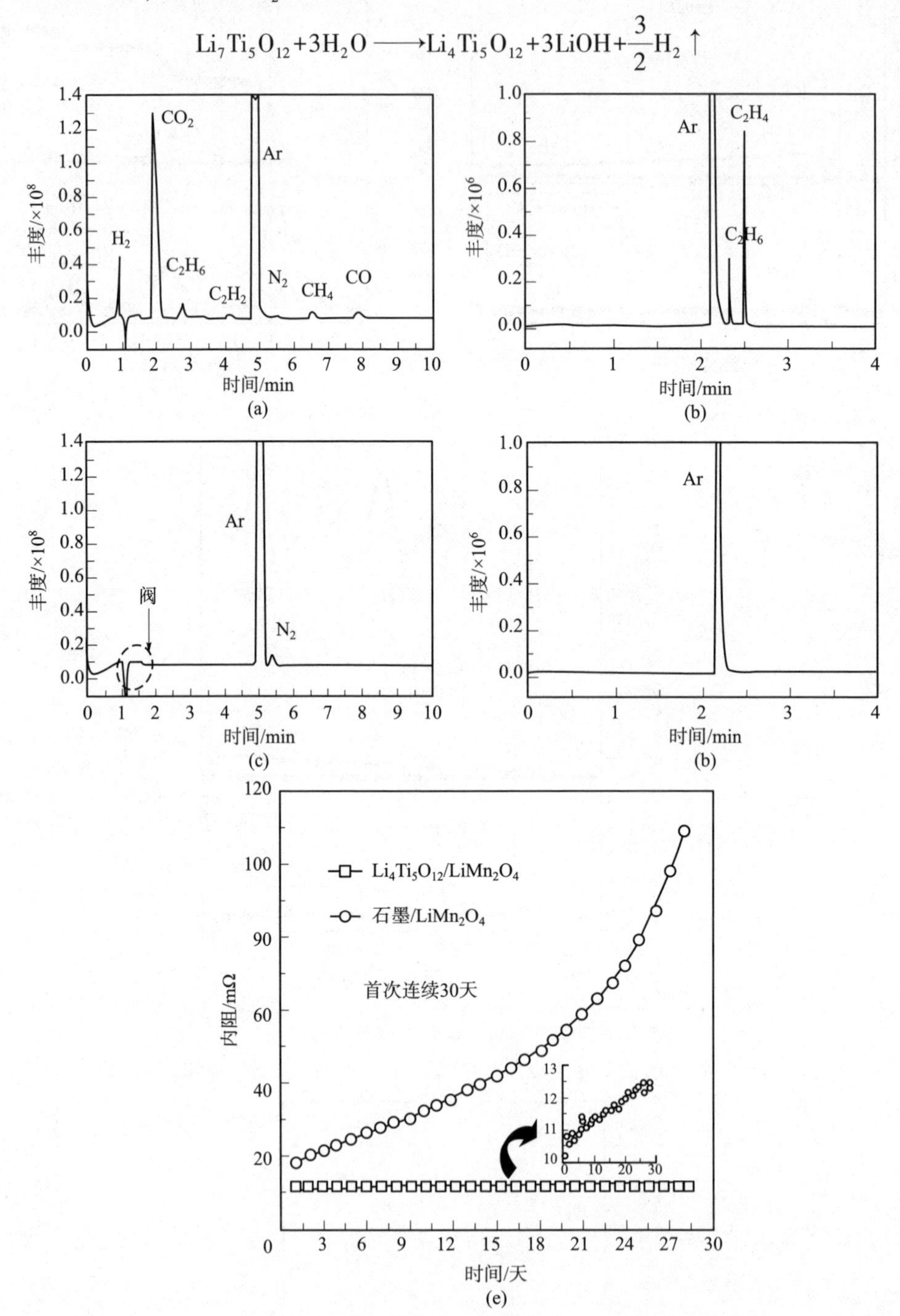

图 9-7　钛酸锂和石墨负极材料产气量的气相色谱分析、质谱分析和内阻变化

（a）石墨/锰酸锂电池气相色谱分析；（b）石墨/锰酸锂电池质谱分析；（c）钛酸锂/锰酸锂电池气相色谱分析；（d）钛酸锂/锰酸锂电池质谱分析；（e）两种电池内阻变化

气体导致电池发生严重气胀。LCO（钴酸锂）/LTO 电池电解液水分含量与电池气胀率的关系如图 9-8 所示，随着水分含量增加，气胀率增大。

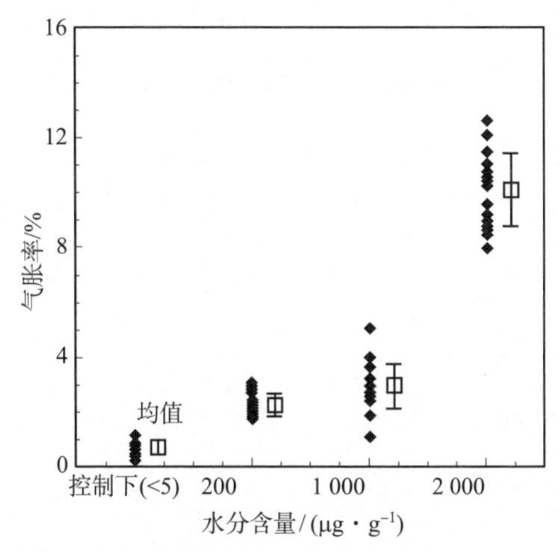

图 9-8　LCO/LTO 电池电解液水分含量与电池气胀率的关系（1 mol/L $LiClO_4$/EC+DMC）

9.1.4　极片的膨胀

极片和隔膜在注液后的静置和化成过程中会发生膨胀现象，会导致电池的厚度增加。极片的膨胀包括电极材料颗粒的膨胀、黏结剂的溶胀和极片中颗粒间应力松弛等三个方面。

1. 电极材料颗粒的膨胀

主要是由锂的嵌入和表面 SEI 膜的形成引起的。嵌锂膨胀研究很多[58]，石墨是最常用的负极材料。石墨在嵌锂过程中，形成的稀二阶 LiC_{18}、三阶 LiC_{18}、二阶 LiC_{12} 和一阶化合物 LiC_6，如图 9-9 所示。

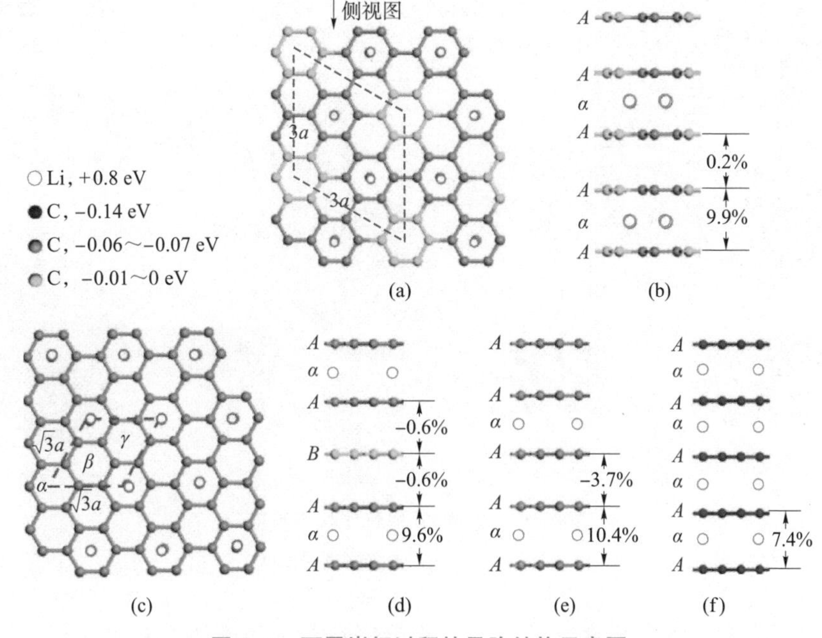

图 9-9　石墨嵌锂过程的晶胞结构示意图

（a）俯视图；（b）稀二阶 LiC_{18}；（c）仰视图；（d）稀三阶 LiC_{18}；（e）LiC_{12}；（f）LiC_6

嵌锂过程中石墨碳层间距和晶胞体积的变化如表 9-5 所示。随着嵌锂量增大，碳层间距逐渐增大，晶胞体积也逐渐增大，当嵌锂量最大形成一阶化合物时，碳层间距增大 7.4%，晶胞体积增大约为 10%，这说明石墨嵌锂过程中体积膨胀主要是由碳层间距增大造成的。

表 9-5　石墨嵌锂的层间距和晶胞体积

石墨嵌锂化合物	计算层间距/Å（膨胀率（%））	XRD 层间距/Å	计算晶胞体积/$Å^3$（膨胀率（%））
石墨	3.302	3.355	51.38
LiC_{18}（稀释二阶）	3.469（+5.1%）	3.527	54.37（+5.8%）
LiC_{18}（三阶）	3.395（+2.8%）	—	53.22（+3.6%）
LiC_{12}（二阶）	3.417（+3.5%）	3.533	53.76（+4.6%）
LiC_6（一阶）	3.547（+7.4%）	3.706	56.51（+10.0%）
注：1 Å=0.1 nm= 10^{-10} m。			

Moon[59]等采用第一性原理建立了 Si 和 Sn 嵌锂模型，随着锂嵌入 Si 和 Sn 晶格中，Si 和 Sn 的体积发生膨胀，嵌锂结构模型图如图 9-10 所示。Si 在嵌锂过程中晶体结构逐渐发生变化，形成 LiSi、$Li_{12}Si_7$、Li_7Si_3、$Li_{13}Si_4$、$Li_{15}Si_4$、$Li_{21}Si_5$ 相，Sn 在嵌锂过程中逐渐形成 Li_2Sn_5、LiSn、Li_7Sn_3、Li_5Sn_2、Li_3Sn_5、Li_7Sn_5、$Li_{22}Sn_5$ 相。

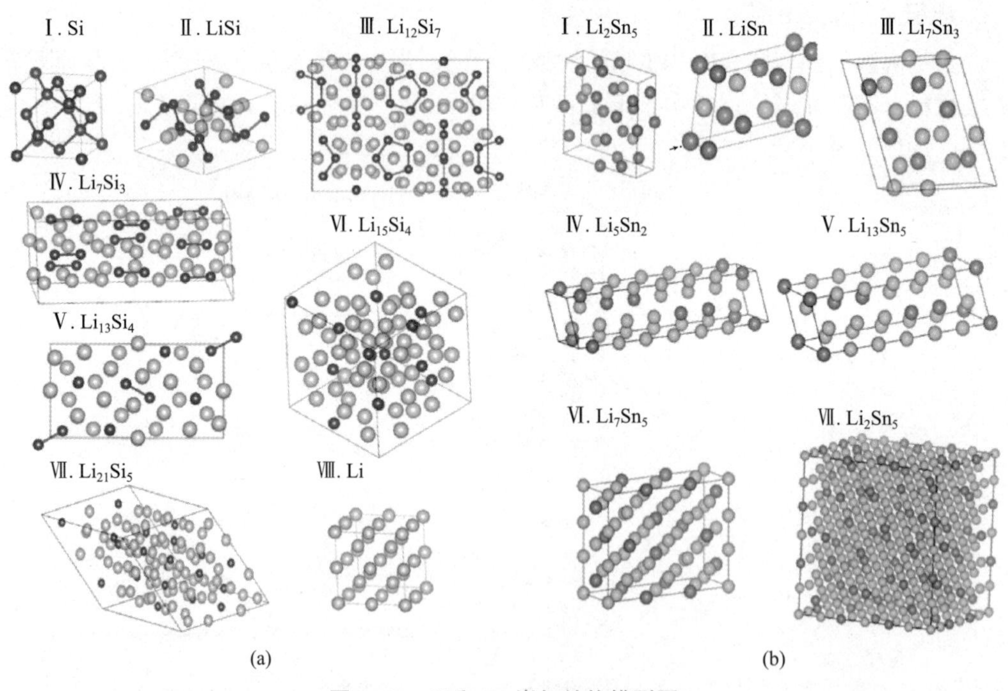

图 9-10　Si 和 Sn 嵌锂结构模型图

（a）Si 嵌锂模型；（b）Sn 嵌锂模型

他们计算了嵌锂过程中 Si 的体积变化，随着嵌锂量 x 的增加，Si 的体积显著增大，当 x 为 4.4 时 Si 的体积膨胀接近 4 倍，如图 9-11（a）所示。同时他们还计算了 Si 和 Sn 的应力变化规律，发现随着 x 的增加，Si 和 Sn 的应力变化呈现降低趋势，应变逐渐呈现增大趋势，如图 9-11（b）所示。因此，在研究 Si 和 Sn 过程中，降低体积膨胀是提高结构稳定性的关键。

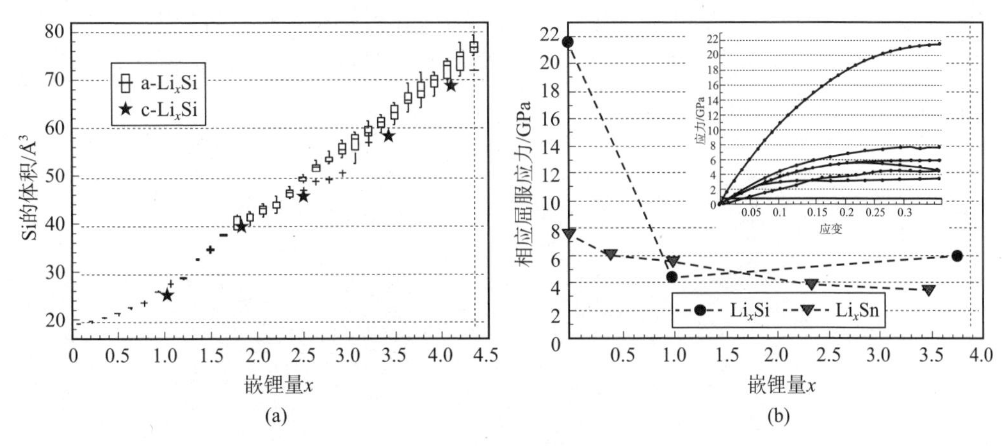

图 9-11 Si/Sn 嵌锂过程的体积膨胀和应力变化情况

（a）Si 嵌锂过程的体积膨胀；（b）Si 和 Sn 嵌锂过程的应力变化

正负极材料在不同充电范围所呈现的体积变化不同，如 $Li_{1-x}Ni_{0.5}Co_{0.3}Mn_{0.2}O_2$ 在电压窗口为 2.0~4.3 V 时，其体积变化率为 1.0%；当电压窗口为 2.0~4.9 V 时，其体积变化率为 2.3%。不同电极材料在嵌锂过程中的最大体积膨胀率如表 9-6 所示。

表 9-6 电极材料嵌锂的层间距和晶胞体积

电极材料	嵌锂相	膨胀率/%	电极材料	嵌锂相	膨胀率/%
石墨	LiC_6	9.7	$Ni_{1/3}Co_{1/3}Mn_{1/3}O_2$	$LiNi_{1/3}Co_{1/3}Mn_{1/3}O_2$	2
Si	$Li_{4.4}Si$	400	$FePO_4$	$LiFePO_4$	5
Sn	$Li_{4.4}Sn$	200	Mn_2O_4	$LiMn_2O_4$	6.8
CoO_2	$LiCoO_2$	2			

表面形成 SEI 膜也会导致极片膨胀。在首次充电过程中，负极极片中石墨颗粒表面会形成 SEI 膜，SEI 膜覆盖在活性物质颗粒表面，导致石墨颗粒体积增大，造成极片膨胀，但由于 SEI 膜薄，由此造成的极片厚度膨胀可能不明显。

2. 黏结剂的溶胀

极片中黏结剂吸收电解液中的溶剂后会自身发生溶胀，使颗粒间隙增大，导致极片厚度增加。影响黏结剂溶胀的因素有黏结剂的添加量、颗粒粒度和电解液成分等，黏结剂越多，溶胀越大；颗粒粒度越小，颗粒间隙越多，溶胀越大。尤其是导电剂多为纳米粒子，颗粒间隙大幅度增多，因此黏结剂的溶胀更明显。电解液的溶剂黏度低时负极极片膨胀明显，添加助剂提高黏度会导致渗透性下降，减小极片的膨胀程度。

3. 极片间颗粒间应力松弛

颗粒间的应力松弛膨胀是经过电解液浸泡以后，极片内部活性物质颗粒之间、导电剂颗粒之间以及活性物质颗粒和导电剂颗粒之间应力释放，使极片结构松弛，导致电池极片厚度进一步增大的过程。这种应力释放与极片压实密度有关，压实密度越大，极片内部颗粒间的应力越大，应力释放造成的膨胀越明显。应力松弛与极片结构密切相关，不同粒度及其形貌的活性物质产生的内应力也不同。对于球形颗粒属于点接触，更容易释放应力膨胀，而对于破碎状颗粒由于属于面接触，互相咬合，黏结剂更容易将颗粒粘在一起，如图 9-12所示。预化成时产生气体的压力也会导致极片颗粒间内应力分布不均匀，这些应力的释放都会导致极片厚度增加。

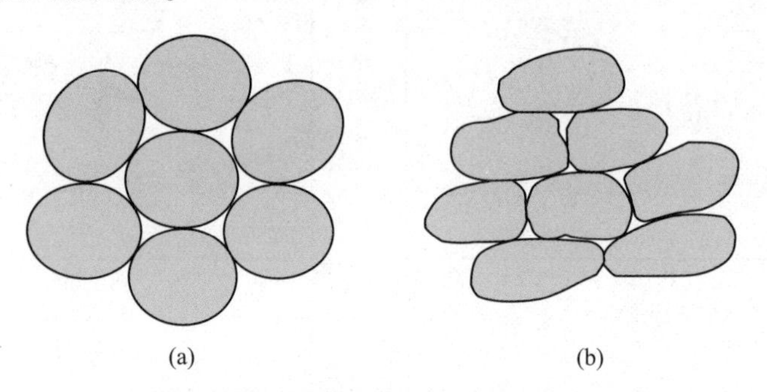

图 9-12 球形颗粒堆积和破碎状颗粒堆积形式

综上所述，在电池厚度设计时需要考虑极片和隔膜的膨胀问题。其中，极片的膨胀比较显著，极片的膨胀包括注液后的膨胀和化成过程中的膨胀两部分。注液后的极片膨胀包括黏结剂的溶胀和颗粒间的应力松弛膨胀。化成膨胀包括颗粒嵌锂体积膨胀和应力松弛膨胀。

Fu[60] 等采用原位测量法发现，$LiCoO_2$/石墨软包装电池在化成初始阶段电池厚度增加最明显，随后增幅逐渐减小，初期增加的厚度约为 4%，这部分增加的厚度在随后放电过程中不可恢复；在随后的充放电过程中，电池的厚度随着充放电过程出现周期性变化规律，电池厚度增加幅度有所降低，约为 2%，具体如图 9-13 所示。Lee[61] 等通过实验发现，$LiMnO_2$/石墨电池在 SOC 从 0 增加到 100%时，电池厚度增加了 0. 07 mm，当 SOC 小于 40%时和大于 70% 时电池厚度随 SOC 呈线性变化，而 SOC 在 40%~70%时电池厚度基本上保持不变，$LiMnO_2$/石墨电池 SOC 与电池厚度的关系如图 9-14 所示。$LiFePO_4$/石墨电池经过 1 800 次循环后电池厚度增加了 14. 1%。

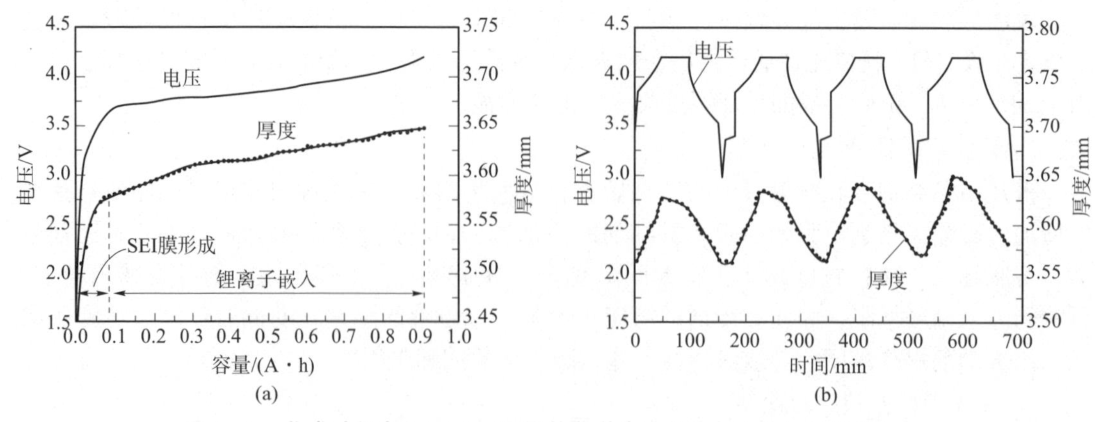

图 9-13 化成过程中 $LiMnO_2$/石墨软包装电池厚度与容量及时间的关系

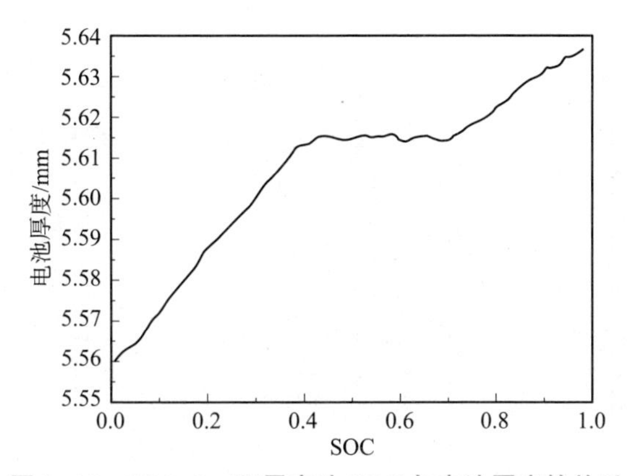

图 9-14　$LiMnO_2$/石墨电池 SOC 与电池厚度的关系

9.2　锂离子电池化成工艺及设备

9.2.1　化成工艺及设备

锂离子电池化成工艺的主要目的为通过预化成排除化成反应中产生的气体，防止电池封口后的气胀（正压圆柱形电池除外）；通过预化成和化成生成均匀稳定的 SEI 膜，使电池具有稳定的循环性能；通过充电使电池极片内应力逐渐释放，极片膨胀和孔隙率增大，获得稳定的电池厚度；通过化成将电池充电至一定的电位，便于后续老化工序后对自放电电池的挑选甄别；对于钢壳电池开口化成能使钢壳负极的电压升高，降低电解液对电池钢壳壳体的腐蚀。

1. 化成工艺

1）预化成

在电池预化成时，产生的气体首先以微小气泡形式附着在负极颗粒表面；随着预化成的进行产生气体量逐渐增多，微小气泡不断长大，开始相互接触并合并长大；随着气体量进一步增大，气泡持续长大，内部压力 p_1 持续增加，较大的气泡依靠内部压力冲开隔膜与极片的间隙，逐渐在二者间隙处聚集，并向压力较低的极片边缘扩展；当压强 p_1 超过大气压强 p_0 和极片内部孔隙形成的气体流动阻力时，气泡扩展至边缘与大气连通，便形成了稳定的气体溢出通道（气路），此后气体沿这些通道不断溢出至壳体外。锂离子电池化成过程气路形成的过程如图 9-15 所示。

在预化成后，极片表面可以观察到指向极片边缘的河流状气路，如图 9-16 所示。由于极片与隔膜之间存在的气体为绝缘体，气路形成时，会使极片气路通道上的预化成反应停止，导致极片化成不均匀；气路面积过大时，化成不均匀性增大，同时会使后续化成产生的气体增多，导致电池的气胀。不同壳体的锂离子电池形成的气路面积不同，软包装、铝壳、钢壳电池壳体的夹紧力依次增大，气路面积依次降低，预化成均匀程度依次增大。

预化成的气体逸出还会造成电解液损失。在预化成过程中，产生的气泡会占据电解液的部分空间，使电解液体积膨胀溢出，造成电解液损失；随着预化成的进行，气体量增大，气泡长大，电解液溢出量增大，电解液损失增大；当极片中形成稳定的气路以后，电解液的溢出量减少。理论上讲，电解液的损失与气路占据的体积有关，气路占据体积越大，电

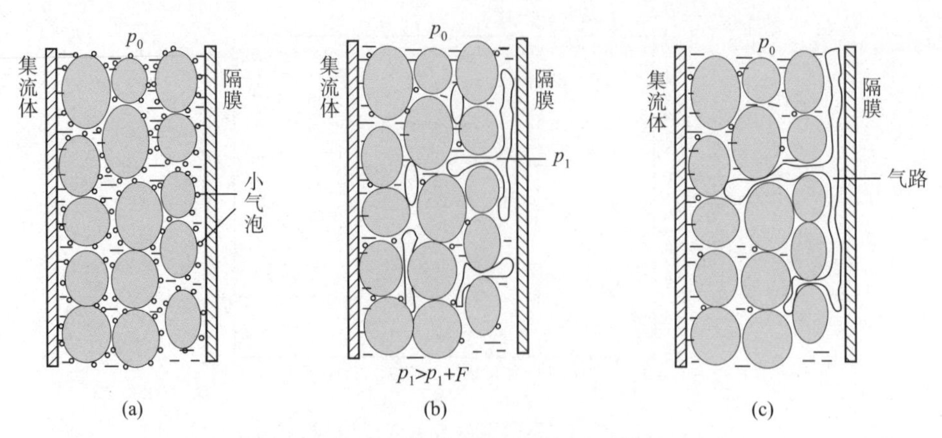

图 9-15　锂离子电池化成过程气路形成的过程

（a）微小气泡；（b）大气泡；（c）形成气路

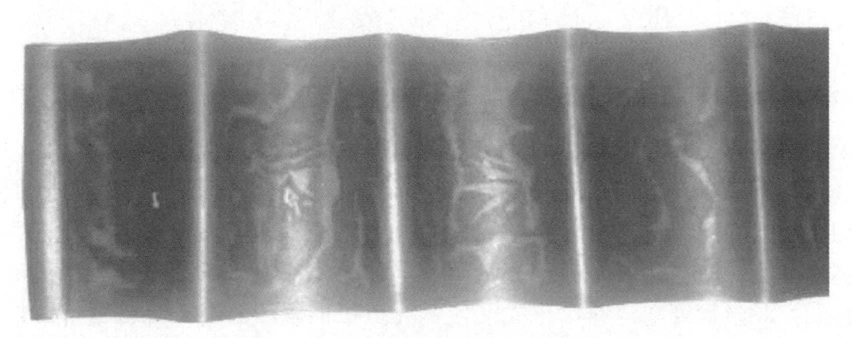

图 9-16　极片表面观察到的气路

解液损失越大。电池壳体强度和预化成电流也影响电解液的损失。钢壳电池电解液的损失量通常比铝壳电池少。软包装电池预化成时有电解液溢出进入气囊，化成后又回到电池中，电解液几乎不损失，但仍有必要在施加夹紧力后再进行预化成，这样有助于减少气路面积，增大化成均匀性。采用小电流产生气体的速度较慢，有利于气路面积减小，减少电解液损失；大电流形成气体的速度快，容易形成较大气路面积，造成电解液损失增大，同时有可能造成化成不均匀。有些厂家在预化成后进行二次补液，补充电解液的不足；而有些厂家则采取分步注液方法，以减少预化成电解液的损失，从而节约电解液成本。

预化成工艺对 SEI 膜也会产生影响。电流密度大时，形核速度快，导致 SEI 膜结构疏松，与颗粒表面附着不牢。因此预化成采用小电流密度有利于形成致密稳定的 SEI 膜。

锂离子电池预化成制度选择的主要原则如下。

（1）电流应该尽量小，利于减少气路面积，提高化成均匀性，减少电解液损失。

（2）截止电压不宜过低或过高。电压过低时，气体不能充分逸出，造成电池封口后气胀；电压过高时，会使预化成时间延长，电池容易吸收环境中的氧气或水分等杂质，造成电池性能下降或封口后气胀。

（3）对电芯施加一定的夹紧力，可以防止气体排出时极片与隔膜被冲开而分离，减少气路形成面积，提高极片预化成的均匀性。

2）化成

化成的主要目的是继续完成化成反应，形成完整的 SEI 膜。另外，对于预化成反应不足的气路或气泡区域，在随后的化成过程中电解液继续润湿这些极片区域，继续完成化成反应，使极片不同部位的化成程度趋于均匀。

化成截止电压的选择与自放电检测有关。自放电通常是指在未放电时发生的电量损失的现象。国标中自放电的检测方式时间过长。由于自放电电池比正常电池的电压降低速度快，生产厂家通常采用短时间内的电压降来测试电池的自放电。为了尽快检测出自放电电池，生产厂家通常将电池充电至电压 ΔU（V）与容量 ΔQ（mA·h）的比值较大的电压处。从图 9-17 中电池充电曲线可以看出，充电电压在 3.5～4.0 V 时，$\Delta U/\Delta Q$ 值变化较小，很难在短时间内检测出电池的自放电；当充电电压高于 4.0 V 时，$\Delta U/\Delta Q$ 值变化较大，当电池电量降低 ΔQ 幅度一定时，ΔU 值相对较大，即短时间内可以用电压降来检测电池的自放电，有助于缩短自放电的检测时间。但是充电电压不能过高，过高容易导致电池过充，导致负极表面析锂、破坏 SEI 膜和产生气体。

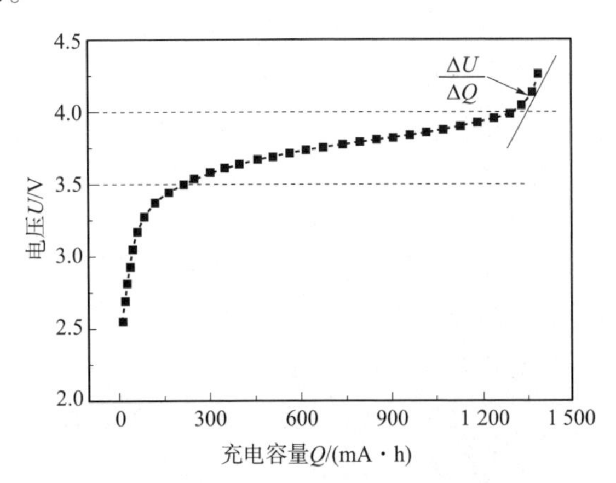

图 9-17　电池的充电曲线示意图

化成电流可以适当提高。这是因为化成时，SEI 膜已经基本形成，产气反应变慢，产气量大幅降低，提高电流可以缩短化成时间，提高化成设备效率。

3）典型化成制度

锂离子电池的典型化成制度为预化成，电流一般为 0.02～0.05 C，由注液后自然形成的电压充电到截止电压 3.4 V 或充电到容量的 20%左右；化成电流一般为 0.1 C，充电截止电压为 3.9 V 以上。具体的化成电流和截止电压与锂离子电池的型号和原材料等设计因素有关。聚合物电池的不同正极材料的最大理论注液量如表 9-7 所示。

表 9-7　不同正极材料的最大理论注液量

化成阶段	化成制度
预化成	（1）0.2 C 恒流充电至 4.10 V，限时 150 min （2）在化成柜上读取电压值，若电压值低于 3.80 V，需要分析原因并进行返工预充
化成	（1）0.5 C 恒流充电至 4.2 V 后，转 4.2 V 恒压充电，截止电流是 0.05 C，限时 120 min，静置 10 min （2）0.5 C 恒流放电至 2.75 V，限时 150 min；静置 10 min （3）1.0 C 恒流充电至 4.2 V 后，转 4.2 V 恒压充电，截止电流是 0.05 C，限时 120 min；静置 10 min （4）1.0 C 恒流放电至 2.75 V，限时 100 min；静置 10 min （5）1.0 C 恒流充电至 3.85 V，限时 45 min；然后转 3.85 V 恒压充电，截止电流是 0.01 C，限时 120 min

化成温度对 SEI 膜影响显著，温度过高会导致形成的 SEI 膜溶解速度加快，而 SEI 膜的

生成速度对温度不敏感，致使 SEI 膜结构疏松；温度过低会导致极化过大，容易在表面析锂。因此化成的最适宜温度在 20~35 ℃，并且选择稍高温度有利于化成。

4）电池封口

在预化成过程中气体形成的通路会导致电极极片与隔膜发生分离，导致内部电芯的厚度增加。这种气胀会使电池的厚度增加，增加的幅度与电池的壳体强度有关。厚度增加最明显的是软包装锂离子电池，铝壳锂离子电池次之，钢壳锂离子电池增加幅度最小。

因此，钢壳锂离子电池可以直接封口；铝壳锂离子电池需要通过压扁使壳体恢复至设计尺寸后再进行封口；软包装锂离子电池在化成过程中需要使用夹具将电池夹紧，防止气路过大导致极片与隔膜分离，化成不均匀，进入气囊的气体采用抽真空的方法将其排出，然后进行封口。

2. 化成设备

电池化成柜是电池化成的主要设备，通常由充电控制器、中央控制板、恒流恒压源和通道控制板组成。电池化成柜的工作示意如图 9-18 所示，充电控制器接收操作人员输入的充电工步，并根据充电工步发出控制信号给中央控制板；中央控制板根据充电控制器发出的信号，并与柜上采集到的电流电压信号一起处理发出恒流恒压源的控制信号；恒流恒压源根据中央控制器发出的信号，输出相应的电流或电压；通道控制板提供电流通道，进行开路、短路检测与控制。

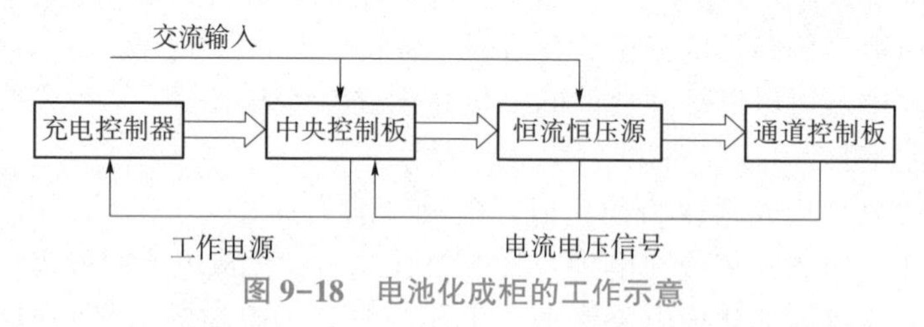

图 9-18　电池化成柜的工作示意

电池化成柜一般采用主从控制方式，每台化成柜有多个通道，每个通道之间完全独立，可以进行独立编程，编程步数不少于 200 步。化成柜的工作模式可调，具有电流充放电、恒电压充电、恒功率放电、恒阻放电、静置等模式。化成柜对电压和电流的精度有一定要求，如蓝电化成柜电压精度为 0. 05%RD±0. 05%FS（控制及检测），电流精度为 0. 05%RD±0. 05%FS。

9. 2. 2　老化工艺及设备

老化通常是指将化成后的电池在一定温度下搁置一段时间使电池性能稳定的过程，又称陈化。在老化过程中，自放电电池的电压比正常电池下降快，因此通过老化可以筛选出不合格的自放电电池。老化主要有持续完成化成反应、促进气体吸收和化成程度均匀化等作用。化成反应虽然在首次充电时已经接近完成，但是最终完成还需要较长时间，直至化成反应结束。封口化成过程中还会产生微量气体，老化过程中电解液会吸收这些气体，有助于减小电池气胀现象。封口化成以后，存在气路或气泡的极片区域与其他区域的化成反应程度还没有达到完全一致，这些区域之间存在电压差。这些微小的电压差会使极片不同区域化成反应程度趋于均匀化。极片不同区域的电压差很微小，这种均匀化速度很慢，这也是老化需要较长时间的原因之一[62]。

按照老化温度通常将老化分为室温老化和高温老化。室温老化是电池在环境温度下进行的老化过程，不用控制温度，工艺简单。但是由于室温波动不能保证不同批次电池的一致性。高温老化是电池在温度通常高于室温的最高温度下进行的老化过程，优点是高于环境温度，能够控制老化温度的一致性，从而有助于保证不同批次电池的一致性。同时高温还可以加速老化反应速度，使潜在的不良电池较快地暴露出来。但是过高温度可能会造成电池性能下降。因此高温老化所需的温度和时间需要由具体的实验来确定。锂离子电池厂家通常采用高温老化，温度为45~50 ℃，搁置1~3天，某些厂家还会在常温下搁置3~4天。某厂家聚合物锂离子电池（<2 000 mA·h）的老化工艺：首先，在45 ℃中进行8 h高温老化；其次，抽真空进行整形封口；最后，封口后的电池再在45 ℃高温房烘烤48 h。

在老化过程中，随时间的延长，电池的电压逐渐降低并趋于稳定。并且老化温度越高，电池电压降低越快，趋于平稳的时间越短而自放电电池的电压下降速度比正常电池快，正常电池和自放电电池电压随时间的变化规律如图9-19所示。老化时间越长，自放电电池与正常电池的电压差越显著，因此老化时间的延长有助于鉴别自放电电池。

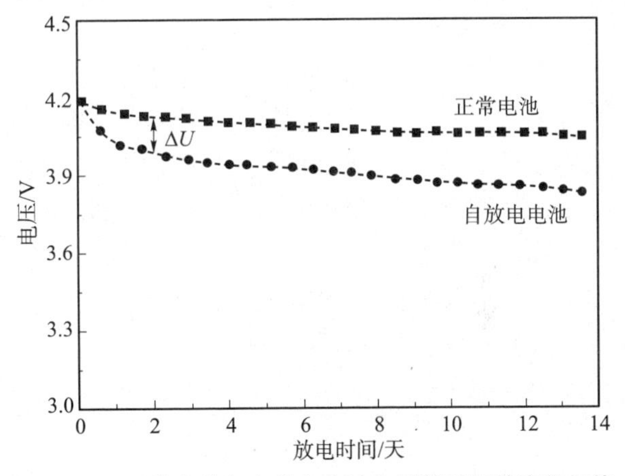

图 9-19　正常电池和自放电电池电压随时间的变化规律

9.3　锂离子电池制造水分控制

9.3.1　水分控制工艺

1. 水分影响

在锂离子电池制造过程中，确保严格控制粉尘、金属颗粒和水分是至关重要的。如果粉尘和金属颗粒无法得到有效控制，可能会导致电池内部发生短路、起火或燃烧等安全事故。同样地，如果无法有效控制水分，水分对锂离子电池来说，影响是巨大的，水分过量可能造成的后果有电池鼓胀、高内阻、低容量、循环寿命降低、电池漏液等。

1）电池鼓胀

水分会和电解液中的$LiPF_6$反应，生成有害气体HF。当水分足够多时，电池内部的压力就变大，从而引起电池受力变形。当内部压力达到一定程度的时候，电池会发生爆裂，爆裂使电解液喷溅，电池碎片也容易伤人。

2）高内阻

锂离子电池随着内部水分的增加，内阻呈上升趋势。水分对锂电池内阻的影响主要呈现两个阶段的变化，适量到过量。在电解液溶剂体系中，痕量的水能够形成以Li_2CO_3为主、稳定性好、均匀致密的SEI膜，其内阻较小。水分含量多于体系形成SEI膜的所需含量时，在SEI膜表面生成POF_3和LiF沉淀，导致电池内阻增加。

3）低容量

SEI 膜的形成消耗部分锂离子，造成不可逆的容量损失，单电子还原过程生成的烷基碳酸锂还可以与电解液中的痕量水发生反应 $2ROCO_2Li+H_2O \rightarrow Li_2CO_3+CO_2+2ROH$，当生成 CO_2后，在低电位下的负极表面，发生新的化学反应 $2CO_2+2Li^++2e^- \rightarrow Li_2CO_3+CO$，SEI 膜形成后，当电池内部还有水分，就会损耗电解液的有效成分，损耗锂离子，使锂离子在电池负极片发生不可逆转的化学反应。消耗了锂离子，电池的容量就减少了。

4）循环寿命降低

水与锂盐反应生成 HF，HF 破坏 SEI 膜，引起二次成膜，如此往复不断导致电池性能恶化，循环寿命降低。

5）电池漏液

当电池内部的水分多的时候，电池内部的电解液和水反应，其产物氢氟酸是一种腐蚀性很强的酸，可以使电池内部的金属零件腐蚀，进而使电池漏液。如果电池漏液，电池的性能将急速下降，而且电解液还会对使用者的机器进行腐蚀，从而引起更加危险的失效。

因此，锂离子电池在各个生产环节中都需要严格控制水分含量。电池中水分包括电极极片、隔膜、壳体吸附的水分，以及电解液溶解的水分。水分来源可能是原材料自身含有的水分，也可能是从环境中吸收的水分。这些水分最终都会进入电解液中，影响化成过程中 SEI 膜的形成、产气以及电性能。

2. 水分控制

1）干燥脱水

受干燥温度和干燥时间限制，要将装配后电池的水分控制得更低，就必须减少装配后电池带入的水分。干燥前电池水分含量越小，在相同干燥条件下电池的含水量越小，干燥效果越好。因此在装配过程中要严格控制水分，确保注液前干燥能够脱出更多水分。在锂离子电池装配过程前首先要对极片和其他原材料进行干燥。正极极片干燥条件通常为真空度-0.1 MPa，温度为 80~130 ℃，干燥时间为 9~24 h；负极极片干燥条件通常为真空度-0.1 MPa,温度为 70~120 ℃，干燥时间为 9~24 h。

经过干燥的极片和电池应分批取出，迅速转入装配和注液环节，防止极片和电池从环境中重新吸水。

注液前的电池干燥最为重要，是控制装配后电池中水分的最后一道工序。通常采用真空干燥进行深度脱水，干燥效果主要与干燥真空度、温度和时间有关。通常真空度和温度越高，时间越长，脱水效果越好。由于在真空干燥过程中，水分子脱除属于分子扩散过程，尤其是水分含量很低时扩散速度很慢，因此，真空干燥需要较长时间。电池注液前真空干燥条件通常为真空度-0.1 MPa，温度为 70~90 ℃，干燥时间为 9~36 h。

锂离子电池隔膜经较高温度干燥或较长时间干燥，有可能会造成聚合物隔膜收缩和孔隙结构改变使电池内阻升高，因此装配后电池干燥温度不宜过高，干燥时间也不宜过长。有些厂家采用先低温后高温两段干燥工艺对电池进行脱水，低温用于脱出大部分水分，微量水分则采取高温干燥，防止隔膜发生变形；或在真空干燥时多次充入惰性气体，然后将惰性气体抽出，利用惰性气体将微量水分带出来，用对流扩散代替分子扩散，提高真空干燥速率。典型干燥工艺为：先抽真空至-0.095 MPa 后维持 20 min，再充氩气/氮气至-0.05 MPa 后维持 20 min，然后再抽真空至-0.095 MPa，重复 3~5 个循环后保持真空干燥状态，直到取出前 1 h 再进行一次循环。需要注意的是充入的氩气/氮气应该是脱水的。

2）减少环境水分吸收

任何未达到饱和含水率的物质在含水环境中都会吸收水分。在装配过程中，锂离子电池原材料、电解液、极片和电芯都会重新吸收环境中水分，吸水曲线如图 9-20 所示。例如，干燥的钴酸锂粉体置于温度 45 ℃、露点 32 ℃的潮湿环境中，只要放置 3 h，水分含量就接近4 000 μg/g。在注液过程和预化成过程中，电解液极易吸收环境水分，环境含水率越高，吸收越多。由于电解液与水分发生反应，即使置于水分含量极低的干燥环境中也会吸收水分。

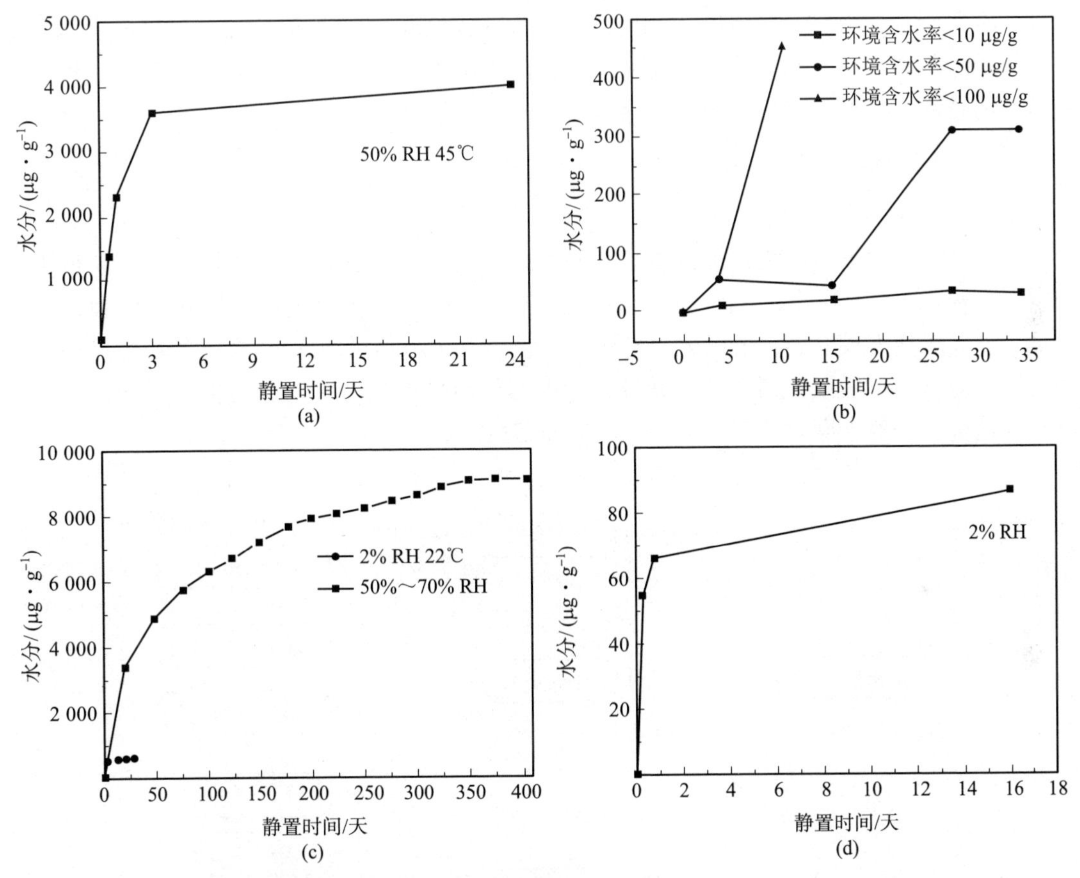

图 9-20　锂离子电池原材料、电解液、正极极片和电芯吸水曲线

（a）钴酸锂粉体；（b）电解液；（c）正极极片；（d）电芯

吸收水分量主要与环境湿度、暴露时间和环境温度有关。环境湿度越低、暴露时间越短和环境温度越高，吸收水分越低。因此减少从环境中吸收水分有缩短与空气接触时间、降低环境湿度和升高温度三条途径，这些水分控制途径通常贯穿在锂离子电池整个生产过程中。

降低空气湿度可以减小极片吸水量。装配环境湿度一般要求小于 30%；化成时为减少电池和电解液吸收水分，环境湿度一般要求小于 20%。在相同环境湿度下，缩短极片和未封口电池暴露在环境中的时间可减少吸水量。同时还要对注液口进行暂时密封处理，减少与环境中水分的接触。环境温度和湿度主要受气候影响，通常夏季温度高（26 ℃）、湿度大（70%），冬季温度低（16 ℃）、湿度小（20%）。在相同暴露时间下，夏季极片的吸水量明显高于冬季极片的吸水量。这就是电池早期生产过程中，冬季生产电池的厚度合格率比夏季高的主要原因。

电池水分控制需要真空干燥、环境除湿和减少暴露时间三者配合。在生产环节中减少人员进入，减少容易吸水的纸类物质使用和保持车间与外界环境良好密闭等都是水分控制的必要手段。

3）降低原材料水分

原材料中的水分通常是由生产厂家进行控制。如电解液生产厂家通常控制电解液中的水分含量低于0.000 5%~0.002%，电池生产厂家还要进行严格检验。检测电解液中水含量通常采用卡尔费休库仑滴定法，最低可以检测出1 μg/g的水分。油性浆料制备的正极材料通常容易吸水，需要严格控制原料水分。

9.3.2 水分控制设备

1. 真空干燥设备

干燥是一种通过给湿物料提供能量，使其包含的水分汽化逸出，并带走水分获得干燥物料的一种化工单元操作。目前工业上有大量的干燥设备，也有不同的分类方法，如图9-21所示。根据操作方式分类，可以分为连续干燥设备和间歇（批次）干燥设备；根据操作压强可以分为常压干燥设备和真空干燥设备；根据热传导方式又可以分为传导干燥设备、对流干燥设备、辐射干燥设备和介电干燥设备等类型。

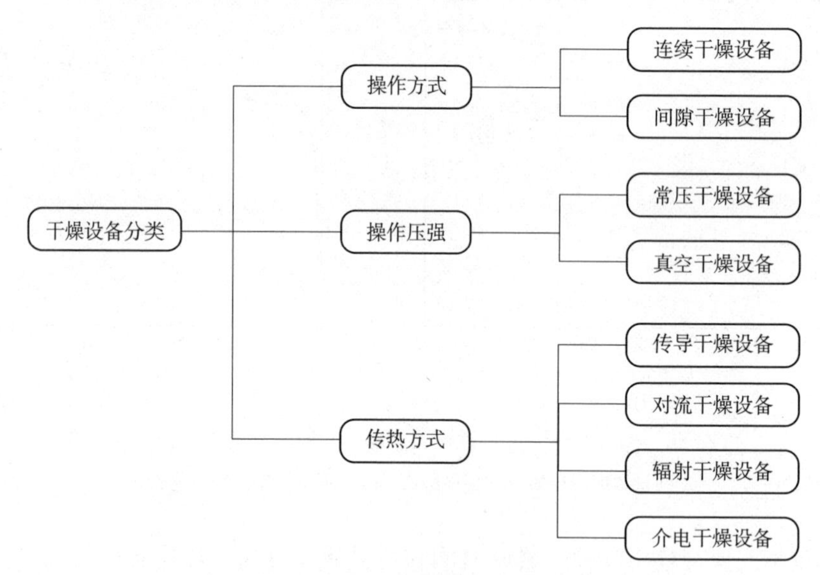

图9-21 干燥设备的不同分类

电池中的水分主要为电池的原材料（包括正负极片、隔膜、电解液以及其他金属部件）中的水分以及工厂环境中的水分。对于环境中的水分，可以建立干燥车间，用干燥机生成干燥空气，不断地输进干燥车间，置换车间内的湿空气，进行环境水分的消除。对于电池内部的水分，由于干燥标准非常高，通常要求水分含量在100×10^{-6}~300×10^{-6}，所以一般需要用真空干燥设备来去除水分，干燥结束后，测试电池是否烘烤合格。在电池的生产制造过程中多个工艺流程需要真空干燥，如电池正负极粉料、电池正负极卷、注液之前的电芯等。因此真空干燥设备对于电池生产制造至关重要。

电池的水分控制设备主要为鼓风干燥箱和真空干燥箱。其中，真空干燥箱包括真空干燥室、温度控制和显示系统、抽真空系统三大部分。

真空干燥室内设有金属隔层，用于放置物料，有时还连有注氩气管和放空管。其中，放空管是为放空泄压，以便进料和取料。真空干燥室设有真空表，用来测定和显示真空程度，一般要在-0.1 MPa 下工作。温度显示和控制系统，主要采用程序控温仪和热电偶传感器配合使用，可以设定加热温度和保温时间。抽真空系统包括真空泵和缓冲系统，通常旋片式真空泵就可以满足真空度要求，缓冲系统主要防止真空油的返流。

2. 除湿机

生产车间环境中的水分控制主要通过除湿机来实现。通常采用的设备是冷冻除湿机。冷冻除湿机通常包括风扇、压缩机、热交换器和控制器等。首先风扇将潮湿的空气抽入机内，经过压缩机、热交换器、冷凝器组成的制冷系统凝结成霜，系统自动升温将霜化成水由水管排出，产生干燥空气。理论上冷冻除湿机的冷冻温度越低，所能获得的环境湿度也就越低。冷冻除湿机的除湿效果与除湿量和环境密封程度有关，增大除湿量和提高环境的密封程度都有利于降低环境的湿度。

9.4 锂离子电池分容分选

1. 定义

锂离子电池的分容分选是电池生产过程中的一个重要环节，目的是确保电池的性能一致，从而提高电池组的整体性能和可靠性。电池制造过程中，对于同一型号同一批次的锂离子电池，由于工艺条件波动和环境的细微差别，会导致电池性能也产生区别。分容是通过对电池进行一定的充放电检测，将电池按容量分类的过程；分选是通过对电池各项性能和产品指标进行检验，将电池按照产品等级标准分开的过程。合格品出厂供应客户，不合格品降价处理、销毁或者回收原材料。

2. 指标项目

分容分选指标分为全检项目和抽检项目。全检项目需要对每块电池进行检测，主要包括开路电压、自放电、电池容量、电池尺寸（通常为厚度）、电池内阻和外观等。抽检项目采取随机取样的方法进行检测，主要包括循环性能、倍率放电性能、高低温性能等电性能，以及短路、过充过放、热冲击、振动、跌落、穿刺、挤压和重物冲击等安全性能。

以铝壳锂离子电池为例，分容分选的全检项目工艺流程如图 9-22 所示。老化后的电池经过外观检验合格后，进行电压检验测定电池的自放电，对于不合格电池，视为可疑自放电产品需要重新充电进行二次电压检验，不合格者停止流通；经过电压一次检验和二次检验的合格品进入贴绝缘胶片工序，防止盖板上电极短路，然后所有电池进行容量分选；分容后的电池进行内阻分级，最后进行厚度测定，不合格电池重新压扁后测定厚度，分出不同等级厚度的产品，最后确定产品等级。

锂离子电池分容分选标准如表 9-8 所示。电池的全检项目指标与合格率有关，项目指

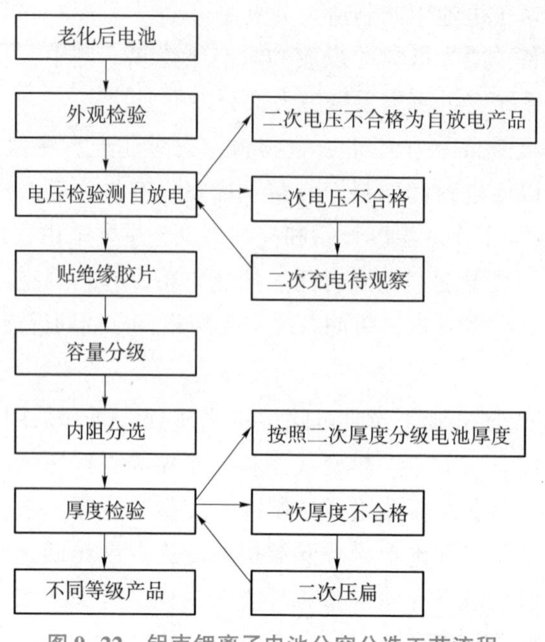

图 9-22　铝壳锂离子电池分容分选工艺流程

标越严格，电池的合格率越低，制造成本越高。分容分选项目的具体指标通常根据生产厂家的电池制造水平和客户的要求，由双方协商确定。

表 9-8　锂离子电池分容分选标准

等级		容量/（min · mA^{-1} · h^{-1}）	时间/min	内阻/mΩ	厚度/mm	外观
A	A1	>2 690	>90	≤40	≤8.5	电池外壳光洁平整，无锈斑及污渍、无刮痕、无凹凸变形；上盖封口无偏斜，密封圈无压斜，无漏液
	A2	2 690~2 500	90~84			
B		2 500~2 380	84~79	40~ 60	≤8.7	电池外壳平整，无严重锈斑及污渍、无严重刮痕、无严重凹凸变形；上盖封口无严重偏斜，密封圈无严重压斜，无明显漏液
C		<2 380	<79	>60	>8.7	电池外壳基本正常，不严重变形、发鼓；密封圈可有压斜但不致造成短路，无严重漏液；内有钢珠
D（报废）		短路、断路、盖帽脱落、严重变形发鼓及有其他严重缺陷的电池				

3. 影响因素

1）自放电

自放电主要与电池内部的副反应和电池内部的微短路有关。形成内短路的原因主要为极片表面残留的杂质、极片或极耳边缘的金属毛刺等。金属杂质在电池充电时被还原成金属单质，在负极表面和隔膜孔隙中不断沉积，使正负极形成内短路，产生自放电[63]。提高化成电压和老化温度，都有助于在最短的时间内筛选出自放电异常的电池，但是老化电压不能过高，防止电池过充。

2）厚度

影响电池厚度的主要因素包括电池极片、隔膜的膨胀以及电池的气胀。电池气胀是指电池在封口后化成反应继续产生大量气体，使电池壳体膨胀增厚。形成气胀的原因主要与水分过量和化成制度不当有关，如过量的水分在化成过程中会形成大量的气体；预化成不足，在封口后化成过程中还会继续产生气体。

3）内阻

影响电池内阻的因素主要有极片配方、厚度、压实密度、极耳的尺寸和位置、焊接情况、电解注液量等[64]。电池的内阻越小，功率性能就越好。极片配方中导电剂越多，电池的内阻也就越小；但是导电剂和黏结剂过多容易导致活性物质量降低，电池的容量不足。压实密度越高，活性物质颗粒与导电剂接触也就越好，内阻越小；但是压实密度过大会使极片液相导电性能变差。极片面积越大，内阻越小，极片厚度越薄，液相导电性能越好。极耳的焊接点越多，焊接面积越大，电池的内阻越小。

4）循环性能

影响电池循环性能的因素主要有正负极材料、活性物质种类、极片压实密度、电解液种类和注液量、负极过量不充足和水分等。正负极材料的种类是影响电池循环性能的重要因素。较好的材料，即使制备工艺存在差异，循环性能也不会太差；较差的材料，工艺再合理，循环性能也无法保证。同时正负极材料必须与电解液匹配，有利于形成致密均匀的SEI膜。电解液注液量不足会导致极片润湿不足，循环性能下降。若正负极极片的压实密度过高，会导致材料的结构破坏严重，也会导致电池循环性能下降。

项目实施

1. 项目实施准备

（1）自主复习锂离子电池注液、化成的理论知识。

（2）项目实施前准备的材料包括圆柱形锂离子电池电芯、电解液以及必需使用的设备。

2. 项目实施操作

（1）将已经焊接装配好的圆柱形电芯进行烘烤，以降低电芯中水的含量，使其达到安全界定值。

（2）烘烤结束后要迅速对电池进行注液，要保证注液量合适，能够完全浸润电池隔膜内部的孔隙和极片颗粒间的缝隙。

（3）对注液完成的圆柱形锂离子电池进行预化成，这是在注液后对电池进行小电流充电的过程，通常伴有气体产生。

（4）将预化成后的锂电池进行化成工艺，这是以相对较大的电流对电池充电的过程，化成结束后将电池进行老化过程。

3. 项目实施提示

（1）在注液之前，一定要对电池进行真空烘烤，使电池尽可能排出水分，否则影响电池性能。

（2）注液过程需要达到合适的量，注液量过少对电池的循环寿命不利。

（3）在对电池进行化成工艺时，要注意有合理的充电时间限制，要有合理的上下限电压限制。

（4）在实训过程中，要了解不同电池对老化时间和温度的差异，理解电池分容分选要点。

项目评价

请根据实际情况填写表 9-9 项目评价表。

表 9-9 项目评价表

序号	项目评价要点		得分情况
1	能力目标（15 分）	自主学习能力	
		团队合作能力	
		知识分析能力	
2	素质目标（45 分）	职业道德规范	
		案例分析	
		专业素养	
		敬业精神	
3	知识目标（25 分）	锂离子电池化成原理	
		锂离子电池制造水分控制	
		锂离子电池分容分选	
4	实训目标（15 分）	项目实施准备	
		项目实施着装	
		项目实施过程	
		项目实施报告	

项目 10

VR 在锂离子电池中的应用

学习目标

【能力目标】

（1）拥有辨识和理解增强现实（AR）、虚拟现实（VR）、混合现实（MR）以及扩展现实（XR）之间不同的技术特性和应用场景的能力。

（2）深入了解并运用 VR 技术在锂离子电池生产的各个环节，如材料加工、电池组装、检测测试以及质量控制等方面的实际运用。

【知识目标】

（1）具有对 VR 技术从最初的概念、经过的各个发展阶段，到现代应用和未来趋势的全面认识和理解。

（2）了解 VR 技术在各个工业部门，如制造、设计、培训、维修以及远程操作等方面的实际应用案例和解决方案的知识。

【素质目标】

（1）通过深入学习 VR 技术的基本概念和原理，提升学生对于数字技术的理解，培养他们在数字化环境下的思维方式和自我教育的能力。

（2）通过多样化的教学方法和实践活动，培育学生在与他人进行有效协作、开展有效沟通以及在团队环境中共同完成任务所需的社交技能和团队精神。

工匠精神

项目描述

在企业集中实训之前，班级同学想率先了解锂离子电池制造工艺流程中各步骤对应的设备、物料转移和加工工艺等知识，然而实训室和实验室不能完全实现全部的流程，而且部分操作具有一定风险性，需要经过工作后培训，积累年限后所能考取的证书提供资质，因此在学习期间不能认识流程的全貌。为了解决这一难题，需要新技术和新场景的融入，在新技术场景中可反复多次进行操作，凭借错误点的修正提升正确性。

项目分析

为解决教学学习与实际工作岗位间因差异性而导致的不同步，为让学生能够尽可能掌握职业岗位内容的全貌，对锂离子电池制造工艺有切实的感受，需借助虚拟现实技术进行沉浸式工艺链游览，以达到在正式实习工作，走向岗位之前，就能提前熟悉相关的工作内容，预先进行工艺的虚拟演练，提高岗位职业能力适应性。在此过程中，也能借助VR的融入，加强教学学习环节的趣味性和新颖性。

项目目的和要求

【项目目的】

本项目旨在让学生能够合理运用新技术、新场景进行对接性学习。对于锂离子电池工艺的流程和复杂设备内部动作特征进行深入的掌握。通过基本设备的使用学习和理论知识相结合，提供锂离子电池工艺流程数字化转型的契机，培育学生数字素养，践行创新探究意识培育。

【项目要求】

（1）掌握VR，AR，XR和MR等基本技术的概念和区别，通过在锂离子电池工艺上应用场景的不同，体会各方式之间的本质区别。

（2）项目实训过程中，小组成员要爱护设备，积极探究，进行规范化操作。

（3）养成即使是在虚拟场景学习，也认真对待、不掉以轻心的端正态度。

（4）小组成员加强合作，组间进行互助交流协作，取长补短，共克难题。

知识准备

虚拟现实技术是一项在20世纪兴起的新兴实用技术。这项技术集合了计算机科学、电子信息化和仿真技术等多个领域，其核心是通过计算机生成模拟的三维环境，让用户有身临其境的体验。VR技术的引入为工业界提供了深入的技术支撑，革新了传统的工业生产演示方式。随着VR工业系统的开发成功，从机械设备的操作状态、工作监控数据，到产品的装配和调试过程，都能够以三维立体的形式进行可视化展现，使生产环境和流程得以栩栩如生地呈现在眼前。

10.1 锂离子电池虚拟仿真软件

虚拟现实技术，又称VR或灵境科技，是一种人工创建的环境。它利用计算机技术生成一个模拟的三维空间，允许用户借助特定的硬件和软件设备，拥有包括视觉、触觉和听觉在内的多感官体验[65]。此外，计算机系统能够检测用户的方位和动作，并对此进行实时反馈，通过这种人机互动方式，用户得以拥有一种高度逼真和沉浸感的体验。

1. 发展历程

虚拟现实，是一种利用计算机和相关配件构建的非实际存在的环境或场景。一个典型的虚拟现实系统包括多个关键部件：用于捕获人体动作等信息的传感器，用于生成立体视觉、听觉以及触觉体验的输出设备，以及负责数据处理的高效能计算机系统。用户穿戴装有传感器的感应服装和手套等装置，再结合装有显示屏的输出设备，便踏入了一个虚构的现实世界。通过头戴设备内的显示屏，用户可以视觉化虚拟世界的各种景观，听到立体的声音，甚至可能体验到气味。其动作会经由传感器传递至计算机进行处理，并在虚拟世界中产生相应的反馈。这个虚拟世界最显著的特征是其高度的真实性和互动性。在这个模拟环境中，用户的感受和活动仿佛和现实世界无异，环境的真实感让人沉浸在其中，与真实世界的互动相似。

在 20 世纪 50 年代中期，美国摄影师 Morton Heilig 创造了首台被认为具备 VR 功能的机器：Sensorama。这台庞大的设备拥有固定屏幕、3D 立体声效果、3D 图像展示、震动座椅、风扇以及能够产生气味的装置。Heilig 后来还提出了一种设计精巧的 VR 眼镜专利，这种眼镜外观上与现代的 VR 头显相似，但只具备基本的 3D 成像功能，没有姿态跟踪能力，即用户戴着眼镜左右转动头部时，所见景象不会发生变化[66]。

到了 1968 年，美国的计算机科学家 Ivan Sutherland 设计了首个真正的头戴式显示器，名为 Sword of Damocles，中文称作“达摩克利斯之剑”。这款 VR 头盔通过超声波和机械轴技术，实现了基础的姿态跟踪功能，当用户改变头部姿势时，系统会计算并展示相应的新视角。Sutherland 因其在虚拟现实和增强现实头戴显示领域的理论贡献，被誉为“虚拟现实之父”。尽管“达摩克利斯之剑”主要停留在实验室研究阶段，但它为现代 VR 技术的发展奠定了基础。

进入 20 世纪 90 年代，随着市场对 VR 技术的热烈追捧，VR 设备经历了它们的第一次高潮。这一时期的高科技产品引起了业界的极大关注，许多游戏公司纷纷推出自家的 VR 设备。虽然这些设备的外形与今天的 VR 头显相似，但由于当时的显示技术、3D 渲染技术和运动检测技术尚未成熟，因此并未达到广泛使用的水平。例如，任天堂推出的 Virtual Boy 仅支持红黑两色显示，单眼分辨率为 384 像素×224 像素，视觉效果粗糙。

直到 2012 年，Oculus Rift 的推出再次将公众的目光聚焦于 VR 技术，人们惊讶地发现 VR 技术在幕后取得了显著进展，公众的兴趣也随之重新点燃。随着 2015 年 HTC VIVE 在 MWC 2015 大会上的官方发布，紧接着索尼在次年公布 PSVR，随后多家厂商开始生产自己的 VR 设备，开启了一个新的 VR 时代。

2. 技术类型

VR 技术发展至今，真实的沉浸式体验感是 VR 设备最受人关注喜爱的地方，如今 5G 来临，VR 将再次掀起一阵浪潮，为我们带来更深入、更刺激的体验。虚拟现实技术包括 VR，AR，MR，XR。

1）虚拟现实

虚拟现实是一种沉浸式体验，又称计算机模拟现实。通过头戴设备产生包括声音、图像等媒介，复制或创造出一个虚拟世界，让用户完全沉浸在其中。真正的 VR 环境应涉及所有五种感官。现在 VR 已是一种流行的技术，经过游戏行业的探索，已可应用到更多实际领域[67]。

2）增强现实

增强现实是指实时的、直接或间接的物理现实环境视图，通过计算机生成的感官输入增强其视图内的元素。AR 基于真实世界，提供的可能性非常大。AR 利用设备增强了现实，手机和平板是最流行的 AR 设备，通过设备摄像头，应用将数字内容导入真实环境。流行的 AR 应用如 Pokemon Go 和 Snapchat 的 AR bitmojis。

3）混合现实

混合现实是真实和虚拟世界融合后产生的新的可视化环境，在该环境下真实实体和数据实体共存，同时能进行实时交互。MR 的关键特征在于合成物体和现实物体能够实时交互。

4）扩展现实

扩展现实是一个术语，指通过计算机技术和可穿戴设备产生的一个真实与虚拟组合的、可人机交互的环境。扩展现实包括增强现实、虚拟现实、混合现实等多种形式。为了避免概念混淆，XR 是一个总称，包括了 AR，VR，MR。XR 分为多个层次，从通过有限传感器输入的虚拟世界到完全沉浸式的虚拟世界。图 10-1 所示为虚拟现实眼镜。

图 10-1　虚拟现实眼镜

3. 锂离子电池虚拟软件

随着技术的迅猛发展，虚拟现实技术已渗透到教育领域，为学习提供了一种全新的维度。特别是在复杂的工业领域，如锂离子电池制造中，VR 教学软件开启了一种互动式和沉浸式的学习方式。专门为锂离子电池制造过程设计的 VR 教学软件，可以增强学生的学习体验，提高他们的技术理解和操作技能[68]。

在传统的教学模式中，学生通过书本、图表和现场参观来了解锂离子电池的制造工艺。然而，这种学习方式常常缺乏直观性和互动性，导致学生难以完全掌握复杂的概念和流程。为了解决这个问题，一款创新的 VR 教学软件被开发出来，旨在提供一个全方位的虚拟环境，让学生能够以全新的方式深入学习锂离子电池的制造过程。

这款 VR 教学软件模拟了锂离子电池制造的真实场景，包括材料混合、电极涂布、干燥、压印、切割、电池组装、充放电测试等关键工艺。通过头戴式显示器（HMD），学生可以进入一个高度逼真的 3D 虚拟工厂，亲自操作设备，感受每一个制造步骤。此外，软件还提供实时反馈和指导，帮助学生更好地理解操作过程中的关键点和可能出现的问题。图 10-2 所示为锂电池虚拟现实软件信息。

与传统教学方法相比，VR 教学软件具有以下优势。

沉浸式体验：VR 技术创造的三维空间让学生仿佛置身于真实的生产线上，增强了学习

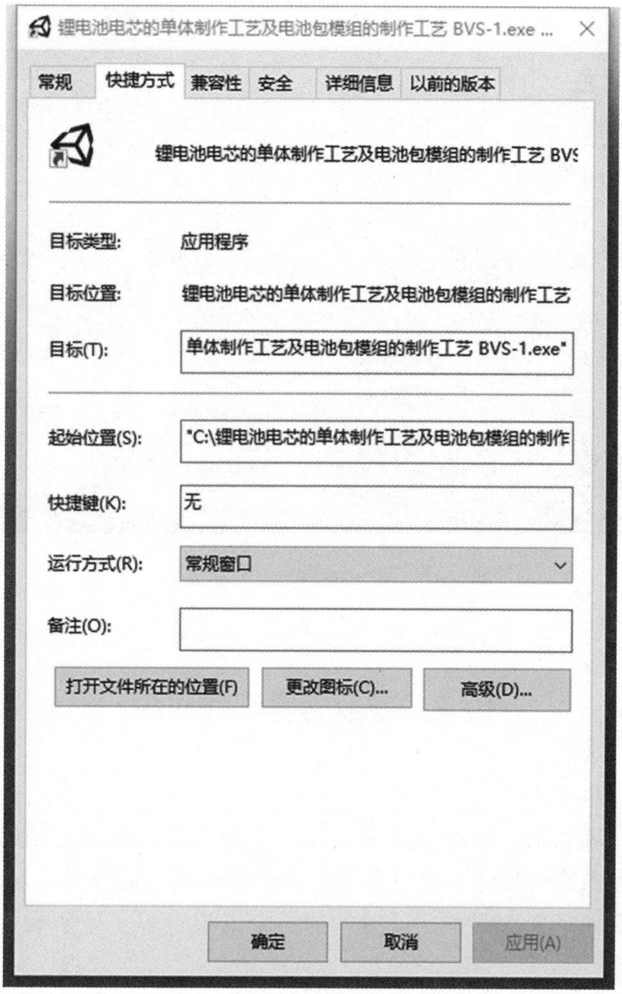

图 10-2　锂电池虚拟现实软件信息

的直观性和参与感。

安全性：学生可以在没有实际风险的环境中进行操作练习，避免在真实生产线上可能遇到的安全风险。

重复练习：学生可以多次练习同一操作，直到完全掌握，不受时间或物料的限制。

个性化学习路径：软件可以根据学生的学习进度和理解程度调整教学内容和难度，实现个性化学习。

协作学习：通过多用户模式，学生可以在虚拟环境中与其他学生或教师进行交流和协作，提高团队合作能力。

VR 教学软件为锂离子电池制造教育带来了革命性的改变。它不仅可以提高学生的学习效率和操作技能，还可以激发学生对新技术的兴趣和探索欲望。随着 VR 技术的不断进步，可以预见，未来的工业教育和培训将越来越多地采用这种沉浸式学习方法，为学生提供更加丰富和高效的学习体验。图 10-3 所示为锂电池制作工艺仿真界面。

图 10-3　锂电池制作工艺仿真界面

10.2　虚拟仿真软件应用

1. 应用方向

工厂规划。工厂规划是一项涉及众多设计团队的大型工程，包括工厂建设、控制系统和子系统等。借助虚拟现实技术，可以避免许多潜在问题。通过对工厂环境进行三维建模，将所有建筑布局清晰地呈现在眼前。通过构建一个虚拟世界，使所有设计具体化，简化了设计团队之间的协作。

1）数据可视化

虚拟现实为工业机械设备的监控和协作提供了一种全新的方式。利用虚拟现实技术，用户可在中央控制室内对整个工厂设备进行可视化监控，所有数据都能以多角度呈现。此外，用户还可以模拟展示设备动作轨迹，为管理者提供科学的设备设置参考。VR 工业系统还能从设备上的传感器导入数据，实时监测设备运行情况。

2）VR 装配

虚拟现实技术为企业观察产品及其制造过程提供了一种全新的视角。虚拟机械装备可以帮助工程师在不需要实体模型的情况下进行产品虚拟设计，使设计决策更具可行性，如图 10-4 所示。

3）虚拟培训

虚拟现实技术为企业进行机械操作培训提供了便捷的新途径。通过虚拟现实，学员在上岗前就能熟悉整个工厂环境，员工还可以在虚拟工厂中进行机械操作训练。虚拟现实系统通过语音和虚拟标签进行培训教学，使每个培训人员都能学习。在安全生产和应对突发安全事故方面，虚拟现实系统具有明显优势。虽然现实世界中无法时刻发生安全事故，但虚拟现实技术能够重现灾难场景，并科学引导用户进行应急处置。

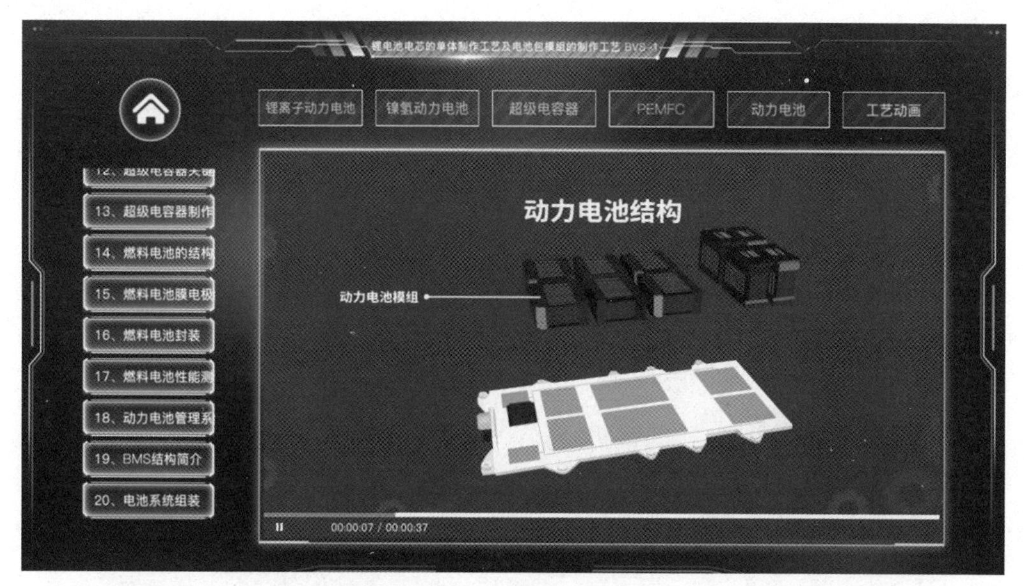

图 10-4　VR 装配应用场景

4）VR 维护

虚拟现实系统可以将设备的常见故障问题预设于系统中，企业在销售机械设备后，可将 VR 维修系统赠送给客户。当消费者使用设备出现故障时，可在虚拟现实系统中找到解决方案。虚拟现实通过智能指示功能引导消费者逐步进行设备维护，可以为企业售后服务减轻不少压力。

2. 在工业领域应用场景

1）采矿工程

煤矿行业涉及众多地下作业，其开采过程复杂且充满不确定性，同时由于矿井结构的复杂性，整个开采环节面临大量不确定因素。由于该行业事故频发、安全隐患多、生产周期长且投资巨大，每年国家都会投入大量资金用于煤矿领域的培训、优化设计、安全因素排除等方面。

将虚拟现实技术应用于煤矿领域，可以科学地模拟煤矿环境或构建虚拟煤矿，如图 10-5 所示。在这样的虚拟环境中，用户可以像在真实的煤矿中一样操作机器、预见某些场景、优化巷道设计、促进环境重建等。

在煤矿领域应用虚拟现实技术主要是为了进行煤矿模拟或构建虚拟煤矿，使用户能够在虚拟的矿井环境中进行各种操作，再现或预见一些煤矿场景。基于这一技术优势，相关人员可以有效地优化设备选择，高效地进行培训教学和事故调查等。此外，它还可以真实地模拟矿井灾害的发生过程，从而有针对性地制定防范策略，使煤矿生产更加安全和稳定。

由于煤矿行业属于高风险行业，对从业人员的安全教育尤为重要。在煤矿安全培训环节中应用虚拟现实技术具有显著的应用价值。在 VR 系统的支持下，煤矿领域可以对井下复杂且危险的工作环境进行虚拟化。这种虚拟环境可以作为采矿工程专业学生的实训环境，有效减少实习成本和教学时间，使更多人获得高质量的教育培训。同时，这种虚拟的工作环境也可以用于井下工人的安全教育和岗前操作培训。例如，通过 VR 技术虚拟各种井下险情和工况，受训者可以身临其境地感受并体验井下工作环境，结合虚拟场景学习在遇到各种险情时应采取的应急措施，从而全面提升人员素质，加强事故隐患的识别和消除。

图 10-5　煤矿领域应用场景

2）航空航天

航天飞行是一项成本高昂、变量众多、复杂度极高的系统工程，确保其安全性和可靠性是航天器设计时必须考虑的关键问题。因此，可以利用仿真技术的经济性、安全性和可重复性等特点，在虚拟空间中重现现实中的航天飞机和飞行环境，让飞行员在虚拟空间中进行飞行训练和实验操作，进行飞行任务或操作的模拟，以替代一些耗时、耗力、昂贵的真实试验或者某些无法进行真实试验的情况，从而获得提高航天员工作效率或航天器系统可靠性等方面的设计策略，大大减少实验经费和实验风险，如图 10-6 所示。

图 10-6　航天领域应用场景

虚拟现实技术可以以最低的成本模拟太空环境和宇宙飞船太空舱的三维布局，人可以融入环境系统，并可以自由交互操控设备，具有身临其境的感知。因为它只需要通过修改软件中视景图像的相关参数，就可以模拟现实世界中某些突发事件发生后的环境变化情况，这样，可以更好地训练人员应对意外事故的处理能力。由于现有的人员培训都是在地面上进行的，人们无法直接体验太空的失重感觉，而通过虚拟现实系统，借助一定的辅助设备，可以使系统中的人员感受到失重感。

3）交通运输

交通运输是影响国民经济和人民生活、国家战略的关键领域之一。在缓解交通拥堵、提高交通安全、优化交通资源利用、提高交通条件以及提升公共服务质量等方面，传统数字交通已经取得了显著进步。而虚拟现实技术的发展进一步突破了人们在地理空间信息表达和处理等方面的限制，使数字交通能够以更直观的方式呈现，以更高效的方式进行管理，并以更智能的方式进行处理。

利用基于虚拟现实的空中交通交互感知特性，可以帮助人们更好地了解实际的空中交通状况。将这项技术应用于空中交通从业人员的专业培训，可以有效减少实地演练和培训的次数，从而节省人力、物力和财力。

空中交通运输在很大程度上受到天气的影响，恶劣的天气会增加空中交通的延误率和事故率。随着民航航班数量的不断增加，对空中交通管制员的能力提出了更高的要求。因此，如何提高管制员的操作指挥能力，确保飞行安全是一个迫切需要解决的问题。管制员技能的提升需要有足够的常规和紧急情况训练作为支持。然而，在空中交通模拟训练中，很难通过真人真机来试验突发事件。一方面，这涉及人身安全和财产安全；另一方面，真实的灾难性天气是不可操作的。

VR 可以利用计算机仿真技术，对恶劣天气、空中交通环境和航空器运行状态等进行虚拟化，空中交通从业人员可以通过模拟练习提升其应对特殊情况的处理能力，从而制定合理的特殊情况处理流程和应急措施，如图 10-7 所示。

图 10-7　交通运输应用场景

3. 在锂离子电池上的应用

锂离子电池自动化生产设备昂贵、生产工序复杂、生产环境控制要求严格，如果在前期的项目规划和设计上，没有对整体布局进行有效预测，就很容易形成生产瓶颈，闲置昂贵的生产设备；如果在后期的工艺规划和作业计划上没有科学的分析，就会降低生产效率，带来巨大的经济损失。图 10-8 所示为锂离子电池应用场景。

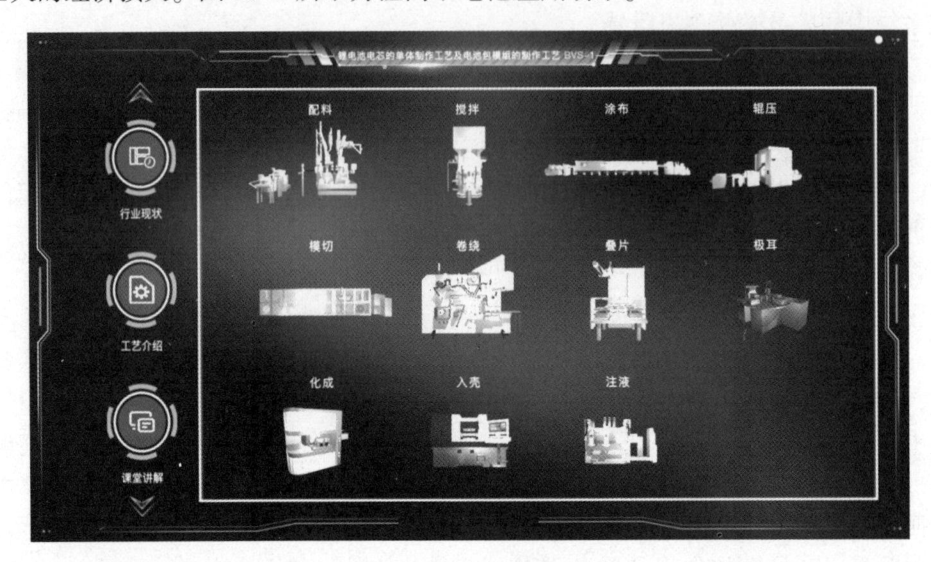

图 10-8　锂离子电池应用场景

虚拟现实技术的使用可以解决上述问题，其在锂离子电池制造教学中的应用场景如下。

1）负极匀浆

通过虚拟现实技术，操作者借助佩戴 VR 设备进入虚拟的“负极匀浆”场景，场景内可以看到“负极匀浆”机器。操作者视角跟着镜头转向搅拌机，操作者通过提示将对应材料放入搅拌罐里进行搅拌，让操作者熟悉匀浆流程，搅拌过程中操作者单击“搅拌罐”可以进一步查看搅拌罐，深入了解学习负极匀浆工序。

2）正极匀浆

通过虚拟现实技术，操作者借助佩戴 VR 设备进入虚拟的“正极匀浆”场景，场景内可以看到“正极匀浆”机器。操作者通过提示将对应材料放入搅拌罐里进行搅拌，让操作熟悉匀浆流程，搅拌过程中操作者单击“搅拌罐”可进一步查看搅拌罐，深入了解学习正极匀浆工序。图 10-9 所示为锂电池匀浆虚拟场景。

3）涂布

操作者通过虚拟现实技术，借助 VR 设备，进入“涂布”场景内，操作者可以看到涂布动画，操作者通过操作手柄可以进一步查看涂布和涂布机烘干流程，更加直观地了解涂布过程，深入学习涂布工序，如图 10-10 所示。

4）碾压

操作者通过虚拟现实技术，借助 VR 设备，进入“碾压”场景内，操作者可以看到碾压动画，操作者通过手柄单击“碾压机”可以查看碾压涂布压机工作原理。

5）分切

通过虚拟现实技术，操作者借助佩戴 VR 设备进入虚拟的“分切”场景，场景内可以

图 10-9　锂电池匀浆虚拟场景

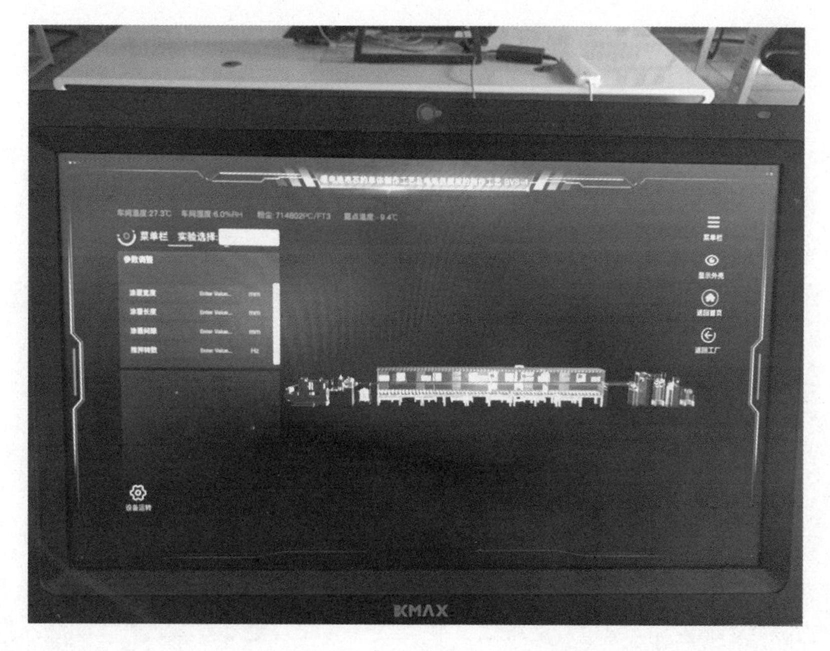

图 10-10　锂电池涂布虚拟场景

看到“分切”机器。操作者通过操控手柄单击“分切”机器，可以进一步看见涂布被分切刀分切的过程。操作者可供助设备在工艺设备虚拟场景中行走，拥有沉浸式学习体验，如图 10-11 所示。

6）烘烤

通过虚拟现实技术，操作者借助佩戴 VR 设备进入虚拟的“烘烤”场景，场景内可以看到“烘烤”机器。操作者通过操控手柄单击“烘烤”机器，可以进一步看见分切好的涂

图 10-11　锂电池工艺设备虚拟场景

布烘烤过程，了解烘烤知识，深入学习烘烤的工序。

7）卷绕

通过虚拟现实技术，操作者借助佩戴 VR 设备进入虚拟的“卷绕”场景，场景内可以看到“卷绕”机器，如图 10-12 所示。操作者通过操控手柄单击“正负极极耳焊接台”，可以进一步看见涂布焊接过程。操作者通过操控手柄可以单击“卷绕”的机器，了解卷绕知识，深入学习卷绕的工序。

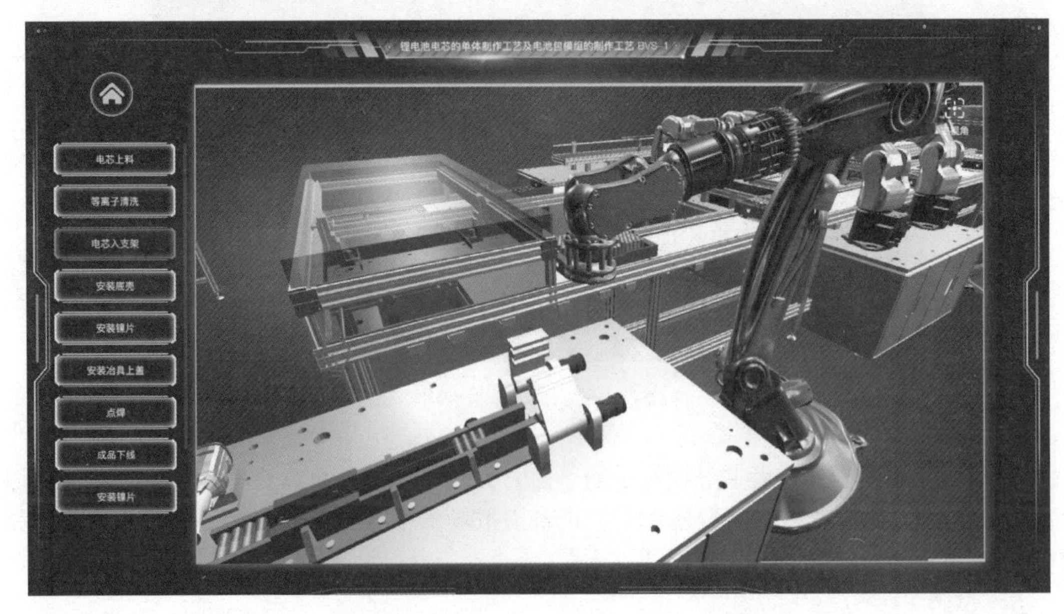

图 10-12　锂电池卷绕虚拟场景

8）入壳

操作者通过虚拟现实技术，借助 VR 设备，进入虚拟的“入壳”场景，场景里可以看见电芯入壳的动画过程，操作者通过操作手柄可以进一步查看电芯入壳的内部情况。借助动画演示与数据输入，产生与真实工作相同的实际操作感，如图 10-13 所示。

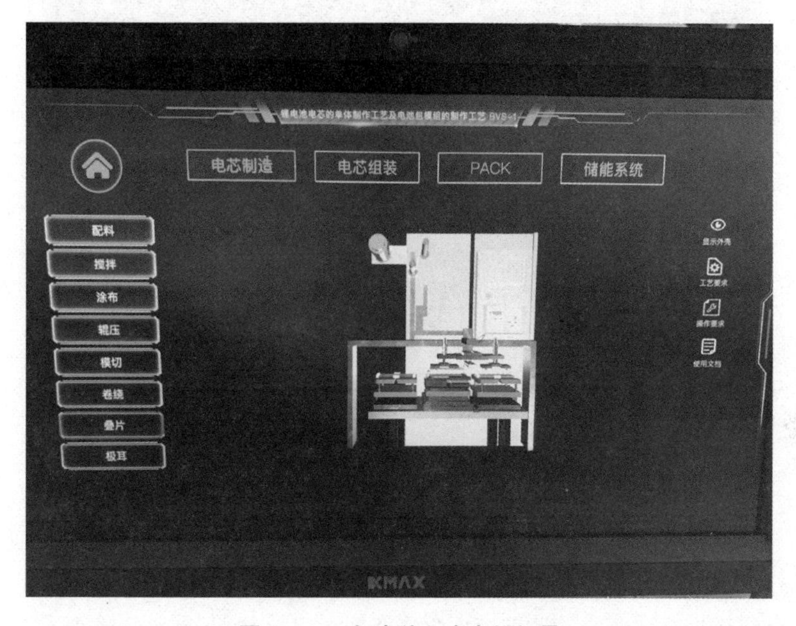

图 10-13　锂电池入壳虚拟场景

9）点焊

操作者通过虚拟现实技术，借助 VR 头盔设备，进入虚拟的“点焊”场景，场景里可以看见点焊的动画过程，操作者可以通过操作手柄进一步查看点焊的内部情况。对于同样需要操作资质的学习内容，采用虚拟仿真方式学习是一种较好的替代手段，如图 10-14 所示。

图 10-14　锂电池点焊虚拟场景

10）电池烘烤

操作者通过虚拟现实技术，借助 VR 头盔设备，进入虚拟的“烘烤”场景，场景里可以看见电池放进机器里烘烤的动画过程，操作者通过操作手柄可以进一步查看烘烤的内部情况。可以更加直观地了解电池内部的结构，让学生深入学习有关烘烤的工序内容，如图 10-15 所示。

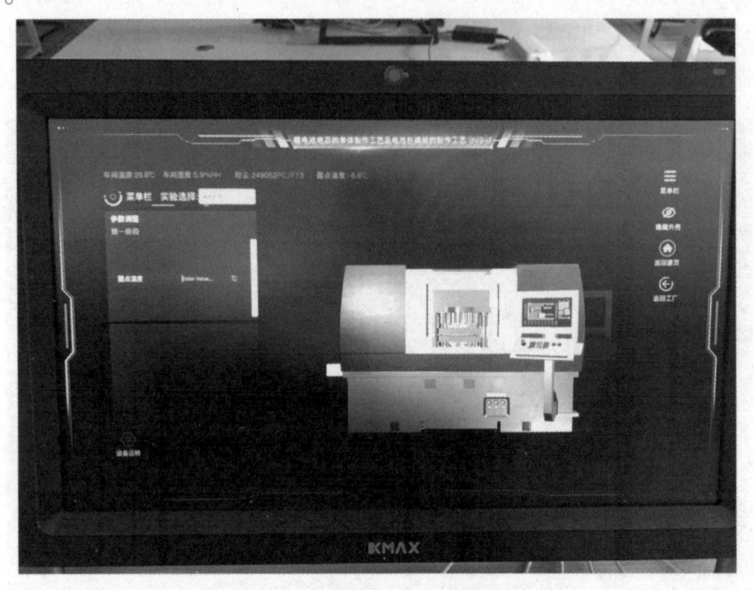

图 10-15　锂电池烘烤虚拟场景

11）注液

操作者通过虚拟现实技术，借助 VR 头盔设备，进入虚拟的“注液”场景，场景里可以看见电池放在机器上注液的动画过程，操作者通过操作手柄可以进一步查看注液的内部情况。在具有化学风险性的岗位工作内容上，用 VR 方式进行学习较为合适，如图 10-16 所示。

图 10-16　锂电池注液虚拟场景

12）焊盖帽

操作者通过虚拟现实技术，借助 VR 设备，进入虚拟的“焊盖帽”场景，场景里可以看见机器把盖帽焊在电池上的动画过程，操作者通过操作手柄可以进一步查看焊盖帽的内部情况。在虚拟场景的每个区域中，构建实际工位与操作内容，以便更好地教授相关知识点，如图 10-17 所示。

图 10-17　锂电池工位虚拟场景

13）清洗

操作者通过虚拟现实技术，借助 VR 设备，进入虚拟的“清洗”场景，场景里可以看见电池通过传送带进入机器内部进行清洗的动画过程，操作者通过操作手柄可以进一步查看清洗的内部情况，如图 10-18 所示。对于与生产活动关联较紧密的课程内容，虚拟化手段可以解决耗材使用较高的问题。

图 10-18　锂电池清洗虚拟场景

14）干燥存储

操作者通过虚拟现实技术，借助 VR 设备，进入虚拟的“干燥存储”场景，场景里可以看见电池放进储存室的动画过程，能更加直观地了解干燥存储的细节，深入学习干燥存储的工序。

15）检测对齐度

通过虚拟现实技术，操作者借助佩戴 VR 设备进入虚拟的“检测对其度”场景，场景内可以看到 X-RAY 检测机器。操作者通过操控手柄单击 X-RAY 检测机器，可以进一步看见 X-RAY 检测机器内部运作。操作者通过操控手柄单击其中一个锂离子电池可以进一步看见锂离子电池内部情况，如图 10-19 所示。

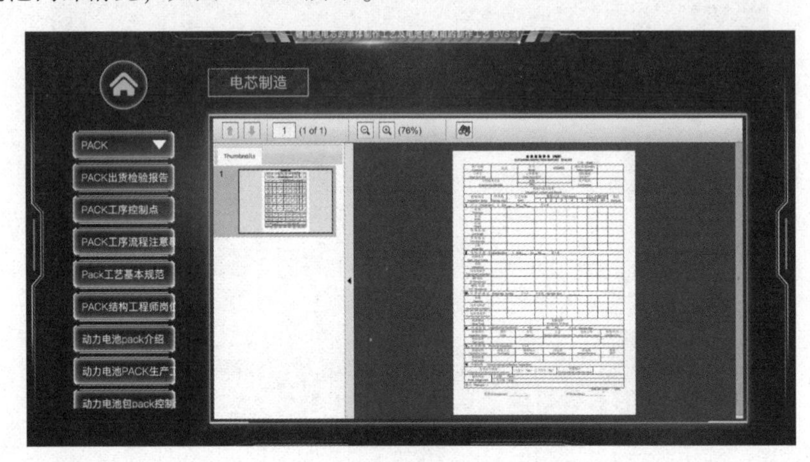

图 10-19　锂电池检测报告单虚拟界面

16）壳体喷码

通过虚拟现实技术，操作者借助佩戴 VR 设备进入虚拟的“壳体喷码”场景，场景内可以看到“壳体喷码”机器。操作者通过操控手柄单击喷头，可以进一步看见喷头向锂离子电池表面喷上信息码的过程。VR 手段对了解“壳体喷码”机器运作原理，具有较实操而言展示效果更加直观的优势。

17）化成

通过虚拟现实技术，操作者借助佩戴 VR 设备进入虚拟的“化成”场景，场景内可以看到“化成”机器。操作者通过操控手柄单击“化成”机器，可以进一步看见组装后的锂离子电池被给予电流后物质激发的化成过程，如图 10-20 所示。

18）OCV 测量

通过虚拟现实技术，操作者借助佩戴 VR 设备进入虚拟的“OCV 测量”场景，场景内可以看到“OCV 测量”机器。操作者通过操控手柄单击“OCV 测量”机器，可以进一步看见“OCV 测量”的测量过程。锂离子电池制造过程中有部分跨学科领域的知识点，用 VR 手段能够提高学生联系各学科背景的能力，如图 10-21 所示。

19）常温度储存

通过虚拟现实技术，操作者借助佩戴 VR 设备进入虚拟的“常温度储存”场景，场景内可以看到“常温度储存”架子。操作者通过操控手柄拿起存放锂电池的容器，移动并放置在“常温度储存”架子上。锂电池车间工艺路线图虚拟场景如图 10-22 所示。

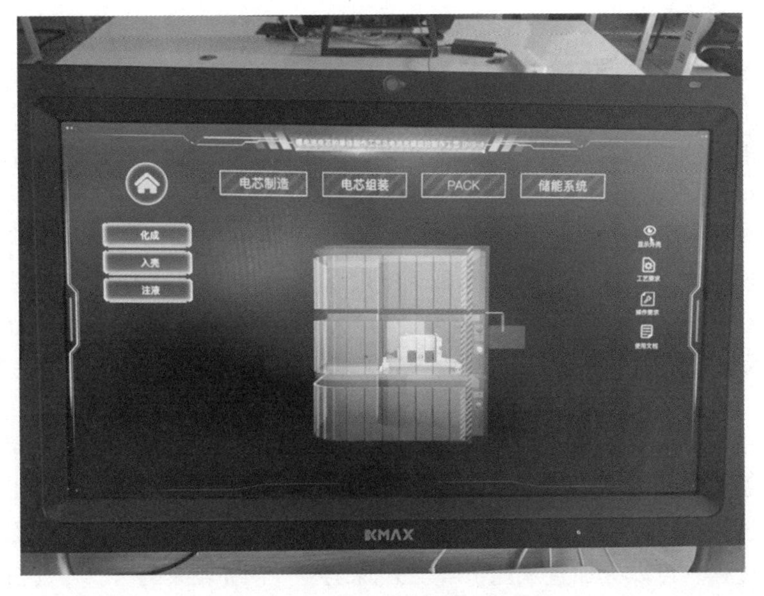

图 10-20　锂电池化成虚拟场景

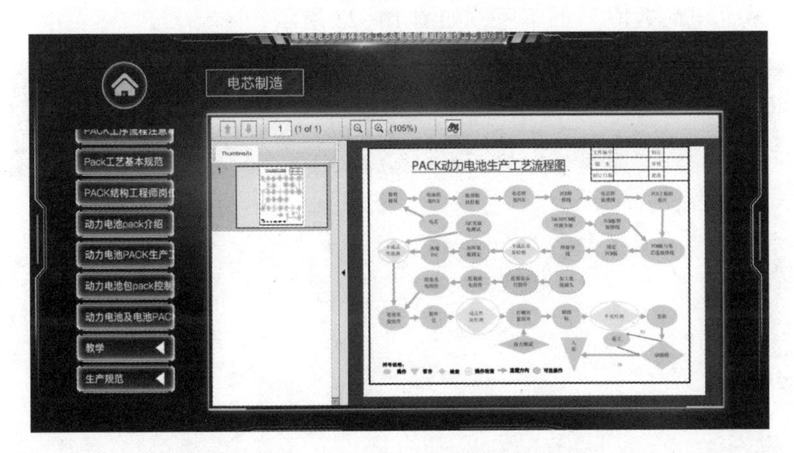

图 10-21　锂电池生产流程图虚拟场景

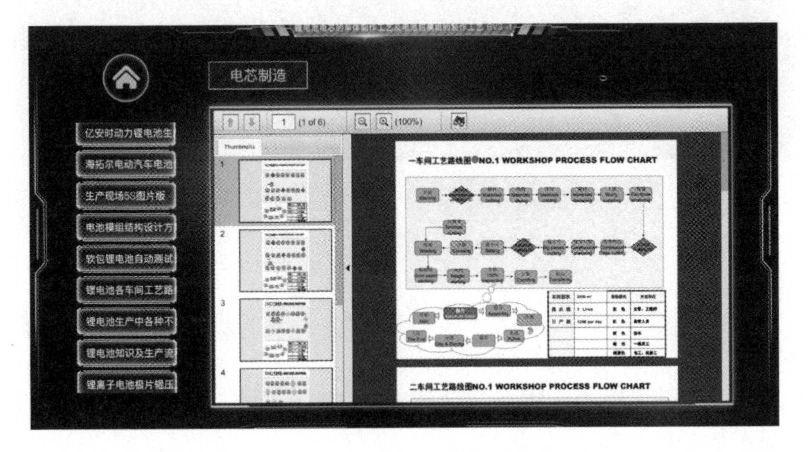

图 10-22　锂电池车间工艺路线图虚拟场景

20）分容

通过虚拟现实技术，操作者借助佩戴 VR 设备进入虚拟的“分容”场景，场景内可以看到“分容”机器。操作者通过操控手柄单击“分容”机器，可以进一步看见组装后的锂离子电池充放电检测的分容过程。相比工作岗位上对应的实操内容，虚拟仿真的使用增强了可再现性和可观摩性。

21）最后工序

通过虚拟现实技术，操作者借助佩戴 VR 设备进入虚拟的“外观全检”“喷等级码”“等级扫描检查”“包装”“成品电芯入库”场景，场景内可以看到“外观全检”“喷等级码”“等级扫描检查”“包装”“成品电芯入库”机器。操作者通过操控手柄单击“外观全检”机器，可以进一步看见外观全检的过程；操作者通过操控手柄单击“喷等级码”机器，可以进一步看见喷等级码的过程；操作者通过操控手柄单击“等级扫描检查”机器，可以进一步看见等级扫描检查的过程；操作者通过操控手柄单击“包装”机器，可以进一步看见包装的过程；操作者通过操控手柄单击“成品电芯入库”机器，可以进一步看见成品电芯入库的过程。可以更加直观地了解“外观全检”“喷等级码”“等级扫描检查”“包装”“成品电芯入库”机器运作原理，深入学习“外观全检”“喷等级码”“等级扫描检查”“包装”“成品电芯入库”的工序，如图 10-23 所示。

图 10-23 锂电池工厂虚拟场景

项目实施

1. 技术准备

（1）VR 设备采购：根据教学需求，选择合适的 VR 设备、手柄、定位器等设备，确保学习者能够获得高质量的沉浸式体验。

（2）软件使用：对接老师进行 VR 电池制造工艺软件的学习，留意场景建模、交互设计、动画效果等。软件支持多平台运行，满足不同学习者的使用需求，并有评分记录系统。

（3）教学资源整合：收集并整理电池制造工艺相关的教材、视频、图片等教学资源，为电池工艺学习系统提供丰富的学习内容。

2. 场景设计

（1）虚拟工厂：构建一个包含电池生产线的虚拟工厂环境，模拟真实的生产流程和工作环境。

（2）工艺流程展示：在虚拟工厂中设置多个工艺流程展示区，如材料准备、电芯制作、电池组装等，展示各个阶段的详细操作过程。

（3）互动学习区：设置互动学习区，允许学习者在虚拟环境中进行模拟操作，如调整设备参数、更换工具等，以加深对工艺流程的理解。

3. 学习流程设计

（1）引导学习：学习者首先通过 VR 系统进入虚拟工厂，跟随系统引导了解整个工厂的布局和工艺流程。

（2）自主学习：学习者自主选择感兴趣的工艺流程进行深入学习，观看动画演示、阅读教材、进行模拟操作等。

（3）实践操作：在掌握一定理论知识后，学习者可在虚拟环境中进行实践操作，模拟真实生产环境中的各种操作。

（4）反馈评估：系统根据学习者的操作表现给予反馈，帮助学习者纠正错误并提高操作技能。同时，系统还可根据学习进度和成绩进行评估，为学习者提供个性化的学习建议。

4. 后期维护与更新

（1）定期维护：定期对 VR 设备和软件进行维护，确保系统的稳定性和安全性。

（2）内容更新：根据电池制造工艺的最新发展，不断更新和完善 VR 学习系统的教学内容，保持系统的时效性和先进性。

（3）用户反馈：收集学习者的反馈意见，不断优化和改进系统的设计和功能，提高学习者的学习体验和满意度。

项目评价

请根据实际情况填写表 10-1 项目评价表。

表 10-1 项目评价表

序号	项目评价要点		得分情况
1	能力目标（15 分）	自主探究能力	
		协作探究能力	
		知识分析能力	
2	素质目标（45 分）	职业道德规范	
		创新意识	
		绿色化改造意识	
		数字化转型意识	

续表

序号	项目评价要点		得分情况
3	知识目标（25 分）	锂离子电池虚拟仿真软件	
		虚拟仿真软件应用	
4	实训目标（15 分）	项目场地的运维	
		项目着装与准备	
		项目实施过程	
		项目报告与课后节能活动	

项目 11

锂离子电池检测方法

学习目标

【能力目标】

(1) 通过教材、线上学习平台等方式，自主学习锂离子电池检测技术，培养自主学习、探索知识的能力。

(2) 能够针对锂离子电池检测项目制订质量控制计划和实施方案。

【知识目标】

(1) 了解锂离子电池检测仪器设备。

(2) 了解锂离子电池主要检测项目。

(3) 掌握制订锂离子电池检测质量控制计划及实施方案的流程。

(4) 掌握锂离子电池安全风险控制类型及实验室的防护措施。

【素质目标】

(1) 通过对锂离子电池检测项目的学习分析，结合职业道德规范、大国工匠典范的案例，让学生认真学习、培养学生的敬业奉献精神。

(2) 通过对锂离子电池检测项目的质量控制过程的分析，培养学生严谨细心的工作精神。

(3) 培养学生在实验和生产过程中的安全意识。

劳动精神

项目描述

小叶是一名新入职的锂离子电池检测技术人员，在检测锂离子电池过程中，对于锂离子电池检测仪器并不是很熟悉，仪器操作起来也有一定的困难，同时对锂离子电池主要检测项目不了解，容易出现检测失误和流程的疏忽。虽然小叶能够按照现有的质量控制计划进行检测，但是自己对于锂离子电池质量控制及实施方案的流程并不清晰。在实验室中，锂离子电池安全风险控制类型及实验室的防护措施关系到试验和生产的安全，是必须掌握的内容。

项目目的和要求

【项目目的】

本项目的学习能够让学生深入掌握锂离子电池检测仪器设备及项目，掌握制订锂离子电池检测质量控制计划及实施方案的流程、安全风险控制类型及实验室的防护措施。

【项目要求】

（1）学生要掌握重点理论知识，确保对锂离子电池检测仪器设备及项目了然于心，并能够掌握制订锂离子电池检测质量控制计划及实施方案的基本流程。

（2）在项目实训过程中，小组成员要严格按照老师的指导，规范操作，熟悉安全风险控制类型及实验室的防护措施。

（3）在解决学习过程和实训过程中产生的问题时，小组成员要充分发挥团队精神，多讨论，多询问，自主查找资料，培养学习能力和团队协作能力，并共同解决问题。

（4）在反馈与总结过程中，小组成员需要积极参与讨论，分享自己的经验和教训，互相学习和进步。

知识准备

11.1 锂离子电池检测仪器设备

在众多种类的锂离子电池检测领域中，各类电池标准涉及众多的检测项目，大体可分为电性能试验、电安全试验、机械安全试验和环境可靠性试验等四大类。不同类别的试验项目都要使用不同的检测仪器和设备。

1. 锂离子电池的电性能试验设备

锂离子电池的电性能试验主要包括锂离子电池的容量测试、各种倍率下的充放电性能、自放电特性、循环寿命试验和工况放电试验等测试项目。循环寿命和工况放电试验风险较大，试验后期容易出现电池内部析锂，从而导致电池出现内部短路的风险。

在锂离子电池的电性能试验中，充放电设备属于典型的电池领域专用设备，一般要求具有恒流/恒压充电功能和恒流放电功能。该设备除了可测量电池的电压、电流参数之外，还可以测量测试时间和电池容量（容量一般通过时间和电流计算得出，单位为毫安时或安时）[69]。

在使用充放电设备进行试验时，时间或容量相关的指标有额定容量、高温放电、低温放电、倍率放电、循环寿命、荷电保持、储存等。某些锂离子电池标准（如《移动电话用锂离子蓄电池及蓄电池组总规范》(GB/T 18287—2013)）中采用放电时间作为判定要求，而有些标准（如《便携式电子产品用锂离子电池和电池组安全要求》(GB 31241—2014)）则采用容量作为测量值。放电时间、容量都是锂离子电池的典型参数，是锂离子电池检测中的重要要求[70]。此外，容量往往不是直接测量参数，而是对整个放电过程中的电流值、时间进行积分计算得出。在此过程中，电流值往往不是理想化的恒定值，而是波动的，这就要求测试设备有合理的采样和计算模型，实验室应该对其有效性进行评估。锂离子电池的电性能试验使用的充放电试验设备，主要有以下几种。

图 11-1　电池单体性能测试仪

1）电池单体性能测试仪

电池单体性能测试仪如图 11-1 所示。

2）模块电池性能测试仪

模块电池性能测试仪如图 11-2 所示。

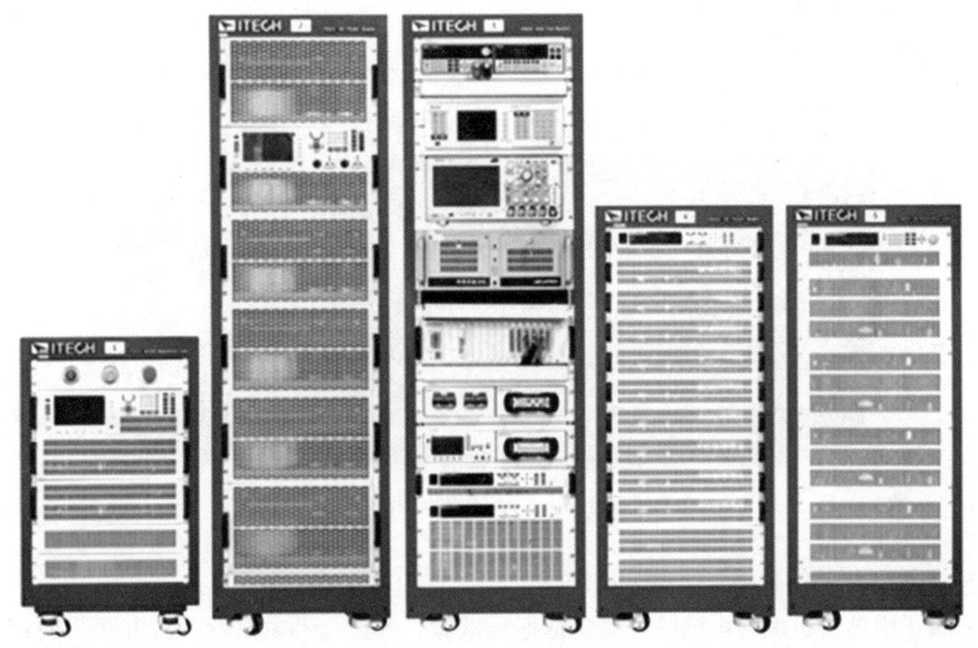

图 11-2　模块电池性能测试仪

2. 锂离子电池的电安全试验设备

锂离子电池的电安全试验主要包括过充电试验、强制放电试验、外部短路试验、强制内部短路试验、热失控试验、热扩散试验和绝缘性能等测试项目。其中，过充、过放、短路、热失控及热扩散试验风险较大，有冒烟、起火和爆炸等剧烈安全风险。

锂离子电池电安全试验使用的检测仪器和设备，主要有以下几种。

1）外部短路试验装置

外部短路试验是检验锂离子电池安全性的一个重要测试项目，使用外部短路试验设备进行（见图 11-3）。尽管不同标准对短路电阻的规定不尽一致，如 100 mΩ，80 mΩ，30 mΩ，5 mΩ 等，但一般短路电阻值都比较低，这就要求短路试验设备的电阻值比较精确。对于短路电阻，实验室一般都会采用外部校准的方式。由于每一次使用短路试验设备，都可能造成接触点温度过高而导致接触点材料发生氧化，以致总回路电阻发生变化。因此，建议实验室通过期间核查的方式监测短路试验设备的阻抗，并尽量缩短校准周期。同时，每次使用短路试验设备前都要确认回路阻抗。鉴于实际试验过程中通过短路试验设备的电流比较大，期间核查时宜采用电流值匹配或者量程尽量大（如几十安培电流）的低阻测量仪，不宜采用普通的小电流（一般为毫安级）电阻测量仪器[71]。

图 11-3　外部短路试验设备

2）电池绝缘性能测试仪

为了评价锂离子电池的绝缘安全问题，我国许多行业标准对锂离子电池的电回路设计和绝缘性能检测提出了明确的要求。测试锂离子电池的绝缘性能，常用的设备是电池绝缘性能测试仪（见图 11-4）。

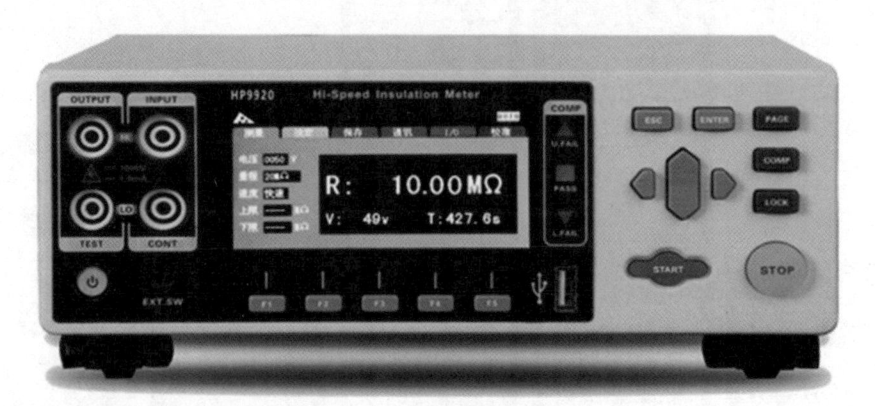

图 11-4　电池绝缘性测试仪

3. 锂离子电池的机械安全试验设备

锂离子电池的机械安全试验主要包括振动试验、加速度冲击试验、自由跌落试验、挤压试验、重物冲击试验和针刺试验等测试项目。其中，振动试验、加速度冲击试验和自由跌落试验等测试项目，有结构受损导致电池短路和漏液的风险；挤压试验、重物冲击试验和针刺试验的风险较大，有冒烟、起火和爆炸等剧烈安全风险。锂离子电池的机械安全试验使用的检测仪器和设备，主要有以下几种。

1）电池振动试验台

在锂离子电池的机械安全试验中，一般使用电池振动试验台（见图 11-5）进行振动试验。振动试验一般模拟电池在运输途中受到的反复振动。

图 11-5　电池振动试验台

2）电池加速度冲击试验台

在锂离子电池的机械安全试验中，一般使用电池加速度冲击试验台（见图 11-6）进行加速度冲击试验。

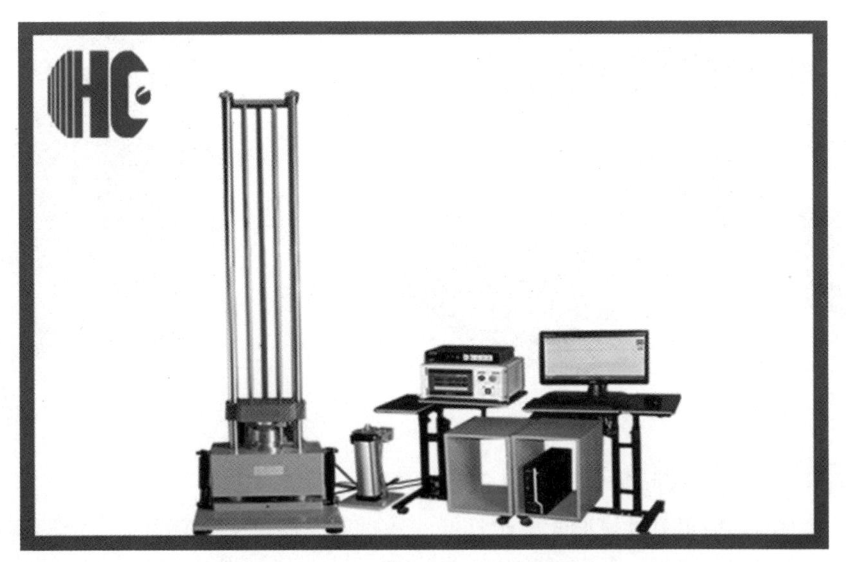

图 11-6　电池加速度冲击试验台

3）电池防爆跌落试验箱

在锂离子电池的机械安全试验中一般使用电池防爆跌落试验箱（见图 11-7）进行跌落试验。跌落测试主要是模拟运输环境或正常使用中锂电池可能产生的跌落情况，可以比较好地评估锂电池外壳的焊接密封性能。

4）电池挤压试验机

在锂离子电池的机械安全试验中，一般使用电池挤压试验机（见图 11-8）进行挤压试验。挤压测试主要是模拟锂电池在使用、装卸、运输过程中遭受外部应力的持续挤压情况，以确定锂电池对外部压力的适应能力，评定其结构的抗挤压能力。

图 11-7　电池防爆跌落试验箱

图 11-8　电池挤压试验机

5）电池冲击碰撞试验台

在锂离子电池的机械安全试验中，一般使用电池冲击碰撞试验台（见图 11-9）进行重物冲击试验。重物冲击测试主要是模拟锂电池在使用、装卸、运输过程中遭受重物的冲击情况，以确定锂电池对外部冲击力的适应能力，评定其结构的抗外力冲击能力。

6）电池针刺试验仪

在锂离子电池的机械安全试验中，一般使用电池针刺试验仪（见图 11-10）进行针刺试验。

图 11-9　电池冲击碰撞试验台

图 11-10　电池针刺试验仪

4. 锂离子电池的环境可靠性试验设备

锂离子电池的环境可靠性试验主要包括低气压试验、高低温循环试验、温湿度循环试验、热滥用试验、加速老化试验、盐雾试验、海水浸泡试验、外部燃烧喷射试验等测试项目。其中，热滥用试验、外部燃烧喷射试验的风险较大，有冒烟、起火和爆炸等剧烈安全风险。

锂离子电池的环境可靠性试验使用的检测仪器和设备，主要有以下几种。

1）低气压试验箱

在锂离子电池的环境可靠性试验中，一般使用低气压试验箱（见图 11-11）进行低气压试验。低气压测试主要是模拟高空低气压环境下锂电池的运输情况，通常高空环境，大气层内温度和压强均会随着高度的增加而降低，相互绝缘的部件之间就容易产生静电放电现象，长时间放电会对锂离子电池的表面壳体材料造成氧化、腐蚀、破损等损伤，从而严重影响锂离子电池的安全性能。

2）电池防爆高低温试验箱

在锂离子电池的环境可靠性试验中，一般使用电池防爆高低温试验箱（见图 11-12）进行高低温循环试验。温度循环测试主要是利用不同材料热膨胀系数的差异，加强其因温度快速变化所产生的热应力对样品材料所造成的劣化影响，有时会导致外壳材料与塑封材料等接触界面产生裂纹和分层缺陷，甚至出现外壳破裂、电解液泄漏等现象，严重影响锂离子电池的性能。

图 11-11　低气压试验箱

图 11-12　电池防爆高低温试验箱

3）电池温湿度试验箱

在锂离子电池的环境可靠性试验中，一般使用电池温湿度试验箱（见图 11-13）进行温湿度循环试验。

4）电池盐雾试验箱

在锂离子电池的环境可靠性试验中，一般使用电池盐雾试验箱（见图 11-14）进行盐雾试验。盐雾测试就是一种人造气氛的加速抗腐蚀评估方法，主要模拟发生在大气环境中金属材料的腐蚀现象，大气中含有氧气、湿度、温度变化和污染物等腐蚀成分和腐蚀因素，盐雾腐蚀就是一种常见的和最有破坏性的大气腐蚀。

图 11-13　电池温湿度试验箱

图 11-14　电池盐雾试验箱

盐雾测试是将一定浓度的盐水雾化，然后喷在一个密闭的恒温箱内，通过观察被测样品在箱内放置一段时间后的变化来反映被测样品的抗腐蚀性。盐雾测试是一种加速测试方法，其盐雾环境中氯化物的盐浓度，可以是一般天然环境盐雾含量的几倍或几十倍，使腐蚀速度大幅提高，从而大幅缩短得出盐雾腐蚀试验结果的时间。

上述四大类锂离子电池检测项目换一个角度看，也可分为正常使用试验、可预见的误用试验和各种滥用试验等三种类型试验。正常使用试验包括各种充放电性能、低气压试验、温度循环试验和振动试验等测试项目；可预见的误用试验包括过充电试验、强制放电试验、外部短路试验、自由跌落试验等测试项目；滥用试验包括热滥用试验、挤压试验、重物冲击试验、针刺试验、外部燃烧喷射试验、海水浸泡试验等测试项目。

5. 锂离子电池的主要检测分析设备

在锂离子电池的检测过程中，不同的试验项目要使用不同的检测设备，除了上述的电性能试验、电安全试验、机械安全试验和环境可靠性试验等四大类测试设备外，还有一些锂离子电池检测分析领域的专用设备，这些专用设备对于保证锂电池产品检测结果的准确性及有效性，也起到了至关重要的作用。

锂离子电池的主要检测分析设备，一般有以下几种。

1）电池内阻测试仪

检测锂离子电池的交流内阻测试基本参照 IEC 61960 的测试方法，该标准中对于内阻测试的电流信号的频率、峰值电压等都有具体的规定（1 kHz，20 mV）。选用和校准交流内阻仪时一定要确认是否满足该标准的要求。尽管交流内阻的测量值也是毫欧级，但是不能与上面提到的外部短路设备的回路阻抗确认相混淆。二者的主要区别有直流与交流、大电流与小电流两方面。电池内阻测试仪如图 11-15 所示。

2）电化学工作站

电化学工作站（Electrochemical Workstation）是电化学测量系统的简称，是电化学研究和教学常用的测量设备，如图 11-16 所示。电化学工作站主要有单通道工作站和多通道工作站，多应用于生物技术、物质的定性定量分析等。

电化学是研究电和化学反应相互关系的科学。电和化学反应相互作用可通过电池来完成，也可利用高压静电放电来实现，二者统称电化学，后者为电化学的一个分支，又称放电化学。因而电化学往往专指“电池的科学”。

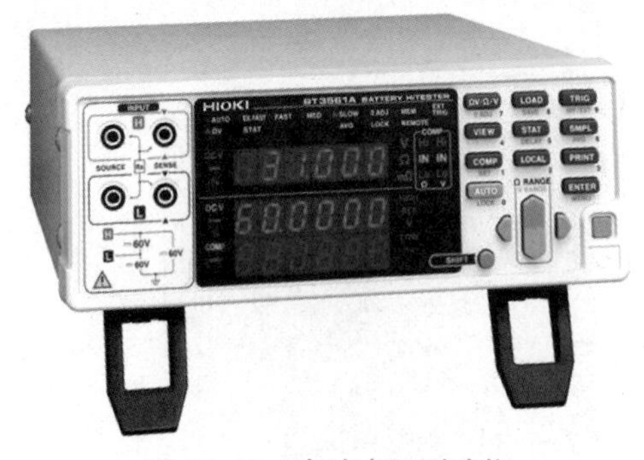

图 11-15 电池内阻测试仪

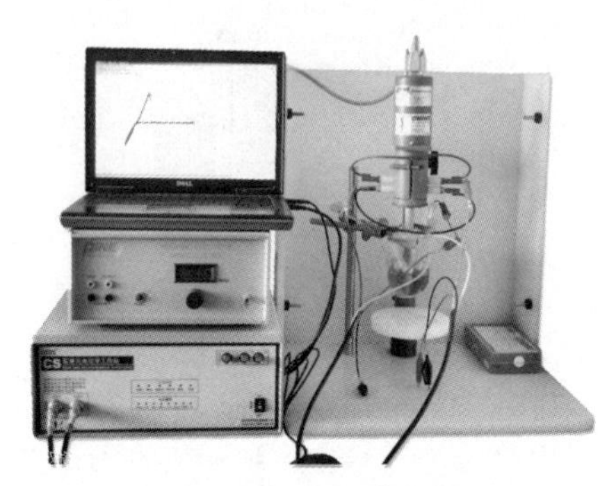

图 11-16 电化学工作站

3）真空手套箱

真空手套箱（见图 11-17）是将高纯惰性气体充入箱体内，并循环过滤掉其中的活性物质的实验室设备，又称手套箱、惰性气体保护箱、干箱等，主要针对 O_2、H_2O、有机气体的清除。广泛应用于要求无水、无氧、无尘等超纯环境的情况，如锂离子电池及材料、半导体、超级电容、特种灯、激光焊接、钎焊等领域。

4）热重分析仪

热重分析仪（Thermal Gravimetric Analyzer）是一种利用热重法检测物质温度-质量变化关系的仪器，如图 11-18 所示。热重法是在程序控温下，测量物质的质量随温度（或时间）的变化关系。

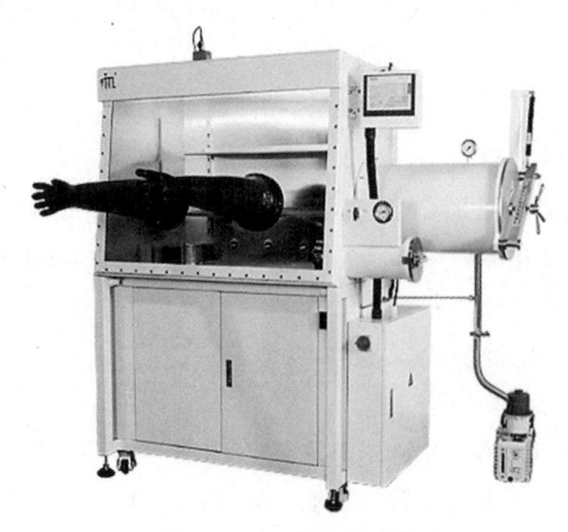

图 11-17 真空手套箱

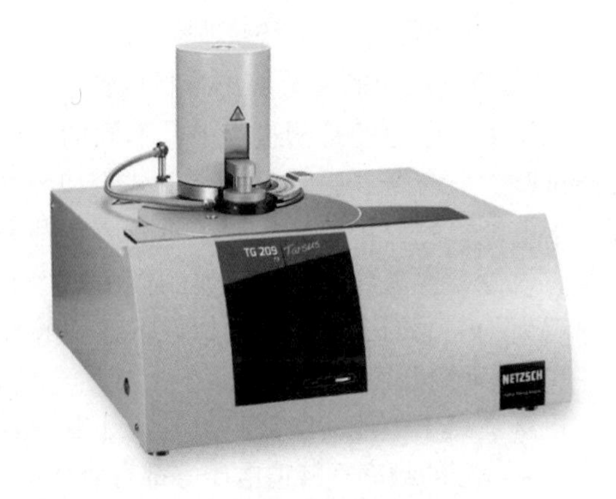

图 11-18 热重分析仪

当被测物质在加热过程中有升华、汽化、分解出气体或失去结晶水时，被测的物质质量就会发生变化。这时热重曲线就不是直线而是有所下降。通过分析热重曲线，就可以知道被测物质在多少摄氏度时产生变化，并且根据失重量，可以计算失去了多少物质，热重分析仪是一种进行质量控制与失效分析的理想工具。

5）加速量热仪

加速量热仪（Accelerating Rate Calorimeter，ARC）最初由美国 Dow 化学公司在 20 世纪 70 年代开发的新型绝热量热仪器，如图 11-19 所示，用于评价化学品的安全性，能够将试样保持在绝热的环境中，测得放热反应过程中的时间、温度、压力等数据，可以为化学物质的动力学研究提供重要的基础数据。是联合国推荐使用的测试化学危险品的最新型热分析仪[72]。

图 11-19　加速量热仪

11.2　锂离子电池主要检测项目

1. 充电性能测试

化学电源充电性能测试的原理示意如图 11-20 所示，将其正负极分别与外电源的正负极相连接，并通过一定的方式对其进行充电，使外电路中的电能转化为化学能储存在其中，同时记录充电过程中外电源电池的充电电压或充电电流随时间的变化规律。图 11-21（a）和图 11-21（b）分别为 MH-Ni 电池和锂离子电池的充电过程示意图。在此过程中，需要重点研究的参数包括充电电压的高低及变化、充电终点电压、充电效率（即充电接受能力）等，而这些参数同时又受到充电制度及充电条件等的影响。

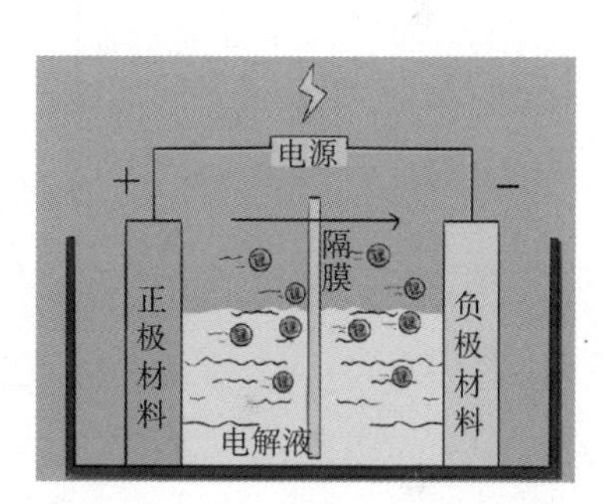

图 11-20　化学电源充电原理示意图

充电效率又称充电接受能力，是指电池充电过程中用于活性物质转化的电能占充电所消耗的总电能的百分数，其数值越高表示电池的充电接受能力越强。一般而言，化学电源的充电接受能力在充电初期是最高的，接近 100%。随着充电过程的不断进行及充电深度的增加，电极极化越来越大、副反应逐渐显现出来，化学电源的充电接受能力逐渐降低，充电效率也随之下降；充电过程中电池电压的高低及其变化速度、充电终点电压是衡量化学源充电性能的另一重要参数。充电电压越低（即平衡电压越近）、变化速度越慢，说明电池在充电过程中的极化越小、充电效率越高，从而可以推测该电池可能具有较长的使用寿命。反之，充电电压越高、变化速度越快，说明极化越大、充电效率越低，电池的性能越差。同时，充电终点电压的高低还可能直接反映电池性能的优劣或影响电池的性能。例如，对于 MH-Ni 电池或 Cd-Ni 电池而言，充电终点电压越高说明其内阻越大，充电过程中电池的内压和温度越高；而对于锂离子电池而言，充电终点电压太高则可能导致电解液的氧化分解或活性物质的不可逆相变，从而使电池性能急剧恶化；此外，充电过程的终点合理控制对化学电源而言是一个非常实际的问题，无论从其检测过程、还是配套充电器的开发都必须认真考虑，适当的充电控制对优化电池性能、保护电池安全可靠是十分必要的。

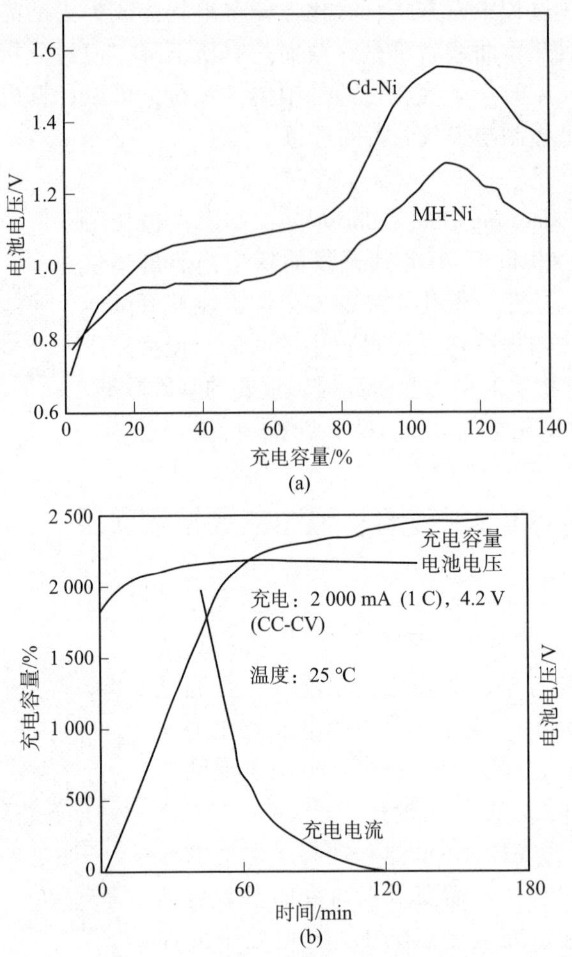

图 11-21　MH-Ni 电池和锂离子电池的充电过程示意图

（a）MH-Ni 电池；（b）锂离子电池

化学电源的充电方式主要有恒电流充电、恒电位充电两种。常见的化学电源中，MH-Ni 电池和 Cd-Ni 电池常采用恒电流的方式充电，而锂离子电池因考虑过高的充电电压可能导致电池性能下降等因素，通常采用先恒电流再恒电压的方式进行充电。一般情况是，先根据锂离子电池中所采用的正负极活性材料及电解液体系选定恒电流充电的截止电压，在恒电流充电使电池的电压达到该数值后再恒电压充电到预先设置好的某个极小的电流值或某个特定时间停止充电。对于采用恒电流方式充电的 MH-Ni 电池（或 Cd-Ni 电池），常采用以下几种控制充电终点的方法[73]。

（1）时间控制。即充电过程按预先设置进行一段时间后停止。该方式一般只用于小电流充电或作为其他控制技术的辅助手段。

（2）电压降（ΔU）控制。即充电过程中密切监控电池电压的变化，直至检测到一个预定的电压降（一般选用 $\Delta U = 10$ mV）时才终止充电。电压降是指在充电后期电池的电压不再升高，而是有所降低。需要注意的是，在小电流或高温条件下充电时，电压降并不明显，而在电池长时间储存后，其充电过程中的电压降常常会提前出现，在此情况下用该方法判断充电终点的到达误差较大。

（3）温度控制。即充电过程中密切监控电池温度的变化，当电池温度本身或其变化速度达到预定值时终止充电。

在实际工作中，往往不是单独使用上述三种方法中的任何一种来控制电池的充电终点，而是根据具体的使用或测试条件将几种方法结合起来综合使用，以达到既能对电池充满电又不损坏电池的目的。例如，在实验室测试中，经常使用时间控制和电压降控制相结合的方法。

如不特别说明，一般情况下所说的充电性能对 MH-Ni 电池而言指的是（20±5）℃条件下以 0.2 C 充电到充电终点；对锂离子电池而言指的是（20±5）℃条件下以 0.2 C 充电到充电截止电压，然后改为恒电压充电，直到充电电流小于或等于 0.01 C。

2. 放电性能测试

化学电源放电性能测试的基本原理如图 11-22 所示。将其正极和负极与负载相连接，使其中的化学能转化为电能供给负载工作，同时记录放电过程中电池的工作电压随时间的变化规律。图 11-23（a）和图 11-23（b）分别为 MH-Ni 电池和锂离子电池放电过程示意图。关于化学电源的放电性能，最受研究者关注的是一定电流下的工作电压及放电时间。

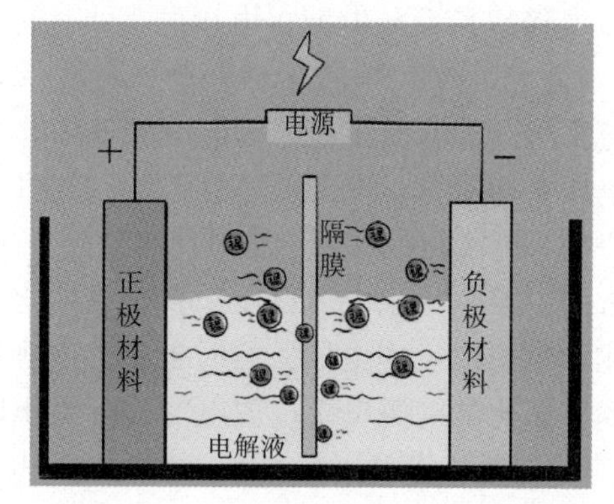

图 11-22　化学电源放电性能测试的基本原理

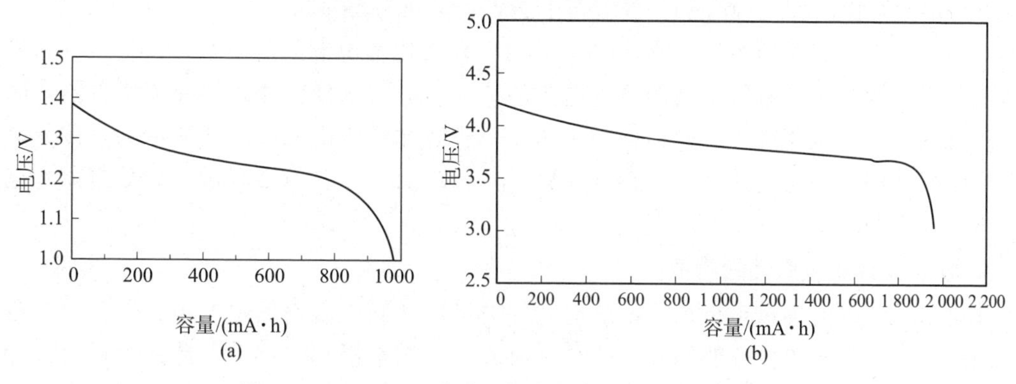

图 11-23　MH-Ni 电池和锂离子电池放电过程示意图

（a）MH-Ni 电池；（b）锂离子电池

常见的化学电源放电方法主要有恒电流放电、恒电阻放电、恒电压放电、连续放电和间歇放电等。其中，恒电阻放电法常用于 $Zn-MnO_2$ 电池等干电池的性能检测。对于日常生活中常用的 MH-Ni 电池、Cd-Ni 电池和锂离子电池等蓄电池，恒电流放电法是最常见的测试方法，而且还常常与连续放电或间歇放电结合使用。所谓恒电流放电法，就是使化学电源按恒定的电流放电，使用电器正常工作；所谓连续放电法，就是使化学电源按指定的电流连续放电，直到其电压降低到预先指定的放电截止电压；所谓间歇放电法，就是使化学电源按指定的电流放电一定的时间，间歇一定的时间后再次放电，如此反复直到化学电源的电压降低到其放电截止电压。实际工作中，要测量化学电源的放电性能，往往采用连续恒电流放电法或间歇恒电流放电法，同时记录放电过程中的电池电压随放电时间的变化。

关于化学电源的放电截止电压，对于不同的电池类型及不同的放电条件，其规定值也有所不同。通常，在低温或大电流放电时，因电极过程的极化较大，导致电池电压在放电过程中下降较快，所以放电截止电压通常定得较低，否则活性物质利用可能不充分；当在小电流下放电时，电极过程的极化较小，电池电压在放电过程中下降较慢，活性物质利用较充分，因而放电截止电压一般定得较高。例如，对于 MH-Ni 电池，室温下小电流 0.1~0.5 C 放电时，截止电压一般定为 1.0 V，当电池以 1 C 倍率放电时，截电压一般在 0.9~1.0 V，若以更大的电流放电（如 3 C 或 5 C），截止电压在 0.7~0.8 V，电池的放电性能受放电电流、环境温度、放电截止电压等多方面的影响。因此，在标注或讨论电池的放电性能时，一定要说明放电电流（电放大倍率）及放电截止电压的大小，也只有相同条件下的测试结果才具有可比性。

化学电源的放电性能通常用其放电曲线，即放电电压（工作电压）对放电时间的关系曲线来表征。其中，工作电压是衡量化学电源放电性能的一个非常重要的参数。在放电过程中，电池的工作电压是一个不断变化的数值，很难简单地用一个数字加以表达。

因此，在实际工作中常用中点电压或中值电压来直观说明。中点电压即放电到额定放电时间的一半时所对应的化学电源的工作电压，有时也用放电到总放电时间的一半时所对应的工作电压来表示。例如，某化学电源以 1 C 放电的实际放电时间为 56 min，其中点电压即为放电至 28 min 时对应的电池工作电压。另外，电池的放电性能也常用放电至标称电压时的放电时间占总放电时间的比率来表示。例如，标称电压为 1.2 V 的 Cd-Ni 电池放电至 1.0 V 的总放电时间为 60 min，放电至 1.2 V 的时间为 48 min，则可以求得放电至 1.2 V 的时间与总放电时间之间的比率为 80%，习惯上称为化学电源的放电电压特性。一个性能良好的化学电源应该具备保持高的放电电压的能力，只有这样，才能够保证用电器长时间处于正常的工作电压范围内。如不特别说明，一般情况下所说的放电性能指的是按充电性能测试中所述的方法充电并搁置 0.5~1 h 后，在（20±5）℃按 0.2 C 放电到放电截止电压所测得的放电曲线。

3. 放电容量及倍率性能测试

化学电源的放电容量是指在一定放电条件下可以从其中获得的总电量，即整个过程中电流对时间的积分，单位一般用安时或毫安时表示。通常提到的化学电源的容量可以分为理论容量和实际容量两种。理论容量，即容量控制电极的活性物质全部参加反应时所能给出的总电量，可由法拉第定律求得；实际容量，则是指在一定的放电条件下电池实际放出的电量。实际放电过程中，由于欧姆内阻及电极极化的影响，化学电源的实际放电容量往往小于其理论容量。

化学电源的容量测定方法与其放电性能测试方法基本一致，最常用的测量方法同样是恒电流放电法，在测得放电曲线后通过放电电流对放电时间的积分即可计算出电池的实际容量。需要指出的是，采用恒电流放电法测得的化学电源的实际容量与充放电制度（包括充放电电流、环境温度、充放电时间间隔等）有很大的关系，任何一个因素的区别都会引起对同一化学电源实际放电容量测试结果的区别。例如，在其他条件完全相同的情况下，不同的充电电流会引起不同的充电效率，从而导致化学电源不同的实际放电容量，不同的充放电时间间隔由于引起电池自放电的区别，从而导致不同的放电容量测量结果。如不特别说明，一般情况下所说的放电容量指的是对按充放电性能测试部分所述的方法测得的放电曲线积分所得的容量，即（20±5）℃下按 2 C 充放电所得的容量。

放电电流的大小直接影响化学电源的放电容量，尤其是对含嵌入式电极的化学电源，在大电流放电时不仅存在严重的电极/电解质界面极化，还有活性体（即嵌入离子）在电极中的浓差扩散极化。研究中常将化学电源在（20±5）℃下 0.2 C 充电后以不同电流放电所得的容量性能称为化学电源的倍率性能，常见的有 0.5 C、1 C、2 C、3 C、5 C 和 10 C 等。图 11-24 所示是MH-Ni 电池和锂离子电池在不同倍率下放电曲线的示意图。可以看出，随着放电电流的增大，电池的工作电压降低、放电容量减小。

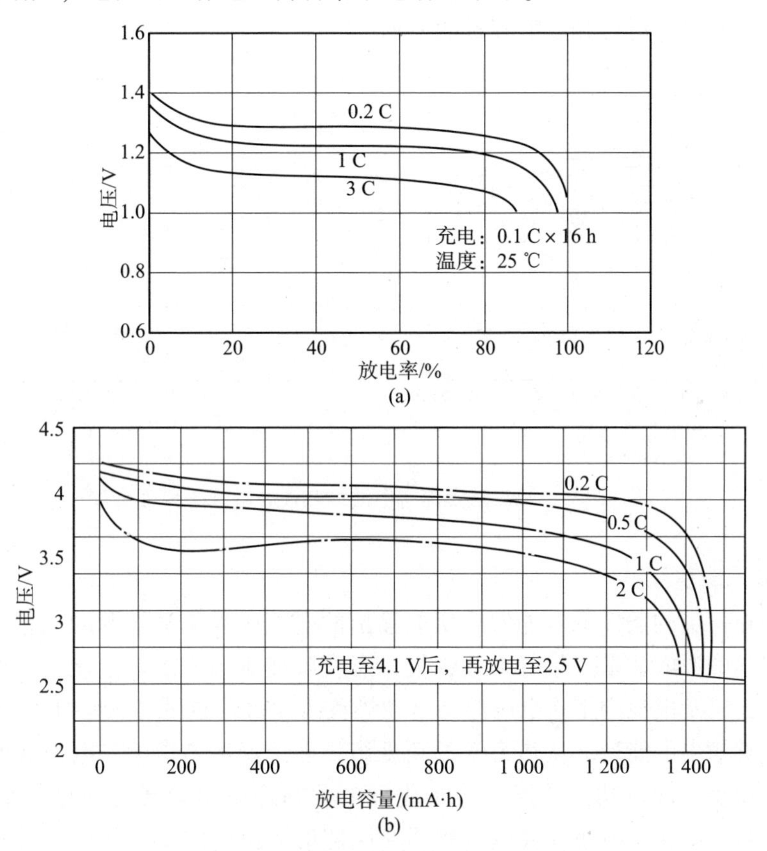

图 11-24　MH-Ni 电池和锂离子电池在不同倍率下放电曲线示意图

4. 高低温性能测试

电器的工作环境和使用条件往往要求化学电源在较宽的温度范围内具有良好的性能，通常称为化学电源的高低温性能。国家标准只对 MH-Ni 电池和锂离子电池在（-18±2）℃［对聚合物锂离子电池为（-10±2）℃］下的低温放电性能和 20 ℃下的常温放电性能提出了具体要求，对其高温性能并没有明确要求。但由于实际中的化学电源往往需要在较高的温度下工作，因而为了全面衡量化学电源的性能，目前人们也常常检测其在高于 20 ℃以上的高温区间，如 60 ℃，80 ℃等的放电特性。

高低温性能测试方法与充放电性能测试基本一致，只是有部分或全部的测试过程在特定温度的恒温箱进行。按照国标的规定，化学电源高低温性能的具体测试方法为将化学电源在（20±5）℃下以 0.2 C 充电后转移至低温箱或高温箱恒温一定的时间（低温下锂离子电池为 16~24 h，MH-Ni 电池为 48 h，高温下一般都为 1~2 h），然后以 0.2 C 放电到规定的截止电压。

实际工作中，为了更充分了解化学电源的实际工作情况，也常常测量化学电源在高低温环境下以不同倍率充电和放电的性能。图 11-25 所示为温度对锂离子电池放电性能影响的示意图。可见，充放电环境温度对化学电源的充放电电压、充电效率及放电容量都有明显的影响。概括起来，对于 MH-Ni 电池，充电温度越高，充电电压和充电效率越低；当放电温度低于室温时，温度升高使其工作电压升高，但在高于室温的环境中，升温反而使工作电压降低，MH-Ni 电池的放电容量随放电温度的升高先增大后减小；对于锂离子电池，温度升高有利于其放电电压和放电容量的增加[74]。

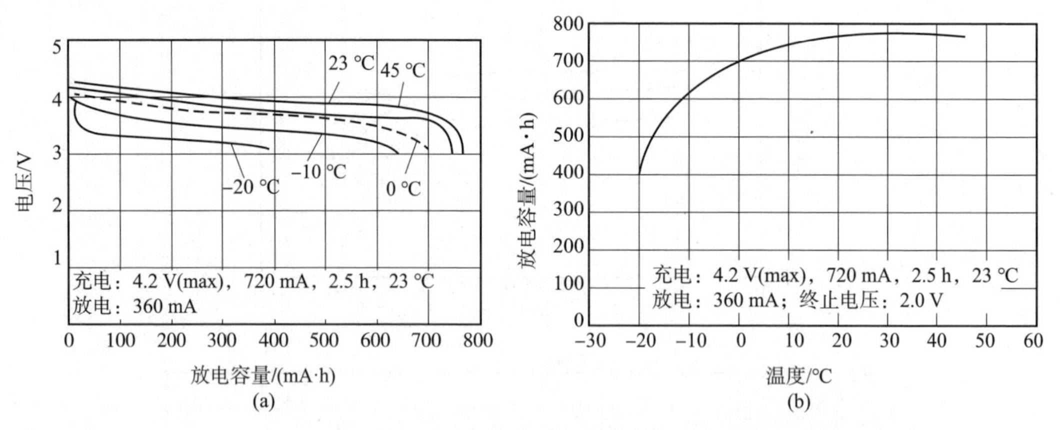

图 11-25 温度对锂离子电池放电性能影响的示意图

5. 能量和比能量测试

化学电源在一定的条件下对外做功所能输出的电能称为化学电源的能量，单位一般用瓦时表示。化学电源的能量一般分为理论能量和实际能量两种。理论能量，即在电极过程处于平衡状态，以及电池的工作电压保持电动势且活性物质的利用率为 100%的理想条件下化学电源所能够输出的能量。从热力学的角度讲，理论能量是指可逆电池在恒温恒压下所做的最大非体积功，即电功，数值上等于化学电源的理论容量与电动势的乘积，即 $W_0=C_0E_0$；实际能量，即化学电源在放电过程中实际能够输出的能量，数值上等于化学电源的实际放电容量与电动势的乘积，即 $W=CE$。

化学电源的比能量又称能量密度，即单位质量或单位体积的化学电源所能给出的能量，相应地称为质量能量密度［(W·h)/kg］和体积能量密度［(W·h)/cm^3］。类似地，化学电源的比能量也可分为理论比能量和实际比能量，分别用 W_0和 W 表示。化学电源的理论能量和理论比能量通常由相关参数计算求出，实际工作中要测试的是其实际能量和实际比能量。由实际能量的计算公式 $W=CE$ 可知，只要测得化学电源的实际放电容量和其平均工作电压即可计算求得。实际放电容量可由前文所述的容量测试方法求得，平均工作电压常常由放电性能测试部分介绍的中点电压或中值电压来代替。比能量则由实际能量与化学电源质量或体积的比值求得。

6. 功率和比功率测试

化学电源的功率指的是在一定的放电制度下，单位时间内输出的能量，单位为 W；比功率指的是单位质量或单位体积的化学电源输出的功率，单位为 W/kg 或 W/cm^3。化学电源的功率和比功率常用来描述其承受工作电流的能力。类似于化学电源的能量与比能量，其功率和比功率也可以分为理论（比）功率和实际（比）功率。理论功率（P_0）和实际功率（P）的计算公式分别如下。

$$P_0=\frac{W_0}{t_0}=\frac{C_0E_0}{t_0}=\frac{I_0t_0E_0}{t_0}=I_0E_0 \tag{11-1}$$

$$P=\frac{W}{t}=\frac{CE}{t}=\frac{ItE}{t}=IE \tag{11-2}$$

式中，I_0为理论放电电流；I为实际放电电流。

比功率的计算则由功率与化学电源质量或体积的比值求得。在实际工作中，化学电源的理论功率和理论比功率通常由相关参数计算求出，真正需要测试的只是其实际功率和实际比功率。由实际功率的计算式（11-2）可知，只要测得与化学电源的实际放电电流 I 相对应的平均工作电压 E（常常由放电性能测试部分介绍的中点电压或中值电压代替），然后由两者的乘积便可求得其实际功率，实际比功率则由实际功率与化学电源的质量或体积的比值计算求得。

7. 储存性能及自放电测试

化学电源的储存性能指的是开路状态在一定的温度、湿度等条件下搁置的过程中其电压、容量等性能参数的变化。一般情况下，随着储存时间的延长，化学电源的电压和容量逐渐减小。这种现象主要是由化学电源的自放电引起。储存过程中活性物质的钝化、部分材料的分解变质等也都会引起化学电源储存性能的衰退。因此，可以说化学电源的储存性能与自放电是两个不同的概念，研究者在使用的过程中应严格区别。化学电源的储存性能常用储存过程中的容量衰减速率或容量保持百分数来表示，又称荷电保持能力；自放电性能则用自放电率，有时也用荷电保持能力来表示。其计算公式可以分别表示如下。

$$\text{容量衰退速率(自放电率)}=\frac{\text{储存前的放电容量}-\text{储存后的放电容量}}{\text{储存时间}}\times100\% \tag{11-3}$$

$$\text{容量保持百分数(荷电保持能力)}=\frac{\text{储存前的放电容量}-\text{储存后的放电容量}}{\text{储存前的放电容量}}\times100\% \tag{11-4}$$

式中，储存时间常用天、月、季度、年等单位表示。化学电源的自放电性能与储存性能的测试原理同前文介绍过的充放电性能及容量测试方法基本一致，区别主要在于搁置时间间隔的不同。按国标的规定，化学电源自放电性能测试的具体方法为在（20±5）℃下，首先以 0.2 C 的倍率充放电测量其放电容量作为储存前的放电容量，然后同样以 0.2 C 的倍率充电并搁置 28 天后以 0.2 C 的放电电流测量储存后的放电容量再按式（11-3）和式（11-4）计算出自放电率或容量保持率。储存性能的测试方法与之类似，只是将储存时间延长为 18 个月，而且储存中的化学电源可以是荷电态的、半荷电态的，也可以是放电态的。这里需要注意的是，储存前后化学电源的容量测试条件包括环境温度、充放电电流等应完全一致。但是，在实际的研究工作中，化学电源自放电性能或储存性能的测试往往并不局限于上述情况，而是可能在不同的环境温度下或以不同大小的充放电电流进行研究。图 11-26 所示为 MH-Ni 电池和锂离子电池自放电性能的示意图，图 11-27 和图 11-28 分别为放电温度、放电电流对锂离子电池储存性能的影响及锂离子电池典型的储存性能示意图。

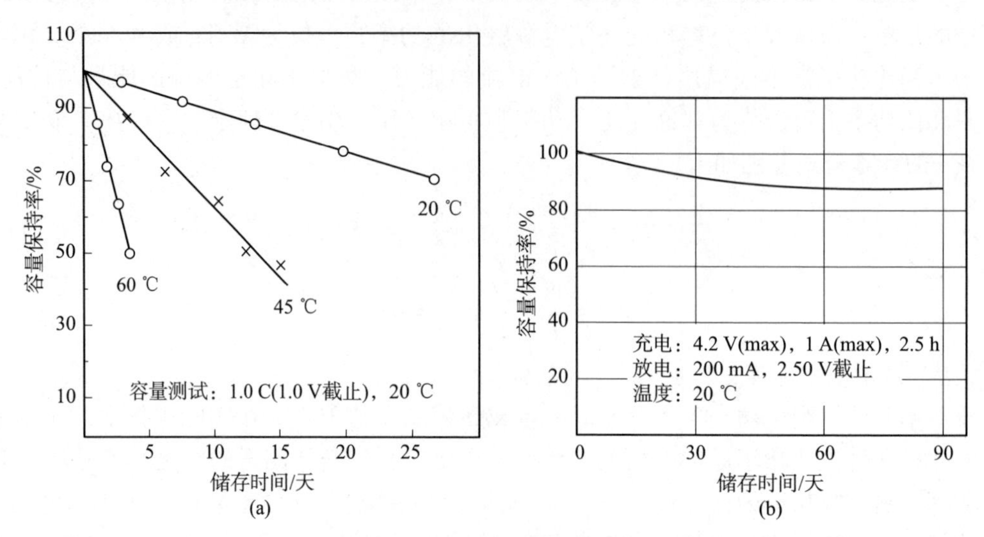

图 11-26　MH-Ni 电池和锂离子电池自放电性能示意图

（a）MH-Ni 电池；（b）锂离子电池

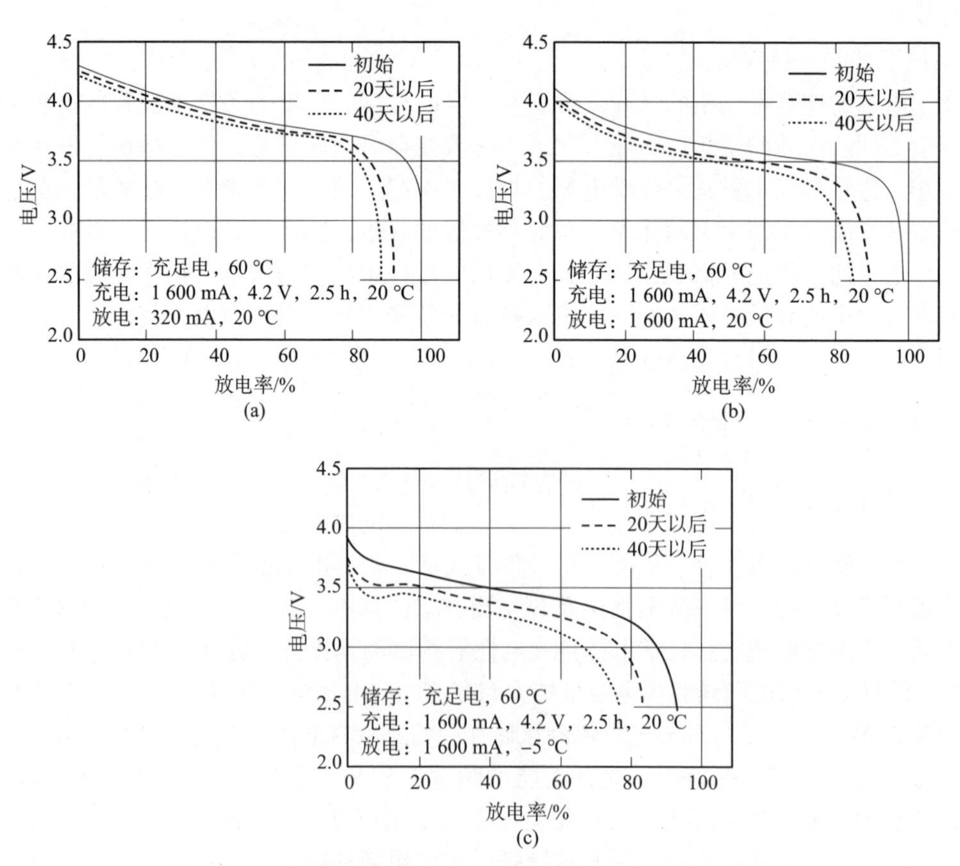

图 11-27　放电温度和放电电流对锂离子电池储存性能的影响

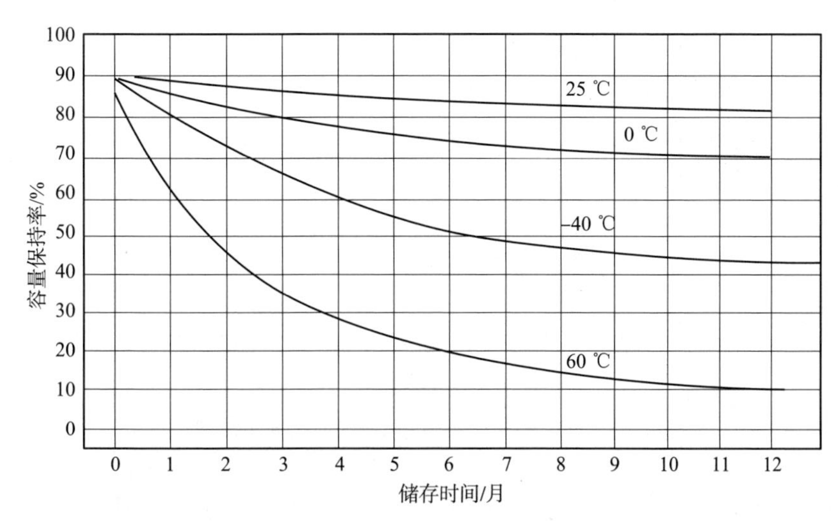

图 11-28 锂离子电池典型的储存性能示意图

可以看出，MH-Ni 电池的自放电明显高于锂离子电池，而且储存温度放电电流和放电温度等都对化学电源的储存性能及自放电性能有显著影响。因此，在给出化学电源储存性能或自放电性能的数据时一定要同时说明相关的参数条件。

另外，实际工作还常常用一种更简便的方法，即用化学电源的开路电位与时间的关系来表征其储存性能及自放电性能。

需要指出的是，由自放电引起的容量损失可以通过再充电得到恢复，但由于电极内部物质在长期储存中发生不可逆变化而引起的容量损失一般是不可逆的，很难通过常规的充电方法来恢复，也就是说化学电源长期储存后的性能衰减不可能完全通过常规的再充电方式得到完全恢复。

8. 寿命测试

化学电源的寿命包括使用寿命（电源失效前在反复多次的充放电过程中累积可放电时间）、充放电寿命（电源失效前可反复充放电的总次数）和储存寿命（电池失效前在不工作的搁置状态下可储存的时间）三种，通常所说的化学电源的寿命指的是充放电寿命（又称循环寿命），即在一定的充放电制度下，化学电源的容量下降到某一规定值（常以初始容量的某个百分数来表示）以前所能够承受的充放电循环次数。国标中规定的循环寿命为（20±5）℃环境下以特定电流充放电的寿命，而且具体的测试标准因电池种类而异，国际规定的锂电池的寿命测试方法不尽相同，具体的锂电池的寿命测试可参照相应的国家标准。但是，在实际的研究工作中，为了更全面地了解化学电源的实况工作性能，还常常会测量化学电源在不同环境或不同充放电制度下的循环寿命，在特定的环境条件下用某个特定的充电电流、放电电流和充放电时间间隔对被测电源进行反复的充放电，直到到达规定终点。图 11-29 所示为锂离子电池的循环寿命曲线示意图。

化学电源循环寿命的测试方法同前面介绍的充放电性能及容量性能的测试方法基本一致，只是在寿命测试过程中要反复重复充放电测试过程，直到容量降低到规定值。对于不同种类或用途的化学电源，寿命终点的规定有一定的区别，一般为初始容量的 60%左右。事实上，在化学电源的寿命测试实验中，容量并不是研究者所关心的唯一参数，还应综合

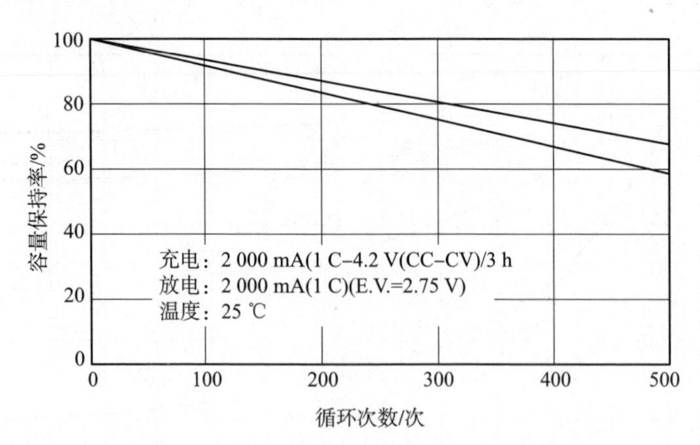

图 11-29 锂离子电池的循环寿命曲线示意图

考虑其电压特性及内阻、内阻变化等。具有良好循环性能的化学电源在经过若干循环周期后，不仅要求其容量衰减不超过规定值，而且其电压特性也不应有大幅的衰减。

9. 内阻测试

化学电源的内阻指的是当电流通过时所受到的阻力，由欧姆电阻和极化电阻两部分组成。其中，欧姆电阻主要由电极、电解液等各部件电阻和相关的接触电阻构成，隔膜的存在或多或少增加了电极之间的欧姆电阻。但要注意的是电极和电解液之间的接触不属于欧姆接触。极化电阻主要是由电极反应过程的极化引起的，与电极和电解液界面的电化学反应速度及反应离子的迁移速度有关。内阻的高低直接决定了化学电源充电电压及工作电压等电压特性的高低。一般来说，对于同类型的化学电源，内阻越大，其电压特性越差，即充电电压越高而放电电压越低；相反，内阻越小，充电电压越低放电电压越高，总的电压特性越好。化学电源的内阻与普通的电阻组件不同，是有源组件，因而不能用普通的万用表测量。常用的测量化学电源内阻的方法有方波电流法、交流电桥法、交流阻抗法、断电流法、脉冲电流法等。其测试前提均为假设可以用如图 11-30 所示的等效电路来表示测量过程中化学电源所发生的电极过程，并进而结合各种方法的测试原理及测试数据算出化学电源具体的内阻值。

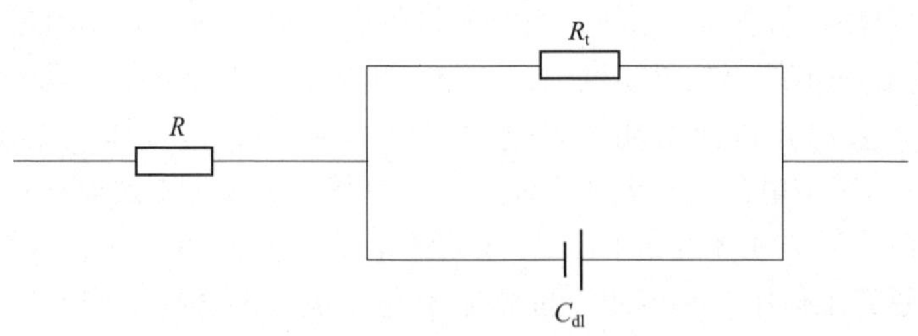

图 11-30 化学电源电极过程的等效电路

图 11-30 中，R 为欧姆电阻，R_t 为极化电阻，C 为界面电容。采用断电流等一些简单的暂态测试技术，利用通电瞬间电极过程时间响应的差异可以忽略界面电容而将电路进一步简化为纯电阻电路。这样，直接的测试结果就是化学电源内阻。目前，市场上有各种专门的内阻仪可以供实际生产检测选用。这些仪器一般都采用交流法测量化学电源的内阻，利用其等效于一个有源电阻的特点，给被测电源通以恒定大小和频率的交流电流（一般为

1 000 Hz，50 mA），然后对其进行电压采样、整流滤波等一系列处理，从而测得化学电源的内阻值。

化学电源的内阻与其测试时所处的充放电状态是密切相关的，状态不同的化学电源有着不同的内阻。因此，在标注内阻时应同时说明测试电源的荷电状态。

10. 内压测试

在化学电源的充放电过程中，由于电极过程副反应的发生或电解液的分解等可能会使化学电源内部的压力（又称内压）逐渐增大。在此过程中，如果内压过大而达不到控制，就会使化学电源的限压装置开启而引起泄气或漏液，从而导致电池失效，如果限压装置失效则可能会引起电池壳体开裂或爆炸。因此，内压是化学电源很重要的一个性能指标，使用过程中必须严密监控。

化学电源内压的测量方法通常有破坏性测量和非破坏性测量两种。破坏性测量是在电池中插入一个压力传感器来记录充放电过程中的压力变化，非破坏性测量则是用传感器测量充电过程中电池外壳的微小形变并据此计算内压的大小。因为破坏性测量方法会破坏被测电源从而造成浪费，而且不能对电源的正常使用过程进行监控，目前常用的化学电源内压测量方法多为非破坏性测量方法。

非破坏性测量方法的基本原理：在一定范围内，化学电源的壳体因内部气体压力产生的应变与所受内压的高低存在确定的关系，因此，只要采用精密的微小形变测量工具准确地测量出化学电源的壳体在充放电过程中由内压作用产生的微应变，再与标准曲线对照即可确定化学电源在使用过程中的内压变化情况。图 11-31 所示为常用的化学电源内压测量基本装置图，其中的百分表用来感应电池底部由于内压作用产生的形变。

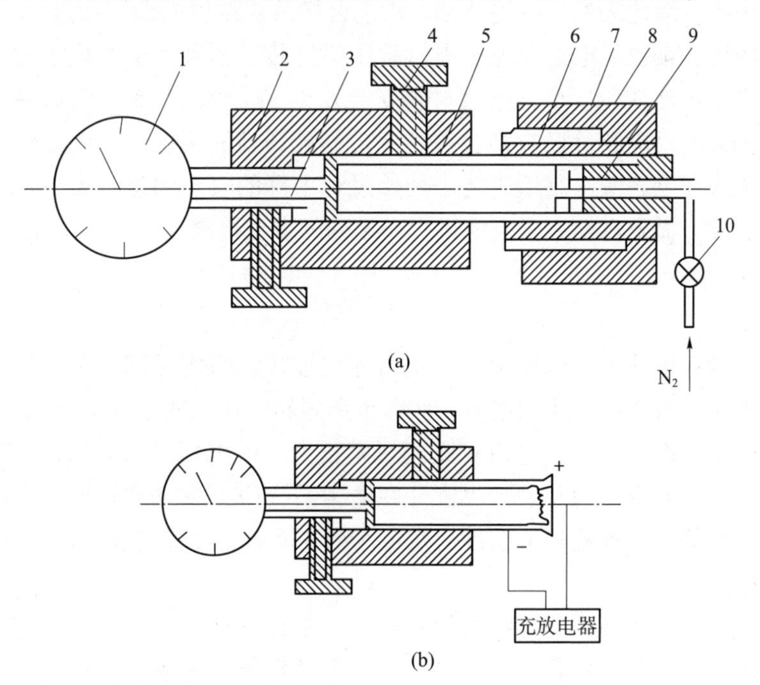

图 11-31　化学电源内压测量基本装置图

1—百分表；2—电池底夹具；3—百分表紧固螺钉；4—电池紧固螺钉；5—电池；6—电池头夹具；7—电池头外夹具；8—橡胶垫片；9—顶头螺杆；10—调压阀

测试方法：用标准曲线测试装置测量标准的压力形变关系曲线，用内阻测试装置测量实际的壳体形变过程，然后将两者对照得出化学电源在使用过程中的内压变化情况。图 11-32 所示为用化学电源内压测量装置测得的电池壳体形变随内压变化的标准曲线及其在充电过程中内压随充电时间的变化关系。

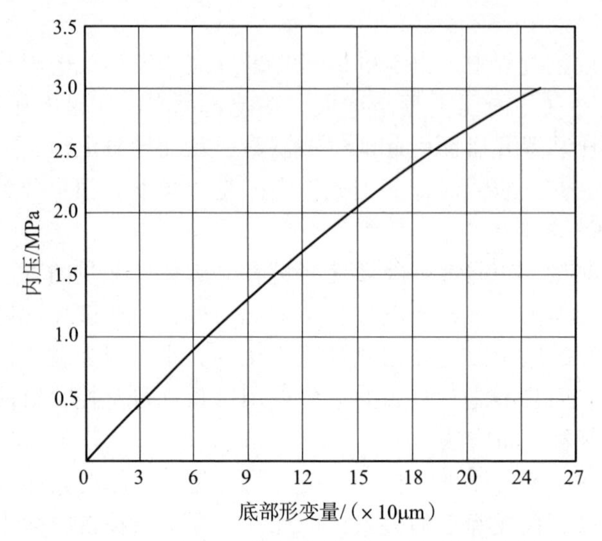

图 11-32 电池的壳体形变随内压变化的标准曲线

一般来说，锂离子电池出现安全问题表现为燃烧甚至爆炸，出现这些问题的根源在于电池内部的热失控，除此之外，一些外部因素也会导致安全性问题，如过充、火源、挤压、穿刺、短路等问题，锂离子电池在充放电过程中会发热，如果产生的热量超过电池热量的耗散能力，锂离子电池就会过热，电池材料就会发生 SEI 膜的分解、电解液分解、正极分解、负极与电解液的反应和负极与黏合剂的反应等破坏性的副反应。因此锂电池存在着如正负极材料、隔膜与电解液、制造工艺、使用过程中等的安全隐患。为了保证电池的安全性，降低安全隐患，需要对锂离子电池进行一系列的安全检测。

11. 电学安全测试

1）短路试验

短路试验，即在电路中用电器两端直接由导线连接，叫作局部短路；另一种情况是电源未经任何用电器而直接用导线相连通，叫作电源短路。由欧姆定律 $I=U/R$ 可知，当电源电压 U 一定，R 很小时，电路中电流将瞬间增幅很大，由焦耳定律可知，时间一定时，电流增大，导线将发热升温，乃至发生火灾。在电力系统中，短路试验包括变压器短路试验和发电机短路试验等，可校验相关设备的稳定性和获得重要设备参数[75]。

2）强制放电测试

随着现代化的不断发展，关于蓄电池的应用范围越来越广泛，伴随着蓄电池的使用随之带来的一些问题，也在影响着电力、通信等行业的发展，电池容量检测可以有效地管理维护蓄电池，使其安全稳定地运行。

直流操作电源系统是电力系统中的继电保护装置、信号装置、照明装置等重要负载的不停供电电源，其供电的可靠性会直接影响变电站的安全运行。直流操作电源的后备电源一般采用蓄电池组，平时运行时由充电机浮充充电，当交流电停电时，由蓄电池组给负载供电。因此，蓄电池的剩余容量对直流系统的安全运行有着极为重要的意义。

由于极板含有杂质，形成局部的小电池，而小电池的两极又形成短路回路，引起蓄电池自放电。由于蓄电池电解液上下的密度不同，致使极板上下的电动势不均等，这也会引起蓄电池的自放电。

定期充放电又称核对性放电，就是对浮充电运行的蓄电池，经过一定时间要使其极板的物质进行一次较大的充放电反应，以检查蓄电池容量，并可以发现老化电池，及时维护处理，以保证电池的正常运行，定期充放电一般一年不少于一次。

目前核对性放电试验是检测蓄电池剩余容量比较可靠的方法，但是由于费时费力，具有一定的危险性，需要专用的测试设备，费用较高，频繁地满容量放电会加速蓄电池的老化，缩短蓄电池的寿命；在放电期间以及放电后的再充电期间，蓄电池在紧急情况下不能为负载供电；放电实验仅能给出实验时的蓄电池容量和性能，不能预测将来的容量和性能。因此应该尽量避免频繁地进行容量放电实验，特别是满容量放电实验。

3）强制过充测试

根据标准中的相关要求，试验应在（20±5）℃的环境温度下进行。对于电芯来讲，测试要求为对电芯充满电，电池以恒流充电至企业技术条件中规定的充电终止电压 1.5 倍或充电时间达到 1 h 后停止充电，观察 1 h。对于模块来讲，测试要求为对模块充满电，电池以电流恒流充电至企业技术条件中规定的充电终止电压 1.5 倍或充电时间达到 1 h 后停止充电，观察 1 h。测试合格要求是不炸、不起火。

12. 机械安全测试

1）振动测试

此项测试旨在模拟锂离子电池在交通运输时，可能遇到各种频率（10~55 Hz）的振动情况，发生潜在安全问题的可能性。目前国际上的测试要求为将电池固定在振动测试设备上，从 10 Hz 开始，以 1 Hz/min 的增幅，提升至 55 Hz。沿 X，Y，Z 轴方向，每个方向持续振动各 90 min 左右。

合格标准：不起火、不爆炸、不漏液、无明显损伤，电池容量损失小于 5%。

2）冲击测试

测试条件：将电芯充满电，令 9.1 kg 重物从 0.61 m 处自由落体到直径为 15.8 mm 的钢棒上（钢棒在测试电池上）。

合格标准：不起火、不爆炸。

3）自由跌落测试

此项测试旨在模拟锂电池在用户使用或电池装配过程中，无意间将电池掉落在地面的情况。

目前国际和国内测试要求（JISC 8714、UL 1642、GB/T 18287），都是将电池从 1 m 高度，靠重力自由下落到水泥地面上。用不同的方向重复若干次跌落。

合格标准：无明显损伤、不爆炸、不冒烟、不漏液、放电时间不低于 51 min。

4）碰撞测试

此项测试旨在模拟锂电池在用户使用或电池运输过程中，可能遇到强烈物理冲击的情况。

目前国际和国内测试要求，将电池固定在冲击测试设备上，开始 3 ms 至少要达到 75g，直到 125~175g 的峰值加速度，进行半正弦冲击。

合格标准：无明显损伤、不爆炸、不冒烟、不漏液。

5）挤压测试

此项测试旨在模拟锂电池在遭受机械挤压时的安全性能。将充满电的电芯置于挤压装置的平面上，用钢板挤压电芯，直至压力达到（13±1）kN。

合格标准：不起火、不爆炸。

6）重物冲击测试

此项测试旨在模拟锂电池在遭受重物冲击时的安全性能。

将充满电的电芯水平放置于平面上，一根直径 15.8 mm 的铁棒放在样品中心，让质量 9.1 kg 的铁锤从（600±25）mm 高度自由落下，砸在电芯样品上。国标下落高度为 1 m。

合格标准：不起火、不爆炸。

7）针刺测试

动力电池常见的安全测试主要包括过充、过放、挤压和针刺等。其中针刺又被称为最为严苛的安全测试。针刺测试的主要目的是模拟锂离子电池在内短路情况下的安全性。引起锂离子电池内短路的因素很多，如生产过程中的金属颗粒、低温充电产生的锂枝晶、过放产生的铜枝晶等都可能会引起正负极短路。一旦发生内短路，整个电池会通过短路点进行放电，大量的能量短时间内通过短路点进行释放（最多会有 70%的能量在 60 s 内释放），引起温度快速升高，导致正负极活性物质分解和电解液燃烧，严重的情况下会导致电池起火和爆炸。

针刺测试正是为了模拟锂离子电池内部短路的情况而设计的安全测试。此外能够模拟锂离子电池内短路的方法还有挤压测试（通过挤压使隔膜失效，引起正负极短路）、内短路器（在电池内部制造缺陷，同时加入石蜡绝缘片，通过外部加热的方式引起石蜡融化，导致正负极短路）、外部加热（利用外部热源引起）等方式，其中针刺测试和挤压测试因为操作方便，虽然各自存在缺陷，但是在实际中得到了广泛的应用。

针刺测试的主要原理是通过刺穿隔膜，引起正负极短路，人为地在电池内部制造短路点，从而模拟电池内部导电多余物引起的短路现象，因此钢针的直径、针刺速度等因素都会对针刺测试的结果产生显著的影响，此外电池的容量、材料体系的选择也会对电池的针刺测试结果产生显著的影响。

8）喷射测试

喷射测试一般指用于汽车用途动力锂原电池和其他原电池，锂离子电池，镍、镍镉以及磷酸铁锂电池或者动力锂电池模块的外壳材料颗粒燃烧或电池内部成分的阻燃试验。

将电池按照规定的试验方法充满电后，再将电池放置在试验工装的钢丝网上，如果试验过程中出现电池滑落的情况，可用单根金属丝把电池样品固定在钢丝网上；如果无此类情况发生，则不可以捆绑电池。用火焰加热电池，当出现以下三种情况时停止加热。

（1）电池爆炸；

（2）电池完全燃烧；

（3）持续加热 30 min，但电池未起火、未爆炸。

试验后，组成电池的部件（粉尘状产物除外）或电池整体不得穿透铝网。

13. 环境安全测试

1）低气压测试

此项测试旨在模拟锂离子电池在航空运输时，到达 15 000 m 高空，在低气压状态下的安全性能。

合格标准：不起火、不爆炸、不冒烟、不漏液。

2）热冲测试

此项测试旨在模拟锂离子电池在高温环境中的安全性能。将充满电的电芯搁置于烘箱中，温度以 5 ℃/min 的速度上升至 130 ℃（国标此处为 150 ℃，30 min），持续保持 10 min。目前 AEE 参考的是国际标准，电芯温度达到 130 ℃后，并保持 30 min。

合格标准：不起火、不爆炸。

3）温度循环测试

此项测试旨在模拟锂离子电池在运输过程、用户使用过程中，可能遇到环境温度急剧变化的情况。目前国际上的测试要求（JIS，C8714，UL 1642，EN 62133）为先将电池在常温下（(20±5) ℃）充满电，置于高低温测试柜中，进行温度循环。30 min 内将温度提升至 70 ℃，保持温度存放 4 h，然后转至 20 ℃存放 2 h，再转至-20 ℃存放 4 h。以上为一个周期，循环 10 次。

合格标准：不起火、不漏液、不冒烟。

4）高温高湿测试

此项测试旨在模拟锂离子电池对高温高湿环境的耐受性能。

合格标准：无明显变形、锈蚀、冒烟或爆炸。

5）弹射测试

此项测试旨在模拟锂离子电池在极端失效时，发生无法避免的爆炸或燃烧，有固体物或者火焰抛射出本体的情况。评估其起火或者爆炸时的威力和热量。

合格标准：不能有任何固体物穿过按要求设置的八边形网罩，或者使网罩被灼烧穿孔（网罩材质为 0. 25 mm 直径的铝丝）。

6）高温储存测试

随着锂离子电池越来越广泛且深入日常生活和工作中，这使人们必须对其有充分的认知，对于电池，众所周知它的温度环境是至关重要的，而且相对来说锂离子电池更容易在高温环境下产生安全问题，所以，对锂离子电池进行高温性能测试，并与其常温测试数据相比较，是非常有必要的。

11. 3　锂离子电池质量控制

在锂离子电池的检测过程中，检测质量的把控尤为重要，保证检测质量，进行检测质量的控制，是从事锂离子电池检测、质量评价的人员必须面对和思考的重要问题。

基于目前锂离子电池检测实验室结果质量控制的现状，提出关于锂离子电池检测质量控制的计划及实施方案，并对质量控制方面的问题进行简要的分析。

1. 针对项目的特性制订质量控制计划

对于锂离子电池的额定容量、放电性能（容量）等可出具检测数据的项目，根据电池的特性，可进行实验室内部比对，如移动电话用锂离子电池，选择同一批次的电池样品，进行设备比对、人员比对等；进行实验室间比对。

对于锂离子电池安全检测项目，检测结果的判定需要观察检测过程中电池是否发生着火、爆炸、泄漏、泄放、破裂、变形及过热等现象。这些检测项目属样品的破坏性检测，结果难以重复，发生此类现象不是检测人员可以控制的，是电池本身的性质和质量问题造成的。这些项目不适合进行人员比对、设备比对、留样再测、重复性检测及实验室间比对。

锂离子电池安全项目也需要进行质量控制，并应适当地列入检测结果质量的控制计划，但不是通过比对检测，而是通过检测环境、设备和人员操作等方面进行控制。

2. 质量控制计划的实施方案

1）电池检测内部比对

制订详细的比对方案，如适用标准、具体比对项目、检测方法、环境温湿度条件和设备经过校准，对有关参数必要时要利用修正因子，对比对人员要进行培训，要制定合适的比对结果判定方法和判定依据。检测环境温度对电池放电容量有较大的影响，检测标准中只规定了一个温度范围，为确保检测条件的一致性，在比对方案中要明确规定环境温度应控制在一个较窄的波动范围内。

2）电池检测实验室间比对

按《能力验证规则》(CNAS-RL02：2023）实验室间比对，按照预先规定的条件，由两个或多个实验室对相同或类似的物品进行测量或检测的组织、实施和评价。实验室在制订质量控制实施方案时，应注意以下几个方面。

（1）认可的检测方法。

（2）比对样品为相同的、质量稳定的电池样品。

（3）比对项目应能出具具体的检测数据。

（4）合适的比对实验室：两家或两家以上的检测机构（如国家质检中心）、CNAS 认可的检测实验室，应注明认可认证资质编号；并且这些检测机构能对比对检测项目进行不确定度的评定。

（5）制定比对结果判定方法和判定依据。

（6）比对结果交由对方机构进行评定，并出具比对结果评定报告。

3. 电池安全项目检测结果质量的控制方案

1）检测过程控制

需对检测环境、设备和人员操作等方面进行控制。环境条件要满足检测方法的要求；设备的状态需满足自身性能精度要求、满足检测方法的要求；人员要经过严格的检测方法和设备操作的培训，熟悉并严格按照操作流程和检测方法要求进行操作，经考核合格后上岗，安全检测项目需有两人（A/B 角）在场，其中一人操作，另一人确认。

2）检测记录控制

对检测过程中观察的现象，要详细记录。安全检测项目大多是破坏性试验，检测过程是无法重现的，特别是产生“起火、爆炸”等现象，最好能使用高速摄像机记录检测过程。

11.4 锂离子电池安全风险控制

在锂离子电池检测的过程中，由于锂离子电池的放电功率大、比能量高等特性，进行一些安全性试验（如高温、短路、过充、过放、振动、挤压、撞击等）容易出现冒烟、着火甚至爆炸等情况，存在各类安全风险，如何做好锂离子电池检测实验室的风险识别、风险防护，保障试验人员的人身安全和仪器设备的财产安全，最大限度地控制各种风险隐患，值得深入研究。安全无小事，只有在硬件、人员技术水平和制度上做到安全风险的防范和控制，锂离子电池实验室才能顺利地开展检测工作。

1. 锂离子电池和电池组可能导致的危险

1）漏液、废液污染

锂离子电池的电解液含有有机溶剂，同时具有一定的腐蚀性。在安全检测过程中若发生漏液、冒烟、起火和爆炸等情况，因进行消防处理而产生大量废水和废液，可能飞溅到测试人员、设备或试验场地上，需关注人员、设备和环境防护。废液防范重点是安装废液收集装置、及时清理废液、人员和设备做好防范，将废液的污染性侵害降至最低。

漏液、废液污染可能会直接对人体构成化学腐蚀危害，或导致电池供电的电子产品内部绝缘失效间接造成电击、着火等危险。漏液危险可能是由内部应力或外部应力的作用下壳体破损引起的。电池经过模拟高空低气压试验、温度循环试验、振动试验、加速度冲击试验或跌落试验后，原本完好的电池有可能会产生开裂，使内部的电解液流出，腐蚀试验仪器或试验人员的皮肤。因此，要关注试验人员的防护和试验过程中仪器的防腐蚀问题。

2）冒烟、起火和爆炸

在锂离子电池检测的过程中，针刺、挤压、过充电、高温和短路等外界因素会导致电池发生内部短路或外部短路，使电池温度急剧升高，内部储存的能量急剧释放，导致冒烟、起火或爆炸。试验过程中发生的冒烟、着火和爆炸的防范重点是保证压力要有足够的释放空间；采用防爆房间或装置测试。加装必要的快速泄压装置，通过多传感器融合技术（如摄像监控、温感和烟感）进行预警检测，及时化解风险扩散。具体到不同程度伤害。起火，直接烧伤人体，或对电池供电的电子产品造成着火危险；爆炸，直接危害人体，或损毁设备；过热，直接对人体引起灼伤，或导致绝缘等级下降和安全元器件性能降低，或引燃可燃液体。造成起火和爆炸危险的原因可能是电池内部发生热失控，而热失控可能是由电池内部短路、电池材料的强烈氧化反应等引起的。当电池发生内部短路时，正负极材料可能直接发生反应，使电池内部温度和压力剧烈上升。若电池散热性不好，会发生过热而引起燃烧；若内部压力不能及时排除，会发生爆炸。在试验过程中，应注意对起火、爆炸的防护措施，选取具有防爆功能的试验设备，预留足够的空间保证压力得以释放，配备消防器材以防范着火燃烧；试验人员应配备具有阻燃功能的防护装备，并且操作试验时尽量远离试验样品，选用具有远程操作功能的试验设备等。

3）有毒气体排放

在锂离子电池试验过程中如发生冒烟、着火和爆炸，电解液中的有机溶剂会挥发释放出有毒气体，或电解液中的有机成分燃烧，将会产生大量的有毒气体，对人员的健康和设备产生损伤。有毒气体排放的防范重点是加装有害气体检测传感器，监测有害气体含量；

加装抽风装置和无害化处理装置，将有毒气体抽离实验室；对测试区域和控制区域进行隔离，避免操作人员与有害气体的接触。

4）噪声损害

在锂离子电池检测过程中的噪声主要来源于振动、碰撞、机械冲击、跌落和设备散热等，这些噪声会对试验人员的听力产生损害。其中，振动和设备散热是连续噪声，机械冲击、碰撞和跌落则是瞬间噪声。噪声超过 50 dB，会影响人的正常生活；70 dB 以上，会导致心烦意乱、精神不集中；长时间接触 85 dB 以上的噪声，会造成听力减退。动力电池检测中，振动试验产生的噪声在 80~115 dB，碰撞试验产生的噪声在 60~80 dB，设备散热产生的噪声为 70~90 dB。噪声防范重点是对测试场地进行分隔；安装隔音装置，使噪声控制在独立的测试区间；通过人机隔离，避免人员长时间处于高噪声环境，减少噪声影响。

5）高压触电

锂离子电池和测试设备都属于高压产品，在测试时容易发生高压触电危险。此外，动力电池反接或短路有产生电弧的可能，将会导致危险。高压触电防范重点是考虑加装异常自动报警、自动停机等装置；通过严格操作流程管理和规范，实行专机专人操作管理；设立测试禁区和安全警示牌；测试人员做好绝缘防护措施；安装实时监控和定期安全巡查；及时发现和处理突发事故。

6）高温烫伤和低温冻伤

当锂离子电池在极端温度环境中进行测试时，如温度循环的温度一般在-40~85 ℃，加热试验的温度一般为 130 ℃。动力电池在短路、过充和高倍率充放电过程中，电池表面温度会急剧上升，如测试人员接触到测试样品或进入极端温度环境中，容易导致烫伤或冻伤。高温烫伤和低温冻伤的防范重点是做好设备的隔热保护；对测试区域进行警戒隔离；测试人员操作时戴好隔热手套；试验区域做好相应的警示标识；大型入室环境设备或测试室内外都能打开门并装有报警装置，防止测试人员被困在里面发生危险。

2. 锂离子电池检测实验室的防护措施

1）实验室功能划分

根据电池检测的试验项目，实验室可划分为三个区域。

（1）电安全试验区。

此区域主要进行充放电、短路、过载等试验项目，主要设备为充放电设备、温控短路试验机、电池试验防爆箱等，由于充放电的试验周期较长，长时间加载上电容易造成温度升高从而影响被测电量，因此需要严格控制环境温度。

（2）环境试验区。

此区域主要进行低气压、温度循环、热利用等试验项目，均为长试验周期的试验项目。

（3）机械试验区。

包括振动试验、冲击试验、跌落试验等试验项目，均有可能对试验样品造成机械破坏。

以上三个试验区域要求各自分隔开以保证各试验项目不会互相影响；试验设备间保持足够的间距，各设备配备独立的电源保护开关，并具有良好的接地。实验室内应配备专门的消防器材，如二氧化碳灭火器等。

2）对试验人员的防护

对试验人员的防护原则是尽量做到样品与人员隔离，并可进行远程控制对于温控短路试验机、电池过充防爆箱、热滥用试验箱等箱式设备，进行试验时要紧闭箱门，这样可避免燃烧爆炸等现象对试验人员造成伤害，箱体背面加装排气管道将试验中产生的有毒气体排出实验室外。试验人员可以通过箱门观察窗观察样品状态。对于振动试验台、冲击试验台、跌落试验台等非箱式设备，试验样品暴露在外，此时需要多种措施，例如，可在样品与试验样品外加装防爆门或防爆玻璃罩，既可起到保护作用，又便于试验人员观察；或者将机械试验设备的控制仪放置在远离试验台体的位置，实行远程监控。

对于试验人员来说，可以穿戴防护服、防护手套、面罩等保护护具。机械试验中，可佩戴降噪耳罩进行隔声处理，减轻对试验人员的损害。

3）锂电池检测实验室的安全管理措施

（1）强化人员的安全意识和安全知识。

人员因素是影响实验室安全的首要因素，人员既是安全工作的主体，也是被保护的主要对象。在各种安全事故中，由于人员的因素而引起的事故占有相当高的比例，所以在安全工作中，首要工作就是要强化提升人员的安全意识。通过培训、宣讲等宣传工作，加大安全教育力度，将“安全无小事”的理念深入人心，使大家意识到安全工作的重要性。同时，光有安全意识还远远不够，还要根据锂离子电池检测试验的特点，做好安全知识的普及工作，确保相关人员掌握科学、完整、合理的安全知识和安全技能。

（2）落实好实验室安全管理制度。

有效运行实验室安全方面的体系文件，依据相关文件开展安全检查，检查频次可以分为日检、周检、月检及不定期巡检，在检查过程中要对安全风险进行全面的排查，及时发现实验室各方面的安全隐患，并做好记录工作，将发现的隐患点位、隐患数、整改措施落实情况等翔实地记录在案，及时做好安全事故预防工作。查找日常工作中存在的不安全因素，进行危险源辨识、风险评价和风险控制措施，以及人员能力与健康状况、环境、设施和设备、物料、工作流程等安全检查，并识别和纠正不符合的情况，采取措施减少安全隐患产生的后果。使实验室安全工作以预防为主，通过全面系统的方法降低实验室运行的安全风险。

（3）关注试验样品的特点，样品分类管理。

锂离子电池的种类繁多，根据材料成分可分为磷酸铁锂、锰酸锂、三元锂、钴酸锂等多种不同的种类，再加上电池产品的结构特点、用途等都不尽相同，所以每一种锂离子电池的产品特点都不相同。因此在合同评审阶段，试验人员应该要求电池生产商提供完整的产品资料，充分了解每一个样品的背景、特点，这对电池检测过程中的安全工作有很大的帮助，可以提前制订相应的安全预防措施和实施方案。

锂离子电池样品的能量高、体积各异，在接收样品时需对样品状态进行安全评估（如样品是否完好，样品测试参数是否正常，电池管理系统软件功能验证等）。样品存放期间，要保持环境干燥，温度稳定且适中；要做好电极的绝缘保护，防止意外短路；要定期巡查，发现隐患立即排除；实验室可按照动力电池种类（磷酸铁锂、镍酸锂、锰酸锂、钴酸锂和三元材料等）和最终形式（电池材料、单体、模组和电池包）等进行分区存放。对于未测样品和已测不同项目的样品进行分类隔离，防止相互影响。已进行过破坏性测试的样品，需要单独存放在独立区域，并定期监控样品状态，直至度过危险观察期。

（4）建立实验室应急预案管理机制。

应制定实验室安全应急预案，对人员定期进行应急预案培训和演练，不断提升人员安全意识和处理安全事故的能力和水平。动力电池实验室最大的危险是动力电池测试过程中冒烟、起火和爆炸，必须制定相关的应急预案措施，包含实验室强排风、电源和设备紧急切断、人员疏散和消防灭火等方面，对于高压电设备使用过程中可能出现的触电事故，要制定合理的应急预案。在运行前，还要对应急预案开展演练，确保预案的可行性、有效性。

项目实施

1. 项目实施准备

（1）自主复习锂离子电池检测仪器设备及主要检测项目的内容。

（2）项目实施前准备的仪器包括锂离子电池单体性能检测仪、模块电池性能检测仪、外部短路试验装置、电源绝缘性测试仪、电池振动试验台、电池加速度冲击试验台、电池防爆跌落试验箱、电池挤压试验机、电池冲击碰撞试验台、电池针刺试验仪、低气压试验箱、电池防爆高低温试验箱、电池内阻测试仪、电化学工作站、真空手套箱、热重分析仪、加速量热仪等。

2. 项目实施操作

（1）对锂离子电池的检测仪器分别进行熟悉和操作，将班级同学分为3~5组，每组针对不同的检测仪器进行基本的操作使用，随后进行组别调换学习操作。

（2）将实验设备检测出的电池性能进行记录。

（3）制订锂离子电池检测质量控制计划及实施方案的流程。

3. 项目实施提示

（1）进入实验室时需注意实验室各项规范和要求。

（2）针对不同的检测仪器有不同的操作流程，在实施操作训练时必须熟悉各项流程。

项目评价

请根据实际情况填写表11-1项目评价表。

表11-1 项目评价表

序号	项目评价要点		得分情况
1	能力目标（15分）	自主学习能力	
		团队合作能力	
		知识分析能力	
2	素质目标（45分）	职业道德规范	
		案例分析	
		专业素养	
		敬业精神	

续表

序号	项目评价要点		得分情况
3	知识目标（25分）	锂离子电池检测仪器设备	
		锂离子电池主要检测项目	
		锂离子电池检测质量控制	
4	实训目标（15分）	项目实施准备	
		项目实施着装	
		项目实施过程	
		项目实施报告	

项目 12
锂离子电池应用场景

学习目标

【能力目标】

（1）通过教材、线上学习平台等方式，自主探索目前锂离子电池领域内的应用情况。

（2）能够对锂离子电池在其他领域内的应用拓展进行思考。

【知识目标】

（1）了解锂离子电池在日常生活当中的应用。

（2）了解锂离子电池在航空航天领域的应用。

【素质目标】

工匠精神

（1）通过对锂离子电池应用概况的学习分析，结合目前的就业形势拓宽关于锂离子电池应用领域的就业思维。

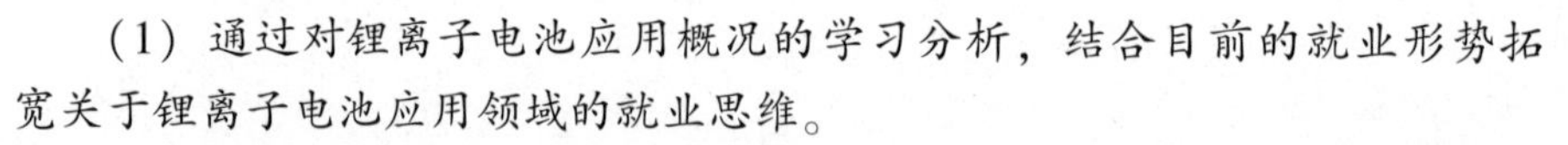

（2）通过对锂离子电池应用概况过程的分析，开拓学习过程的思维方式。

（3）关注锂离子电池技术的发展动态，了解最新的研究成果和应用进展，保持学习和更新知识的态度，培养自主学习意识和全局意识。

项目描述

小郑是一名新能源锂电专业的即将毕业的学生，在准备毕业的过程中出现了就业焦虑，由于对于新能源锂电池的应用领域还缺乏一定的了解，对于目前锂离子电池行业的发展不清晰，无法拓宽自己的就业方向。

项目目的和要求

【项目目的】

通过本项目的学习能够让学生深入了解锂离子电池技术的发展动态，了解最新的研究成果、应用进展和锂离子电池在日常生活及航空航天领域中的应用。

【项目要求】

（1）要掌握重点理论知识，掌握锂离子电池在消费电子产品、动力电池、储能领域、航空航天领域中的应用。

（2）在课堂之外，主动关注锂离子电池的发展动态和最新研究成果，拓宽视野。

（3）根据锂离子电池的应用领域，关注相应的就业岗位，拓宽就业思维。

知识准备

目前，比较常见而且应用较多的电池有碱性锌锰电池、铅酸电池、银锌电池、镍镉/镍氢电池、锂原电池、锂离子电池等。与其他电池相比较，锂离子电池具有比能量高、工作温度范围宽、工作电压高、工作电压平稳、储存寿命长、环境友好等诸多优点，且已经渗透到日常生活、工业生产、服务、军事国防、航空航天等各个领域[76]。

12.1 锂离子电池在消费电子产品中的应用

锂离子电池在消费类电子产品中应用最早，一直以来，消费类锂离子电池在锂离子电池产业中占有重要地位。1991 年，世界上第一部用锂离子电池的移动电话上市后激发了世界各国开发锂离子电池技术及其大规模应用的热情，锂离子电池具有高性能、质量轻、使用寿命长、无记忆效应的特性，逐渐取代镍和镍氢电池，成为便携式设备的首选充电电池。以手机、便携式计算机、录像机、照相机、掌上电脑、MP3/MP4 游戏机等为代表的消费类电子产品绝大部分都使用锂离子电池。

随着智能手机处理器性能持续增强、摄像功能增强、屏幕分辨率提升、显示尺寸变大、射频频段扩张等硬件功能升级，以及软件资源持续丰富，用户对手机续航时间的要求逐渐提高。手机厂商想了很多办法来改善手机电池的续航能力，比如，在电池设计上，采用内置软包电池，或使用异形电池以尽可能地利用手机空间，或者进一步优化电池体系，提升电池的工作电压和能量密度。近年来，电池技术进步相对缓慢，芯片、屏幕厂商通过软件和硬件方式寻求低功耗方案，手机厂商和设计平台厂商通过提升充电的速度和便捷性减少用户充电时间。目前，主流手机厂商已快速推动快充技术的应用，无线充电、异形电池也有望进一步普及。智能手机在欧盟各国、美国、日本、韩国、中国等经济体的市场渗透率相对较高，增长缓慢，在印度、南美、非洲等新兴经济体的市场渗透率还不高，还有较大的增长空间。

传统笔记本电脑、平板电脑等主要用铁壳的圆柱形电池（18650 电池居多），18650 锂离子电池直径为 18 mm，限制了机身的厚度。随着技术的发展，平板电脑、二合一笔记本、超极本等轻薄化产品主要采用锂聚合物电池、软包电池等外形弹性较大的锂离子电池作为电源，也有采用异形电池作为电源，在提高笔记本电脑的续航能力的同时，可以让电脑变得更加轻薄、易于携带。与手机市场类似，笔记本电脑、照相机、掌上电脑等消费电子产品未来在一些新兴市场还将保持较高的增长，将进一步提升对锂离子电池的需求。

近年来，蓝牙耳机、可穿戴设备、智能音箱等新兴消费类电子产品领域的兴起，带动了锂离子电池的需求进一步增长。蓝牙耳机体积小，易于携带和使用，在现代快节奏的工作和生活中，已成为人们重要的手机配件。我国蓝牙耳机市场也呈现明显的快速增长趋势。数据显示，2014—2018 年，年均复合增长率为 51.8%，2018 年中国蓝牙耳机行业产值达到 525 亿元，同比增长 44.23%。随着产品性能和技术的不断提升和人们生活方式的变化，很多智能化电子设备得以应用和普及，其中智能可穿戴设备逐渐成为大众消费中重要的人机交互设备。数据显示，2019 年全年中国可穿戴设备市场出货量 9 924 万台，同比增长 37.1%。随着物联网技术的发展以及电子科技的进步，电子产品的智能化趋势愈加凸显，人机交互的运用逐渐成熟，把家庭安全、娱乐、饮食、健康等结合为有机整体的智能家居生活将逐步实现。面对中国庞大的消费群体以及中产阶级人数的持续增加，我国智能音箱市场潜力巨大。数据显示，2019 年全年出货量达到 4 589 万台，同比增长高达 109. 7%[77]。

值得注意的是，尽管消费类电子产品不断增长，对锂离子电池的需求也在增加，但是由于锂离子电池在其他领域特别是电动汽车、电动工具、储能等领域的大规模应用，消费类电子产品所用的锂离子电池在锂离子电池总装机量的占比是逐渐下降的。2011—2013 年，锂离子电池的装机总量从 2 663. 58 万千瓦时增长到 5 150. 04 万千瓦时，消费类电子产品市场锂离子电池的占比从 80. 06%下降到 62. 77%。到了 2019 年，我国锂离子电池总出货量达到了 131. 6 吉瓦时，同比增长 15. 4%，其中，消费型电池出货量 46. 3 吉瓦时，同比增长超过 20%，占锂离子电池总出货量为 35. 2%。

12. 2　锂离子电池在动力电池中的应用

在锂离子电池诞生不久，国内外许多机构就开始了锂离子电池在电动车方面的应用研究。1995 年，日本索尼能源技术公司（Sony Energytec Corp）与日产汽车公司（Nissan MotorCo. , Ltd）联合研制成功用锂离子电池组驱动的电动车，该车在 1996 年北京第一届国际电动车展览会上展示。加拿大兰星先进技术公司（Blue Star Advanced Technology Corp）也在开发电动车用的锂离子电池，1997 年完成了 20 A · h 电池，1998 年完成 50 A · h 电池。在20 世纪 90 年代，法国 Saft 公司在研制电动车用大容量锂离子电池方面取得了很大进展，该公司致力于 $LiNiO_2$及 $LiNi_xM_yO_2$材料的开发，使电池的比能量与价格最佳化，最开始时设计 100 A · h 的方形电池，后来又设计 44 A · h 容量的圆柱形电池。德国瓦尔塔电池公司（Varta Batterie AG）在 1997 年制成了使用尖晶石 $LiMn_2O_4$正极材料的锂离子电池，容量达到 60 A · h。我国的天津电源研究所于 1992 年立项并研究锂离子蓄电池，1996 年后着手大容量锂离子蓄电池的探索，主要研究方向是用于电动车、航天与军事通信等[78]。

随着全球能源危机和环境污染问题日益突出，节能、环保有关行业的发展被高度重视，发展新能源汽车已经在全球范围内形成共识。一些主要经济体纷纷制订了相应的发展规划，通过采取加大科研投入、给予补贴、减免税费、加强配套基础设施建设，甚至明确燃油车退出时间表等政策加强对新能源汽车产业的支持，培育新能源汽车市场，并推动新能源汽车产业的发展。德国于 2016 年推出新车购置补贴、减免税款、扩大公共充电桩数量、鼓励公务用车电动化等举措推动新能源汽车发展。美国推行了购车补贴、税收减免、零排放计划、基础设施与优先路权等支持政策，值得注意的是，2021 年新任美国总统拜登及其团队明确表示，电动汽车是应对气候变化、为美国人创造良好就业机会的好方法，拜登支持恢复对电动汽车的激励措施，希望创造一个强劲的电动汽车市场，有多个国家公布了禁售燃油车的日程表，表明了发展新能源汽车产业、解决环保问题的决心。挪威的 4 个主要政党一致同意从 2025 年起禁售燃油汽车；荷兰劳工党提案要求从 2025 年开始禁售传统的汽油车和柴油车；德国将于 2030 年起禁售燃油车；法国与英国则将从 2040 年起开始禁售燃油车。在世界汽车电动化的大浪潮下，国内外主流汽车企业纷纷加大新能源汽车的研发和布局。以特斯拉（Tesla）、蔚来、小鹏汽车等为代表的全球造车新势力加速了新能源汽车的布局，而奥迪、奔驰、宝马、福特、通用、丰田、本田等传统汽车厂商也都以实际行动加速在新能源汽车产业的布局，在世界各地建设电池工厂和构建新源汽车产业链。中国自主品牌传统车企也制订了新能源汽车的发展规划。在海内外车企的积极规划和共同推进下，新能源汽车产业快速发展，技术不断进步，产销量迅速增加。全球新能源汽车销售量从 2011 年的 5.1 万辆增长至 2018 年的 216 万辆，7 年时间销量增长 42 倍，复合年均增长率接近 80%[79]。

随着电池成本下降、推动性价比逐步提高、消费者习惯改变、配套设施普及等因素影响不断深入，全球新能源车需求仍将持续高增长。动力电池是新能源汽车的心脏，是新能源车产业链条上附加值最高的环节。伴随全球新能源汽车产业驶入高速发展轨道，动力电池也迎来了前所未有的增长浪潮。全球动力电池产业正呈现中日韩三足鼎立的格局。中国、日本、韩国都有自己完整的动力电池产业链，其中，中国产业链最为完善，日本产业链技术最为先进但较为封闭，韩国产业链比较全球化。2019 年我国锂离子电池总出货量达到了 131.6 GW·h，其中，动力锂电池出货量为 71 GW·h，占锂离子电池出货量的 53.95%。

锂离子电池的性能跟正极材料的关系非常密切，在动力电池领域，常用的锂离子电池正极材料有钴酸锂、三元材料（镍钴锰、钴铝等）、磷酸铁锂、锰酸锂等。钴酸锂等正极材料的发明加快了锂离子电池的发展，推动了人类生活方式的改变，钴酸锂的技术很成熟，性能稳定，在消费电子产品中大量使用，但由于钴酸锂成本太高，而且钴是比较稀缺的战略性金属，因此在动力电池领域应用较少。目前常见的应用于动力电池的正极材料是在钴酸锂基础上发展起来的三元材料，其通式为 $LiNi_{1-x-y}CO_xM_yO_2$（M 为 Mn，Al 等过渡金属元素），主要有镍钴锰（NCM）和镍钴铝（NCA）两种技术路线。以镍钴锰三元正极材料为例，Ni，Co 和 Mn 之间存在协同效应，可形成三相共熔体系，3 种元素对材料电化学性能的作用也不一样，Co 元素主要稳定三元材料层状结构，提高材料的电子导电性、改善电池循环性能；Mn 元素可以降低成本，改善材料的结构稳定性和安全性；Ni 元素可提高材料容量，但 Ni 的含量过高将会与 Li^+ 产生混排效应，易使循环性能和倍率性能恶化，高镍材料的 H 值过高，会影响实际使用。不同配比的 Ni，Co，Mn 元素可以获得不同性能的三元材料，其综合性能优于任何单一材料的锂离子电池，是目前用得最多的锂离子电池正极材料之一。

12.3 锂离子电池在储能领域的应用

随着技术进步、高能量密度需求、钴的价格带来的降本需求，三元材料的高镍、低钴化的趋势越来越明显，众多电池企业开始布局高镍三元电池，高镍三元材料的占比逐步提升。自 2017 年开始，国内三元材料逐步由 NCM523 向 NCM622 转变，2018 年后，甚至出现进军 NCM811 的高镍材料的趋势，三元材料的市场规模不断提升，2019 年，三元锂离子动力电池装机量为 38.75 GW·h，占我国动力电池装机总量的 62.13%。从目前的三元材料技术来看，通过降低电芯中非活性物质的比重来提高电池的能量密度的方法，已经接近了技术的极限。高镍三元材料的技术壁垒较高，产品性能、一致性等仍需进一步提高。尽管三元动力电池单体电芯具有工作电压高，充放电电压平稳，比能量、比功率、比容量高，高低温性能良好，循环性能好等诸多优点。然而，$Li(NiCoMn)O_2$，材料晶体结构相对不稳定，200 ℃左右时，在电解液的作用下，其层状结构容易发生坍塌，同时释放出氧气，使电解液中的溶剂发生强烈氧化，容易引起电池的热失控。当电池发生热失控时，其释放出的氧气亦会加快电池的燃烧，存在着一定的安全隐患。

储能技术是电网运行过程中“采电—发电—输电—配电—用电—储电”六大环节的重要组成部分，能够有效地实现需求侧管理、削峰填谷、平滑负荷，有效地利用电力设备，降低供电成本，促进可再生能源的应用。早在2005年，我国就开始重视储能技术的发展，根据储能产业的战略布局出台了《可再生能源发展指导目录》，主要针对储能电池和地下热能储存系统等储能技术进行了规划。到2010年储能行业发展迅猛，储能技术首次被写进法案，出台的《可再生能源法修正案》对“电网企业应发展和应用智能电网、储能技术”制定了明确的储能相关政策，为储能技术推向市场化打下了良好的基础。2012年储能技术被列入国务院“十二五”战略发展计划，出台了《节能与新能源汽车产业发展规划（2012—2020年）》《电力需求侧管理城市综合试点工作中央财政奖励资金管理暂行办法》和《可再生能源发展“十二五”规划》等系列措施，使储能技术的发展迈上了新的台阶。“十三五”规划期以来，储能技术逐渐向轨道交通和智能电网等方向倾斜，国家先后出台了《关于进一步深化电力体制改革的若干意见》《关于促进智能电网发展的指导意见》和《关于促进储能技术与产业发展的指导意见》等政策，实现了储能结构的转变，使储能技术逐步向商业化的方向发展，旨在带来更大的经济效益，实现能源互联网的进一步发展。进入到“十四五”时期，随着《关于促进储能技术与产业发展的指导意见》的进一步修订，储能技术从初步进入商业化模式已经转变为大规模生产模式，使储能技术结合锂电池、超级电容和光伏电池等载体在轨道交通、智能电网以及军工企业中得到广泛的应用。2020年年初，国家能源局印发《关于加强储能标准化工作的实施方案》，旨在推进储能技术的标准化生产，使新兴储能技术能够得到标准化应用。教育部、国家发改委、国家能源局联合印发的《储能技术专业学科发展行动计划（2020—2024年）》鼓励发展储能新技术，解决储能技术中的瓶颈问题，进一步推动我国能源产业和储能技术的高质量快速发展。

目前，大容量储能技术主要有机械储能（抽水蓄能、飞轮储能、压缩空气储能等）、电磁储能和电化学储能等。其中，电化学储能包括铅酸电池、镍氢电池、镍镉电池、锂离子电池、钠硫电池以及液流电池等电池储能，具有响应时间短、能量密度大、维护成本低、灵活方便等优点，成为目前大容量储能技术的发展方向。受全球新能源发电、电动汽车及新兴储能产业的大力推动，多类型储能技术于近年来取得长足进步。除了早已商业化应用的抽水蓄能及洞穴式压缩空气储能技术，以锂离子电池为首的电池储能技术已具商业应用潜力。电池储能技术利用电能和化学能之间的转换实现电能的存储和输出，不仅具有快速响应和双向调节的技术特点，还具有环境适应性强、小型分散配置且建设周期短的技术优点，颠覆了源网荷的传统概念，打破了电力发输配用各环节同时完成的固有属性，可在电力系统电源侧、电网侧、用户侧承担不同的角色，发挥不同的作用。

锂离子电池由于能量密度高、使用寿命长的优点在储能环节得到广泛的应用，锂离子电池通常作为轨道交通、光伏发电、智慧电源、备用电源以及军工供电的储能容器，与储能技术密切联系。目前市场常用的锂离子电池主要分为磷酸铁锂、钛酸锂和三元体系等类型。锂离子电池结合储能技术，现阶段主要应用于电动汽车的储能，在光伏储能、便携式设备和不间断应急储能电源中也有应用。由财政部、中华人民共和国科学技术部和国家电网公司共同启动的国家风光储输示范项目一期工程位于河北省张北县，其中4套储能系统为磷酸铁锂电池系统，储能能量达到63 MW·h，总投资约33亿元。在国外，锂离子电池已经比较广泛用于储能系统。2011 年 10 月，AES 储能公司全球最大的 32 MW 锂离子电池储能系统在美国西弗吉尼亚州投入运营，匹配 98 MW 的风电项目。该项目是风电和电池储能结合应用的完美案例，该风电场安装了 61 台 GE 生产的 1.6 MW 风电机组，总装机容量 97.6 MW，储能锂离子电池由 A123 公司提供，总容量为 32 MW。该风电储能项目每年将为美国西弗吉尼亚州稳定供应 26 万兆瓦时的零排放可再生绿色能源。AES 储能公司目前在全球拥有 72 MW 已建及在建的储能项目，计划开发的储能项目总计达 500 MW，比较有代表性的项目包括在纽约已建成的 8 MW 项目以及在智利的 12 MW 项目，所用的储能电池皆为锂离子电池，可见，锂离子电池储能系统在技术上已经可行，作为示范装置，成本也是人们可以接受的。某 2 MW×4 h 磷酸铁锂电池储能系统示范项目应用于大规模集中式储能系统技术领域，主要用于平滑风光功率输出、跟踪计划发电和削峰填谷等，系统以 500 kW/1.33 MW·h 为单元系统进行集成配备锂离子电池堆储能系统、双向变流器系统和就地检测系统等。该储能系统通过双向变流器与电网连接，实现削峰填谷和系统调频等功能，通过电池管理系统、就地控制系统、站控层通信连接实现数据互通、电池控制和系统检测等，通过本地及远程监控实时监控各电池柜总电压、电流、荷电状态和电池单体温度等，实现磷酸铁锂储能电池健康运行[80]。

锂离子电池储能技术在风电和光电储能方面已经得到广泛应用，在智能电网技术领域的应用尚处于示范应用和小规模应用阶段。在发电环节，锂离子电池储能系统的容量配置是结合运行方式和应用目标进行计算的。根据目前的示范工程，平滑风电瞬间功率波动的锂离子电池储能系统容量一般为风电的 20%~30%，按计划保持小时级稳定功率输出的锂离子电池储能系统容量一般为风电的 60%~70%。在输电环节输电侧的锂离子电池储能系统用作调频调峰电站，容量为 1 兆瓦至几十兆瓦，存储时间为 15 分钟到几小时。在变电环节，锂离子储能系统一般用于减少电网供电峰谷差，变电侧的储能系统一般以削峰填谷模式运行，容量较大，功率至少为兆瓦级，存储时间一般为 4~8 h。

截至 2018 年年底，全球电池储能技术装机规模 6 058.9 MW，其中，中国装机规模 1 033.7 MW。2019 年中国锂离子电池出货量达到 131.6 GW·h，其中储能用锂离子电池出货量达到 3.8 GW·h，占锂离子出货量的 2.89%。随着电化学储能的逐步推广，锂电池储能占据着电化学储能市场 75%的规模，在储能领域锂电池将会在市场上占据着越来越大的比重[81]。

12.4 锂离子电池在航空航天领域的应用

1. 在航天方面的应用

随着锂离子电池技术和工艺的不断进步，锂离子电池的性能大幅提升，应用范围也在不断扩展，从民用消费领域逐渐扩展到航空航天领域，特别是大容量高功率锂离子电池在航空领域拥有更广阔的应用前景。航空领域民用飞机的电源系统主要包括主电源、辅助电源、应急电源和二次电源等，随着锂离子电池技术的成熟和性能的提高，高性能大容量锂离子电池既能够满足新一代多电民用飞机的电源需求，同时也减轻了飞机的质量，促使各民机制造商逐步将其用于飞机应急照明、驾驶舱语音记录仪、飞行数据记录仪、记录仪独立电源、备用或应急电源、主电源和辅助动力装置电源等机载系统。

波音公司在使用先进的大容量高功率锂离子电池方面较为领先，在其新研的B78型飞机上采用了由法国泰雷兹公司生产的锂离子电池作为主电池及辅助动力装置电池成为全球首款在飞机安全关键系统中采用锂离子电池技术的民用运输类飞机。虽然B787飞机于2011年8月26日获得了FAA的型号合格证，但是投入商业运行之后一架日航的该型飞机于2013年1月7日在美国波士顿机场发生了辅助动力装置电池起火事故，9天后的1月16日，另外一架全日空的该型飞机又在飞行过程中发生了主电池故障，并紧急降落。事后检查发现两架飞机上均发生了电池短路造成的热失控现象，导致壳体严重损毁，B787飞机因此停飞长达4个多月。虽然发生电池短路的根本原因尚未确定，但波音公司还是改进了其锂离子电池系统的设计，确保B787飞机得以重返蓝天。

空客公司在A380飞机上的应急照明设备中使用了锂离子电池，并且原本计划采用由法国电池制造商Saft公司提供的锂离子电池作为其A350型飞机的启动和备用电源，但由于波音B787飞机锂离子电池起火事故尚无法确定产生安全问题的根本原因，公众及航空公司对于锂离子电池的安全性加重了怀疑。空客公司经过评估，重新采用了已获得充分验证并广泛使用的镍镉电池。空客公司在A350型飞机上舍弃锂离子电池的决定虽然增加了飞机的质量，但是有效降低了安全风险，保证了项目的顺利开展。空客公司同时也表示将与Saft公司继续开展技术合作，借鉴波音B787飞机电池事故调查结果，研究锂离子电池在航空领域应用的成熟度。相信不久的将来，A350型飞机也将会采用先进的锂离子电池技术。波音公司和空客公司在其飞机上使用大容量高功率锂离子电池的经验表明随着锂离子电池技术的发展，能量密度逐渐增大，电池容量逐渐增加，电池体积和质量也在增加，其散热性和稳定性变差，更易发生热失控现象，安全问题更为突出，已成为大容量高功率锂离子电池在航空领域应用发展的最大瓶颈。锂离子电池若要在民航客机领域推广应用，系统安全性需进一步提高，不仅要从电池设计、生产等源头入手，还要加大电池安全监测、系统预警及火灾防控方面的研究[82]。

随着传统石化燃料的日渐稀缺，以及环境保护法规的日渐严苛，电动飞机逐渐走入了人们的视野。近年来的主要技术发展如下。

1957年，世界上第一架银锌电池驱动的电动模型飞机就已经试飞成功。2007年12月23日，法国成功试飞世界首架由电力驱动的轻型飞机Electra，该飞机采用轻型锂聚合物提供能量，为首架以电池为动力的机翼固定型传统飞机。2008年12月9日，美国电动飞机公司研发的Electra Flyer-C进行了首次试飞，该飞机以锂电池供电，能够以112 km/h的速度安静地飞行1.5~2 h，最高时速达144 km/h。2010年12月，由法国研制成功的双引擎飞机Cricri创下了261 km/h的飞行速度纪录，刷新了之前电动飞机的最高纪录。2012年7月，美国全电动飞机Long-ESA试飞成功，并以平飞状态326 km/h的速度打破此前电动飞机的飞行纪录，成为当时最快的全电动飞机。2015年，美国国家航空航天局（NASA）规划了相关电动飞机的发展，指出了电动飞机发展的一个方向。在以锂离子电池为动力的全电飞机方面，2015年，空客公司研制的E-Fan飞机在英吉利海峡首飞，飞机搭载两台电动机作为动力装置，最高速度可达220 km/h，续航时间较短，约为1 h。2016年NASA进行了X-57全电飞机的研究，采用全电推进，由尖端的分布式电力推进系统提供100%电力。2017年年底，罗罗公司、空客公司和西门子公司合作，开发可搭乘100人的E-FanX电动飞机。2019年12月10日，世界上第一架全电动商用飞机从加拿大温哥华起飞，完成了首次试飞。

2012 年，我国以杨凤田院士为首的研究团队开始了锐翔双座飞机 RX1E 的研究并于 2016 年开始研究锐翔增程型飞机 RX1E-A。2019 年 4 月，中国民航局颁发了 RX1E-A 飞机的生产许可证，准许商业化运营，装配锂离子电池的 RX1E-A 飞机具有噪声小、操作简易、运行成本低和对环境没有直接的污染等优势，最大起飞质量有 600 kg，电池容量达 28 kW · h，续航时间可达 120 min。截至 2019 年 4 月 22 日，RXIE-A 飞机的累计飞行时间已达 576 h 38 min，安全无事故起飞降落达 607 架次。2019 年 10 月 29 日，我国第一架自主研制的 4 座电动飞机 RX4E 飞机首飞成功，该飞机采用的离子电池，比能量超过 300（W · h)/kg，电池装机总容量达 70 kW[83]。

随着环保局势的日益恶化，全球航空业的零排放目标越来越成为业界讨论的一个话题。全电飞机是电动飞机发展的最终目标。全电飞机的实现，可节省能源的消耗、减少温室气体的排放、降低飞机的使用成本并降低飞机的噪声等，对全球环境保护、经济发展有极大的促进作用。尽管近年来纯电动飞机出现了突破性进展，但不可否认，目前纯电动载人飞机仍处于起步阶段，技术水平仍有进一步提升的空间。目前，锂离子电池的比能量已经超过 300（W · h)/kg，可在小型飞机上使用，但在大型飞机上只有部分电力系统有所使用，还没有大型全电飞机投入运营。安全问题是锂离子电池在航空领域发展的主要障碍，从根本上找到应对锂离子电池安全问题的方法，将会极大地促进锂离子电池在航空领域的发展。虽然国内外已经有多架全电飞机投入使用，但面对复杂多变的空中环境，对锂离子电池性能和安全来说依旧是一个严峻的挑战。

2. 在航天方面的应用

在航天事业中，蓄电池同太阳能电池联合组成供电电源。应用于航天领域的蓄电池必须可靠性高、低温工作性能好、循环寿命长、能量密度高、体积和质量小，从而降低发射成本。从目前锂离子电池具有的性能特性看（如自放电率小、无记忆效应、比能最大、循环寿命长、低温性能好等），这个电源将比原用 Cd-Ni 电池或 Zn/AgzO 电池组成的联合供电电源要优越得多，特别是从小型化、轻量化角度看，这些特性对航天器件是相当重要的。因为航天器件的质量指标，往往不是按千克计算的，而是按克计算的，而且 Zn/AgzO 电池有限的循环和湿储存寿命，必须每 12~18 个月更换一次，而锂离子电池的寿命则较之长十几倍。与其他二次电池相比，锂离子电池有它自身的特点，特别是它具有高的比能量，极高的单电池电压，使其在航天领域的应用有一定的优势。因此，国外一些大公司和政府军事部门纷纷投巨资对航天用锂离子电池进行研究和开发并取得了一定的成效。

为了研发用于航天器和军事等方面的高比能量及长寿命锂离子电池，NASA 自 1998 年便与 DOD 建立了合作关系，并取得了一些成果：开发出优越的电极材料和电解液，改善了电池的低温性能和循环寿命，优化电池设计，得到高比能量电池；开发出不同尺寸和满足不同要求的电池，研制出电池的均衡电路控制器。美国 EaglePicher 公司是氢镍电池的主要生产商，其产品在航天领域得到广泛的应用。该公司同时研发了多种不同尺寸的锂离子电池，其中容量为 35 A · h 的 SLC-16002 型锂离子电池的比能量从 1999 年的 100（W · h)/kg 增加到 2000 年的 150（W · h)/kg，这种电池在 50%DOD 下的循环寿命达到 4 500 次，在 25%DOD 下的循环寿命达到 15 000 次。该公司研制的容量为 100 A · h 的 86211 型锂离子电池，以 C/5 倍率充放电时，经过 940 次循环后，电池容量是初始容量的 75%；以 C/2 倍率充放电时，经过 800 次循环后电池容量是初始容量的 75%。此外，还对该型号锂离子电池进行了 LEO（低地球轨道）模拟实验，在 C/2，40%DOD 时，循环寿命可达 6 000 次，70% DOD 时，循环寿命可达 1 800 次。

美国另一家电池公司 Yardney 公司主要生产军用和航天用锂离子电池，他们为 MSP03（火星勘测计划）研制的电池能量密度可达 120（W·h）/kg；低温性能较好，在-20 ℃，放电倍率 C/5 时，放电容量是室温时放电容量的 65%；可大倍率放电，室温下 1 C 倍率放电容量是低倍率放电时的 85%，在-20 ℃时，以 C/2 放电时，得到相似的结果；循环寿命较长，室温时 1 000 次循环以后电池容量仍为初始容量的 80%；储存时间较长，电池在 0 ℃、25 ℃、-20 ℃分别放置 10 个月，电池容量保持率均超过 95%脉冲性能良好，在不同充电状态和温度下，电池体系在 2~3 C 脉冲时表现出优越的性能，电池体系电压下降小于 3 V。

法国著名的从事锂离子电池研制的 Saft 电池公司早在 1996 年便开始了航天用锂离子电池的研究和开发，已研制成功大容量锂离子电池，用于混合型动力汽车和航天领域。Saft 公司研制的 18650 型锂离子电池模拟 GEO（地球静止轨道）做循环性能测试，2%DOD 经过 1 350 次循环能量损失仅为 4%。一个由 6 只电池单体组成的电池组模型可循环 1 300 次以上相当于 GEO 循环 15 年，放电能量损失只有 2. 5%；模拟 LEO 做 20%DOD 循环性能测试，经 27 000 次循环能量损失 10%，经 40 000 次环电池能量损失为 18%。Saft 公司在实验过程中发现，温度对电池的使用寿命影响较大。Saft-MP 系列锂离子电池工作温度范围较宽，充电温度为-20~60 ℃，放电温度为-50~60 ℃，最高能以 2 C 倍率连续放电，放电容量为额定容量的 96%；同时电池在室温下能通过 4 C 脉冲放电；室温下储存一年，电池容量仍可达初始容量的 80%，Saft 最新研制的 MP176065 型锂离子电池性能最佳，能量密度可达 165（W·h）/kg。

日本国家空间开发局（NASDA）研制的 10 A·h 锂离子电池模拟 LEO 作环寿命实验，40% DOD 循环 15 000 次后电池容量保持率为 80%；100 A·h 离子电池模拟 GEO 作循环寿命实验，80%DOD 循环 900 次后电池容量保持率为 80%。日本航天开发局（JAXA，即之前的 NASDA）对由 100 个 100 A·h 的电池组成的电池组进行性能评估，电池组能量密度超过 100（W·h）/kg，15 ℃时模拟 GEO 做环性能实验，已经完成 18 个阴影期，相当于 9 年的 GEO 运行时间，即使在 70%DOD 时，放电终止电压也在 3. 4 V 附近，电池单体之间的压差不超过 48 mV。此外，他们对 0. 6~100 A·h 电池模拟 LEO 和 GEO 做循环性能测试，一些电池显示出优越的性能，LEO 循环寿命超过 29 000 次，GEO 循环寿命超过 1 700 次，电池放电终止电压仍在 3. 0 V 以上。

AEA 电源公司 2001 年首次在 PROBA 小卫星上使用锂离子电池，该公司为欧洲航空局（简称欧空局）提供工作温度范围-40~70 ℃离子电池；2003 年发射的 Mars Express 通过对电池单体的不同并串连接，满足航空器的供电需求；2004 年发射的 Rosetta 采用锂离子电池供电；英国领导的 Beagle 2 lander 计划将使用 AEA 公司提供的锂离子电池。

大量实验证明，锂离子电池完全能满足航天要求，在 GEO/LEO 轨道上使用更具有优势。锂离子电池自诞生以来，电池的能量密度提高了近 2 倍，与此同时离子电池技术还在不断地更新与发展，对于航天用锂离子电池而言，既是机遇又是挑战。因为卫星电源需要高的可靠性，而一种新技术的引入，或是一种新材料、新工艺在电池上的应用都有很大的风险，所以，大多数卫星还是倾向于使用那些成熟的技术。应用于航天领域的电源在卫星发射时需承受近 10g 的重力加速度，还要在高真空环境下持续工作，这就要求电池结构有较高的密封性及机械强度；此外，卫星电源需在不同环境温度下工作，通过使用含有功能添加剂的电解液来改善电池的高、低温性能，保证锂离子电池顺利完成空间任务。此外，锂离子电池组在充放电时需要电路均衡系统，因为锂离子电池对过充和过放都很敏感，安装均衡电路就是为了防止由于电池的充电状态不平衡，从而导致电池的过充或过放，但是，这样电路会更复杂而且电池模块也会增大，对锂离子电池厂家而言，重要的是研制出一种新的可靠性较高、不需要均衡电路且更经济的锂离子电池。

国际上，锂离子电池在空间电源领域的应用已进入工程化应用阶段。目前已经有十几颗航天器采用了锂离子电池作为储能电源。锂离子电池在航天领域的发展势头非常强劲。

以下为收集到的部分资料。

（1）2000 年 11 月 16 日发射的 STRV-1d 航天器首次采用了锂离子电池，该航天器采用的锂离子电池的比能量为 100 （W・h）/kg。

（2）2001 年 10 月 22 日发射升空的 PROBA 航天器上再次采用了锂离子电池作为其储能电源。采用的是 6 节 9 A・h 锂离子电池组。

（3）2003 年欧空局（ESA）发射的 ROSETTA 平台项目也采用了锂离子电池组，电池组的能量为 1 070 W・h。ROSETTA 平台的着陆器也采用了锂离子电池作为储能电源。

（4）2003 年欧空局在 2003 年发射的火星快车项目的储能电源也采用了锂离子电池，电池组的能量为 1 554 W・h，电池组的质量为 13.5 kg，比能量为 115 （W・h）/kg。火星着陆器——猎犬 2 也采用了锂离子电池。此外，NASA 2003 年发射的勇气号和机遇号火星探测器也采用了锂离子电池。欧空局计划还有 18 颗航天器采用锂离子电池作为储能电源。

国外对航天用锂离子电池的研究起步较早，较多研究成果已见报道，并已成功应用于航天领域，最近几年，国内一些研究单位也开始了应用于航天领域的大容量锂离子电池的研制，并取得了一定的成果。随着对航天用锂离子电池研究的不断深入，电池的比能量、可靠性和循环寿命等性能的不断提高，锂离子电池在航天领域必将有广阔的应用前景。

12.5 锂离子电池在其他领域的应用

经过几十年的发展，锂离子电池技术不断进步，其应用也不断扩展，除在消费电子、电动汽车、储能、航空航天、军事等领域得到广泛应用之外，在电动工具、电动自行车、通信、玩具等众多领域也迅速得到推广，锂离子电池的市场份额和规模越来越大。

电动自行车最开始出现的时候，主要应用铅酸电池作为动力源。2002 年 4 月在第 12 届上海国际自行车展览会上首次出现锂离子电池电动自行车，在 2002 年第 13 届东京国际自行车展览会上，日本雅马哈和松下都展出了锂离子电池的电动自行车，开启了电动自行车行业用锂离子电池替代铅酸电池的历史进程。随着能源的日益紧缺和节能环保的理念日益深入人心，我国政府十分重视电动交通工具的研究与应用。电动自行车以其经济、便捷等特点，发展十分迅猛，成为普通老百姓出行首选的个人交通工具。随着国家对环境保护的进一步重视，2011 年九部委出重拳联合整治铅酸蓄电池，为锂离子电池在电动自行车上的广泛应用提供了良好的机遇。据环保部门 2012 年 12 月公布的数据，铅酸蓄电池企业从整治前的 1 700 余家，锐减至约 400 家。发展更环保、比能量更高、循环寿命更长的锂离子电池，符合节能环保的大趋势。国内多数知名电池生产企业，均大力开展电动自行车用锂离子电池的研究与生产，星恒、力神、比克等企业已实现量产并广泛应用于电动自行车，天能、超威等铅酸电池龙头企业纷纷加大锂电池的技术研发，扩大生产规模。各行业协会、标委会也做了大量的工作。全国电动自行车分标委承担了工业和信息化部下达的电动自行车用锂离子电池综合标准化工作任务，起草了工作方案，制定了多个与电动自行车用锂离子电池相关的产品标准（如《电动自行车用锂离子电池产品规格尺寸》(QB/T 4428—2012)）。中国自行车协会协同中国电池工业协会成立了动力锂离子电池技术协作与推广应用委员会，大力推动锂离子电池在电动自行车上的应用。中国化学与物理电源行业协会与天津市自行车电动车行业协会立足天津，开展了天津地方标准《电动自行车用锂离子电池组和充电器通用技术条件》(DB 12/T 246—2012）的修订工作，现已发布实施，主管部门、行业协会、生产企业和标准化组织，都在努力推动锂离子电池在电动自行车上的应用。我国电动自行车是完全拥有自主知识产权的产品，受到了普通老百姓的欢迎，锂离子电池在电动自行车产品上的应用，使电动自行车骑行更轻便、外观更时尚，符合城市消费者的需求。据统计，2011—2013 年，全球电动自行车市场销量分别为 2 980 万辆、3 030 万辆和 3 350 万辆，其中锂电版电动自行车分别为 197 万辆、396 万辆和 640 万辆，市场占比分别为 6.61%，13.07%，19.10%。事实表明，大众对锂离子电池电动自行车的需求呈快速上升趋势。电动自行车市场使用电源的变化趋势也影响了同样使用铅酸电池的电动三轮车和低速电动汽车市场，这两大市场开始有越来越多的产品尝试使用锂离子电池。电动工具是指用手握持操作，以小功率电动机或电磁铁作为动力，通过传动结构来驱动作业工作头的工具。按照动力类型分类，可以分为传统电力式（有绳）和充电式（无绳）两类。长期以来，电动工具市场上占据绝对垄断地位的是电池，锂离子电池、镍氢电池、铅酸电池等用量均不大。2010 年之前，有绳电动工具由于生产工艺和技术成熟、成本低廉等特点一直占据市场的主导地位，而无绳电动工具的市场虽起步相对较晚，但随着下游对小型化、便捷化的需求，并且电池成本逐渐降低，使无绳电动工具的发展越来越快，从 2011 年占整个电动工具产量的 30%左右到 2018 年的接近 50%，发展十分迅速。从全球及中国的总产量来看，下游整体需求量增速逐渐趋于稳定，锂离子电池在电动工具中的应用在5 年之内还会有较好的增长。主要原因有两点，一是电动工具小型化、便捷化的发展趋势；二是锂电池在电动工具上使用从 3 串发展到 6~10 串，单个产品使用数量的增加，也会带来较大的增量，而且部分电动工具还配有备用电池。

除了市场需求的推动，电动工具锂电化在政策方面也得到了政府层面的支持。2017 年 1 月，欧盟发布新规，无线电动工具中使用的镍镉电池，将在欧盟全面退市；2017 年 11 月，根据我国工业和信息化部下达的行业标准编制计划，中国发起电动工具用锂离子电池和电池组规范征求意见。2018 年全球电动工具锂离子电池需求量 12.9 GW·h，锂离子电池替代率已经达到 95%以上，目前处于存量替换阶段。随着技术的不断进步，动力型锂离子电池的高功率性能、安全可靠性有了很大的提高，已能基本满足便携式电动工具对电池的要求。特别是磷酸铁锂电池的成功开发，大大提高了锂离子电池的本质安全，是目前电动工具上最有应用前景的电池。要使电池在电动工具上更安全、简单、可靠地得到应用，离不开锂离子电池制造及组合技术的进步，同时也离不开充电及保护电路的技术进步。电池制造商、充电器及保护电路制造商、电动工具制造商之间的互动和配合，必将对可充电式电动工具的发展产生积极的推动作用。

移动基站主要分为宏站和微站，其中宏站主要是满足 2G 和 3G 移动通信的需要，使用的电源基本上都是铅酸电池，锂离子电池价格的快速下降刺激了应用，但总体占比仍不高（以 2013 年中国市场为例，在 200 多万座宏站中，使用锂离子电池的不足 1%）；微站主要是满足 4G 移动通信发展需要的，主要建在楼宇间和人群密集处，小的空间使能量密度最高的锂离子电池几乎成了唯一选择，2013 年仅中国 4G 微站市场的需求量就超过了 50 万千瓦时。

随着 5G 移动通信和大数据等技术的快速发展，新业务、新设备、新产品层出不穷，作为通信网络正常运行的最后一道防线，后备电源特别是电池技术发挥着越来越重要的作用。通信领域采用的电池不仅包括传统的铅酸蓄电池，还有多种锂离子电池。锂离子电池由于其高功率密度以及高温特性好等优点，比传统铅酸电池更适合与基带处理单元、IT 设备等就近摆放，甚至可进一步分散放在 IT 设备内部。

目前锂离子电池主要应用于各类容量较小或者较轻便携带方便的场景，但已逐步从便携式产品市场向后备式电源和储能系统领域延伸。在通信用后备式电源领域，随着接入网的发展和通信机柜的小型化，国内外多个通信设备制造商已推出一系列机架式通信用后备式锂离子电池组，各大运营商也已开始正式投入使用。移动基站未来的增量主要来自 5G 网络的搭建。据悉，5G 基站数量将为目前 4G 基站数量的 2~4 倍。据各运营商 2018 年年报数据推测，仅中国就至少有 1 438 万个基站需要被新建或改造。传统 4G 基站单站功耗 780~930 W，而 5G 基站单站功耗 2 700 W 左右。另外，由于 5G 基站需要高密度布置，楼顶等位置承重有限，结合来看，传统铅蓄电池在能量密度方面有明显短板。在 5G 储能电池参与调峰降成本的情况下，充放电次数将大大增加，磷酸铁锂电池全周期成本低的优势将得以发挥。未来 5 年预计基站锂离子电池需求将显著增长。在视频设备方面，有电视台在对数字采编设备选型的同时，对市场上各种类型的电池做过一些技术测试。例如，在拍摄电视剧时，采用了一台松下摄像机，每天的开机时间高达 12~13 h，选用了国产的锂离子电池［100(W·h)/kg］。准备每天使用 6 块电池，实际每天只使用了 3~4 块，电池容量之大，令这些走南闯北的摄像人员非常吃惊。3 个月时间剧组辗转了多个外景地，气温从北方的 −10 ℃到珠海的 30 ℃，电池工作情况稳定，充分显示了锂离子电池的各项优点。

至于锂离子电池在电网储能中的应用，目前总体还处于初级的试验阶段，类似“国家电网张北风光储输出示范项目”这样的大规模储能电站每年的新建数量不多，锂离子电池用量并不大。倒是处于用户端的家庭储能市场呈现出蓬勃的发展势头。家庭储能在全球的应用集中于两个地区，一是非洲等电力网络不健全的地区用于生活基本用电保障，二是发达国家的屋顶光伏电力自给以及平抑峰谷电价差。目前家庭储能正处于锂电池替代的过程中，预计需求量将以每年 5%~10%的速度增长。以日本、德国、美国为代表的西方国家于 20 世纪末期纷纷推出“百万太阳能屋顶计划”，强力推广分布式光伏发电（即太阳能发电），大力发展新能源电力。在 21 世纪前 10 年间，这些计划大多顺利完成。2011 年之前，分散安装在居民住宅屋顶的太阳能电池白天所发电力基本上都是按政府指定的高价卖给电网，用电时再从电网低价购电。2011 年日本“3·11”大地震之后，为分布式光伏发电配套储能电池、打造“微电网”以保证用电安全的想法逐渐占据主流，家庭储能市场开始兴起。到 2013 年年底，日本家庭储市场上锂离子电池用量已经达到 30 万千瓦时左右，储能产品单价也从 2011 年年底的 100 万日元/(kW·h) 以上快速降到了 2013 年年底的 20 万日元/(kW·h) 以下。

充电宝市场是一个隐形的巨大的锂离子电池需求市场，2012—2016 年充电宝出货量年均增长 50%，市场逐步趋于饱和，增速放缓。但是 2017 年共享充电宝的兴起为这个行业带来了新的契机。市场迅速升温，资本的狂热程度堪比共享单车。目前一二线城市已经高密度扩张，未来将进一步向三线城市扩展。同时，5G 时代的到来，将会加快手机电量的消耗，对手机续航问题是一个新的挑战，这也为共享充电宝带来新的发展机遇。据统计 2018 年全球充电宝出货量约为 11.76 亿部，预计 2023 年有可能达到 16 亿部。相应的锂离子电池需求量，将从 2018 年的 42 GW · h 增长到 2023 年的 56 GW · h。其他智能可穿戴设备，以及扫地机器人等智能家居也需要应用锂离子电池，这一部分的市场需求虽然基数小，但是增幅很快。

锂电矿灯蓄电池部分，目前有两种形式，一种是电池单体；另一种是几个容量相等的个体串联而成。对于后者，电池的一致性要求较高，否则，单个容量下降将会直接影响整个产品的循环寿命。在山西焦煤集团公司杜儿坪矿试用的锂电矿灯，全部是单体蓄电池。锂电矿灯的第一次下井使用，便以轻巧、易携而受到矿工的喜爱。以 8 A 灯为例，工作电压 2.2~4.25 V，额定电压 3.6 V，点灯时间 13~14 h，正常使用可达 600 次循环。从一个月的试用情况来看，8 A 灯点灯时间 15~16 h 后，电池电压仍保持在 3.55 V 以上，仍在工作范围内。照度：点灯开始>1 600 lx，点灯 15 h 后>1 300 lx。电池部分的质量只有 430 g，是铅酸蓄电池的 1/4 左右。

现阶段高功率的软包装锂离子电池的应用已经十分广泛，如电动手工具、遥控飞机及电动玩具车等；其他特殊用途方面，如电击枪、机器人及电动卷线器等。除了一般的 3C 产品应用外，软包装锂离子电池已跨入高功率应用的市场，而这个市场，并没有哪一国的技术领先问题，几乎是亚洲几国的电池厂齐头并进，因此可预期的是，在不久的将来，高功率软包装锂离子电池将是战国时代，且商机无限。中型遥控飞机用 2 000 mA · h 的三串电池组，在电流 36 A 条件下连续放电，前 2 min 仍维持 10.6 V 的电压，这符合快速遥控飞机的大电流下电压的基本要求，另外研究使用超级电容器，电池组在加上超级电容器之后，可以延长 50%的飞行时间，其原因主要是超级电容器在电池组激活时可以分担瞬间大电流，这对电池大电流放电有明显的降温作用，因此延长了电池组的放电时间及使用寿命。4 串 3 000 mA · h 电池组使用于电动工具，取代了 18650 型号的锂离子 2 并 4 串电池组，这种取代有三大优点：第一是质量减轻了；第二是组装上比较容易；第三是仅有串联提高了电池组的稳定度及寿命。上述实验结果显示，用电池组来打 20 支螺钉，充饱电的状态下，每次可钉 350 支，同时在寿命方面，循环次数增加了 1 倍以上。小型遥控飞机和大电流 60 mA · h 电池，此 60 mA · h 电池以 10 C 功率放电，前 5 min 仍可维持 3.45 V 以上的电压，且质量仅有 1.6 g，这是高功率小型软包装锂离子电池最佳应用范例。机器人应用电源范例，采用 4 串2 000 mA · h 电池组，替代了 Ni-MH 的 12 串电池组，时间操作上可超过 20%的机器人动作时间，同时经实验证明循环次数提高了 2~3 倍。自动钓鱼线的电池电源，采用 4 000 mA · h、2 并 4 串、115 W · h 的设计，这是中型高功率铝箔软包装锂离子电池的应用范例，因为是中型的关系，除了严谨的保护板及平衡器的设计之外，电池需加塑料保护壳，同时为了要防水，又设计了气密的外壳以及露在外面的显示器，成为钓鱼线电源组的第二代产品。电击枪电源设计，采用 1 000 mA · h 的电池 2 串作为电源供应，经过电路板的设计，可将电压提高至间 10 000 V，电流为 10 mA 左右，此时电池组的供应约为 10 C 功率，这是高功率高电压应用产品的范例。

在近期服役的典型无人深潜器中，大部分采用锂离子电池作为动力能源。显然，锂离子电池已显现出向水下无人深潜器应用的发展趋势。锂离子电池作为水下动力能源其高能量密度减轻了电池组的质量，提高了深潜器的有效载荷能力；尺寸形状任意与充放电过程中无气体产生的属性，可为深潜器设计带来更多的方便；长寿命和免维护，可降低运行成本。随着制造设备、生产工艺以及材料科学的发展，锂离子电池的能量密度和安全性能还将得到大幅提升。正在研发的正极富锂锰（$LiNi_{0.5}Mn_{1.5}O_4$）和负极碳硅材料、石墨烯复合材料、新型阻燃电解液和离子液体、氟代碳酸酯等功能添加剂，以及陶瓷隔膜和无机隔膜等新型材料的出现，有望使困扰锂离子电池应用到大型载人深潜上的安全性问题得到解决[84]。

持续提升的新能源技术吸引了设计工程师的眼光，在最近研制的中小型载人深潜器动力能源的选择方向上，锂离子电池脱颖而出。2008 年伍兹-霍尔海洋研究所公布了“阿尔文”号载人深潜器的改造计划，改造的四个关键技术之一是用锂离子电池替代原有的铅酸电池作动力。2012 年，中船重工集团 702 所也公布了 2018 年开建的“作业型” 4 500 m 载人深潜器，采用聚合物锂离子电池作动力。随着应用技术的不断提升，将会有越来越多的锂离子电池应用到水下深潜器上，发挥其独特的优势和作用。

近年来，人们开始研究将锂离子电池应用于船舶推进系统，其在安全性、经济性，尤其是环境保护方面的优势日益显著，获得了越来越多的关注。船舶电力推进系统排放低、噪声低，比较适用于内河、湖泊以及旅游风景区的水域。在当前大力倡导使用绿色环保能源的今天，电力推进可以在不降低船舶性能的情况下实现环保，提高乘客的舒适性。随着电池技术尤其是锂离子电池的快速发展，其在船舶上的应用将更加广泛，发展前景广阔。随着绿色生态观念的深入发展和国际海事组织（IMO）对环保要求的日益严苛，“绿色船舶”和“绿色航运”已成为未来造船业和航运业发展的主旋律。传统的船舶排放污染严重，船舶使用的油料一般含有较高的硫，对空气污染严重尤其是在港口城市影响更大。我国自 2010 年以来，开始逐步推广 LNG（液化天然气）船舶来减少排放，但由于 LNG 和船舶用油的价差不断缩小，且改造成本偏高，LNG 船舶发展缓慢。目前我国仅有百余艘 LNG 船，占比仅为 0.1%。据测算，柴油船舶、LNG 船舶与电动船百千米的综合使用成本分别为 4 620 元、4 440 元和 3 272 元，电动船已经具备较好的经济效益，性价比优势明显。

近年来，电动船舶已有了广泛的实践应用。2018 年 8 月 22 日，由中船重工第七一二所为新疆天池景区打造的 4 艘基于纯锂离子电池动力的新能源船成功试航。全船能源均来自锂离子电池动力模块，续航时间长达 4 h。该船具有低噪声、零排放、无污染、操作灵活等特点。2019 年 1 月 18 日，由广船国际有限公司建造的 2 000 t 级新能源纯电动散货船“河豚”号交付，开创了 2 000 t 级船舶采用电池作为船舶动力的先河。2019 年 3 月 4 日，日本首艘搭载锂离子电池的混合动力货船 Utashima 号在东京都内亮相，Utashima 号长约 76 m，宽约 12 m，499 t 载重，该货船设有 2 828 个由 24 个东芝产锂离子电池构成的电池组，相当于 2 700 辆普通混合动力车（ⅡV）的电池容量，单靠电池可最多航行约 6 h。而当使用柴油发动机航行时，将同时为电池充电。

电池技术的发展促进了应用领域的扩大，而应用领域的扩大又要求锂离子电池具有更高的性能、更高的安全性。可以说更安全、更高容量、更长寿命、更高倍率将永远是锂电人技术追求的目标。

项目实施

1. 项目实施准备

（1）自主复习锂离子电池应用领域的主要内容。

（2）项目实施前准备的工作包括收集锂离子电池应用的实际案例。

2. 项目实施操作

（1）收集关于锂离子电池应用领域的资料，并根据收集的内容撰写一篇关于锂离子电池应用领域的总结报告。

（2）关于锂离子电池应用领域的总结报告中需要加入自己对于锂离子电池发展应用领域的看法和理解。

3. 项目实施提示

（1）线上线下高效率用各种渠道收集关于锂离子电池应用领域的材料。

（2）适当使用AI网络辅助工具对锂离子电池应用领域进行了解和对未来领域进行展望。

项目评价

请根据实际情况填写表12-1项目评价表。

表12-1　项目评价表

<table>
<tr><th>序号</th><th colspan="2">项目评价要点</th><th>得分情况</th></tr>
<tr><td rowspan="3">1</td><td rowspan="3">能力目标
（15分）</td><td>自主学习能力</td><td></td></tr>
<tr><td>团队合作能力</td><td></td></tr>
<tr><td>知识分析能力</td><td></td></tr>
<tr><td rowspan="4">2</td><td rowspan="4">素质目标
（45分）</td><td>职业道德规范</td><td></td></tr>
<tr><td>案例分析</td><td></td></tr>
<tr><td>专业素养</td><td></td></tr>
<tr><td>敬业精神</td><td></td></tr>
<tr><td rowspan="5">3</td><td rowspan="5">知识目标
（25分）</td><td>锂离子电池在消费电子产品中应用</td><td></td></tr>
<tr><td>锂离子电池在动力电池中应用</td><td></td></tr>
<tr><td>锂离子电池在储能领域的应用</td><td></td></tr>
<tr><td>锂离子电池在航空航天领域的应用</td><td></td></tr>
<tr><td>锂离子电池在其他领域的应用</td><td></td></tr>
<tr><td rowspan="4">4</td><td rowspan="4">实训目标
（15分）</td><td>项目实施准备</td><td></td></tr>
<tr><td>项目实施着装</td><td></td></tr>
<tr><td>项目实施过程</td><td></td></tr>
<tr><td>项目实施报告</td><td></td></tr>
</table>

参考文献

[1] Liu H, Strobridge F C, Borkiewicz O J, et al. Capturing metastable structures during high rat e cycling of $LiFePO_4$ nanoparticle electrodes [J]. Science, 2014, 344 (6191): 1252817.

[2] Mochida I, Ku C H, Korai Y. Anodic performance and insertion mechanism of hard carbons prepared from synthetic isotropic pitches [J]. Carbon, 2001, 39 (3): 399-410.

[3] 卢寿慈. 工业悬浮液：性能，调制及加工 [M]. 北京：化学工业出版社，2003.

[4] 杨小生，陈荩. 选矿流变学及其应用 [M]. 长沙：中南工业大学出版社，1995.

[5] Kim K M, Jeon W S, Chung I J, et al. Effect of mixing sequences on the electrode characteristics of lithium-ion rechargeable batteries [J]. Journal of Power Sources, 1999, 83 (1): 108-113.

[6] Allen T. Particle size measurement [J]. Springer, 2013: 50-60.

[7] Wen-Zhen Z, Ke-Jing H, Zhao-Yao Z, et al. Physical model and simulation system of powder packing [J]. ACTA Physica Sinica, 2009, 58: S21-S28.

[8] Karim A, Fosse S, Persson K A. Surface structure and equilibrium particle shape of the $LiMn_2O_4$ spinel from first-principles calculations [J]. Physical Review B, 2013, 87 (7): 075322.

[9] Zhuang L, Nakata Y, Kim U G, et al. Influence of relative density, particle shape, and stress path on the plane strain compress ion behavior of granular materials [J]. Acta Geotechnica, 2014, 9 (2): 241-255.

[10] Zhang Y, Wang Y, Wang Y, et al. Random-packing model for solid oxide fuel cell electrodes with particle size distributions [J]. Journal of Power Sources, 2011, 196 (4): 1983-1991.

[11] Wensrich C M, Katterfeld A. Rolling friction as a technique for model ling particle shape in DEM [J]. Powder Technology, 2012, 217: 409-417.

[12] Yu W, Muteki K, Zhang L, et al. Prediction of bulk powder flow performance using comprehensive particle size and particle shape distributions [J]. Journal of Pharmaceutical Sciences, 2011, 100 (1): 284-293.

[13] Allen K G, VonBackström T W, Kröger D G. Packed bed pressure drop dependence on particle shape, size distribution, packing arrangement and roughness [J]. Powder Technology, 2013, 246: 590-600.

[14] Tanaka Z, Shima E, Takahashi T. Variation of Packing Density in binary partied systems [J]. Journal of the Society of Powder Technology, Japan, 1982, 19 (8): 457-462.

[15] Oladeji I O. Composite electrodes for lithium ion battery and method of making: US9666870 [P]. 2017-05-30.

[16] Hilmi Buqa, Dietrich Goers, Michael Holzapfel, Michael E Spahr, Petr Nova'k. High rate capability of graphite negative electrodes for lithium-ion batteries [J]. Journal of The Electrochemical Society, 2005, 152 (2): A474-A481.

[17] Han L, Liu Y M, Xiao F. A study and discussion on inspection method of electrode defects of the Li-ion power battery [J]. Advanced Materials Research, 2013, 765: 1916-1919.
[18] Novak P, Scheifele W, Winter M, et al. Graphite electrodes with tailored porosity for rechargeable ion-transfer batteries [J]. Journal of Power Sources, 1997, 68 (2): 267-270.
[19] Denis Y W, Donoue K, Inoue T, et al. Effect of electrode parameters on $LiFePO_4$ cathodes [J]. Journal of The Electrochemical Society, 2006, 153 (5): A835-A839.
[20] 蒋佳佳. 滚切剪剪切机构研究及力学分析 [D]. 湘潭：湘潭大学, 2010.
[21] 王继明，闻国民，陈登丽，等. 一种剪切装置：CN203109123U [P]. 2013-08-07.
[22] 马立峰，王刚，黄庆学，等. 复合连杆机构复演滚动轨迹的特性研究 [J]. 中国机械工程，2013，24 (7)：877-881.
[23] 贾海亮. 圆盘剪剪切过程的有限元模拟和实验研究 [D]. 太原：太原科技大学，2010.
[24] 张冠兰. 电解镍板剪切力与剪切抗力的研究 [D]. 昆明：昆明理工大学，2010.
[25] 李华. 板带材轧制新工艺、新技术与轧制自动化及产品质量控制实用手册 [M]. 北京：北京冶金出版社，2006.
[26] 马立峰，黄庆学，黄志权，等. 中厚板圆盘剪剪切力能参数测试及最佳剪刃间隙数学模型的建立 [J]. 工程设计学报，2012，19 (6)：434-439.
[27] 俞家骅. 变宽度圆盘剪切机金属板材曲线剪切剪切力研究 [D]. 北京：北方工业大学，2013.
[28] 王稳稳. 超细晶纯铜高应变速率变形 [D]. 南京：南京理工大学，2013.
[29] Luetke M, Franke V, Techel A, et al. A comparative study on cutting electrodes for batteries with lasers [J]. Physics Procedia, 2011, (12): 286-291.
[30] Lutey A H, Fortunato A, Ascari A, Carmignato S, Leone C. Laser cutting of lithium iron phosphate battery electrodes: Characterization of process efficiency and quality [J]. Optics& Laser Technology, 2015, 65: 164-174.
[31] Lutey A H, Fortunato A, Carmignato S, et al. Quality and productivity considerations for laser cutting of $LiFePO_4$ and $LiNiMnCoO_2$ battery electrodes [J]. Procedia CIRP, 2016, (42): 433-438.
[32] 姜亮，孙占宇. 一种极片分条机清除粉尘装置：CN202621476U [P]. 2012-12-26.
[33] 王梓文. 冷轧卷取机恒张力研究及参数优化 [D] 秦皇岛：燕山大学, 2012.
[34] 明五一，张臻，黄浩，等. 高速高精动力锂电池注液机关键技术研究 [J]. 机械设计与制造，2017，10：048.
[35] 关玉明，冀承林，刘琴，等. 动力锂离子电池真空连续注液封装系统的研究 [J]. 真空科学与技术学报，2017，37 (5)：455-459.
[36] Bin H, et al. Recycling of lithium-ion batteries: Recent advances and perspectives [J]. Journal of Power Sources, 2018, 399: 274-286.
[37] 杜坤，张丽芳. 激光熔化焊技术的应用及焊缝性能研究 [J]. 汽车工艺与材料，2014 (5)：1-7.
[38] 王金达，徐荣正，国旭明. 铝合金高效熔化焊接的研究进展 [J]. 热加工工艺，2018，47 (21)：15-18.

[39] 崔少华. 锂离子电池智能制造 [M]. 北京：机械工业出版社，2021.

[40] 李晓坡，郭龙超，黄黎明. 激光焊接技术在锂离子动力电池电芯制作中的应用 [J]. 科技资讯，2016，14 (8)：74-75.

[41] 王玉涛，庞松，樊彦良，刘吉云. 超声波焊接技术在锂离子电池行业中的应用 [J]. 电池，2012，42 (6)：350-351.

[42] 张现发. 高性能锂离子电池电极材料的制备与性能研究 [M]. 哈尔滨：黑龙江大学出版社，2018.

[43] 李泓. 锂电池基础科学 [M]. 北京：化学工业出版社，2021.

[44] 陈伟，雷中伟，冯绍辉，等. 软封装锂电池铝塑膜成形性能研究进展 [J]. 包装工程，2022，43 (09)：22-30.

[45] Väyrynen A, Salminen J. Lithiumion battery production [J]. The Journal of Chemical Thermodynamics, 2012, 46: 80-85.

[46] Van Schalkwijk W, Scrosati B. Advances in lithium-ion batteries [M] //Advances in lithiumion Batteries. Boston: Springer, 2002: 1-5.

[47] Nie M, Abraham D P, Chen Y, et al. Silicon solid electrolyte interphase (SEI) of lithiumIon battery characterized by microscopy and spectroscopy [J]. The Journal of Physical Chemistry C, 2013, 117 (26): 13403-13412.

[48] Peled E. The electrochemical behavior of alkali and alkaline earth metals in nonaqueous battery systems-the solid electrolyte interphase model [J]. Journal of the Electrochemical Society, 1979, 126 (12): 2047-2051.

[49] Kanamura K, Tamura H, Shiraishi S, et al. Morphology and chemical compositions of surface films of lithium deposited on a Ni substrate in nonaqueous electrolytes [J]. Journal of Electroanalytical Chemistry, 1995, 394 (1): 49-62.

[50] BhattacharyaS, Alpas A T. Micromechanisms of solid electrolyte interphase formation on electrochemically cycled graphite electrodes in lithium-ion cells [J]. Carbon, 2012, 50 (15): 5359-5371.

[51] Nie M, Chalasani D, Abraham D P, et al. Lithium ion battery graphite solid electrolyte interphase revealed by microscopy and spectroscopy [J]. The Journal of Physical Chemistry C, 2013, 117 (3): 1257-1267.

[52] ZhangS, Ding M S, Xu K, et al. Understanding solid electrolyte interface film formation on graphite electrodes [J] Electrochemical and Solid-State Letters, 2001, 4 (12): A206-A208.

[53] LeroyS, Blanchard F, Dedryvere R, et al. Surface film formation on a graphite electrode in Li-ion batteries: AFM and XPS study [J]. Surface and Interface Analysis, 2005, 37 (10): 773-781.

[54] ParkY, Shin S H, Hwang H, et al. Investigation of solid electrolyte interface (SEI) film on $LiCoO_2$ cathode in fluoroethylene carbonate (FEC)-containing electrolyte by 2D correlation X-ray photoelectron spectroscopy (XPS) [J]. Journal of Molecular Structure, 2014, 1069: 157-163.

[55] 黄丽，金明钢，蔡惠群，等. 聚合物锂离子电池不同化成电压下产生气体的研究 [J]. 电化学，2003，9 (4)：387-392.

[56] BernhardR，Metzger M，Gasteiger H A. Gas evolution at graphite anodes depending on electrolyte water content and SEI quality studied by on-line electrochemical mass spectrometry [J]. Journal of the Electrochemical Society，2015，162 (10)：A1984-A1989.

[57] Belharouak I，Koenig G M，Amine K. Electrochemistry and safety of LisTisOiz and graphite anodes paired with $LiMn_2O_4$ for hybrid electric vehicle Li-ion battery applications [J]. Journal of Power Sources，2011，196 (23)：10344-10350.

[58] Sacci R L，Gill L W，Hagaman E W，et al. Operando NMR and XRD study of chemically synthesized LiC，oxidation in a dry room environment [J]. Journal of Power Sources，2015，287：253-260.

[59] MoonJ，Cho K，Cho M. Ab-initio study of silicon and tin as a negative electrode materials for lithium-ion batteries [J]. International Journal of Precision Engineering and Manufacturing，2012，13 (7)：1191-1197.

[60] Fu R，Xiao M，Choe S Y. Modeling，validation and analysis of mechanical stress generation and dimension changes of a pouch type high power Li-ion battery [J]. Journal of Power Sources，2013，224：211-224.

[61] Lee J H，Lee H M，Ahn S. Battery dimensional changes occurring during charge/discharge cycles-thin rectangular lithium ion and polymer cells [J]. Journal of Power Sources，2003，119：833-837.

[62] Agubra V，Fergus J. Lithium ion battery anode aging mechanisms [J]. Materials，2013，6 (4)：1310-1325.

[63] Yazami R，Reynier Y F. Mechanism of self-discharge in graphite-lithium anode [J]. Electrochimica Acta，2002，47 (8)：1217-1223.

[64] Wu G，Sun H，Pan L. Lithium-ion battery：US 8，865，330 [P]. 2014-10-21.

[65] 傅松桥，常建娥. 虚拟仿真技术在动力电池类课程教学中的应用 [J]. 电池，2024，54 (03)：435-437.

[66] Moore Raeanne C，et al. An Automated Virtual Reality Program Accurately Diagnoses HIV-Associated Neurocognitive Disorders in Older People With HIV [J]. Open forum infectious diseases，2023，10 (12)：592-593.

[67] 闫冲，曾冬铭，董子和，等. 三维虚拟仿真技术在锂离子电池实验教学中的应用 [J]. 化学教育 (中英文)，2017，38 (14)：57-60.

[68] 张晓明，李传波，杨玉平，等. 虚实结合、内外双通，打造新工科专业综合设计实验教学的新形态——以锂离子电池设计与制作为例 [J/OL]. 大学化学，2024，1-8.

[69] 王黎雯，郭佩，何鹏林. 锂电池检测实验室认可关键要求 [J]. 安全与电磁兼容，2017 (6)：21-22.

[70] 汝坤林，华广胜，王黎雯，电池检测实验室结果的质量控制和分析 [J]. 电池，2017，47 (3)：176-179.

[71] 尹振斌. 锂电池检测实验室的安全工作 [J]. 电子质量，2018 (12)：66-67.

[72] 莫梁君，张海娟，陆瑞强．动力电池实验室检测安全风险控制［J］．电池，2020，50（4）：380-382．
[73] 陈俊燕．加速量热仪对锂离子蓄电池安全性能的评估［J］．电源技术，2007，31（1）：19-22．
[74] 周波，钱新明．加速量热仪在锂离子电池热安全性研究领域的应用［J］．化学时刊，2005，19（3）：31-34．
[75] 杨军，解晶莹，王久林．化学电源测试原理与技术［M］．北京：化学工业出版社，2006．
[76] 曹青．全球锂离子电池市场现状及预测［J］．新材料产业，2019，9：2-8．
[77] 余雪松·2019年我国锂离子电池发展回顾［J］．新材料产业，2019，4：30-36．
[78] 胡敏，王恒，陈琪．电动汽车锂离子动力电池发展现状及趋势［J］，新能源汽车，2020，9：8-10．
[79] 李凌云．中国新能源汽车用锂电池产业现状及发展趋势［J］．电源技术，2020，44（4）：628-630．
[80] 梁继业，迟浩宇，张洪彦，锂电池在储能领域的应用与发展趋势［J］．电动工具，2020，5：20-22，26．
[81] 李新宏．锂离子电池在储能上的应用［J］．新材料产业，2012，9：83-87．
[82] 邢广华．民用航空锂离子电池的发展与应用研究［J］．科技创新与应用，2016，2：102，104．
[83] 谢松，巩译泽，李明浩．锂离子电池在民用航空领域中应用的进展［J］．电池，2020，50（4）：388-392．
[84] 安平，王剑，锂离子电池在国防军事领域的应用［J］．新材料产业，2006，9：34-40．